AutoCAD 2016
案例教程

丁爱萍 主 编

電子工業出版社
Publishing House of Electronics Industry
北京 • BEIJING

内 容 简 介

本书以 AutoCAD 2016 为基础，由浅入深，采用典型示例介绍 AutoCAD 2016 的功能、绘图过程与应用技巧。本书主要内容包括 AutoCAD 基础、绘制平面图形、编辑二维图形、设置和管理图层、精确绘制图形、图案填充、文字标注、创建表格、尺寸标注、创建图块和使用设计中心、绘制三维图形、图形的布局和输出等。

本书主要围绕如何运用 AutoCAD 2016 绘制、编辑二维和三维图形展开，还提供了多个综合应用实例以使读者快速掌握使用技巧。

本书内容丰富、重点突出、方法简明实用，结合机械、建筑等专业的需要和标准编写而成，既能满足初学者的要求，又能使有一定基础的用户快速掌握 AutoCAD 2016 新增功能的使用技巧。

本书可作为中职和高职高专层次的工科院校相关专业的教材，也可作为广大工程技术人员的自学参考书。

图书在版编目（CIP）数据

AutoCAD 2016 案例教程 / 丁爱萍主编. —北京：电子工业出版社，2018.7

ISBN 978-7-121-34221-9

Ⅰ. ①A… Ⅱ. ①丁… Ⅲ. ①AutoCAD 软件—职业教育—教材 Ⅳ. ①TP391.72

中国版本图书馆 CIP 数据核字（2018）第 099213 号

策划编辑：柴　灿
责任编辑：裴　杰
印　　刷：北京七彩京通数码快印有限公司
装　　订：北京七彩京通数码快印有限公司
出版发行：电子工业出版社
　　　　　北京市海淀区万寿路 173 信箱　邮编　100036
开　　本：787×1 092　1/16　印张：18　字数：460.8 千字
版　　次：2018 年 7 月第 1 版
印　　次：2024 年 3 月第 10 次印刷
定　　价：38.00 元

凡所购买电子工业出版社图书有缺损问题，请向购买书店调换。若书店售缺，请与本社发行部联系，联系及邮购电话：（010）88254888，88258888。

质量投诉请发邮件至 zlts@phei.com.cn，盗版侵权举报请发邮件至 dbqq@phei.com.cn。

本书咨询联系方式：（010）88254617，luomn@phei.com.cn。

前　言

为了让广大学生和工程技术人员尽快掌握 AutoCAD 2016 的使用方法，本书以通俗的语言、大量的插图和实例，由浅入深地讲解了 AutoCAD 软件的各项功能和 AutoCAD 2016 的新增功能。本书的主要特点如下：

（1）本书所举实例均采用 AutoCAD 2016 绘制图形的基本方法实现，读者通过学习可以举一反三，从而达到事半功倍的效果。

（2）本书突出实用性，通过实例介绍 AutoCAD 2016 绘制工程图样的功能，配有大量的图例和详细步骤，并在每章后面安排了相应的实训和习题，读者更易操作和掌握。

（3）本书注重内容的系统性，结构安排合理，适合边讲边练的教学模式，并且根据学生特点，讲解循序渐进，知识点逐渐展开，避免读者在学习中无从下手。

本书共 15 章，第 1 章介绍 AutoCAD 的入门知识；第 2 章介绍绘制平面图形的方法；第 3 章介绍编辑二维图形的方法；第 4 章介绍图层的概念和设置；第 5 章介绍精确绘制二维图形的技巧和方法；第 6 章介绍图案填充的方法；第 7 章介绍文字的注释方法；第 8 章介绍表格的制作方法；第 9 章介绍尺寸标注的方法；第 10 章介绍图块的概念和 AutoCAD 设计中心的应用；第 11～13 章综合练习组合体、零件图和装配图的绘制；第 14 章介绍三维模型的创建和编辑方法；第 15 章介绍如何打印图形文件。

本书内容全面、讲解细致、图文并茂，适合初学 AutoCAD 的用户使用，也可作为大中专院校学生的教材。

本书由丁爱萍主编，参与编写的人员有许镭、徐博文、蒋晓絮、彭战松、贾红军、殷莺、蒋咏絮、高欣、张校慧、杜鹃、李伟娟、张瑞青、魏增辉、孙利娟、麻德娟、李海翔、丁惠玥、李群生、马志伟等。

由于编者水平有限，加之时间仓促，书中难免出现疏漏和不足之处，望广大读者批评指正。

编　者

目　录

第1章 AutoCAD 入门

AutoCAD 是美国 Autodesk 公司开发的通用计算机辅助设计（Computer Aided Design，CAD）软件包，是当今设计领域应用最广泛的现代化绘图工具。AutoCAD 经过十多次的版本升级，功能不断改进和完善，AutoCAD 2016 版本的性能和功能都有较大的增强，同时保证了与低版本软件的完全兼容。

1.1 AutoCAD 主要功能

AutoCAD 是一种通用的计算机辅助设计软件，与传统手工设计相比，AutoCAD 的应用大大提高了绘图速度，也为设计质量更高的作品提供了更先进的方法。

1. 平面绘图

AutoCAD 2016 可以绘制平面图形，在绘图界面可通过输入命令来完成点、直线、圆弧、椭圆、矩形、正多边形、多段线、样条曲线等二维图形的绘制；针对相同图形的不同情况，AutoCAD 还提供了多种绘制方法供用户选择使用，例如，圆的绘制方法就有多种。

2. 编辑图形

AutoCAD 2016 不仅具有强大的绘图功能，还具有强大的图形编辑功能。例如，对于图形或线条对象，可以采用删除、恢复、移动、复制、镜像、旋转、修剪、拉伸、缩放、倒角、圆角等方法进行修改和编辑。

3. 尺寸标注

尺寸标注是工程图不可缺少的一部分，AutoCAD 2016 提供了一套完整的尺寸标注和编辑命令，使用它们可以在图形的各个方向上创建各种类型的标注；AutoCAD 2016 同样也有着强大的文字注释功能。

4. 输出与打印图形

AutoCAD 可以将所绘图形用不同样式通过绘图仪或打印机输出，也可以将不同格式的图形导入 AutoCAD 或将 AutoCAD 图形以其他格式输出打印。

5. 三维绘图

AutoCAD 可以创建三维实体、线框模型和曲面模型。AutoCAD 提供了球体、圆柱体、立方体、圆锥体、圆环体、楔体等多种基本实体的绘制命令，并提供了拉伸、旋转、布尔运算等功能来改变其形状，可以通过不同的显示命令表现出立体的渲染效果。

6. 二次开发

AutoCAD 可以根据需要自定义各种菜单及与图形有关的一些属性。AutoCAD 提供了一种内部的 Visual LISP 编辑开发环境，用户可以使用 LISP 语言定义新命令，开发新的应用和解决方案；或根据需求配置设置，扩展软件功能，构建定制工作流程，开发个人专用应用或者使用已构建好的应用。

7. 中文版 AutoCAD 2016 新增功能

中文版 AutoCAD 2016 新增功能如下。

（1）Auto CAD 2016 重新使用和设计了 dim 标注命令，并可以理解为智能标注，几乎一个命令即可完成日常的标注。

（2）AutoCAD 2016 可以在不改变当前图层的前提下，固定某个图层进行标注（标注时无须对图层进行切换）。

（3）新增了封闭图形的中点捕捉。

（4）增强了云线绘制功能，可以直接绘制矩形和多边形云线。

（5）取消了 newtabmode 命令，通过输入“startmode=0”命令可以取消开始界面。

（6）增加了系统变量监视器（SYSVARMONITOR 命令）。例如，filedia 和 pickadd 这类变量，如果不是默认状态可能会很麻烦，使用监视器可以监测这些变量的变化，并可以恢复成默认状态。

（7）整体优化的状态栏更加实用便捷，并符合设计操作。

（8）AutoCAD 2016 的硬件加速相当明显，优化后更平滑和流畅。

（9）界面改变为暗黑色调，深色主题界面更利于视觉和工作。

1.2 AutoCAD 2016 界面

启动 AutoCAD 2016 中文版后，即可进入“草图与注释”绘图界面，如图 1-1 所示。

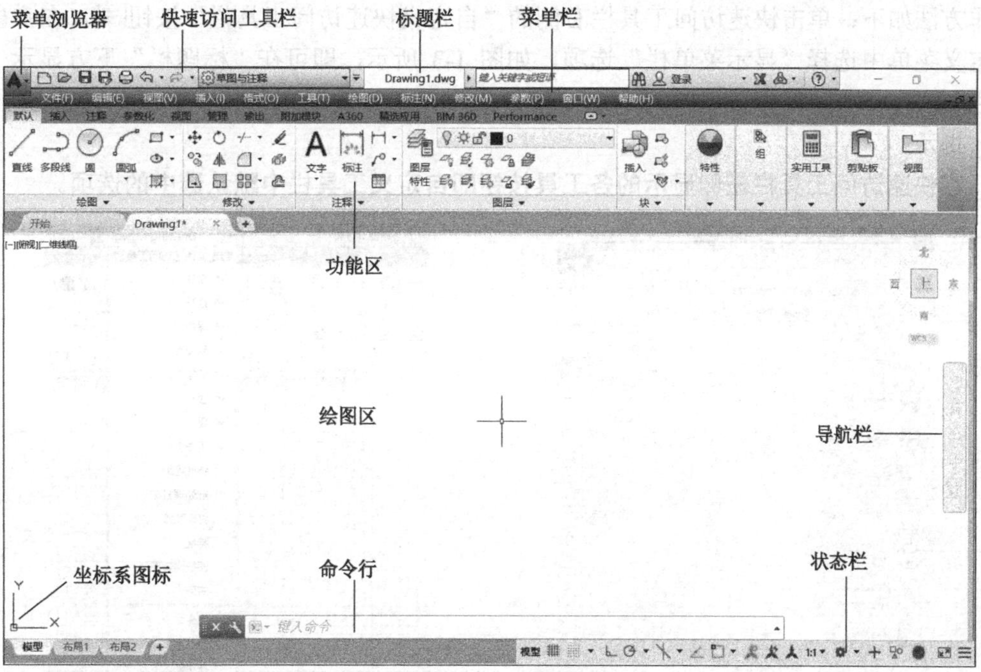

图 1-1　绘图界面

绘图界面主要由菜单浏览器、快速访问工具栏、标题栏、菜单栏、功能区、绘图区、光标、命令行、状态栏、坐标系图标等组成。

1. 标题栏

AutoCAD 2016 标题栏在用户界面的最上面，用于显示 AutoCAD 2016 的程序图标以及当前图形文件的名称。

标题栏的右端是“文字输入框”和“搜索”按钮：搜索和显示其结果。

“登录”按钮：登录 Autodesk 360 软件集成网站。

按钮：连接“Autodesk Exchange 应用程序”网站。

按钮：访问 AutoCAD 产品更新和链接网站。

按钮：通过网络访问给用户提供帮助。

另外，还有窗口最小化、最大化和关闭等按钮，操作方法与 Windows 界面操作相同。

2. 菜单浏览器和菜单栏

AutoCAD 2016 将原“文件”菜单命令放入了菜单浏览器，用户可以根据不同习惯来操作各项命令。

1）打开菜单浏览器

单击界面左上角的菜单浏览器下拉按钮，弹出下拉菜单，在所选某菜单项上稍做停留，系统会自动弹出相应子菜单，如图 1-2 所示。

2）打开菜单栏

AutoCAD 2016 在默认状态下，省略了“菜单栏”。根据绘图习惯可以打开菜单栏，其操作方法如下：单击快速访问工具栏右侧的“自定义快速访问工具栏”按钮，在弹出的自定义菜单中选择“显示菜单栏”选项，如图 1-3 所示，即可在“标题栏”下方显示“菜单栏”。

提示：

在快速访问工具栏左侧显示的各工具按钮即自定义工具栏中默认选中的选项。

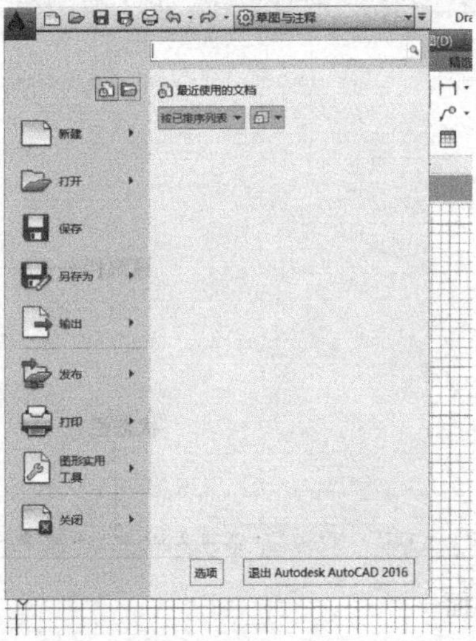

图 1-2　菜单浏览器

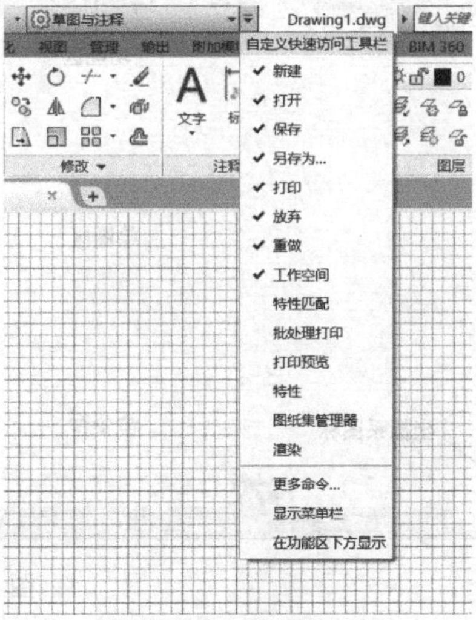

图 1-3　显示菜单栏

3. 功能区

功能区在绘图区的上部，包括相关内容的选项卡和面板，其中有“默认”、“插入”、“注释”、“参数化”、“视图”、“管理”、“输出”、“附加模块”、“A360”、“精选应用”、“BIM360”、“Performance”等选项卡，如图 1-4 所示。

图 1-4　功能区的选项卡

1）选项卡的组成

各选项卡由不同的面板组成，例如，“默认”选项卡由“绘图”、“修改”、“注释”、“图层”、“块”、“特性”、“组”、“实用工具”、“剪贴板”、“视图”等面板组成。面板是一种特殊的选项板，提供了与当前工作空间相关联的不同工具和控件，方便了绘图操作，也使得窗口界面更加整洁、绘图区最大化。

为了节省空间，面板不能展示全部的工具，故隐藏了部分工具和控件。需要时，可以单击“面板”标题后面的最小化按钮，进行打开或关闭面板的切换，图 1-5 所示为“修改”面板的打开，如果需要固定打开面板，则单击面板左下角的“图钉”按钮即可始终展开面板。

如果把光标指向某个工具按钮并稍做停顿，屏幕上就会显示出该工具按钮的名称和定义；光标若继续停顿，则显示出该按钮的操作简要说明，如图 1-6 所示。

图 1-5 “修改”面板示例

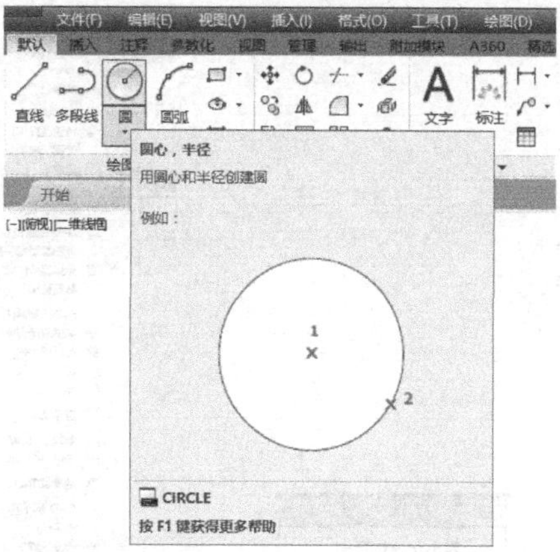

图 1-6 光标停留在“圆”按钮的示例

2）功能区的修改

如果需要修改选项卡和面板选项，可以在其上右击，如图 1-7 和图 1-8 所示，分别在弹出的快捷菜单中对其选项进行修改。还可以根据需要拖动面板，使其浮动。

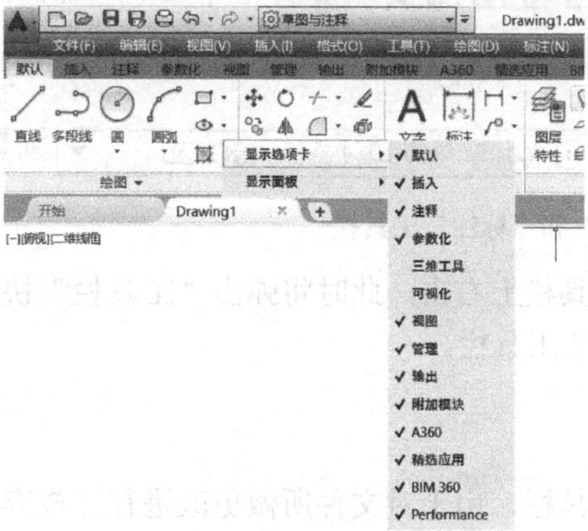

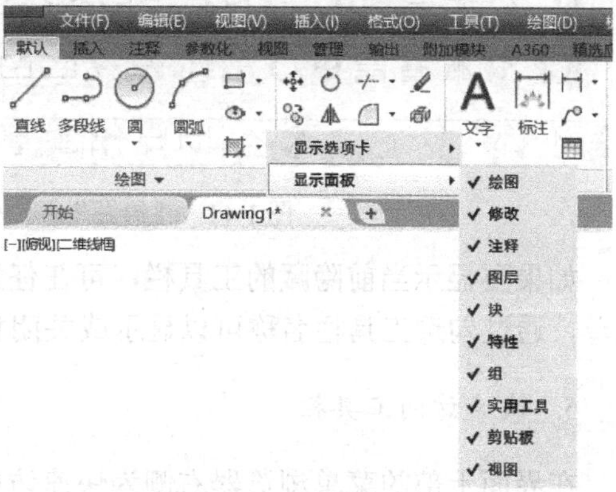

图 1-7 编辑“选项卡”示例 图 1-8 编辑“面板”示例

如果需要隐藏功能区，可以单击选项卡标题后面的按钮，弹出最小化选项卡下拉列表，如图 1-9 所示。可以根据需要进行勾选，再单击按钮，即可隐藏选项卡或面板，使得绘图界面最大化。

4. 工具栏

AutoCAD 2016 提供了三十多个工具栏，通过这些工具栏可以实现大部分操作，其作用和面板中的工具一样。常用的工具栏为“标准”、“绘图”、“修改”、“图层”、“对象特性”、“样式”、“标注”等。默认状态下，工具栏处于隐藏状态，打开的方法如图 1-10 所示。

在菜单栏中单击“工具”按钮，在打开弹出的菜单中选择“工具栏”→“AutoCAD”选项，在弹出的子菜单中进行勾选，被选工具栏即浮动在界面上，可以将工具栏拖动到合适位置。图 1-11 所示为处于浮动状态下的“绘图”工具栏、“修改”工具栏和“标注”工具栏。

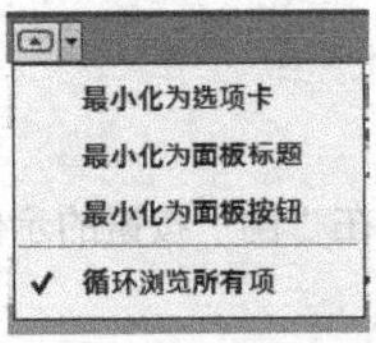

图 1-9　最小化选项卡菜单

图 1-10　打开工具栏示例

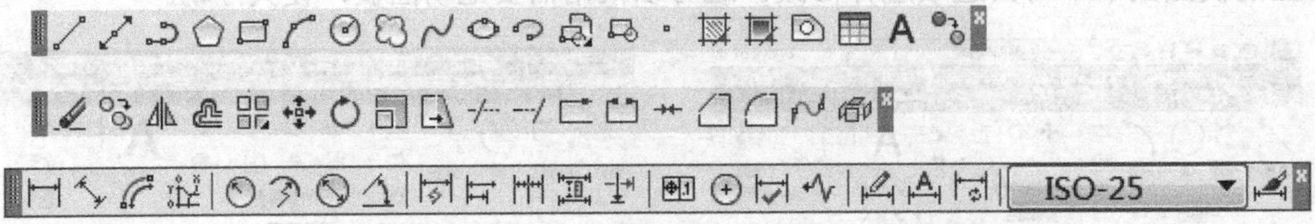

图 1-11　“绘图”、“修改”和“标注”工具栏

如果要显示当前隐藏的工具栏，可在任意工具栏上右击，此时将弹出“工具栏”快捷菜单，通过勾选工具栏名称可以显示或关闭相应的工具栏。

5. 快速访问工具栏

在界面上部的菜单浏览器右侧为快速访问工具栏，用于对文件所做更改进行“放弃”或“重做”。

除了有“标准”工具栏的常用命令外，还可以向快速访问工具栏中添加工具按钮。添加工具按钮时，在功能区中右击，弹出快捷菜单，选择“添加工具”，然后单击“添加到快速访问工具栏”按钮，此时按钮会添加到快速访问工具栏中默认命令的右侧，超出长度范围的部分工具以弹出按钮显示。

6. 绘图区

绘图区是用户进行图形绘制的区域。把光标移动到绘图区时，光标变成了十字形状，可用鼠标直接在绘图区中定位，在绘图区的左下角有一个用户坐标系的图标，它表明当前坐标系的类型，图标左下角为坐标的原点（0, 0, 0）。

7. 命令行和文本窗口

“命令行”在绘图区下方，是用户使用键盘输入各种命令的直接显示窗口，也可以显示出操作过程中的各种信息和提示。

“命令行”可以被拖放为浮动窗口，如图 1-12 所示，浮动窗口也可用鼠标拖回至左下角。

当误击了“命令行”左侧的“关闭”按钮时，可按〈Ctrl+F9〉快捷键恢复“命令行”。也可以在“视图”选项卡中的“选项板”面板中单击“命令行”按钮，来控制命令行的打开与关闭。

命令行的颜色和透明度可以随意改变，其半透明的提示历史可显示多达 50 行。

如果命令输入错误，会自动更正为最接近且有效的 AutoCAD 命令。例如，如果输入了“TABEL”，则会自动启动“TABLE”命令。

自动完成命令输入增强到支持中间字符搜索。例如，如果在命令行中输入命令“SETTING”，那么显示的命令建议列表中将包含任何带有“SETTING”字符的命令，而不是只显示以“ETTING”开始的命令。

命令在最初建议列表中显示的为默认顺序数据，当继续使用 AutoCAD 时，命令的建议列表顺序将自动适应每个用户自己的使用习惯。

AutoCAD“文本窗口”是记录历史命令的窗口，是放大的“命令行”窗口，它记录了用户已执行的命令，也可以输入新的命令，如图 1-13 所示。使用〈F2〉键可以打开和关闭 AutoCAD“文本窗口”；也可以在“视图”选项卡中的“选项板”面板中单击“文字窗口”按钮来控制“文本窗口”的打开与关闭。

图 1-12　命令行

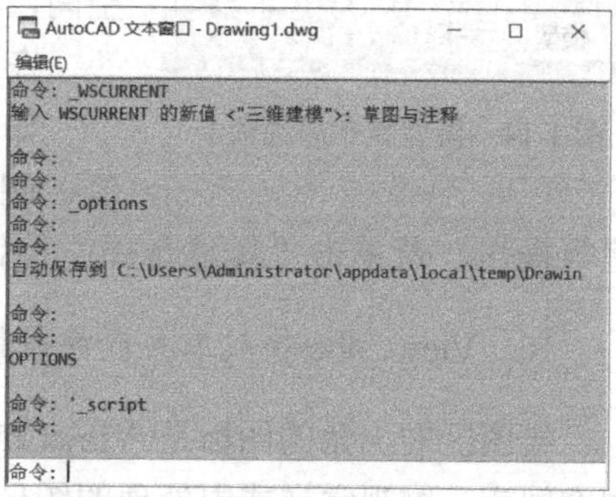

图 1-13　AutoCAD“文本窗口”示例

8. 状态栏

状态栏用于反映和改变当前的绘图状态，包括以下按钮。

（1）模型或图纸空间按钮：在模型空间和图纸空间之间进行交换。

（2）显示图形栅格按钮：对齐对象并直观显示对象之间的距离。

（3）捕捉模式按钮：改变极轴捕捉或栅格捕捉。

（4）正交限制光标按钮：限制光标在水平方向或垂直方向的移动。

（5）按指定角度限制光标按钮：极轴追踪，限制光标沿指定角度移动。

（6）等轴测草图按钮：等轴测图三个方向的对齐。

（7）显示捕捉参照线按钮：对象捕捉追踪时显示获取点的对齐路径。

（8）将光标捕捉到二维参照点按钮：用于对象捕捉点的设置。

（9）显示注释对象按钮：显示所有比例或当前比例的注释对象。

（10）更改注释比例按钮：用于更改注释比例。

（11）自动更改注释比例按钮 ：更改注释比例时，可自动将更改添加到对象上。

（12）当前视图的注释比例按钮 1:1▾：打开比例列表，调整注释比例。

（13）切换工作空间按钮 ：用于工作空间的切换。

（14）注释监视器按钮 ：打开所有事件或模型文档事件的注释监视器。

（15）隔离对象按钮 ：只显示选定对象，其他对象都暂时隐藏。

（16）硬件加速按钮 ：设定图形卡的驱动程序以及设置硬件加速的选项。

（17）全屏显示按钮 ：用于 AutoCAD 的绘图窗口全屏显示。

（18）自定义按钮 ：编辑状态栏时，单击该按钮，可以通过弹出的列表来改变状态栏上显示的内容。

9. *模型选项卡和布局选项卡*

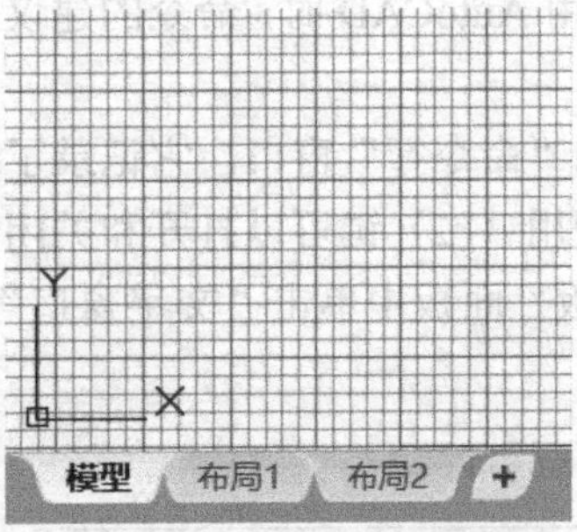

图 1-14　模型和布局选项卡

绘图区的底部有“模型”、“布局 1”、“布局 2”三个选项卡，如图 1-14 所示。

这 3 个选项卡用来控制绘图工作是在模型空间还是在布局（图纸）空间进行。AutoCAD 的默认状态是在模型空间进行（一般的绘图工作在模型空间进行）。

选择“布局 1”或“布局 2”选项卡，可进入布局（图纸）空间，布局空间主要完成打印输出图形的最终布局。

在布局空间中，选择“模型”选项卡即可返回模型空间。

如果在任意一个选项卡上右击，可以使用快捷菜单新建、删除、重命名、移动或复制布局，也可以进行页面设置等操作，若单击“新建布局”按钮 ，可以创建新的布局空间。

10. *ViewCube 导航工具和导航栏*

绘图区右上角的图标是 ViewCube 导航工具，图标下面是导航栏，用于显示在二维模型空间或三维视觉样式中处理的图形。使用时，可以在标准视图和等轴测视图间切换。

需要显示或隐藏导航工具时，可以使用下面的方法之一。

（1）在功能区“视图”选项卡的“视口”面板中单击“ViewCube”或者“导航栏”按钮。

（2）在“命令行”中输入“Options”命令，然后按〈Enter〉键，打开“选项”对话框，勾选“三维建模”选项卡中的“显示 ViewCube”复选框。

（3）可以选择“视图”→“显示”→“ViewCube”或者“导航栏”选项。

1.3 AutoCAD 文件管理

AutoCAD 文件管理包括新建图形文件，打开、保存已有的图形文件，以及如何退出打开的文件。

1.3.1 新建图形文件

在非启动状态下建立一个新的图形文件，其操作如下。

1. 新建文件的方法

可以采用下列方法之一：
（1）“快速访问”工具栏：单击“新建”按钮。
（2）“开始”标签右侧：单击“新图形”按钮。
（3）命令行：输入命令“NEW”。

2. 操作格式

（1）执行上述任一操作后，如果“startup”设置为“1”，则系统打开“创建新图形”对话框，如图 1-15 所示，第一个选项“从草图开始”为默认选项。
（2）单击“确定”按钮，即在窗口中显示新建的图形。

3. 说明

（1）系统默认选择标准国际（公制）图样“acadiso.dwt”。
（2）系统默认“startup”值为“0”时，将直接打开“选择样板”对话框，如图 1-16 所示。选择样板图形后，单击“打开”按钮，即可在样板图形中创建新的图形。

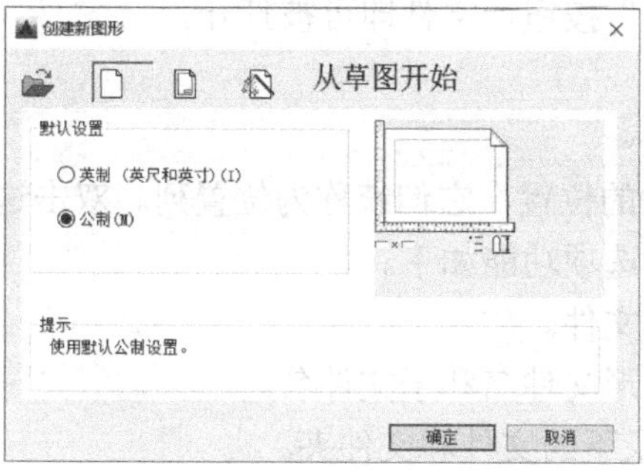

图 1-15 使用样板创建新图形

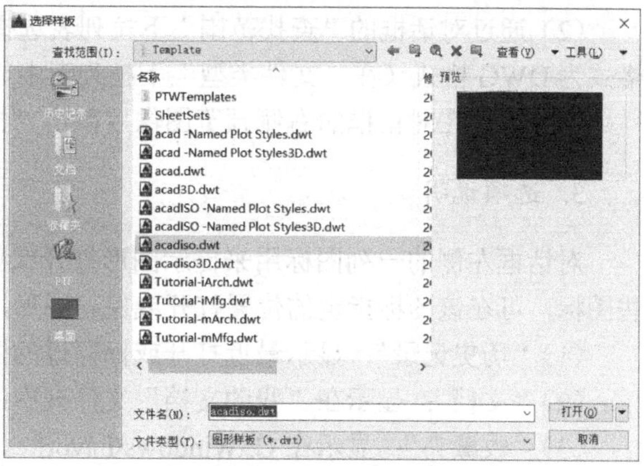

图 1-16 “选择样板”对话框

1.3.2 打开图形文件

打开已有的图形文件，其操作如下。

1. 打开图形文件的方法

可以采用下列方法之一打开图形文件。
（1）快速访问工具栏：单击“打开”按钮。

（2）菜单栏：选择“文件”菜单→“打开”选项。
（3）命令行：输入“OPEN”命令。

2. 操作格式

（1）执行上述方法之一后，打开“选择文件”对话框，如图 1-17 所示。

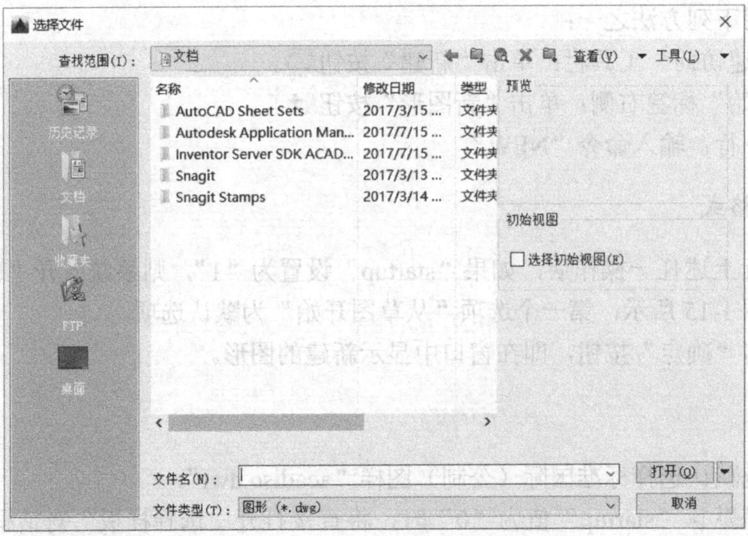

图 1-17　“选择文件”对话框

（2）通过对话框的“查找范围”下拉列表选择需要打开的文件，AutoCAD 的图形文件格式为 DWG 格式（在“文件类型”下拉列表中显示）。
（3）可以在对话框的右侧预览图像后单击“打开”按钮，文件即可被打开。

3. 选项说明

对话框左侧的一列图标用来提示图形打开或存放的位置，它们统称为位置列。双击这些图标，可在该图标指定的位置打开或保存图形，各选项功能如下。
（1）“历史记录”：显示最近打开或保存过的图形文件。
（2）“文档”：显示在“我的文档”文件夹中的图形文件名和子文件名。
（3）“收藏夹”：显示在 C:\Windows\Favorites 目录下的文件和文件夹。
（4）“FTP”：该类站点是互联网用来传送文件的地方。当选择“FTP”选项时，可看到所列的 FTP 站点。
（5）“桌面”：显示在桌面上的图形文件。

1.3.3 保存图形文件

保存的图形文件包括保存新建和已保存过的文件。首先介绍新建文件的保存。

1. 保存图形文件的方法

可以执行以下操作之一。

（1）快速访问工具栏：单击“保存”按钮。
（2）菜单栏：选择“文件”→“保存”选项。
（3）命令行：输入“QSAVE”命令。

2. 操作格式

（1）执行上述操作之一后，打开“图形另存为”对话框，如图 1-18 所示。

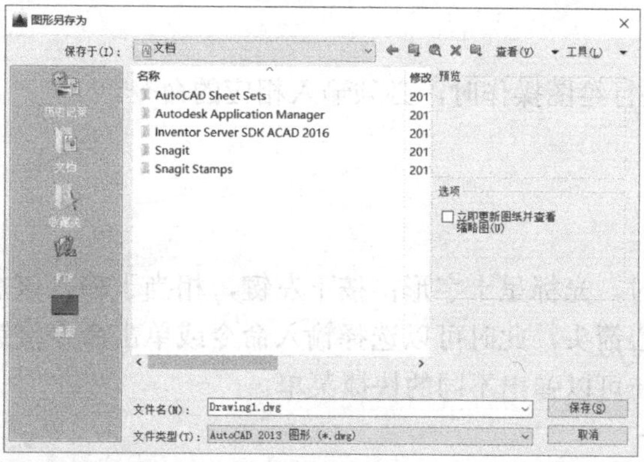

图 1-18　“图形另存为”对话框

（2）在“保存于”下拉列表中指定图形文件保存的路径。
（3）在“文件名”文本框中输入图形文件的名称。
（4）在“文件类型”下拉列表中选择图形文件要保存的类型。
（5）设置完成后，单击“保存”按钮。

对于已保存过的文件，执行“保存”操作之后，不再打开“图形另存为”对话框，而是按原文件名称直接保存。

如果单击“另存为”按钮或在“命令行”中输入“SAVE AS”命令，则可以打开“图形另存为”对话框，可改变文件的保存路径、名称和类型。

1.3.4 退出图形文件

完成图形绘制后，退出当前图形界面的操作如下。

1. 输入命令

可以执行以下操作之一。

（1）图形界面标签：单击“关闭”按钮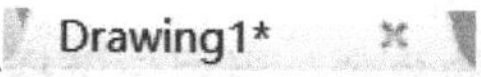。

（2）菜单栏：选择“文件”→“关闭”选项。
（3）命令行：输入“CLOSE”命令。

2. 操作格式

图 1-19　询问对话框

如果图形文件没有保存或未做修改后的最后一次保存，系统会打开询问对话框，如图 1-19 所示。单击“是”

按钮，系统打开“图形另存为”对话框，进行保存；单击“否”按钮，不保存退出；单击“取消”按钮，则返回编辑状态。

如果单击“菜单栏”右侧的“关闭”按钮×，则会关闭所有的图形文件。

1.4 命令的输入与结束

使用 AutoCAD 进行绘图操作时，必须输入相应的命令。

1. 输入命令方式

1）鼠标输入命令

当鼠标在绘图区时，光标呈十字形；按下左键，相当于输入该点的坐标；当光标在绘图区外时，光标呈空心箭头，此时可以选择输入命令或单击命令按钮或移动滑块；当光标在不同区域时，右击，可以弹出不同的快捷菜单。

2）键盘输入命令

所有的命令均可以通过键盘输入（不分大小写）。从键盘输入命令时，只需在命令行的“命令:”提示符号后输入命令名称（只需输入命令的前面字母，系统会提示相关的各条命令），选择或确定后按〈Enter〉键或按〈空格〉键即可。

3）功能区输入命令

利用鼠标可以在功能区的面板上单击命令按钮，这是最快捷方便的一种方法。但是需要熟悉功能区的各项命令按钮位置和作用。

4）菜单输入命令

利用菜单输入命令也是一种可靠方法，只是需要把菜单栏显示出来。在菜单栏、下拉菜单或子菜单中选择所需选项，命令便会执行。也可以右击，弹出快捷菜单，再选择所需选项，命令的执行结果相同。

2. 透明命令

可以在不中断某一命令的执行情况下插入执行的另一条命令，即透明命令，如 PAN、SNAP、GRID、ZOOM 等命令。输入透明命令时，应该在该命令前加一撇号“'”，执行透明命令后会出现“〉〉”提示符。透明命令执行完后，继续执行原命令。AutoCAD 中的很多命令都可以透明执行。

提示:

对于可执行透明功能的命令，当用户选择该命令选项或单击该命令按钮时，系统可自动切换到透明命令的状态而不必用户输入。

3. 结束命令

结束命令的方法如下：

（1）一条命令正常完成后会自动结束。

（2）如果在命令执行的过程中需结束命令，则可以按〈Esc〉键。

4. 退出 AutoCAD

当用户退出 AutoCAD 2016 时，为了避免文件丢失，应按下述方法之一进行操作。

（1）菜单浏览器：单击右下角的“退出 Autodesk AutoCAD 2016”按钮。

（2）标题行：单击界面右上角的“关闭”按钮☒。

（3）菜单栏：选择“文件”→“退出”选项。

（4）命令行：输入“QUIT”命令。

在上述退出 AutoCAD 2016 的过程中，如果当前图形没有保存，系统会打开询问对话框，提示用户是否保存图形。

1.5 设置绘图环境

使用 AutoCAD 绘图时，经常需要对系统的绘图环境进行设置和修改，使其更符合自己的使用习惯，从而提高绘图效率。

1.5.1 设置选项系统

利用 AutoCAD 2016 的“选项”对话框，可以方便地对系统的绘图环境进行设置和修改，如改变窗口颜色、显示滚动条、字体大小等。

1. 输入命令

单击“菜单浏览器”下端的“选项”按钮或在菜单栏中选择“工具”→“选项”选项，打开“选项”对话框，如图 1-20 所示。

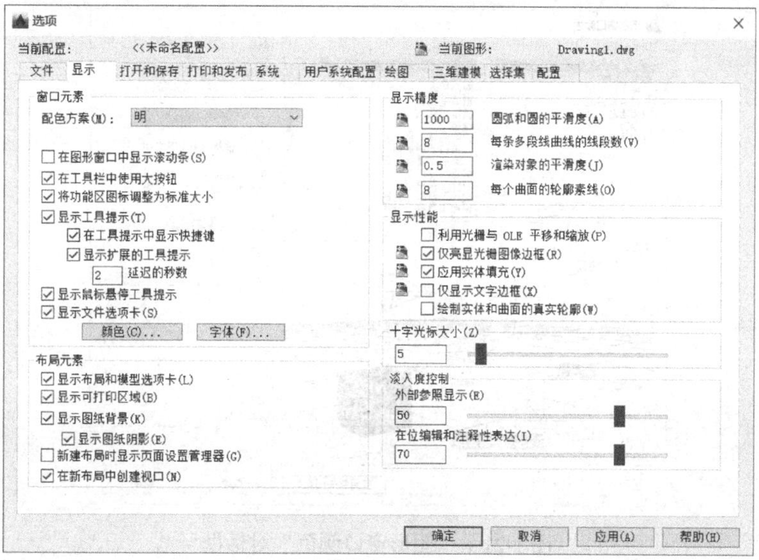

图 1-20 “选项”对话框

2. 选项说明

“选项”对话框中包括以下选项卡。

（1）“文件”选项卡：指定有关文件的搜索路径、文件名称和文件位置。

（2）“显示”选项卡：设置 AutoCAD 窗口元素、布局元素；设置十字光标的十字线长短，设置显示精度、显示性能等。

（3）“打开和保存”选项卡：设置与打开和保存图形有关的各项控制。

（4）“打印和发布”选项卡：设置打印机和打印参数。

（5）“系统”选项卡：确定 AutoCAD 的一些系统设置。

（6）“用户系统配置”选项卡：优化系统的工作方式。

（7）“绘图”选项卡：设置对象自动捕捉、自动追踪等绘图辅助功能。

（8）“三维建模”选项卡：设置三维绘图模式下的三维十字光标、UCS 图标、动态输入、三维对象及导航等。

（9）“选择集”选项卡：设置选择对象方式和夹点（即对象的特征点，以蓝色小方格表示）功能等。

（10）“配置”选项卡：新建、重命名和删除系统配置等操作。

1.5.2　设置绘图区的背景颜色

用户可根据需要利用“选项”对话框设置绘图环境。例如，若需要将绘图区的背景颜色从默认的黑色改变为白色，操作步骤如下。

（1）单击“菜单浏览器”下端的“选项”按钮，打开“选项”对话框。

（2）在“选项”对话框中选择“显示”选项卡。

（3）单击“窗口元素”选项组中的“颜色”按钮，打开“图形窗口颜色”对话框，如图 1-21 所示。

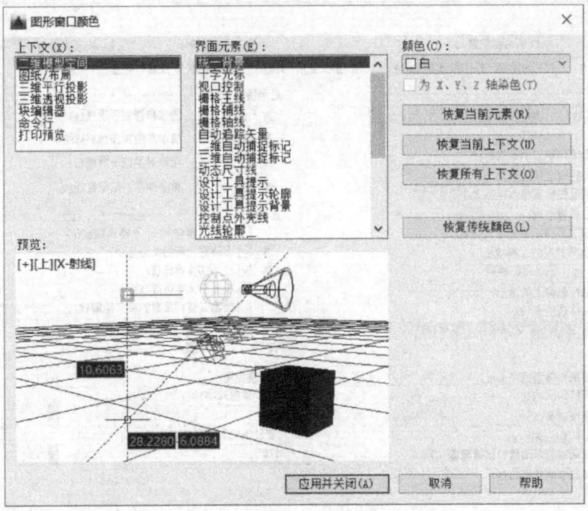

图 1-21　“图形窗口颜色”对话框

（4）在“图形窗口颜色”对话框的“界面元素”列表框中选择“统一背景”选项，在

“颜色”列表框中选择“白”选项，然后单击“应用并关闭”按钮，返回“选项”对话框，单击“确定”按钮完成设置，结果如图 1-22 所示。

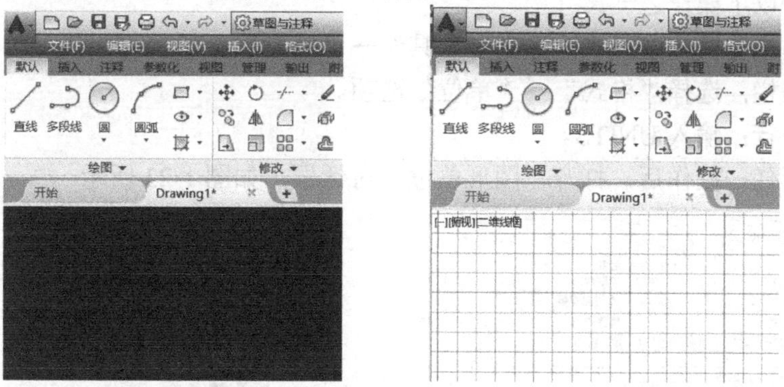

（a）暗色绘图区 （b）白色绘图区

图 1-22 改变绘图区颜色

1.5.3 设置图形界限

LIMITS 命令用来确定绘图的范围，相当于手工绘图时确定图纸的大小（图幅）。设定合适的绘图界限，有利于确定图纸绘制的大小、比例、图形之间的距离，可以检查图纸是否超出“图框”避免盲目绘图。其操作如下（以选择 3 号图纸为例）。

1. 操作方法

可以执行以下操作之一。

（1）菜单栏：选择“格式”→“图形界限”选项。

（2）命令行：输入“LIMITS”命令。

2. 操作格式

命令:（输入命令）。

指定左下角点或[开(ON)/关(OFF)]〈0.00,0.00〉:（按〈Enter〉键或输入左下角图界坐标）。

指定右上角点是〈420，297〉:（按〈Enter〉键或输入右上角图界坐标）。

3. 选项说明

开（ON）：打开图形界限检查功能，此时系统不接受设定的图形界限之外的点输入。

关（OFF）：关闭图形界限检查功能，可以在图形界限之外绘制对象或指定点。默认状态为打开。

1.5.4 设置绘图单位

UNITS 命令用来设置绘图的长度、角度单位和数据精度，其操作如下。

1. 输入命令

可以执行以下操作之一。

（1）菜单浏览器：选择“图形实用工具”→“单位”选项。

（2）菜单栏：选择“格式”→“单位”选项。

（3）命令行：输入 UNITS。

执行上面任一操作后，打开“图形单位”对话框，如图 1-23 所示。

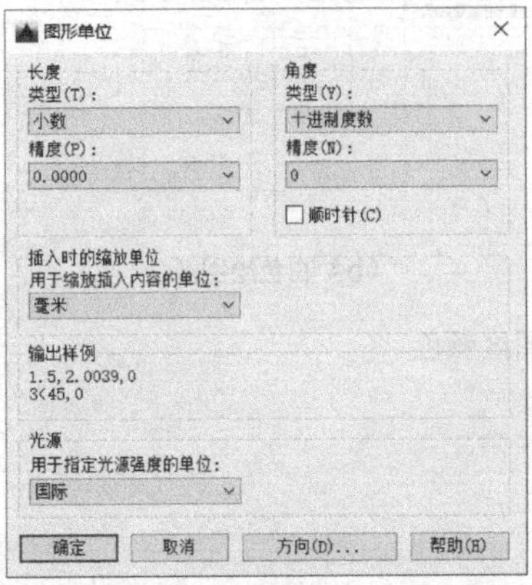

图 1-23　“图形单位”对话框

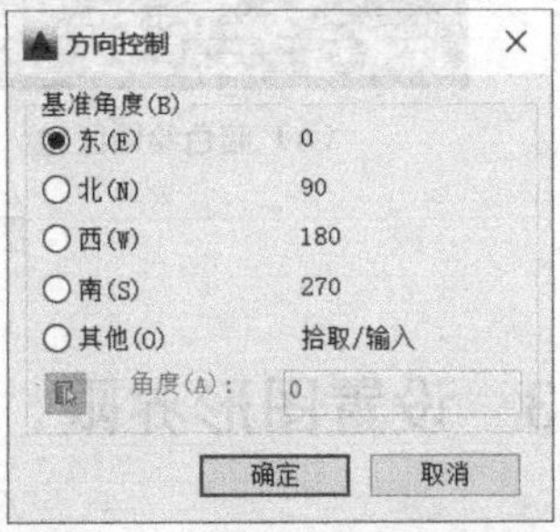

图 1-24　“方向控制”对话框

2. 选项说明

对话框中的各选项功能如下。

“图形单位”对话框中包括“长度”、“角度”、“插入时的缩放单位”和“光源”四个选项组，用于设定这几项参数的计量单位。

（1）“长度”选项组：一般选择类型为小数（默认设置），精度为“0.0000”。

（2）“角度”选项组：一般选择类型为十进制度数（默认设置），精度为“0”，角度旋转方向默认为逆时针方向。

（3）“插入时的缩放单位”选项组：用于设置插入图样内容的缩放单位，默认设置为“毫米”。

（4）“光源”选项组：光度控制光源是真实准确的光源。此选项组用于控制当前图形中光度控制光源的强度测量单位。默认设置为“国际”单位。

（5）“方向”按钮：用于设定角度旋转的方向。单击“方向”按钮，可以打开“方向控制”对话框，如图 1-24 所示。

（6）“方向控制”对话框可以设置角度方向，默认基准角度方向为 0°，方向指向“东”。如果选择“北”、“西”、“南”以外的方向为 0° 方向，则可以选中“其他”单选按钮，通过“拾取/输入”角度可自定义 0° 方向。

设置各项后，在“输出样例”选项组中显示出它们对应的样例，单击“确定”按钮，完成绘图单位的设置。

1.6 实训

1.6.1 转换绘图界面

本任务练习绘图界面（工作空间）的转换方法。

1. 打开界面

每次启动后，系统即快速地进入“草图与注释”绘图界面，此界面为 AutoCAD 2016 的默认界面，如图 1-25 所示。

图 1-25 “草图与注释”界面

2. 界面转换

可在“草图与注释”界面中进行平面绘图和编辑，也可以根据需要来选择其他界面，操作如下：

单击快速访问工具栏中的“工作空间”下拉按钮或状态栏中的“切换工作空间”按钮 ，弹出“工作空间”下拉列表或快捷菜单，如图 1-26 所示。如果在下拉列表中选择“工作空间设置”选项，则打开“工作空间设置”对话框，如图 1-27 所示。

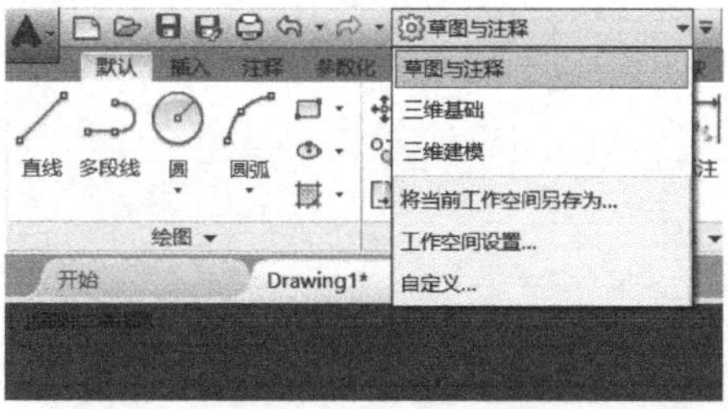

图 1-26 “工作空间”下拉列表

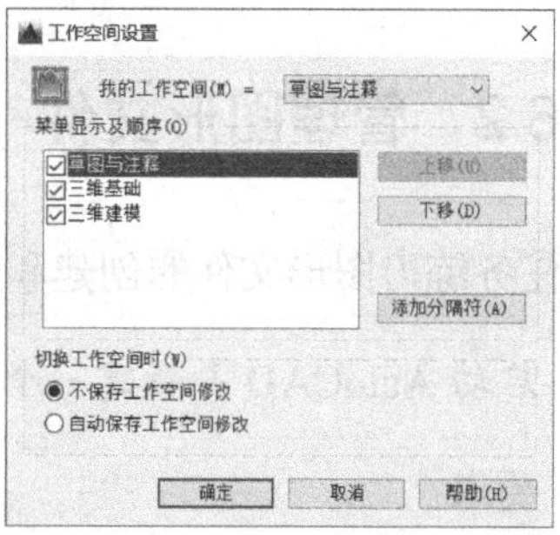

图 1-27 “工作空间设置”对话框

在“工作空间”下拉列表或对话框中有 3 个选项：“草图与注释”为默认界面，显示二维绘图相关的功能区；选择“三维基础”选项，界面则显示用于三维基础绘图的功能区，其中仅包含与三维基础相关的基本工具，如图 1-28 所示。

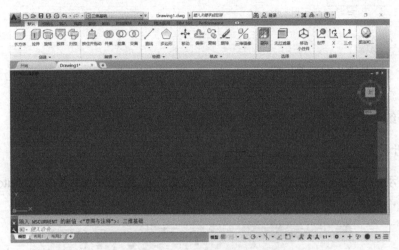

图 1-28 “三维基础”绘图界面

选择“三维建模”选项，界面则显示用于三维绘图的功能区，其中仅包含与三维建模相关的选项卡和面板，如图 1-29 所示。

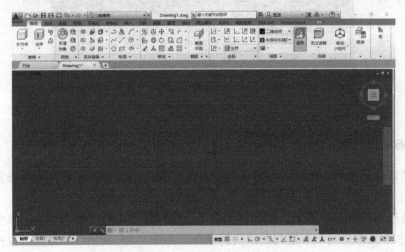

图 1-29 “三维建模”绘图界面

1.6.2 管理图形文件

此任务练习图形文件的创建和保存。

1. 启动 AutoCAD 并新建一个图形文件

1）要求

启动 AutoCAD 2016，创建一个新图形文件并保存在自己的文件夹中。

2）操作步骤

操作步骤如下：

（1）在硬盘（如 D 盘）上新建立一个文件夹并命名。

（2）双击桌面上的“AutoCAD 2016”快捷方式图标，启动 AutoCAD 2016，新建一个图形文件。

（3）在快速访问工具栏中单击“保存”按钮，或选择“文件”→“保存”选项，打开“图形另存为”对话框。

（4）在“图形另存为”对话框的“保存于”下拉列表中找到在硬盘上新建的文件夹，并将此文件夹打开。

（5）在“文件名”文本框中输入文件名称“图 1-01”，单击“保存”按钮，保存此图形文件。

2. 加载工具栏

1）要求

根据需要加载（打开）或关闭“标注”工具栏。

2）操作步骤

（1）单击“自定义快速访问工具栏”按钮，在弹出的自定义菜单中选择“显示菜单栏”选项，即可在“标题栏”下方显示“菜单栏”。

（2）在菜单栏中选择“工具”选项卡，在弹出的菜单中选择“工具栏”→“AutoCAD”选项，打开子菜单。

（3）勾选“标注”复选框，在绘图区中显示“标注”工具栏，如图 1-30 所示。

图 1-30 “标注”工具栏

（4）将光标指向“标注”工具栏的标题栏上沿，按住鼠标左键将它拖动到绘图区的适当位置，用同样的方法可以加载其他工具栏。

1.6.3 改变功能区的色调

AutoCAD 2016 默认状态下的界面为暗黑色调，根据不同的习惯，可以改变其色调，操作步骤如下：

（1）打开“选项”对话框，可以采用以下方式。

① 单击“菜单浏览器”下端的“选项”按钮。

② 在绘图区单击右键，在打开的快捷菜单中选择“选项”选项。

③ 在菜单栏中选择“工具”→“选项”选项。

④ 在命令行中输入“OPTIONS”命令。

（2）选择“显示”选项卡。

（3）在“窗口元素”选项组中，单击“配色方案”下拉按钮，在下拉列表中选择“明”选项。

（4）单击“确定”按钮，完成设置，结果如图 1-31 所示。

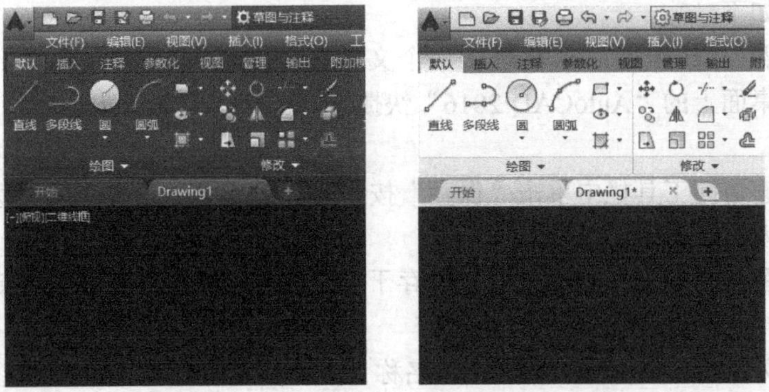

（a）暗色调　　（b）明色调

图 1-31　改变功能区色调的示例

习题 1

1．熟悉工作界面，试着打开、关闭 AutoCAD 提供的工具栏。

2．试着在 AutoCAD 2016 安装目录下的 SAMPLE 子目录下，找到某图形将其打开并进行保存，文件名称为“图 1-02”，保存类型为“.dwg”。

提示：可以在“C:\ Program Files\AutoCAD 2016\Sample”文件夹中找到 AutoCAD 图形文件。例如，找到“sheet sets\manufacturing\VW252-03-1200”图形文件并打开，如图 1-32 所示。

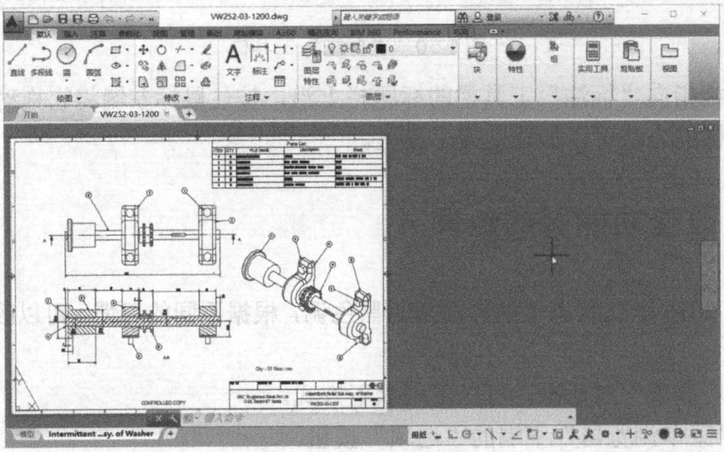

图 1-32　打开图形文件

3．在“单位控制”对话框中确定绘图单位。要求：长度、角度单位均为十进制，小数点后的位数保留 2 位，角度为 0。

4．使用“LIMITS”命令选择 A3 图幅。A3 图幅的 X 方向为 420mm，Y 方向为 297mm。

5．练习设置绘图环境、绘图单位、绘图界限。试将绘图区的背景颜色从默认的黑色改变为白色。

第2章 绘制平面图形

工程图样是由点、直线、圆和圆弧等基本元素所组合的，因此，需要熟练掌握这些基本元素的绘制方法。AutoCAD 2016 提供了丰富的绘图命令，常用绘图命令包括：绘制点、直线、构造线、多线、多段线、正多边形、圆、圆弧、椭圆、椭圆弧、圆环、多线、样条曲线、云线、区域覆盖等，如图 2–1 所示。

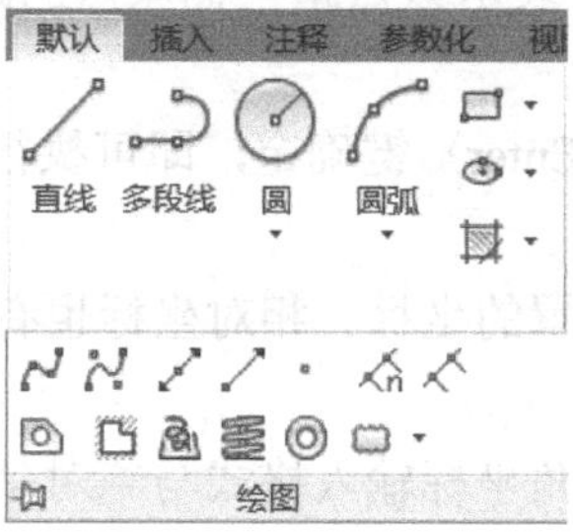

图 2-1　“绘图”面板

2.1 绘制点

点是图形的最小元素，通常用来作为捕捉对象的参考点。

2.1.1　点的输入方法

当绘图时，总需要对点或线进行位置的确定，此时系统将会提示输入确定位置的参数，常用的方法如下。

1. 鼠标输入法

鼠标输入法是指移动鼠标，直接在绘图的指定位置单击，来拾取点坐标的一种方法。

当移动鼠标时，十字光标和坐标值随之变化，状态栏左边的坐标显示区将显示当前位置。单击状态栏中的“自定义”按钮≡，可以选择“坐标”选项来改变其在状态栏的显示和关闭。

2. 键盘输入法

键盘输入法是通过键盘在命令行输入参数值来确定位置坐标，如图 2-2 所示。

图 2-2　命令行输入示例

位置坐标一般有两种方式，即绝对坐标和相对坐标。

1）绝对坐标

绝对坐标是指相对于当前坐标系原点（0,0,0）的坐标。在二维空间中，绝对坐标可以用绝对直角坐标和绝对极坐标来表示。

（1）绝对直角坐标的输入格式。当绘图时，命令行提示“point”输入点时，可以直接在命令行输入点的“X,Y”坐标值，坐标值之间用逗号隔开，如“40,60”。

（2）绝对极坐标的输入格式。当绘图时，命令行提示“point”输入点时，直接输入“距离<角度”。例如，“200<60”表示该点距坐标原点的距离为 200，与 X 轴正方向夹角为 60°。

在命令行输入命令后，按〈Enter〉键确定，即可执行命令。

2）相对坐标

相对坐标指相对于前一点位置的坐标。相对坐标也有相对直角坐标和相对极坐标两种表示方式。

（1）相对直角坐标。相对直角坐标输入格式与绝对坐标的输入格式相同，但是，要在坐标的前面加上“@”，其输入格式为“@X,Y”。例如，前一点的坐标为“40,60”，新点的相对直角坐标为“@50,100”，则新点的绝对坐标为“90,160”。相对前一点 X 坐标向右为正，向左为负；Y 坐标向上为正，向下则为负。

如果绘制已知 X、Y 两方向尺寸的线段，利用相对直角坐标法较为方便，如图 2-3 所示。若 a 点为前一点，则 b 点的相对坐标为“@20,40”；若 b 点为前一点，则 a 点的相对坐标为“@-20,-40”。

（2）相对极坐标。相对极坐标也是相对于前一点的坐标，通过指定该点到前一点的距离及与 X 轴的夹角来确定点。相对极坐标输入格式为“@距离<角度”（相对极坐标中，距离与角度之间以“<”符号相隔）。在 AutoCAD 中，默认设置的角度正方向为逆时针方向，水平向右为 0°。

如果已知线段长度和角度尺寸，可以利用相对极坐标方便地绘制线段，如图 2-4 所示。如果 a 点为前一点，则 b 点的相对坐标为“@45<63”；如果 b 点为前一点，则 a 点的相对坐标为“@45<243”或“@45<-117”。

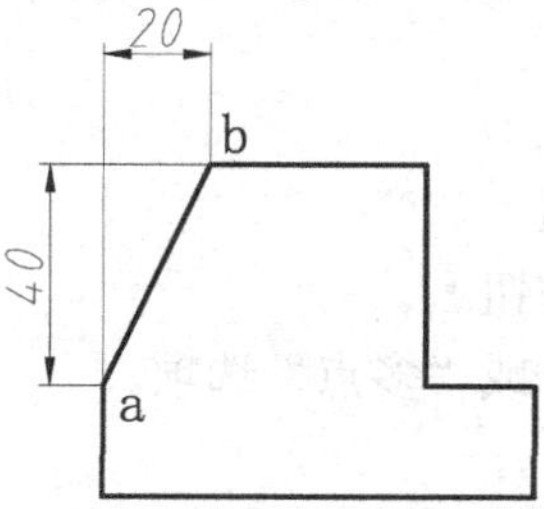

图 2-3 用相对直角坐标输入尺寸示例

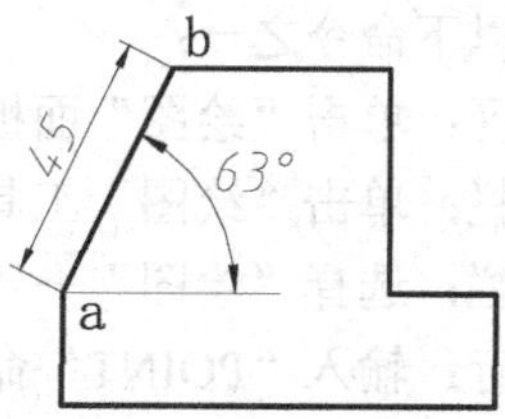

图 2-4 用相对极坐标输入尺寸示例

3. 用直线距离的方式

直线距离的输入方式是鼠标输入法和键盘输入法的结合。当提示输入一个点时，将光标移向输入点确定方向（不要单击），使用键盘直接输入与前一点的距离，然后按〈Enter〉键确定。

2.1.2 绘制点

点是组成图形的最基本的实体对象之一，利用 AutoCAD 可以方便地绘制各种形式的点。

1. 设置点的样式

AutoCAD 提供了 20 种不同样式的点，用户可以根据需要进行设置。

1）操作方法

可以执行以下操作之一：

（1）功能区：单击“实用工具”面板中的“点样式”按钮。

（2）菜单栏：选择“格式”→“点样式”命令。

（2）命令行：输入“DDPTYPE”命令。

2）操作格式

执行上面命令之一，系统打开“点样式”对话框，如图 2-5 所示。

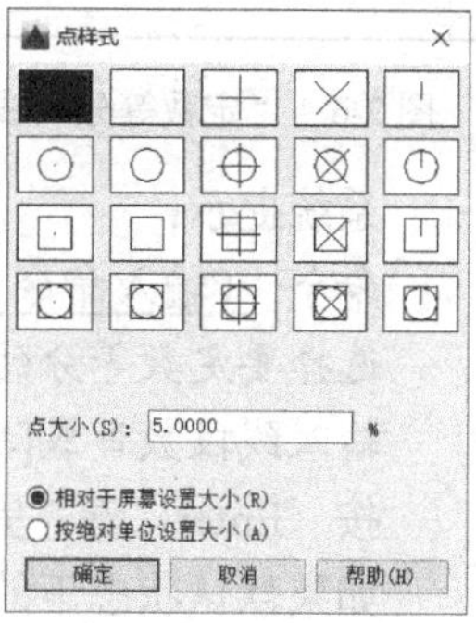

图 2-5 “点样式”对话框

对话框各选项功能如下。

（1）“点样式”：提供了 20 种样式，可以从中任选一种。

（2）“点大小”：确定所选点的大小。

（3）“相对于屏幕设置大小”：即点的大小随绘图区的变化而改变。

（4）“按绝对单位设置大小”：即点的大小不变。

设置样式后，单击“确定”按钮，完成操作。

2. 绘制单点或多点

此功能可以在指定位置上绘制单一点或多个点。

1）操作方法

可以执行以下命令之一：

（1）功能区：单击“绘图”面板中的“点”按钮。

（2）工具栏：单击“绘图”工具栏中的“点”按钮。

（3）菜单栏：选择“绘图”→“点”→“单点”或“多点”选项。

（4）命令行：输入“POINT”命令。

2）操作格式

系统提示：

命令:（输入命令）。

指定点:（指定点的位置）。

默认状态下，系统可以连续输入点的位置，以绘制出多点。如果在菜单栏中选择“单点”选项，则在指定点位置后将结束操作；若选择“多点”选项，则在指定点后，可以继续输入点的位置或按〈Esc〉键结束操作。

3. 绘制等分点

此功能可以在指定的对象上绘制等分点或在等分点处插入块（块的内容在以后章节中介绍）。

1）操作方法

可以执行以下操作之一。

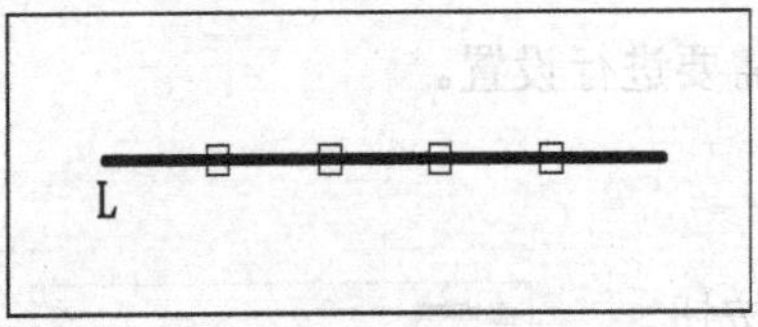

图 2-6 “定数等分”线段示例

（1）“绘图”面板：单击“定数等分”按钮。

（2）菜单栏：选择“绘图”→“点”→“定数等分”选项。

（3）命令行：输入“DIVIDE”命令。

2）操作格式

下面以图 2-6 为例，绘制直线 L。

系统提示：

命令:（输入命令）。

选择要定数等分的对象:（选择直线 L）。

输入线段数目或[块(B)]:（输入等分线段数目“5”）。

按〈Enter〉键，完成操作，结果如图 2-6 所示。

如果默认状态下的点样式过小，不易观察结果，则可以重新设置点样式。

4. 绘制等距点

此功能可以在指定的对象上用给定距离放置点或块。

1）操作方法

可以执行以下操作之一。

（1）“绘图”面板：单击“定距等分”按钮。

（2）菜单栏：选择“绘图”→“点”→“定距等分”选项。

（3）命令行：输入“MEASURE”命令。

2）操作格式

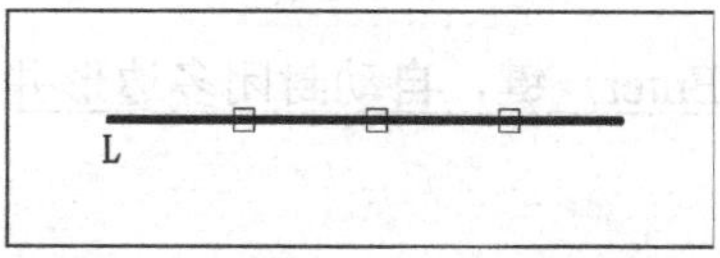

图 2-7 “定距等分”线段示例

下面以图 2-7 为例，绘制直线 L。

系统提示：

命令: （输入命令）。

选择要定距等分的对象: （选择直线 L 左端，一般以选择线段对象点较近端为等距起点）。

指定线段长度或[块(B)]: （输入线段长度“40”）。

按〈Enter〉键，完成操作，结果如图 2-7 所示。

2.2 绘制直线对象

此节介绍直线对象的绘制方法，直线对象包括直线、射线、构造线、矩形和多边形等。

2.2.1 绘制直线

“LINE”命令用于绘制直线，以图 2-8 为例，其操作步骤如下。

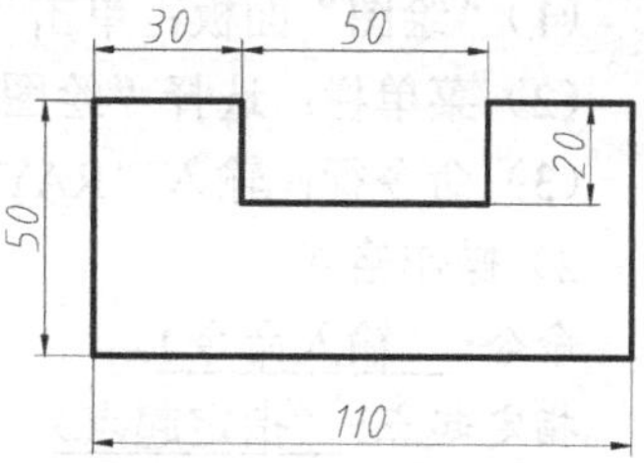

图 2-8 绘制直线示例

1）操作方法

可以执行以下操作之一。

（1）“绘图”面板：单击“直线”按钮。

（2）菜单栏：选择“绘图”→“直线”选项。

（3）工具栏：单击“直线”按钮。

（4）命令行：输入“L”命令。

2）操作格式

执行上面任一操作，系统提示如下：

指定第一点:（输入起始点）（用鼠标直接输入第 1 点，以左下角为起点）。

指定下一点或[放弃(U)]: （输入“@0,50”，按〈Enter〉键，用相对直角坐标绘制下一点）。

指定下一点或[闭合(C)/放弃(U)]: （输入“@0,30”，按〈Enter〉键，用相对直角坐标绘制出下一点）。

指定下一点或[闭合(C)/放弃(U)]: （输入“@0,-20”，按〈Enter〉键，用相对直角坐标绘制出下一点）。

指定下一点或[闭合(C)/放弃(U)]: （鼠标向右移动，输入“50”，按〈Enter〉键，用直线距离方法绘制出下一点）。

指定下一点或[闭合(C)/放弃(U)]: （鼠标向上移动，输入“20”，按〈Enter〉键，用直线距离方法绘制出下一点）。

指定下一点或[闭合(C)/放弃(U)]: （鼠标向右移动，输入“30”，按〈Enter〉键，用直线距离方法绘制出下一点）。

指定下一点或[闭合(C)/放弃(U)]: （鼠标向下移动，输入“50”，按〈Enter〉键，用直线距离方法绘制出下一点）。

指定下一点或[闭合(C)/放弃(U)]: （输入命令“C”，按〈Enter〉键，自动封闭多边形并退出操作）。

结果如图 2-8 所示。

3）说明

在绘制直线时应注意：在“指定下一点或[闭合(C)/放弃(U)]”提示后，若输入命令“U”，将取消最后画出的一条直线；若直接按〈Enter〉键，则结束绘制直线命令。

用 LINE 命令连续绘制的每一条直线都分别是独立的对象。

2.2.2 绘制射线

射线为一端固定，另一端无限延长的直线。

1）操作方法

可以执行以下操作之一。

（1）“绘图”面板：单击“射线”按钮。

（2）菜单栏：选择“绘图”→“射线”选项。

（3）命令行：输入“RAY”命令。

2）操作格式

命令: （输入命令）。

指定起点: （指定起点）。

指定通过点: （指定通过点，画出一条线）。

可以在“指定通过点:”的提示下，通过指定多个通过点来绘制以起点为端点的多条射线，按〈Enter〉键结束。

2.2.3 绘制构造线

构造线又称参照线，是向两个方向无限延长的直线。构造线一般用做绘图的辅助线，其操作方法如下。

1. 指定两点画线

该选项为默认项，可画一条或一组穿过起点和通过各点的无穷长直线。

1）操作方法

可以执行以下操作之一。

（1）“绘图”面板：单击“构造线”按钮。

（2）工具栏：单击“构造线”按钮。

（3）菜单栏：选择“绘图”→“构造线”选项。

（4）命令行：输入“XLINE”命令。

2）操作格式

命令:（输入命令）。

指定点或[水平(H)/垂直(V)/角度(A)/二等分(B)/偏移(O)]:（指定起点）。

指定通过点:（指定通过点，画出一条线）。

指定通过点:（指定通过点，再画一条线或按〈Enter〉键结束操作）。

命令:

提示中各选项含义如下。

（1）水平(H)：用于绘制通过指定点的水平构造线。

（2）垂直(V)：用于绘制通过指定点的垂直构造线。

（2）角度(A)：用于绘制通过指定点并成指定角度的构造线。

（4）二等分(B)：用于绘制通过指定角的平分线。

（5）偏移(O)：复制现有的构造线，指定偏移通过点。

2. 绘制水平构造线

该选项可以绘制一条或一组通过指定点并平行于 X 轴的构造线，其操作如下：

命令:（输入绘制构造线命令）。

指定点或[水平(H)/垂直(V)/角度(A)/二等分(B)/偏移(O)]:（输入命令“H”，按〈Enter〉键）。

指定通过点:（指定通过点后画出一条水平线）。

指定通过点:（指定通过点再画出一条水平线或按〈Enter〉键结束操作）。

命令:

3. 绘制垂直构造线

该选项可以绘制一条或一组通过指定点并平行于 Y 轴的构造线，其操作如下：

命令:（输入绘制构造线命令）。

指定点或[水平(H)/垂直(V)/角度(A)/二等分(B)/偏移(O)]:（输入命令“V”，按〈Enter〉键）。

指定通过点:（指定通过点画出一条铅垂线）。

指定通过点:（指定通过点再画出一条铅垂线或按〈Enter〉键结束操作）。

命令:

4. 绘制构造线的平行线

该选项可以绘制与所选直线平行的构造线，其操作如下：

命令:（输入绘制构造线命令）。

指定点或[水平(H)/垂直(V)/角度(A)/二等分(B)/偏移(O)]:（输入命令“O”，按〈Enter〉键）。

指定偏移距离或[通过(T)]〈20〉:（输入偏移距离）。

选择直线对象:（选取一条构造线）。

指定要偏移的边:（指定在已知构造线的哪一侧偏移）。

选择直线对象：可重复绘制构造线或按〈Enter〉键结束操作。
命令：
若在“指定偏移距离或［通过(T)］〈20〉：”提示行输入命令“T”，系统经提示：
选择直线对象：（选择一条构造线或直线）。
指定通过点：（指定通过点可以绘制与所选直线平行的构造线）。
选择直线对象：（可同上操作再画一条线，也可按〈Enter〉键结束该命令操作）。

5. 绘制角度构造线

该选项可以绘制一条或一组指定角度的构造线，其操作如下：
命令：（输入绘制构造线命令）。
指定点或［水平(H)/垂直(V)/角度(A)/二等分(B)/偏移(O)］：（输入命令“A”，按〈Enter〉键）。
确定选项后，按提示先指定角度，再指定通过点即可绘制角度构造线。

2.2.4 绘制多边形

在 AutoCAD 中可以精确绘制 3～1024 边数的多边形，并提供了边长、内接圆、外切圆 3 种绘制方式，该功能绘制的多边形是封闭的单一实体。

1. 边长方式

1）操作方法
可以执行以下操作之一。
（1）“绘图”面板：单击“矩形”下拉按钮，在下拉列表中选择“多边形”选项。
（2）工具栏：单击“多边形”按钮。
（3）菜单栏：选择“绘图”→“多边形”选项。
（4）命令行：输入“POLYGON”命令。
2）操作格式
命令：（输入命令）。

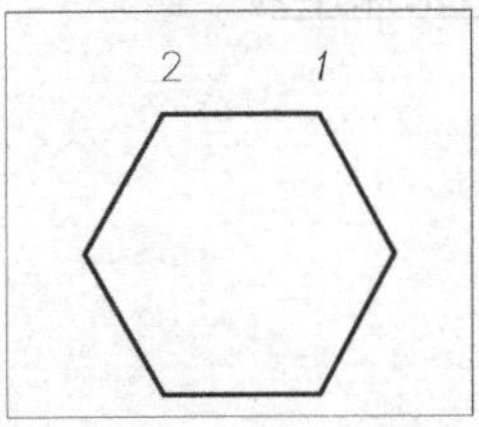

图 2-9 边长方式绘制多边形

输入侧面数〈4〉：（输入侧面的边数，默认边数为 4）。
指定正多边形的中心点或［边(E)］：（输入命令“E”）。
指定边的第一个端点：（输入边的第一个端点 1）。
指定边的第二个端点：（输入边的第二个端点 2）。
命令：
结果如图 2-9 所示。

2. 内接圆方式

1）操作方法
可以执行以下操作之一。
（1）“绘图”面板：单击“矩形”下拉按钮，选择“多边形”选项。

（2）工具栏：单击“多边形”按钮⬠。
（3）菜单栏：选择“绘图”→“多边形”选项。
（4）命令行：输入“POLYGON”选项。
2）操作格式
命令:（输入命令）。
输入边的数目〈4〉:（输入边数“6”）。
指定正多边形的中心点或[边(E)]:（指定多边形的中心点）。
输入选项[内接于圆(I)/外切于圆(C)]〈I〉:（〈I〉为默认选项，直接按〈Enter〉键即可）。
指定圆的半径:（指定圆的半径）。
命令:
结果按内接圆方式绘制多边形如图 2-10 所示。

3. 外切圆方式

1）操作方法
可以执行以下操作之一。
（1）“绘图”面板：单击“矩形”下拉按钮▭▾，在下拉列表中选择“多边形”选项。
（2）工具栏：单击“多边形”按钮⬠。
（3）菜单栏：选择“绘图”→“多边形”选项。
（4）命令行：输入“POLYGON”。
2）操作格式
命令:（输入命令）。
输入边的数目〈4〉:（输入边数“6”，默认边数为 4）。
指定正多边形的中心点或[边(E)]:（指定多边形的中心点）。
输入选项[内接于圆(I)/外切于圆(C)]〈I〉:（输入命令“C”）。
指定圆的半径:（指定圆的半径）。
命令:
按外切圆方式绘制多边形，结果如图 2-11 所示。

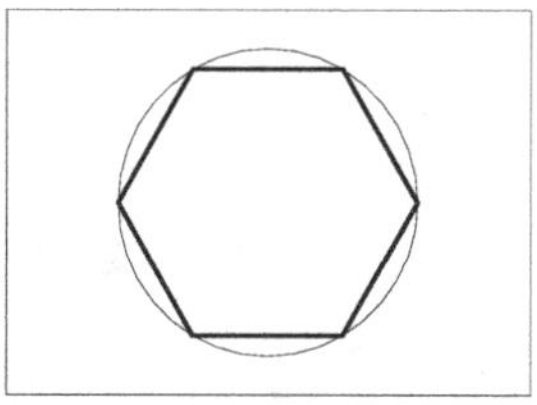
图 2-10　内接圆方式示例

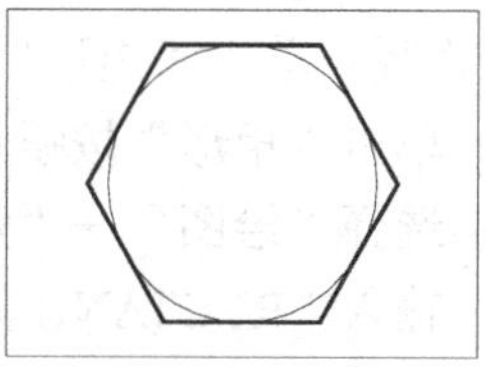
图 2-11　外切圆方式示例

2.2.5　绘制矩形

该功能可以绘制矩形，并能按要求绘制倒角和圆角。该功能绘制出的矩形为封闭的单一实体。

1. 绘制常规矩形

该方式按指定的两个对角点绘制矩形，以图 2-12 为例。

1）操作方法

可以执行以下操作之一。

（1）“绘图”面板：单击“矩形”按钮。

（2）工具栏：单击“矩形”按钮。

（3）菜单栏：选择“绘图”→“矩形”选项。

（4）命令行：输入“RECTANG”。

2）操作格式

命令:（输入命令）。

指定第一个角点或[倒角(C)/标高(E)/圆角(F)/厚度(T)/宽度(W)]:（用鼠标选取矩形第 1 个对角点 1）。

指定另一个角点或[面积(A)/尺寸(D)/旋转(R)]:（用鼠标选取对角点或输入矩形另一个对角点 2 的坐标）。

命令:

结果如图 2-12 所示。

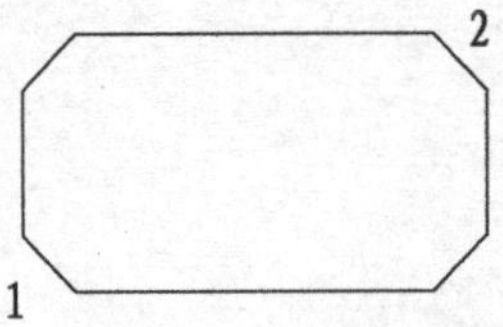

图 2-12　绘制矩形示例

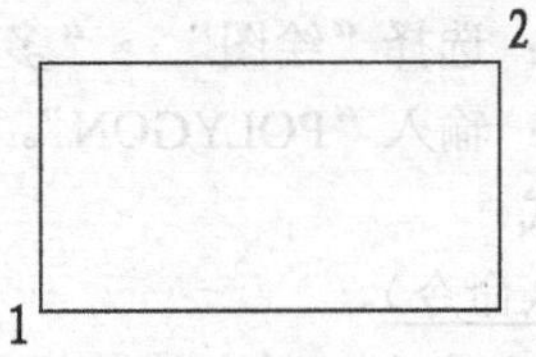

图 2-13　矩形倒角的示例

2. 绘制倒角的矩形

该方式按指定的倒角尺寸，绘制倒角的矩形，以图 2-13 为例。

1）操作方法

可以执行以下操作之一。

（1）“绘图”面板：单击“矩形”按钮。

（2）工具栏：单击“矩形”按钮。

（3）菜单栏：选择“绘图”→“矩形”选项。

（4）命令行：输入“RECTANG”命令。

2）操作格式

命令:（输入命令）。

指定第 1 个角点或[倒角(C)/标高(E)/圆角(F)/厚度(T)/宽度(W)]:（输入命令“C”）。

指定矩形的第 1 个倒角距离〈0.00〉:（输入“20”）。

指定矩形的第 2 个倒角距离〈0.00〉:（输入“20”）。

指定第一个角点或[倒角(C)/标高(E)/圆角(F)/厚度(T)/宽度(W)]:（指定 1 点）。

指定另一个角点或[面积(A)/尺寸(D)/旋转(R)]:（指定 2 点）。

命令:

提示:“指定另一个角点[面积(A)/尺寸(D)/旋转(R)]:”时，可以直接指定另一个角点来绘制矩形；或者输入命令“A”，通过指定矩形的面积和长度（或宽度）绘制矩形；或者输入命令“D”，通过指定矩形的长度、宽度和矩形的另一个角点来绘制矩形；也可以输入命令“R”，通过指定旋转的角度和拾取两个参考点绘制矩形，结果如图 2-13 所示。

3. 绘制圆角的矩形

该方式按指定的圆角尺寸，绘制圆角的矩形，以图 2-14 为例。

命令: （输入命令）。

指定第 1 个角点或[倒角(C)/标高(E)/圆角(F)/厚度(T)/宽度(W)]: （输入 “F”）。

指定矩形的圆角半径〈0.00〉: （输入“20”）。

指定第 1 个角点或[倒角(C)/标高(E)/圆角(F)/厚度(T)/宽度(W)]: （指定第 1 个对角点）。

指定另一个角点[面积(A)/尺寸(D)/旋转(R)]: （指定另一个对角点）。

命令:

结果如图 2-14 所示。

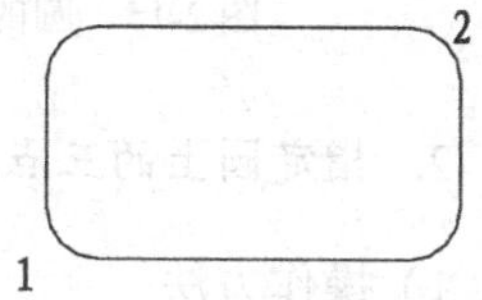

图 2-14 矩形圆角的示例

2.3 绘制曲线对象

曲线对象包括圆、圆弧和椭圆等。

2.3.1 绘制圆

“CIRCLE”命令用于绘制圆，并提供了以下绘制方式，如图 2-15 所示。

（1）指定圆心、半径（CEN，R）。

（2）指定圆心、直径（CEN，D）。

（3）指定直径的两端点（2P）。

（4）指定圆上的三点（3P）。

（5）选择两个相切对象（可以是直线、圆弧、圆）和半径（TTR）。

（6）选择三个相切对象（TTT）。

绘制圆，操作如下。

1. 指定圆心、半径绘制圆（默认项）

1）操作方法

可以执行以下操作之一。

（1）“绘图”面板：单击“圆”下列按钮▼，在下拉列表中选择“⊙圆心，半径”选项。

（1）工具栏：单击“圆”按钮⊙。

（2）菜单栏：选择“绘图”→“圆”→“圆心、半径”选项。

（3）命令行：输入“C”。

2）操作格式

执行上面操作之一，系统提示如下：

指定圆的圆心或[三点(3P)/两点(2P)/相切、相切、半径(T)]: (用鼠标或坐标法指定圆心)。

指定圆的半径[直径(D)]: (输入圆的半径“50”，按〈Enter〉键)。

命令：

执行命令后，结果如图 2-16 所示。

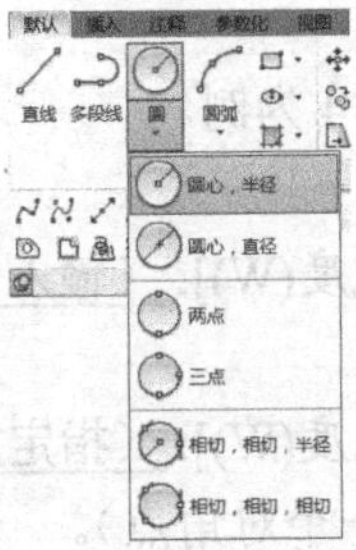

图 2-15　圆的绘制方式

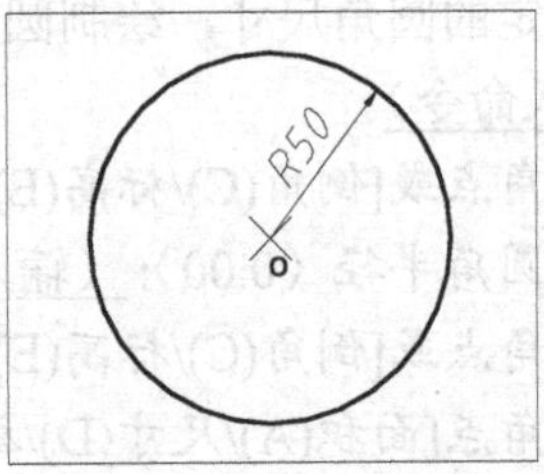

图 2-16　指定圆心、半径绘制圆的示例

2. 指定圆上的三点绘制圆

1）操作方法

可以执行以下操作之一。

（1）“绘图”面板：单击“圆”下拉按钮▼，在下拉列表中选择“三点”选项。

（2）工具栏：单击“圆”按钮。

（3）菜单栏：选择“绘图”→“圆”→“三点”命令。

（4）命令行：输入“C”。

2）操作格式

命令：执行上面命令之一，系统提示如下：

指定圆的圆心或[三点（3P）/两点（2P）/相切、相切、半径（T）]：(输入命令“3P”)。

指定圆的第一点：(指定圆上第 1 点)。

指定圆的第二点：(指定圆上第 2 点)。

指定圆的第三点：(指定圆上第 3 点)。

命令：

执行命令后，结果如图 2-17 所示。

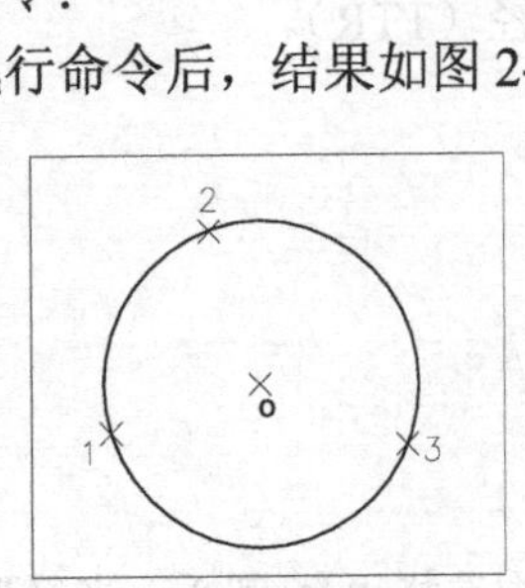

图 2-17　指定三点方式绘制圆的示例

3. 指定直径的两端点绘制圆

1）操作方法

可以执行以下操作之一。

（1）“绘图”面板：单击“圆”按钮下方的多选按钮，在下拉列表中选择“两点”选项。

（2）工具栏：单击“圆”按钮。

（3）菜单栏：选择“绘图”→“圆”→“两点”选项。

（4）命令行：输入命令“C”。

2）操作格式

执行上面操作之一，系统提示如下：

指定圆的圆心或[三点(3P)/两点(2P)/相切、相切、半径(T)]:（输入命令“2P”）。
指定圆直径的第一端点:（指定直径端点第 1 点）。
指定圆直径的第二端点:（指定直径端点第 2 点）。
命令:

4. 指定相切、相切、半径方式绘制圆

1）操作方法

可以执行以下操作之一。

（1）“绘图”面板：选择“相切、相切半径”选项。

（2）工具栏：单击“圆”按钮。

（3）菜单栏：选择“绘图”→“圆”→“相切、相切半径”选项。

（4）命令行：输入命令“C”。

2）操作格式

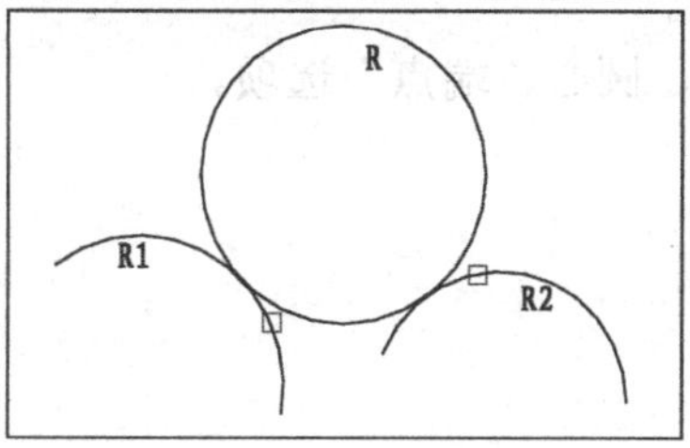

图 2-18　指定相切、相切、半径方式绘制圆示例

执行上面操作之一，系统提示如下：

指定对象与圆的第一个切点:（在第一个相切对象 R1 指定切点）。
指定对象与圆的第二个切点:（在第二个相切对象 R2 指定切点）。
指定圆的半径<当前值>:（指定公切圆 R 的半径）。
命令:

执行命令后，结果如图 2-18 所示。

5. 选项说明

如果在指示“指定圆的半径或[直径(D)]:”时输入命令“D”，系统提示“指定圆的直径:”，输入直径参数后，系统将会绘制出相应的圆。

2.3.2 绘制圆弧

ARC 命令可以根据指定的方式绘制圆弧，AutoCAD 提供了 11 种方式来绘制圆弧，绘制圆弧的方式如图 2-19 所示。

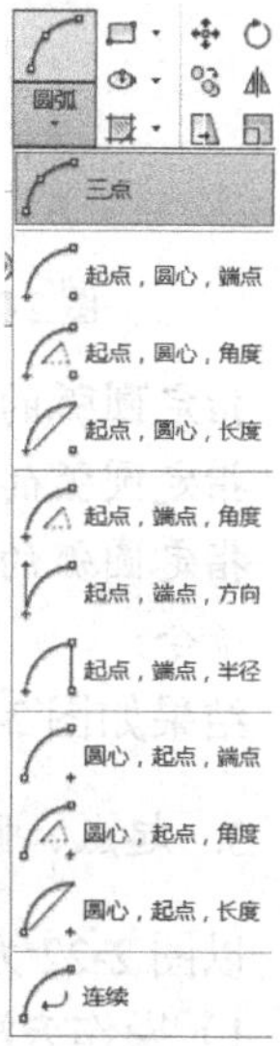

图 2-19　绘制“圆弧”

1. 三点方式

1）操作方法

可以执行以下操作之一。

（1）“绘图”面板：单击“圆弧”下拉按钮▼，在下拉列表中选择“三点”选项。
（2）工具栏：单击“三点”按钮。
（3）菜单栏：选择“绘图”→“圆弧”→“三点”选项。
（4）命令行：输入“ARC”命令。
2）操作格式
以图 2-20 为例，操作如下。
命令：（输入命令）。
指定圆弧的起点或[圆心(C)]：（指定圆弧起点 A）。
指定圆弧的第二点或[圆心(C)/端点(E)]：（指定 B 点）。
指定圆弧的端点：（指定圆弧的端点 C）。
命令：
结果如图 2-20 所示。三点方式为默认方式。

2. 起点、圆心、端点方式

1）操作方法
可以执行以下操作之一。
（1）“绘图”面板：选择“圆弧”下拉列表中的“起点、圆心、端点”选项。
（2）工具栏：单击“起点、圆心、端点”按钮。
（3）菜单栏：选择“绘图”→“圆弧”→“起点、圆心、端点”选项。
（4）命令行：输入“ARC”命令。
2）操作格式
以图 2-21 为例，操作如下。
命令：（输入命令）。
指定圆弧的起点或[圆心(C)]：（指定圆弧起点 A）。

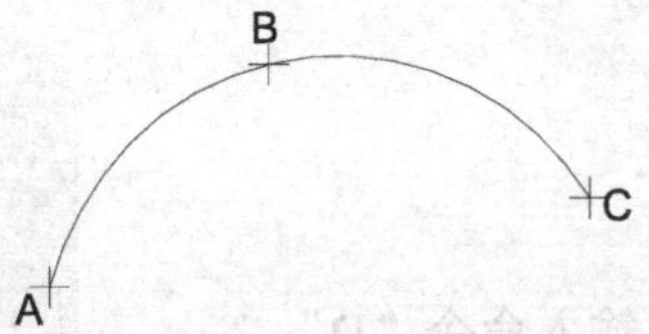

图 2-20　三点方式绘制圆弧示例

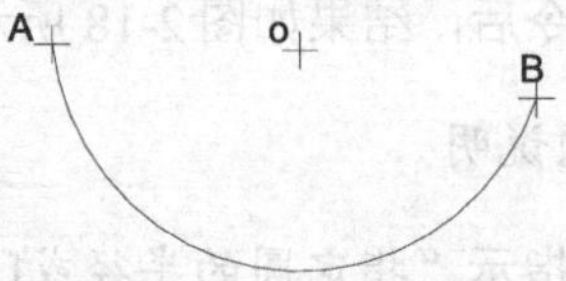

图 2-21　起点、圆心、端点方式示例

指定圆弧的起点或[圆心(C)/端点(E)]：（输入命令“C”）。
指定圆弧的圆心：（指定圆心“O”）。
指定圆弧的端点或[角度(A)/弦长(L)]：（指定端点 B）。
命令：
结果如图 2-21 所示。

3. 起点、圆心、角度方式

以图 2-22 为例。
1）操作方法
“绘图”面板：选择“圆弧”下拉列表中的“起点、圆心、角度”选项。

2）操作格式

命令:（输入命令）。

指定圆弧的起点或[圆心(C)]:（指定圆弧起点 A）。

指定圆弧的第二点或[圆心(C)/端点(E)]:（输入命令“C”）。

指定圆弧的圆心:（指定圆心“O”）。

指定圆弧的端点或[角度(A)/弦长(L)]:（输入命令“B”）。

指定包含角:（输入包含角度“160”）。

命令:

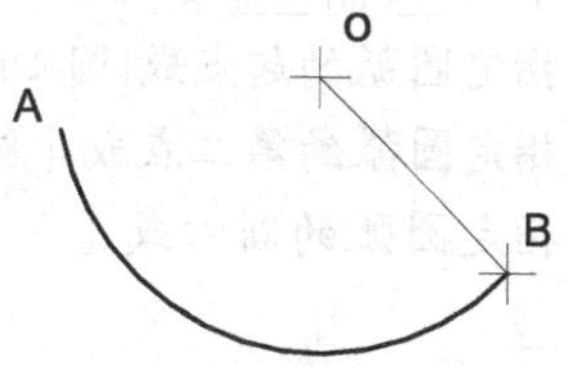

图 2-22　起点、圆心、角度方式示例

结果如图 2-22 所示。默认状态下，角度方向设置为逆时针，输入正值，绘制的圆弧从起始点绕圆心沿逆时针方向绘出；如果输入负值，则沿顺时针方向绘出。

4. 起点、圆心、长度方式

以图 2-23 为例。

1）操作方法

“绘图”面板：选择“圆弧”下拉列表中的“起点、圆心、长度”选项。

2）操作格式

命令:（输入命令）。

指定圆弧的起点或[圆心(C)]:（指定圆弧起点 A）。

指定圆弧的第二点或[圆心(C)/端点(E)]:（输入命名“C”）。

指定圆弧的圆心:（指定圆心“O”）。

指定圆弧的端点[角度(A)/弦长(L)]:（输入命名“L”）。

指定弦长:（输入“200”）。

命令:

结果如图 2-23 所示。如果输入的弦长为“−200”，则显示为空缺部分，如图 2-24 所示。

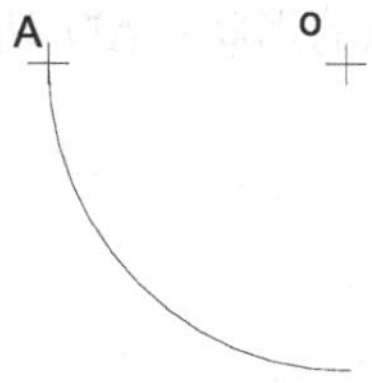

图 2-23　起点、圆心、长度方式示例

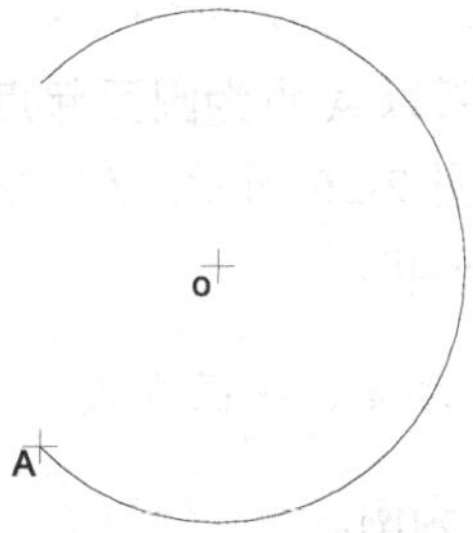

图 2-24　弧长为负值的结果示例

5. 起点、端点、角度方式

以图 2-25 为例。

1）操作方法

“绘图”面板：选择“圆弧”下拉列表中的“起点、端点、角度”选项。

2）操作格式

命令:（输入命令）。

指定圆弧的起点或[圆心(C)]:（指定圆弧起点 A）。

指定圆弧的第二点或 [圆心(CE) / 端点(E)]: 指定圆弧的端点:（指定圆弧的端点 B）。

指定圆弧的圆心或 [角度(A) / 方向(D) / 半径(R)]: 指定包含角:（输入圆弧包含角“120”）。

命令:

结果如图 2-25 所示。

6. 起点、端点、方向方式

以图 2-26 为例。

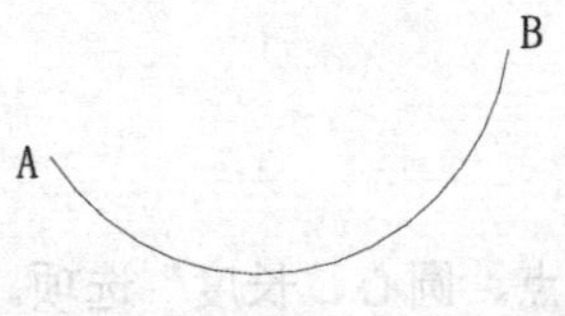

图 2-25 起点、端点、角度方式示例

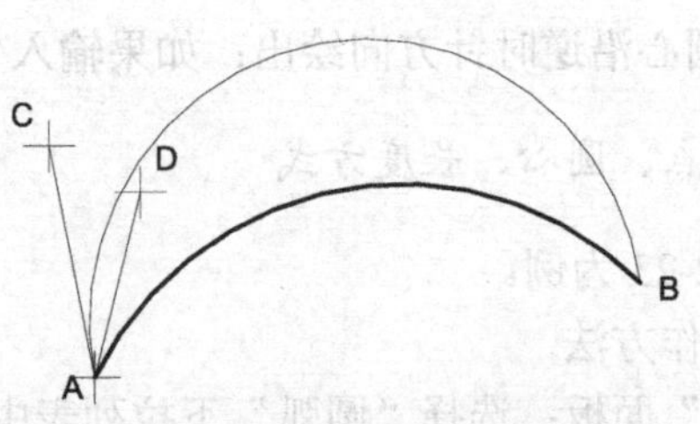

图 2-26 起点、端点、方向方式示例

1）操作方法

“绘图”面板：选择“圆弧”下拉列表中的“起点、端点、方向”选项。

2）操作格式

命令:（输入命令）。

指定圆弧的起点或[圆心(C)]:（指定圆弧起点 A）。

指定圆弧的第二点或[圆心(CE) / 端点(E)]: 指定圆弧的端点:（指定圆弧的端点 B）。

指定圆弧的圆心或[角度(A) / 方向(D) / 半径(R)]: 指定圆弧的起点切向:（指定圆弧的方向点）。

命令:

所绘制圆弧以 A 点为圆弧起点，B 点为终点，所给方向点与弧起点的连线是该圆弧的矢量方向，如图 2-26 所示，AC 切向矢量确定了细实线圆弧的形状；AD 切向矢量确定了粗实线圆弧的形状。

7. 起点、端点、半径方式

以图 2-27 为例。

1）操作方法

“绘图”面板：选择“圆弧”下拉列表中的“起点、端点、半径”选项。

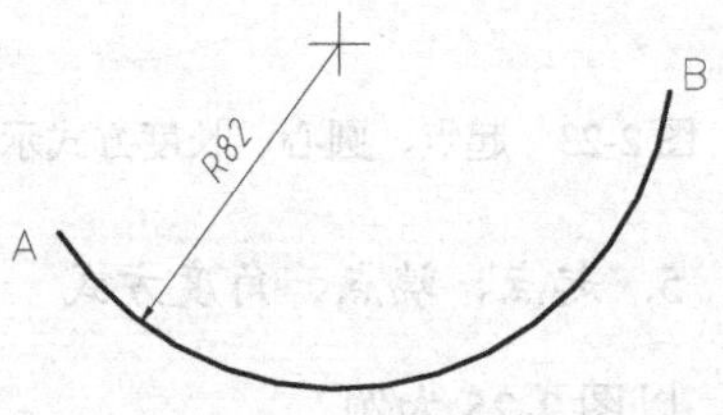

图 2-27 起点、端点、半径方式示例

(2）操作格式

命令:（输入命令）。

指定圆弧的起点或[圆心(C)]:（指定圆弧起点 A）。

指定圆弧的起点或[圆心(C)/端点(E)]: （输入命令“E”）。
指定圆弧的端点: （指定圆弧的端点 B）。
指定圆弧的圆心或[角度(A)/方向(D)/半径(R)]: （输入命令“R”）。
指定圆弧的半径: （输入“82”）。
命令:
结果如图 2-27 所示。

2.3.3 绘制椭圆和椭圆弧

ELLIPSE 命令可以绘制椭圆和椭圆弧。AutoCAD 提供了 2 种画椭圆的方式，如图 2-28 所示，其操作如下。

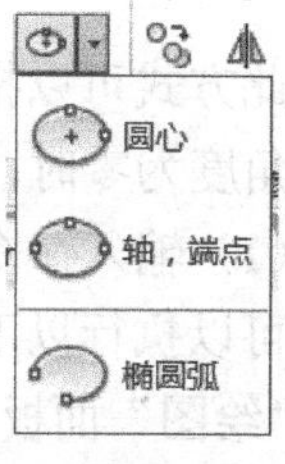

图 2-28 绘制椭圆方式

1. 轴端点方式

这种方式通过指定椭圆的 3 个轴端点来绘制椭圆。
1）操作方法
可以执行以下操作之一。
（1）“绘图”面板：单击“椭圆”下拉按钮，在下拉列表中选择“轴，端点”选项。
（2）工具栏：单击按钮。
（3）菜单栏：选择“绘图”→“椭圆”选项。
（4）命令行：输入“ELLIPSE”命令。
2）操作格式
命令: （输入命令）。
指定椭圆的轴端点或[圆弧(A)/中心点(C)]: （指定长轴 A 点）。
指定轴的另一个端点: （指定长轴另一个端点 B）。
指定另一条半轴长度或[旋转(R)]: （指定 C 点确定短轴长度）。
命令:
结果如图 2-29 所示。

2. 中心点方式

这种方式通过指定椭圆中心和长、短轴的一端点来绘制椭圆。
1）操作方法
可以执行以下操作之一。
“绘图”面板：选择“椭圆”下拉列表中的“圆心”选项。
2）操作格式
命令: （输入命令）。
指定椭圆的轴端点或[圆弧(A)/中心点(C)]: （输入“C”）。
指定椭圆中心点: （指定中心点 O）。
指定轴的端点: （指定长轴端点 A）。

指定另一条半轴长度或[旋转(R)]: （指定短轴端点 C）。
命令:
结果如图 2-30 所示。

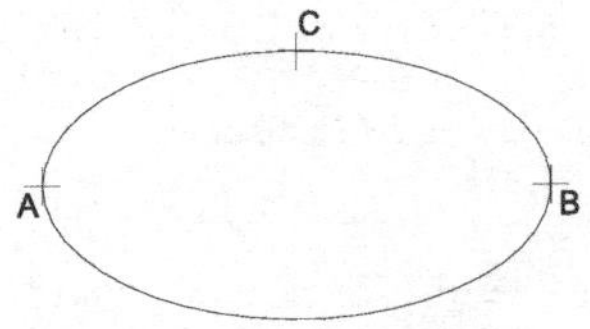

图 2-29　轴端点方式绘制椭圆

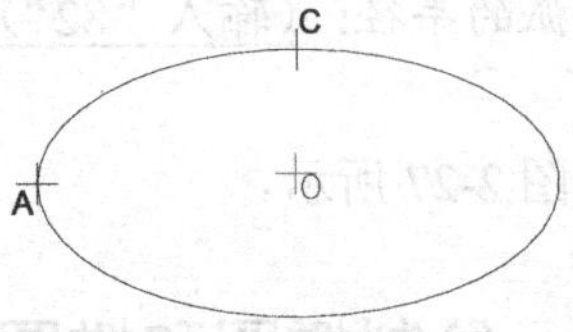

图 2-30　中心点方式绘制椭圆示例

3. 旋转角方式

此方式可以指定旋转角来绘制椭圆。旋转角是指其中一轴相对另一轴的旋转角度，当旋转角度为零时，将画成一个圆，当旋转角度 ＞89.4 时，命令无效。

（1）输入命令
可以执行以下命令之一：
“绘图”面板：“椭圆”→“轴，端点”命令。
（2）操作格式
命令: （输入命令）。
指定椭圆的轴端点或[圆弧(A)/中心点(C)]: （指定长轴端点 A）。
指定轴的另一个端点: （指定长轴另一端点 B）。
指定另一条半轴长度或[旋转(R)]: （输入命令“R”）。
指定绕长轴旋转的角度: （输入“45”）。
命令:

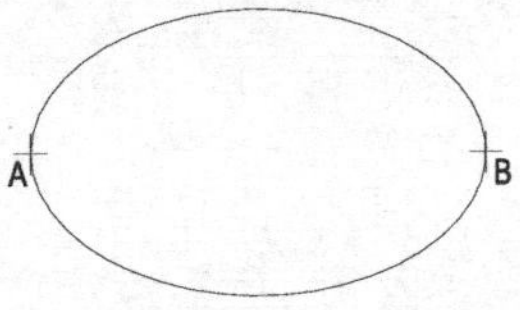

图 2-31　旋转角方式绘制椭圆示例

结果如图 2-31 所示。

4. 绘制椭圆弧

绘制椭圆弧和绘制椭圆的方法相同，只是在最后需要指定起始角度和终止角度。
1）操作方法
可以执行以下操作之一。
（1）“绘图”面板：单击“椭圆”下拉按钮，在下拉列表中选择“椭圆弧”选项。
（2）工具栏：单击按钮。
2）操作格式
命令: （输入命令）。
指定椭圆弧的轴端点或[中心点(C)]: （指定点 A）。
指定轴的另一个端点: （指定点 B）。
指定另一条半轴长度或[旋转(R)]: （指定半轴端点 C）。
指定起始角度或[参数(P)]: （输入起始角度“30”）。
指定终止角度或[参数(P)/包含角度(I)]: （输入终止角度“-150”）。

命令:
结果如图 2-32 所示。

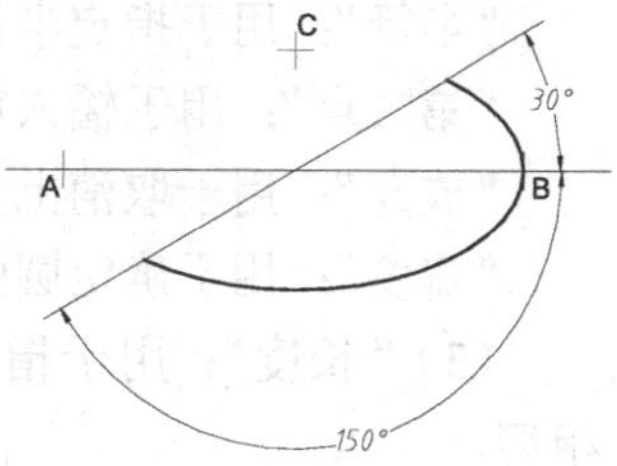

图 2-32 椭圆弧示例

2.4 绘制复杂图线

AutoCAD 2016 的“绘图”命令不仅可以绘制点、直线、圆、圆弧和多边形等简单二维图形，还可以绘制多段线、样条曲线和云线等复杂二维图形。

2.4.1 绘制多段线

多段线是由一组等宽或不等宽的直线或圆弧组成的单一实体，如图 2-33 所示。该功能可以绘制多段线，操作方法如下：

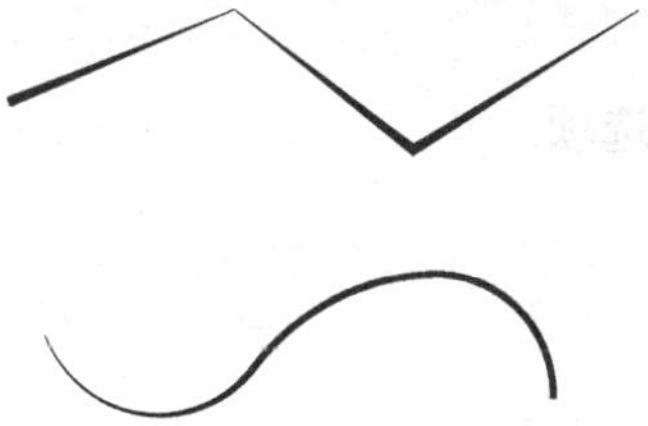

图 2-33 多段线示例

1）操作方法

可以执行以下操作之一。

（1）“绘图”面板：单击“多段线”按钮。

（2）工具栏：单击按钮。

（3）菜单栏：选择“绘图”→“多段线”选项。

（4）命令行：输入“PLINE”命令。

2）操作格式

命令:（输入命令）。

指定起点:（指定多段线的起始点）。

当前线宽为 0:（提示当前线宽是“0”）。

指定下一点或[圆弧(A)/半宽(H)/长度(L)/放弃(U)/宽度(W)]:（指定下一点或选择选项）。

3）选项说明

命令中的各选项功能如下。

（1）“指定下一点”：按直线方式绘制多段线，线宽为当前值。

（2）“圆弧”：按圆弧方式绘制多段线。选择该选项后，系统提示：“指定圆弧的端点或[角度(A)/圆心(CE)/闭合(CL)/方向(D)/半宽(H)/直线(L)/半径(R)/第二个点(S)/放弃(U)/宽度(W)]:”，各选项含义如下：

“角度”：用于指定圆弧的圆心角。输入正值，逆时针绘制圆弧；输入负值，则顺时针绘制圆弧。

“圆心”：用于指定圆心来绘制圆弧。

“闭合”：用于闭合多段线，即将选定的最后一点与多段线的起点相连。

“方向”：用于确定圆弧在起始点处的切线方向。

“半宽”：用于确定圆弧线的宽度（输入宽度的一半）。

"直线"：用于转换成绘制直线的方式。

"半径"：用于指定半径来绘制圆弧。

"第二点"：用于输入第二点绘制圆弧。

"放弃"：用于取消上一段绘制的圆弧。

"宽度"：用于确定圆弧的宽度。

（3）"长度"：用于指定绘制的直线长度。其方向与前一段直线相同或与前一段圆弧相切。

（4）其余选项含义与圆弧方式绘制的选项含义相同，这里不再重复。

2.4.2 绘制样条曲线

样条曲线是通过一系列给定点的光滑曲线，常用来表示波浪线、折断线等，并且是创建曲面以进行三维建模的重要工具。

SPLINE 命令用来绘制样条曲线，操作方法如下。

1）操作方法

可以执行以下操作之一。

（1）"绘图"面板：单击"样条曲线拟合"按钮。

（2）工具栏：单击按钮。

（3）菜单栏：选择"绘图"→"样条曲线"→"拟合点"选项。

（4）命令行：输入"SPLINE"命令。

2）操作格式

以图 2-34 为例。

命令: （输入命令）。

当前设置: 方式=拟合; 节点=弦。

指定第一个点或[方式(M)/节点(K)/对象(O)]: （指定起点 1 或输入命令"M"）。

输入下一个点或[起点切向(T)/公差(L)]: （指定第 2 点）。

输入下一个点或[端点相切(T)/公差(L)/放弃(U)/闭合(C)]: （指定第 3 点）。

输入下一个点或[端点相切(T)/公差(L)/放弃(U)/闭合(C)]: （指定第 4 点）。

输入下一个点或[端点相切(T)/公差(L)/放弃(U)/闭合(C)]: （指定第 5 点）。

输入下一个点或[端点相切(T)/公差(L)/放弃(U)/闭合(C)]: （指定第 6 点）。

输入下一个点或[端点相切(T)/公差(L)/放弃(U)/闭合(C)]: 按〈Enter〉键。

命令:

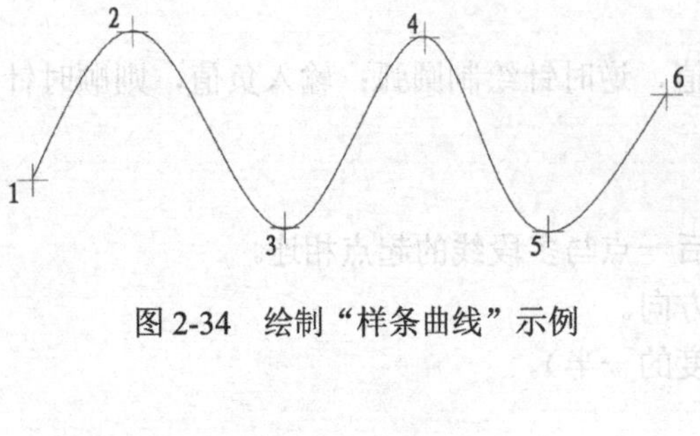

图 2-34 绘制"样条曲线"示例

结果如图 2-34 所示。

命令中的选项含义如下。

（1）"方式"：用于选择创建样条曲线的方法，有"拟合点"和"控制点"两种选项。当输入命令"M"时，系统显示"输入样条曲线创建方式[拟合(F)/控制点(CV)] <拟合>:"，此时默认为"拟合"方式，即指定拟合点来绘制样条曲线，如图 2-35（a）所示；如果输入命令“CV”，或者在“绘图”面板上单击“样条曲线控制点”按钮，此时默认为“控制点”方式，则指定控制点来绘制样条曲线，如图 2-35（b）所示。

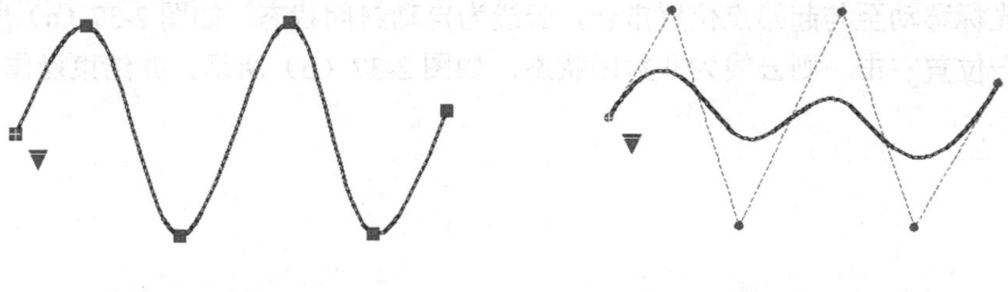

（a）使用拟合点绘制样条曲线　　（b）使用控制点绘制样条曲线

图 2-35　创建样条曲线的方法

（2）“节点”：用于指定节点参数化，可以通过选择“弦”、“平方根”和“统一”选项来影响曲线在通过拟合点时的形状。“弦”选项通过编辑点在曲线上的十进制数值对编辑点进行定位；“平方根”选项通过节点间弦长的平方根对编辑点进行定位；“统一”选项使用连续的整数对编辑点进行定位。

（3）“对象”：用于将一条二维或三维的多段线转换（拟合）成样条曲线。

（4）“起点相切”：使用基于切向创建样条曲线。

（5）“端点相切”：用于停止基于切向创建曲线。可通过指定拟合点继续创建样条曲线。

（6）“公差”：指定距样条曲线必须经过的指定拟合点的距离。

（7）“放弃”：用于删除最后一个指定点。

（8）“闭合”：用于将样条曲线首尾封闭连接。选择此选项后，系统提示：“指定终点的切线方向”。

2.4.3　绘制云线

REVCLOUD 命令可以绘制云状线，云线是一条多段线，适用于绘制图形的范围和区间边界，也可以用于文字框及装饰。AutoCAD 2016 增强了云线的功能，绘制云线有徒手画云线、画矩形云线和画多边形云线三种方式，如图 2-36 所示。

1. 徒手画云线

徒手可以绘制任意形状的云线。

1）操作方法

“绘图”面板：选择“修订云线”下拉列表中的“徒手画”选项。

图 2-36　“修订云线”方式

2）操作格式

命令:（输入命令）

指定第一个点或[弧长(A)/对象(O)/矩形(R)/多边形(P)/徒手画(F)/样式(S)/修改(M)]<对象>:（输入命令“A”，选择“弧长”选项）。

指定最小弧长<0.3>:（输入“100”）。

指定最大弧长<0.3>:（输入“150”）。

指定起点或[对象(O)]〈对象〉:（指定起点）。

沿云线路径引导十字光标:（移动光标，云线随机绘出）。

如果光标移动至与起始点位置重合，云线为自动封闭状态，如图 2-37（a）所示；如果光标在某一位置右击，则云线为非封闭状态，如图 2-37（b）所示，并结束操作。

（a）封闭的云线　　（b）不封闭的云线

图 2-37　徒手绘制云线示例 1

系统提示询问:“反转方向[是(Y)/否(N)]<否>:”，表示是否改变云线上圆弧的凸出方向。“No”表示不改变，“Yes”则表示改变，即云线圆弧将向内凸出，如图 2-38 所示。

（a）不改变方向的云线　　（b）改变方向的云线

图 2-38　徒手绘制云线示例 2

2. 画矩形云线

利用此选项可以绘制矩形方式云线。

1）操作方法

“绘图”面板：选择“修订云线”下拉列表中的“矩形”选项。

2）操作格式

命令:（输入命令）

指定第一个点或 [弧长(A)/对象(O)/矩形(R)/多边形(P)/徒手画(F)/样式(S)/修改(M)]<对象>:-R（输入命令“A”，选择“弧长”选项）。

指定最小弧长<0.3>:（输入“100”）。

指定最大弧长<0.3>:（输入“100”）。

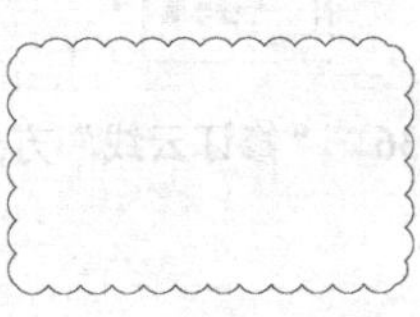

图 2-39　绘制矩形云线示例

指定第一个点或 [弧长(A)/对象(O)/矩形(R)/多边形(P)/徒手画(F)/样式(S)/修改(M)]<对象>:-R（指定第一个点）。

指定对角点:（指定对角点）

命令结束，结果如图 2-39 所示。

3. 画多边形云线

多边形方式可以利用一个封闭的多段线快速绘制云线，以图 2-40 为例。

1）操作方法

“绘图”面板：选择“修订云线”下拉列表中的“多边形”选项。

2）操作格式

命令:（输入命令）

指定第一个点或[弧长(A)/对象(O)/矩形(R)/多边形(P)/徒手画(F)/样式(S)/修改(M)] <对象>:-P（输入命令“A”，选择“弧长”选项）。

指定最小弧长<0.3>:（输入“100”）。

指定最大弧长<0.3>:（输入“100”）。

指定第一个点或[弧长(A)/对象(O)/矩形(R)/多边形(P)/徒手画(F)/样式(S)/修改(M)] <对象>:-P（指定第一个点）。

指定下一点:（指定下一个点）。

指定下一点或[放弃(U)]:（指定下一个点）。

指定下一点或[放弃(U)]:（指定下一个点，如图 2-40（a）所示）。

指定下一点或[放弃(U)]:（指定下一个点，如图 2-40（b）所示）。

指定下一点或[放弃(U)]:（指定下一个点，如图 2-40（c）所示）。

指定下一点或[放弃(U)]:（按〈Enter〉键）

命令结束，结果如图 2-40（c）所示。

（a）指定第 4 个点　（b）指定第 5 个点　（c）指定第 6 个点

图 2-40　绘制多边形云线的过程示例

2.4.4　绘制多线

多线是一种由多条平行线组成的组合对象，可以通过调整来改变平行线之间的间距和数目。多线常用于绘制建筑图中的墙体、电子线路等平行线对象。

1. 绘制多线

MLINE 命令用来绘制样条曲线，操作方法如下。

1）操作方法

可以执行以下命令操作之一。

（1）菜单栏：选择“绘图”→“多线”选项。

（2）命令行：输入“MLINE”命令。

2）操作格式

命令:（输入命令）。

当前设置：对正，比例=20.00，样式=STANDARD。

指定起点或[对正(J)/比例(S)/样式(ST)]:（指定起点 1）。

指定下一点:（指定点 2）。

指定下一点或[放弃(U)]:（指定点 3）。

指定下一点或[闭合(C)/放弃(U)]:（指定点 4）。

指定下一点或[闭合(C)/放弃(U)]:（按〈Enter〉键）。

命令:

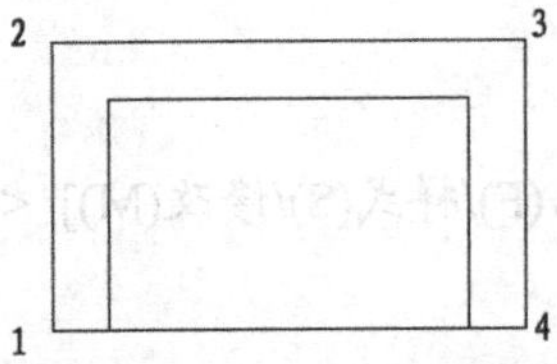

图 2-41　绘制多线示例

结果如图 2-41 所示，绘制多线与绘制直线方法相同。

3）选项说明

（1）对正：用于确定多线相对于输入点的偏移位置。选择该选项后，系统提示：“输入对正类型[上(T)/无(Z)/下(B)]〈下〉:”。其中各选项定义如下。

“上”：选择该选项，多线最上面的线随输入点移动，以上点为转折点，如图 2-42（a）所示。

“无”：选择该选项，多线的中心线随输入点移动，以中点为转折点，如图 2-42（b）所示。

“下”：选择该选项，多线最下面的线随输入点移动，以下点为转折点，如图 2-42（c）所示。

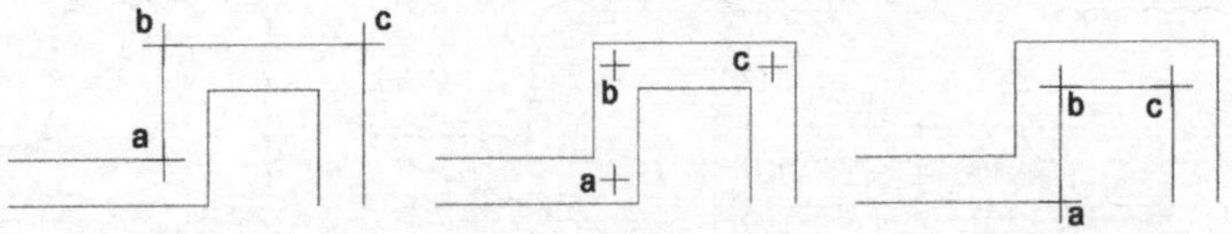

（a）选择“上”的效果　（b）选择“无”的效果　（c）选择“下”的效果

图 2-42　“对正”选项示例

（2）比例：用于控制多线的宽度，比例愈大则多线愈宽。

（3）样式：用于指定一个已有的多线样式名称，将其设为当前样式。

2. 设置多线样式

MLSTYLE 命令用于设置多线样式，可以在平行多线上指定单线的数量和单线特性，如单线的间距、颜色、线型图案、背景填充和端头样式。

设置多线样式的操作步骤如下：

1）打开“多线样式”对话框

在菜单栏中选择“格式”→“多线样式”选项或输入“MLSTYLE”命令，打开“多线样式”对话框，如图 2-43 所示。其各项功能如下。

（1）“样式”列表框：显示已经加载的多线样式。

（2）“置为当前”按钮：在样式列表框中选择需要使用的多线样式后，单击该按钮，可以将其设置为当前样式。

（3）“新建”按钮：可以创建新多线样式。

（4）“修改”按钮：可以修改创建的多线样式。

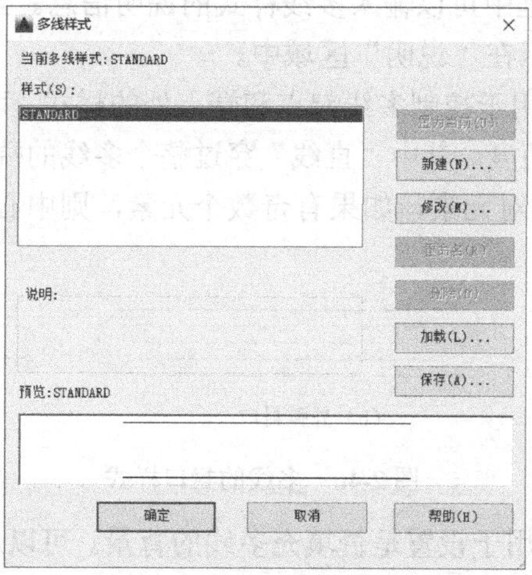

图 2-43 “多线样式”对话框

（5）“重命名”按钮：可以重命名“样式”列表中选中的多线样式名称，但不能重命名标准（STANDARD）样式。

（6）“删除”按钮：删除“样式”列表框中的多线样式。

（7）“加载”按钮：可以从打开的对话框中选取多线样式（.MLN）并，加载到当前图形中。

（8）“保存”按钮：可以将当前的多线样式保存为一个多线样式文件（*.mln）。

此外，当选中一种多线样式后，在对话框的“说明”和“预览”区中还将显示该多线样式的说明信息和样式预览。

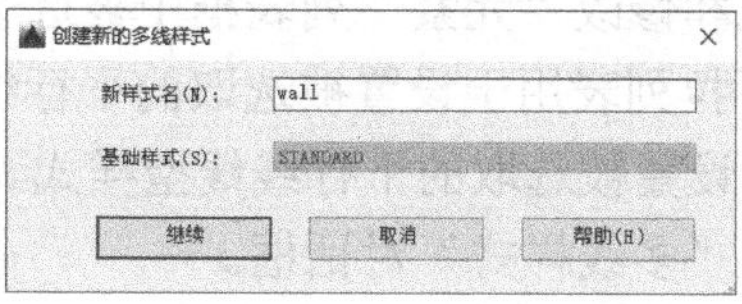

图 2-44 “创建新的多线样式”对话框

2）创建多线样式

在“多线样式”对话框中，单击“新建”按钮，打开“创建新的多线样式”对话框，如图 2-44 所示。

在“新样式名”文本框中输入新名称后，单击“继续”按钮，打开新建多线样式对话框，如图 2-45 所示。

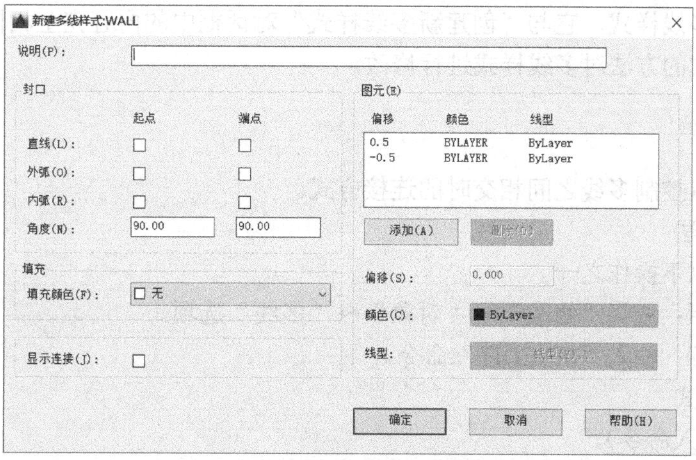

图 2-45 新建多线样式对话框

各选项的功能含义和设置步骤如下。

（1）在“说明”文本框中可以输入多线样式的说明信息。当在“多线样式”列表中选中多线时，说明信息将显示在“说明”区域中。

（2）“封口”选项组用于控制多线起点和端点处的样式，可以为多线的每个端点选择一条直线或弧线，并输入角度。其中“直线”穿过整个多线的端点，“外弧”连接最外层元素的端点，“内弧”连接成对元素，如果有奇数个元素，则中心线不连接，结果如图 2-46 所示。

（a）直线封口　　（b）外弧封口　　（c）内弧封口

图 2-46　多线的封口样式

（3）“填充”选项组用于设置是否填充多线的背景。可以从“填充颜色”下拉列表中选择所需的填充颜色作为多线的背景；如果不使用填充色，则在“填充颜色”下拉列表中选择“无”选项即可。

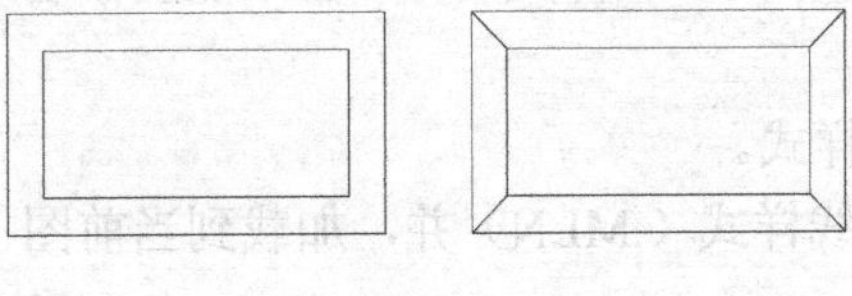

（a）不显示连接效果图　　（b）显示连接效果图

图 2-47　不显示连接与显示连接对比

（4）“显示连接”复选框用于设置在多线的拐角处是否显示连接线，如图 2-47 所示。

（5）“图元”选项组可以设置多线样式的元素特性。其中，“图元”列表框中列举了当前多线样式中各线条元素及其特性，包括线条元素的偏移量、线条颜色和线型。单击“添加”按钮可以添加一条平行线，并在“元素”列表框中显示；“删除”按钮用于删除在“元素”列表框选取的某平行线；“偏移”文本框用于设置和修改“元素”列表框中被选平行线的偏移量，偏移量即与多线对称线的距离；“颜色”下拉列表用于设置被选取的平行线颜色；单击“线型”按钮可以打开“线型”对话框，用于设置被选取的平行线线型样式。

（6）完成元素特性设置后，单击“确定”按钮，返回“多线样式”对话框。

3）修改多线样式

在“多线样式”对话框中单击“修改”按钮，在打开的“修改多线样式”对话框中可以修改创建的多线样式，它与“创建新多线样式”对话框中的内容完全相同。用户可以参照创建多线样式的方法对多线样式进行修改。

3. 编辑多线

该功能可以控制多线之间相交时的连接方式。

1）操作方法

可以执行以下操作之一。

（1）菜单栏：选择“修改”→“对象”→“多线”选项。

（2）命令行：输入“MLEDIT”命令。

2）操作格式

命令：（输入命令）。

系统打开“多线编辑工具”对话框，如图 2-48 所示。

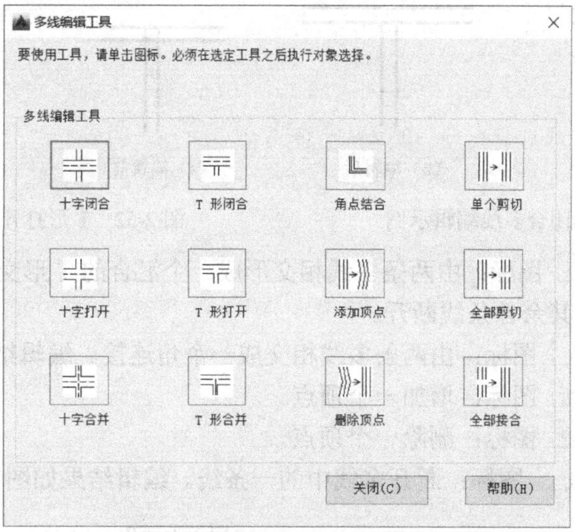

图 2-48 “多线编辑工具”对话框

选择图标后，返回到绘图区，系统提示：

选择第一条多线：（选择第一条多线）。

选择第二条多线或放弃（U）：（选择第二条多线）。

选择第一条多线或放弃（U）：（继续选择多线或按〈Enter〉键）。

多线编辑结果如图 2-49 所示。

“多线编辑工具”对话框中的各图标选项功能如下。

（1）十字闭合图标：由两条线相交形成一个封闭的十字交叉口。第一条多线在交叉点处被第二条多线断开，第二条多线保持原状，编辑结果如图 2-49 所示。

（2）十字打开图标：由两条多线相交形成一个开放的十字交叉口。第一条多线在交点处全部断开，第二条多线的外边线被第一条多线断开，其内部的线保持原状。编辑结果如图 2-50 所示。

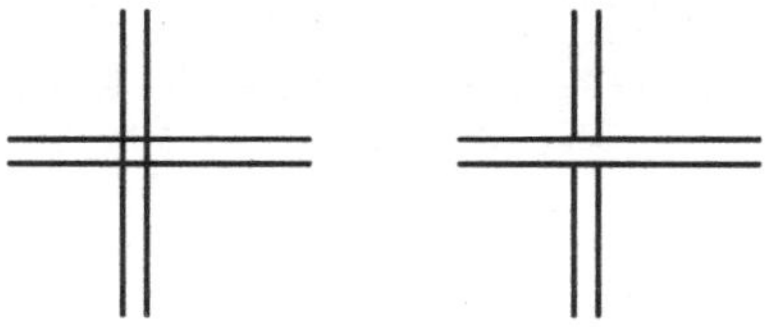

（a）编辑前　（b）编辑后

图 2-49 十字闭合多线编辑示例

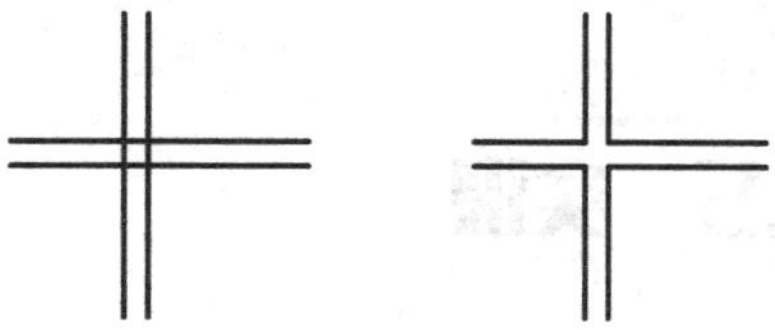

（a）编辑前　（b）编辑后

图 2-50 十字打开多线编辑示例

（3）十字合并图标：由两条多线相交形成一个汇合的十字交叉口。两条多线的外边直线在交点处断开，其内部的线保持原状。

（4）T 形闭合图标：由两条多线相交形成一个封闭的 T 形交叉口。第一条直线在交点处全部断开，第二条多线保持原状，编辑结果如图 2-51 所示。

（5）T 形打开图标：由两条多线相交形成一个开放的 T 形交叉口。第一条直线在交点处全部断开，第二条多线外边线被断开，其内部的线保持原状，编辑结果如图 2-52 所示。

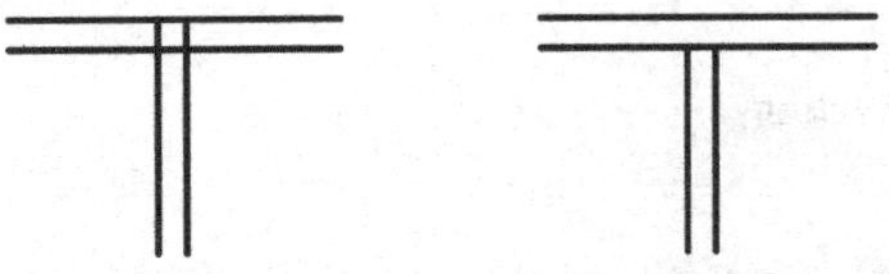

（a）编辑前　　（b）编辑后

图 2-51　T 形闭合多线编辑示例

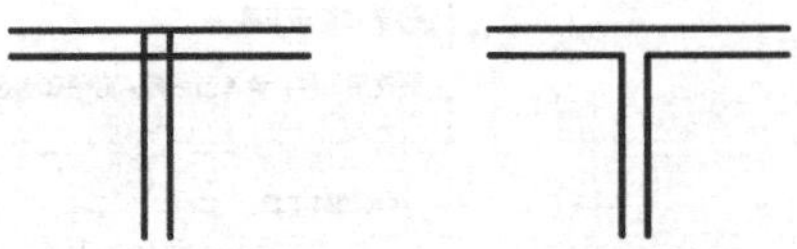

（a）编辑前　　（b）编辑后

图 2-52　T 形打开多线编辑示例

（6）T 形合并图标：由两条多线相交形成一个汇合的 T 形交叉口。两条线除最里边的线保持原状外，其余各条线断开。

（7）角点结合图标：由两条多线相交成一个角连接。编辑结果如图 2-53 所示。

（8）添加顶点图标：增加一个顶点。

（9）删除顶点图标：删除一个顶点。

（10）单个剪切图标：断开多线中的一条线。编辑结果如图 2-54 所示。

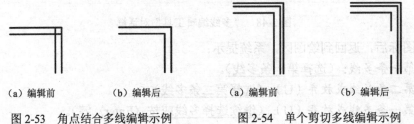

（a）编辑前　　（b）编辑后

图 2-53　角点结合多线编辑示例

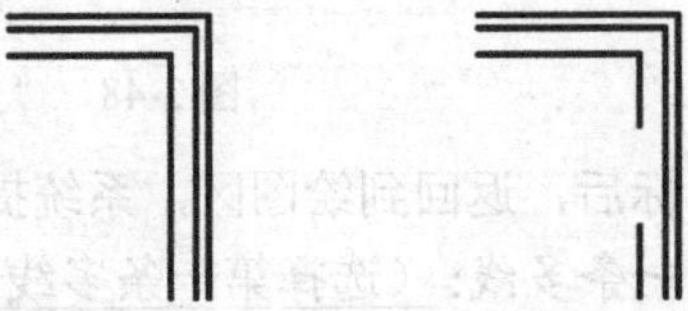

（a）编辑前　　（b）编辑后

图 2-54　单个剪切多线编辑示例

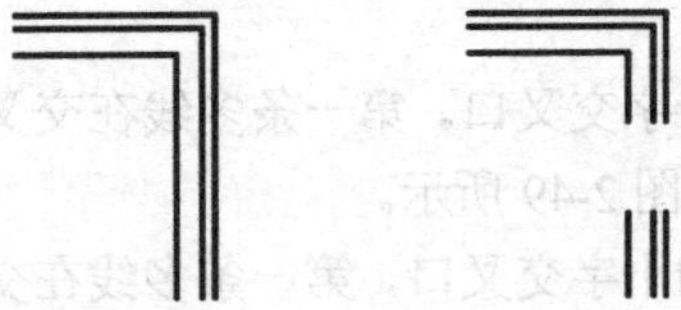

（a）编辑前　　（b）编辑后

图 2-55　全部剪切多线编辑示例

（11）全部剪切图标：断开全部多线。选择图标后，系统提示如下。

选择多线：（选择第一条多线，指定断开的第一点）。

选择第二个点：（指定断开的第二个点）。

选择多线或放弃（U）：（继续选择多线或按〈Enter〉键）。

多线编辑结果如图 2-55 所示。

（12）全部结合图标：连接全部多线。

2.5 实训

本小节实训内容主要是绘制平面图形和绘制多段线。

2.5.1 绘制平面图

本练习绘制矩形平面图。

1. 使用直线命令绘制平面图

1）要求

按照给出的尺寸绘制图 2-56 所示平面图，不标注尺寸。

2）操作步骤

（1）单击“绘图”面板中的“直线”按钮。

（2）绘制直线。

命令: _line

指定第一个点:（利用栅格和捕捉模式，单击确定左下角的点）。

指定下一点或[放弃(U)]:（光标向上移动，输入“80”）。

指定下一点或[放弃(U)]:（光标向右移动，输入“20”）。

指定下一点或[闭合(C)/放弃(U)]:（光标向下移动，输入“30”）。

指定下一点或[闭合(C)/放弃(U)]:（光标向右移动，输入“20”）。

指定下一点或[闭合(C)/放弃(U)]: <正交关>（输入“@20,20”）。

指定下一点或[闭合(C)/放弃(U)]: <正交开>（光标向右移动，输入“20”）。

指定下一点或[闭合(C)/放弃(U)]:（光标向下移动，输入“50”）。

指定下一点或[闭合(C)/放弃(U)]:（光标向右移动，输入“30”）。

指定下一点或[闭合(C)/放弃(U)]:（光标向上移动，输入“80”）。

指定下一点或[闭合(C)/放弃(U)]:（光标向右移动，输入“30”）。

指定下一点或[闭合(C)/放弃(U)]:（光标向下移动，输入“80”）。

指定下一点或[闭合(C)/放弃(U)]:（输入命令“C”，按〈Enter〉键）。

命令:

结果如图 2-56 所示。

2. 使用多项命令绘制平面图

1）要求

按照给出的尺寸绘制盘形平面图，如图 2-57 所示，不标注尺寸。

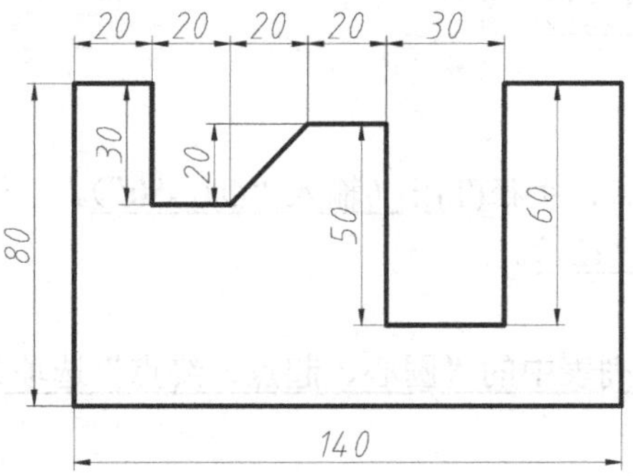

图 2-56 绘制平面图形练习

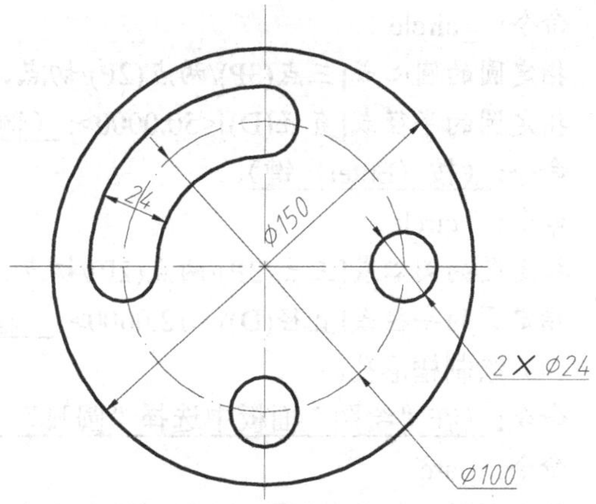

图 2-57 绘制盘形平面图练习

2）操作步骤

（1）运用“直线”命令绘制中心线。

由于中心点画线的画法还未介绍，这里可以使用直线画出。

（2）绘制 ø 75、ø 50 的大圆。

单击“绘图”面板中的“圆”按钮。

命令：

命令：_circle

指定圆的圆心或[三点(3P)/两点(2P)/切点、切点、半径(T)]：（输入“0,0”，或利用栅格和捕捉模式，单击确认圆心点）。

指定圆的半径或[直径(D)]：（输入“75”）。

命令：（按〈Enter〉键）。

命令：_circle

指定圆的圆心或[三点(3P)/两点(2P)/切点、切点、半径(T)]：（单击圆心点）。

指定圆的半径或[直径(D)]<75.0000>：（输入“50”）。

结果如图 2-58 所示

（3）绘制 ø12 的小圆，结果如图 2-59 所示。

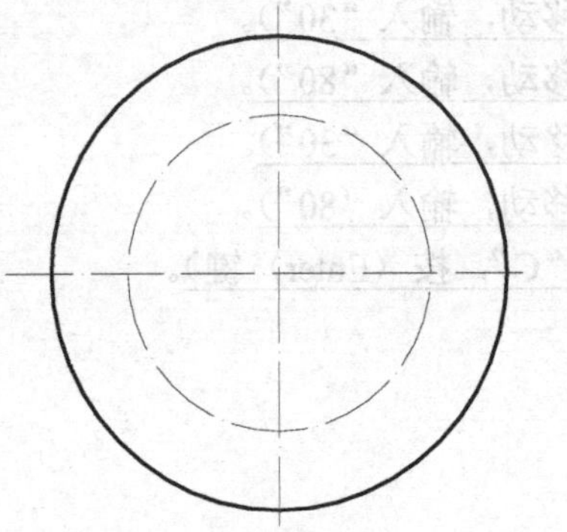

图 2-58　绘制大圆示例

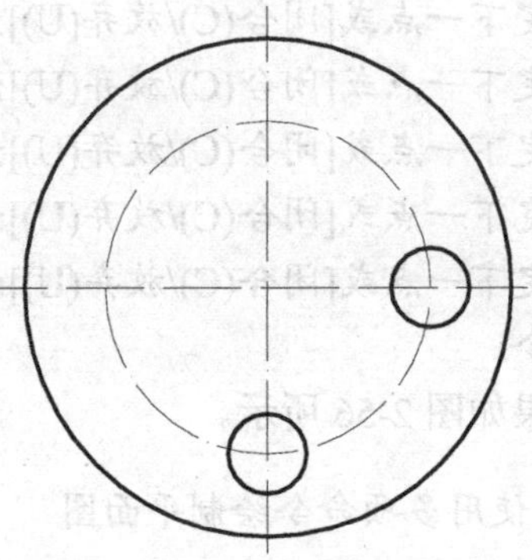

图 2-59　绘制小圆示例

命令：（按〈Enter〉键）。

命令：_circle

指定圆的圆心或[三点(3P)/两点(2P)/切点、切点、半径(T)]：（输入“@50,0”）。

指定圆的半径或[直径(D)]<50.0000>：（输入“12”）。

命令：（按〈Enter〉键）。

命令：_circle

指定圆的圆心或[三点(3P)/两点(2P)/切点、切点、半径(T)]：（输入“@0,-50”）。

指定圆的半径或[直径(D)] <12.0000>：（输入“12”）。

（4）绘制槽形孔。

命令：（在“绘图”面板中选择“圆弧”下拉列表中的“圆心、起点、终点”选项）。

命令：_arc

指定圆弧的起点或[圆心(C)]：（输入命令“C”）。

指定圆弧的圆心：（输入“@0,50”）。

指定圆弧的起点：（输入“@0,-12”）。

指定圆弧的端点(按住 Ctrl 键以切换方向)或[角度(A)/弦长(L)]：（输入“@0,12”）。

命令：（按〈Enter〉键）。

命令：_arc

指定圆弧的起点或 [圆心(C)]: (输入命令“C”)。
指定圆弧的圆心: (输入“@-50, 0”)。
指定圆弧的起点: (输入“@-12,0”)。
指定圆弧的端点(按住 Ctrl 键以切换方向)或[角度(A)/弦长(L)]: (输入“@12, 0”)。
结果如图 2-60 所示。
命令: (按〈Enter〉键)。
命令: _arc
指定圆弧的起点或[圆心(C)]: (输入“C”)。
指定圆弧的圆心: (用鼠标指定大圆中心)。
指定圆弧的起点: (输入“@ 0,62”)。
指定圆弧的端点(按住 Ctrl 键以切换方向)或[角度(A)/弦长(L)]: (输入“@ -62,0”)。
命令: (按〈Enter〉键)。
命令: _arc
指定圆弧的起点或[圆心(C)]: (输入“C”)。
指定圆弧的圆心: (用鼠标指定大圆中心)。
指定圆弧的起点: (输入“@ 0,38”)。
指定圆弧的端点(按住 Ctrl 键以切换方向)或[角度(A)/弦长(L)]: (输入“@ -38,0”)。
命令:
结果如图 2-61 所示。

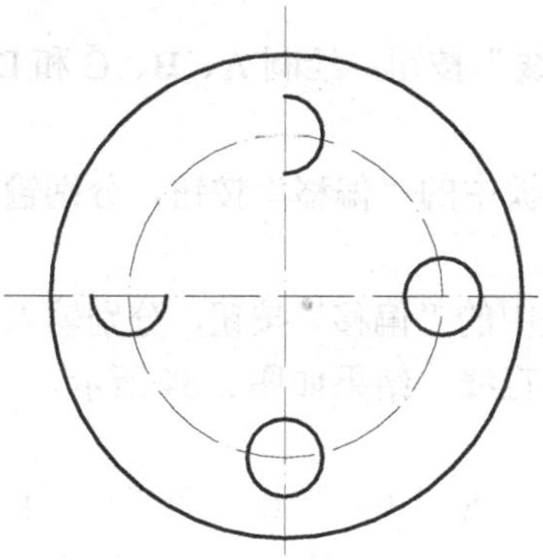

图 2-60　绘制两个小半圆示例

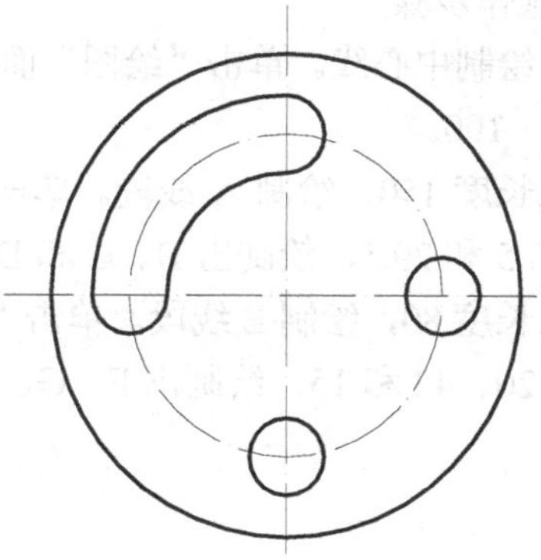

图 2-61　绘制连接弧示例

提示:
绘制槽形孔时，要注意系统默认从起始点向终止点以逆时针旋转为正方向绘制圆弧。

2.5.2　绘制多段线和多线

1. 绘制多段线

1）要求
根据图 2-62，使用多段线命令绘制箭头标记。

图 2-62　绘制箭头示例

2）操作步骤

命令:（单击“绘图”面板中的“多段线”按钮）。

命令: _pline

指定起点:（用鼠标指定起点）。

当前线宽为 0.0000

指定下一个点或[圆弧(A)/半宽(H)/长度(L)/放弃(U)/宽度(W)]:（输入命令“W”）。

指定起点宽度<0.0000>:（输入“5”）。

指定端点宽度<5.0000>:（输入“5”）。

指定下一个点或[圆弧(A)/半宽(H)/长度(L)/放弃(U)/宽度(W)]:（输入“@20,0”）。

指定下一个点或[圆弧(A)/半宽(H)/长度(L)/放弃(U)/宽度(W)]:（输入命令“W”）。

指定起点宽度<5.0000>:（输入“10”）。

指定端点宽度<10.0000>:（输入“0”）。

指定下一个点或[圆弧(A)/半宽(H)/长度(L)/放弃(U)/宽度(W)]:（输入“@30,0”）。

指定下一点或[圆弧(A)/闭合(C)/半宽(H)/长度(L)/放弃(U)/宽度(W)]:（按〈Enter〉键）。

结果如图 2-62 所示。

2. 使用直线命令绘制平面图

1）要求

根据图 2-63 绘制房屋的墙体平面图，不标注尺寸。

2）操作步骤

（1）绘制中心线。单击“绘图”面板中的“直线”按钮，绘制 A、B、C 和 D 水平线，比例为 1 : 100。

输入长度 150，绘制 A 线段。单击“修改”面板中的“偏移”按钮，分别输入偏移距离 13、23.5 和 29.5，绘制出 B、C 和 D 水平线。

输入长度 80，绘制 E 线段。单击“修改”面板中的“偏移”按钮，分别输入偏移距离 20、32、20、42 和 15，绘制出 F、G、H、I 和 J 竖直线，结果如图 2-64 所示。

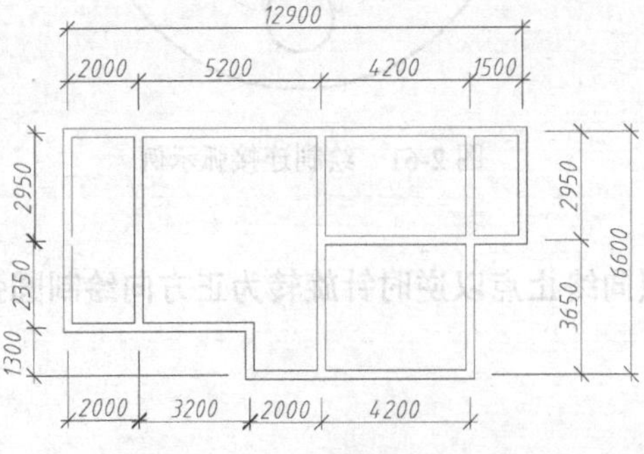

图 2-63　墙体结构示例

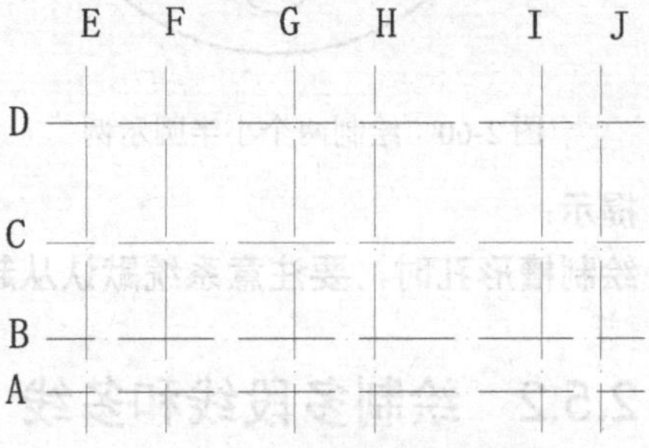

图 2-64　绘制连接弧示例

（2）绘制墙体线。选择“绘图”→“多线”选项，并在命令行中输入命令“J”，再输入命令“Z”，将“对正”方式设置为“无”。

命令: _mline

当前设置: 对正=无，比例=1.00，样式=WALL1

指定起点或[对正(J)/比例(S)/样式(ST)]: （指定A线的端点）。

指定下一点: （指定A线的另一端点）。

指定下一点或[放弃(U)]: （按〈Enter〉键）。

命令: （按〈Enter〉键）。

连续按〈Enter〉键可以执行“MLINE”命令，选择各线的端点，绘制结果如图 2-65 所示。

（3）修改多线直角。选择“修改”→“对象”→“多线”选项，打开“多线编辑工具”对话框，选择“角点结合”工具，单击“确定”按钮。

命令: _mledit

选择第一条多线: （指定E线）。

选择第二条多线: （指定B线）。

选择第一条多线或[放弃(U)]: （指定B线）。

选择第二条多线: （指定G线）。

选择第一条多线或[放弃(U)]: （指定G线）。

选择第二条多线: （指定A线）。

选择第一条多线或[放弃(U)]: （指定A线）。

选择第二条多线: （指定I线）。

选择第一条多线或[放弃(U)]: （指定C线）。

选择第二条多线: （指定J线）。

选择第一条多线或[放弃(U)]: （指定J线）。

选择第二条多线: （指定D线）。

选择第一条多线或[放弃(U)]: （指定D线）。

选择第二条多线: （指定E线）。

选择第一条多线或[放弃(U)]: （按〈Enter〉键）。

结果如图 2-66 所示。

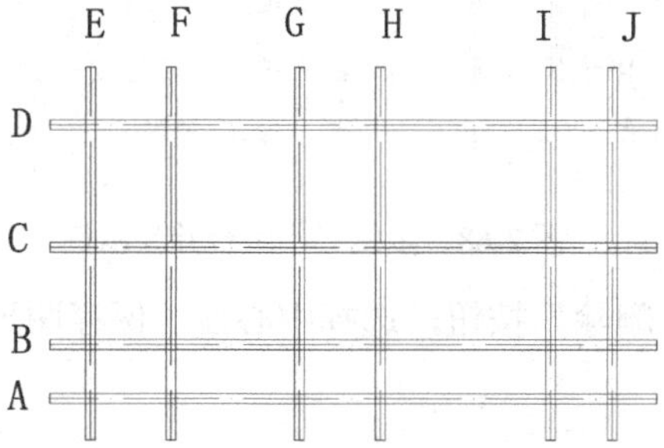

图 2-65　绘制多线示例

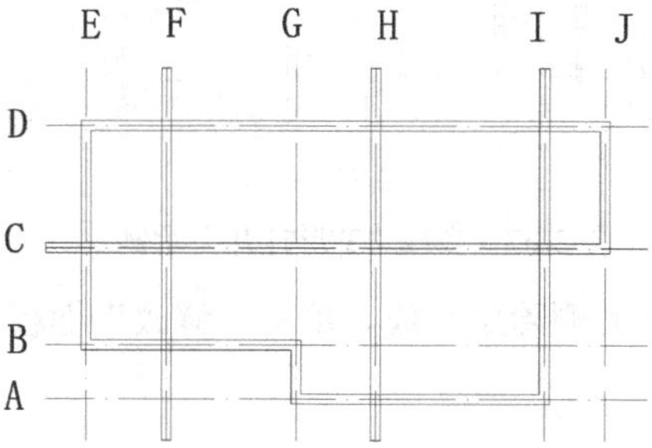

图 2-66　多线“角点结合”示例

（4）修改出头多线。选择“修改”→“对象”→“多线”选项，打开“多线编辑工具”对话框，选择“T形打开”工具，单击“确定”按钮。

命令: _mledit

选择第一条多线: （指定C线）。

选择第二条多线: （指定H线）。

选择第一条多线或[放弃(U)]: （指定F线）。

选择第二条多线: （指定D线）。

选择第一条多线或[放弃(U)]: （指定H线）。

选择第二条多线: （指定D线）。

选择第一条多线或[放弃(U)]: （指定I线）。

选择第二条多线: （指定D线）。

选择第一条多线或[放弃(U)]: （指定H线）。

选择第二条多线: （指定A线）。

选择第一条多线或[放弃(U)]: （指定F线）。

选择第二条多线: （指定B线）。

选择第一条多线或[放弃(U)]: （按〈Enter〉键）。

命令:

结果如图2-67所示。

（4）修改十字多线。选择“修改”→“对象”→“多线”选项，打开“多线编辑工具”对话框，选择“十字合并”工具，单击“确定”按钮。

命令: _mledit

选择第一条多线: （指定I线）。

选择第二条多线: （指定C线）。

选择第一条多线或[放弃(U)]: （按〈Enter〉键）。

命令:

结果如图2-68所示。

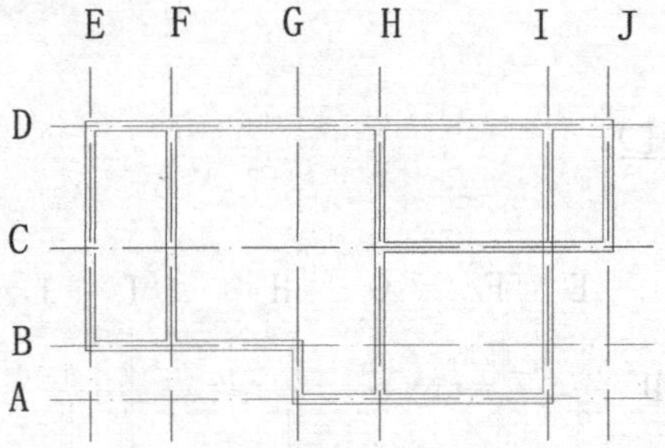

图2-67 多线“T形打开”示例

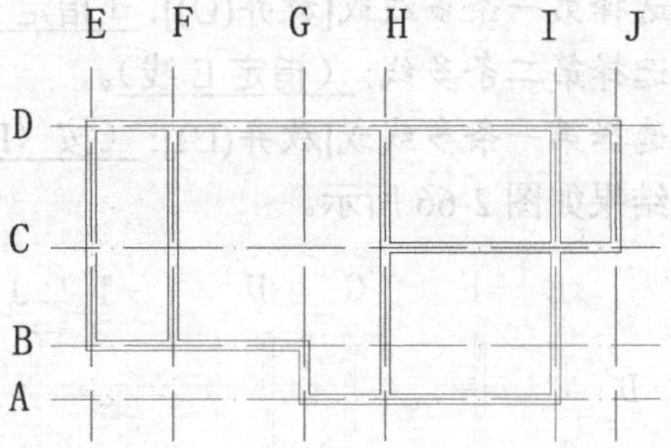

图2-68 多线“十字合并”示例

（5）删除中心线。单击“修改”面板中的“删除”按钮，选择中心线，保存图形。

习题2

1．根据尺寸绘制平面图，如图2-69和图2-70所示，不标注尺寸。

2．绘制零件的三视图，如图2-71所示。

3．绘制零件的三视图，如图2-72所示。提示：三视图的基本投影规律可以利用构造线或栅格显示来确定。

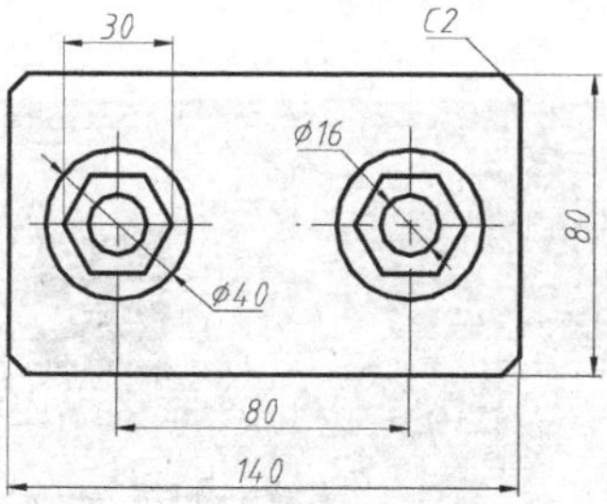

图 2-69 矩形平面图

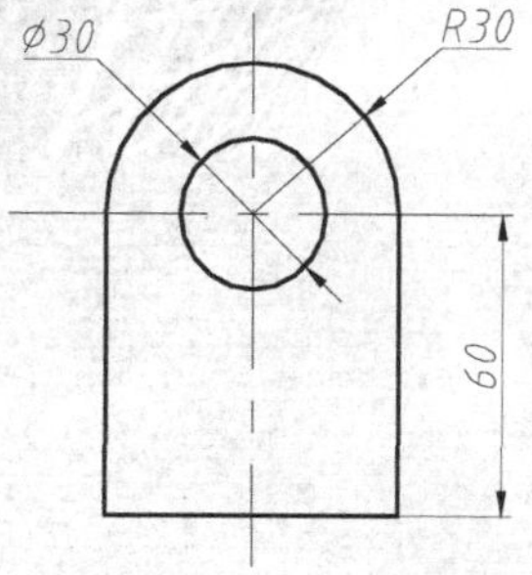

图 2-70 舌形平面图

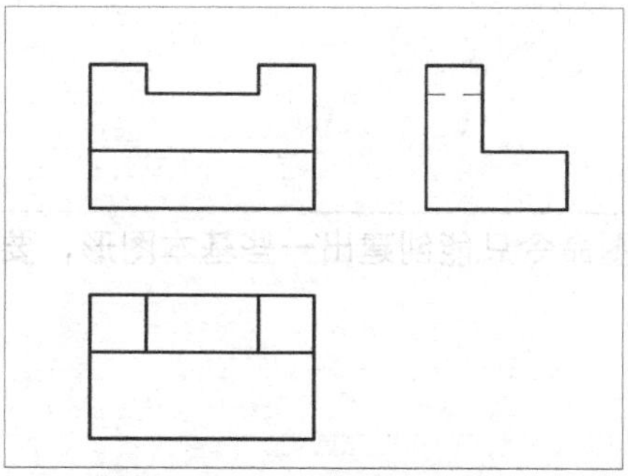

图 2-71 三视图练习图例 1

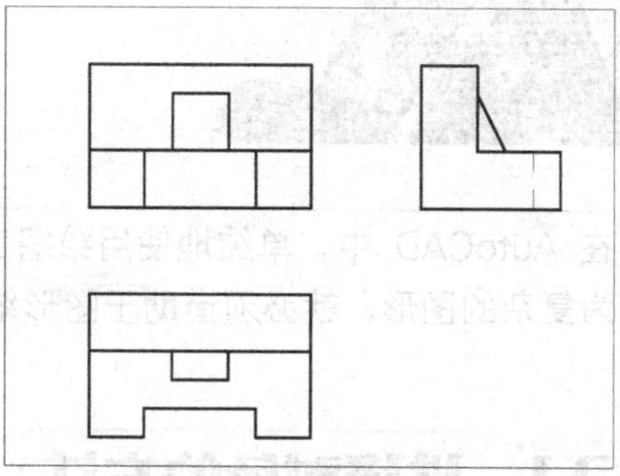

图 2-72 三视图练习图例 2

4．使用“多段线”命令绘制二极管符号，如图 2-73 所示。

图 2-73 绘制二极管符号

提示：单击“绘图”面板中的“多段线”按钮，第一段线宽为“0”，用鼠标指定起点，端点坐标为“@30,0”；第二段起点线宽为“10”，端点宽度为“0”，坐标为“@10,0”；第三段起点线宽为“10”，端点宽度为“10”，坐标为“@2,0”；第四段线宽为“0”，终点坐标为“@20,0”。

第3章
编辑二维图形

在 AutoCAD 中，单纯地使用绘图工具或绘图命令只能创建出一些基本图形，要绘制较为复杂的图形，就必须借助于图形编辑命令。

3.1 选择对象的方法

在对图形进行编辑操作之前，首先需要选择要编辑的对象。可以先输入编辑命令，系统在命令行提示“选择对象:”，选择要修改的对象后，则被选中的对象呈高亮显示以示醒目，按〈Enter〉键结束选择，然后进行后面的编辑操作；也可以先选择对象，被选中的对象呈高亮显示，然后输入编辑命令，这时系统不再提示“选择对象:”，直接对已经选择的对象进行相应的编辑操作。

常用的选择对象方法有直接点取法和窗口方式选择法。

1. 直接点取方法

这是默认的选择方式，当提示“选择对象:”时，光标显示为小方框（即拾取框），移动光标，当光标压住所选择的对象时单击，该对象变为虚线时表示被选中，可以连续选择其他对象，这种方法适用于单个或逐个选择对象。

2. “窗口”方式

当需要全部选择或选择的对象很多时，可以采用“窗口”方式。在系统提示“选择对象:”时，默认状态下，单击窗口的一个顶点，然后移动鼠标，再次单击，可以确定一个矩形窗口，如图 3-1 所示。如果鼠标从左向右移动来确定矩形，则完全处在窗口内的对象被选中，如图 3-1（a）中的 C1；如果鼠标从右向左移动来确定矩形，则完全处在窗口内的对象和与窗口相交的对象均被选中，如图 3-1（b）中的 C1、C2、L1，此方式即为“框（BOX）”方式。

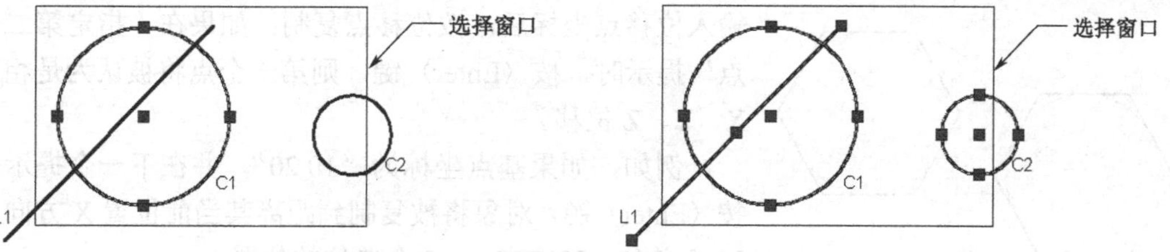

（a）“窗口(W)”选择对象　　（b）“框(BOX)”选择对象

图 3-1　“窗口”方式选择对象示例

3.2 使用“修改”命令编辑对象

通过 AutoCAD 2016 提供的“修改”面板（图 3-2）和“修改”菜单、“修改”工具栏，可以执行大部分图形的编辑命令。

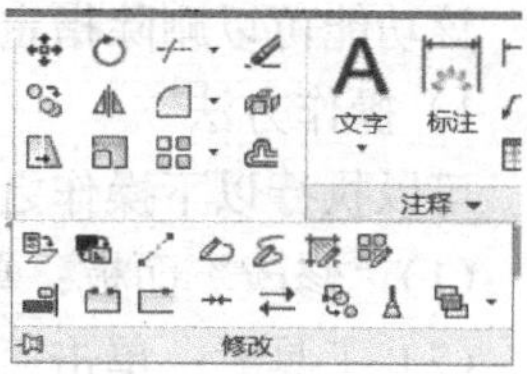

图 3-2　“修改”面板

3.2.1 复制对象

复制命令主要用于复制具有两个或两个以上的图形，并且各相对位置没有规律性的图形对象。

1）操作方法

可以执行以下操作之一。

（1）“修改”面板：单击“复制”按钮。

（2）工具栏：单击“复制”按钮。

（3）菜单栏：选择“修改”→“复制”选项。

（4）命令行：输入“COPY”命令。

2）操作格式

命令:（输入命令）。

选择对象:（选择要复制的对象）。

选择对象:（按〈Enter〉键或继续选择对象）。

当前设置：复制模式 = 单个。

指定基点或[位移(D)/模式(O)]〈位移〉:（指定对象的左下角为基点）。

指定第二点或[阵列(A)]〈使用第一个点作为位移〉:（指定位移点）。

指定第二点或[阵列(A)/退出(E)/放弃(U)]〈使用第二个点作为位移〉:（按〈Enter〉键或继续指定位移点）。

命令:

结果如图 3-3 所示。

3）选项说明

（1）位移：使用坐标指定复制对象间的相对距离和方向。

当在指定基点时输入命令“D”后，系统提示：“指定位移〈0.0000,0.0000,0.0000〉:”，

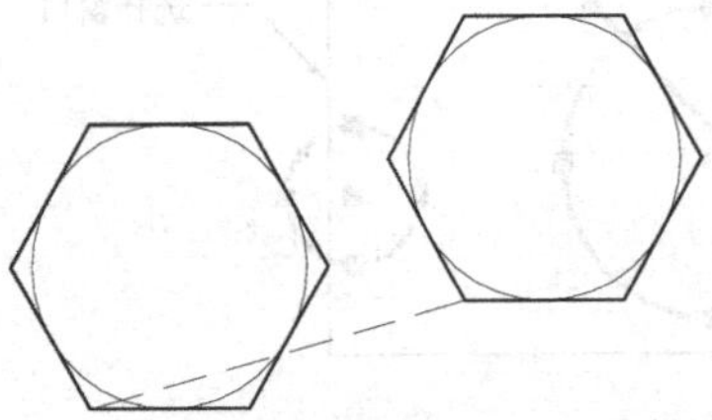

图 3-3 “复制”对象示例

输入位移点坐标后，按位移点复制；如果在“指定第二个点”提示时，按〈Enter〉键，则第一个点将被认为是相对X、Y、Z位移。

例如，如果基点坐标为“10,20”，并在下一个提示时按〈Enter〉键，对象将被复制到距离其当前位置X方向上10个单位，Y方向上20个单位的位置上。

（2）模式：用于设置复制单个对象还是多个对象。

当在指定基点时输入命令“O”后，系统提示：“输入复制模式选项[单个(S)/多个(M)]<多个>:”，输入命令“S”后，系统可进行单个复制，默认模式为多个复制。

3.2.2 删除对象

该功能可以删除指定的对象。

1）操作方法

可以执行以下操作之一。

（1）“修改”面板：单击“删除”按钮。

（2）工具栏：单击“删除”按钮。

（3）菜单栏：选择“修改”→“删除”选项。

（4）命令行：输入“ERASE”命令。

2）操作格式

命令:（输入命令）。

选择对象:（选择要删除的对象）。

选择对象:（按〈Enter〉键或继续选择对象）。

完成操作。

当需要恢复被删除的对象时，可以输入“OOPS”命令，按〈Enter〉键，则最后一次被删除的对象被恢复，并且在“删除”命令执行一段时间后，仍能恢复，这和“U”命令不同。

3.2.3 镜像对象

该功能用于绘制具有对称性的图形。当绘制的图形对称时，可以只画其一半，然后利用镜像命令复制出另一半。

1）操作方法

可以执行以下操作之一。

（1）“修改”面板：单击“镜像”按钮。

（2）工具栏：单击“镜像”按钮。

（3）菜单栏：选择“修改”→“镜像”选项。

（4）命令行：输入“MIRROR”命令。

2）操作格式

命令: （输入命令）。

选择对象: （选择要镜像的对象 P1）。

选择对象: （按〈Enter〉键或继续选择对象）。

指定镜像线的第一点: （指定对称线“Y”的任意一点）。

指定镜像线的第二点: （指定对称线“Y”的另一点）。

是否删除源对象？[是(Y)/否(N)]〈N〉: （按〈Enter〉键）。

命令:

执行镜像命令，如图 3-4 所示。若输入命令“Y”，则删除原对象，只绘制出新的对象。

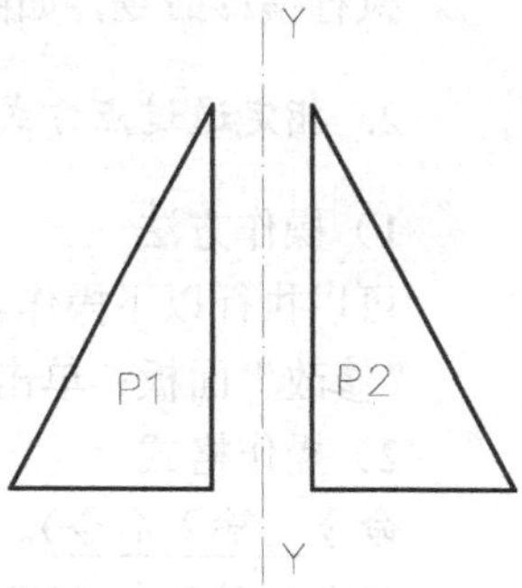

图 3-4 “镜像”对象示例

3.2.4 偏移对象

偏移对象是指将选定的线、圆、圆弧等对象做同心偏移复制，根据偏移距离的不同，形状不发生变化，但其大小重新计算，如图 3-5 所示。对于直线则可看做平行复制，下面以图 3-5 所示为例进行介绍。

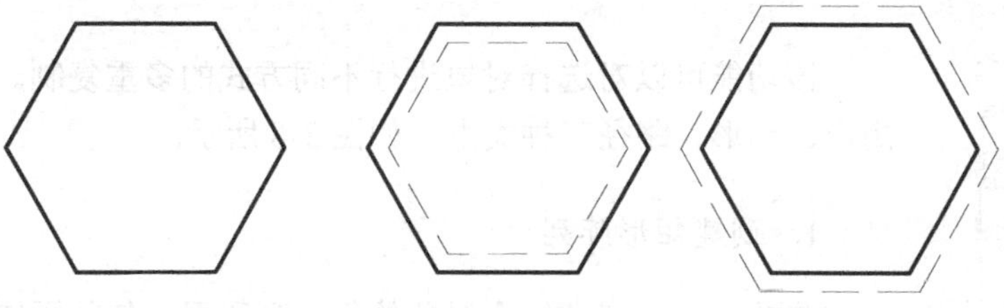
（a）偏移对象　（b）偏移内方向结果　（c）偏移外方向结果

图 3-5 偏移对象示例

1. 指定偏移距离方式

1）操作方法

可以执行以下操作之一。

（1）“修改”面板：单击“偏移”按钮。

（2）工具栏：单击“偏移”按钮。

（3）菜单栏：选择“修改”→“偏移”选项。

（4）命令行：输入“OFFSET”命令。

2）操作格式

命令: （输入命令）。

指定偏移距离或[通过(T)/删除(E)/图层(L)]〈1.00〉: （指定偏移距离）。

选择要偏移的对象或[退出(E)/放弃(U)]〈退出〉: （选择偏移的对象）。

指定要偏移的那一侧上的点，或[退出(E)/多个(M)/放弃(U)]〈退出〉: （单击偏移的方向）。

选择要偏移的对象或[退出(E)/多个(M)/放弃(U)]〈退出〉: （继续执行偏移命令或按〈Enter〉键退出操作）。

执行偏移命令，如图 3-5 所示。为了图示清楚，偏移的线型用虚线表示。

2. 指定通过点方式

1）操作方法

可以执行以下操作。

“修改”面板：单击“偏移”按钮。

2）操作格式

命令：（输入命令）。

指定偏移距离或[通过(T)/删除(E)/图层(L)]〈1.00〉:（输入命令“T”）。

选择要偏移的对象或[退出(E)/放弃(U)]〈退出〉:（选择要偏移的对象）。

指定通过点或[退出(E)/多个(M)/放弃(U)]:（指定偏移对象要通过的点）。

选择要偏移的对象或[退出(E)/放弃(U)]〈退出〉:（再选择要偏移的对象或按〈Enter〉键）。

完成操作。

3.2.5 阵列对象

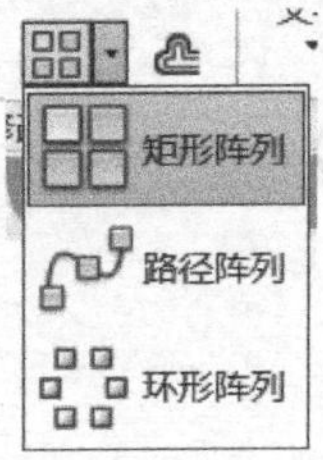

图 3-6 “阵列”类型

该功能可以对选择对象进行不同方式的多重复制。对象的阵列有矩形、环形、路径三种类型，如图 3-6 所示。

1. 创建矩形阵列

该功能可以任意组合对象的行、列和层，使其围绕 XY 平面中的基点旋转阵列。

1）操作方法

可以执行以下操作之一。

(1)“修改”面板：单击“矩形阵列”的多选按钮，在下拉列表中选择“矩形阵列”选项。

(2) 工具栏：单击“矩形阵列”按钮。

(3) 菜单栏：选择“修改”→“阵列”→“矩形阵列”选项。

(4) 命令行：输入“ARRAYRECT”。

2）操作格式

命令:（输入命令）。

选择对象:（选择要阵列的对象）。

选择对象:（继续选择要阵列的对象或按〈Enter〉键）。

类型=矩形　关联=是。

为项目数指定对角点或 [基点(B)/角度(A)/计数(C)]: 移动光标来确定阵列对象数量后单击或输入命令“C”)。

指定对角点以间隔项目或[间距(S)]:（使用鼠标直接指定对角点或输入命令“S”）。

按 Enter 键接受或[关联(AS)/基点(B)/行(R)/列(C)/层(L)/退出(X)] <退出>:（按〈Enter〉

键或选择选项)。

命令:

执行命令后，阵列结果如图 3-7（b）所示。

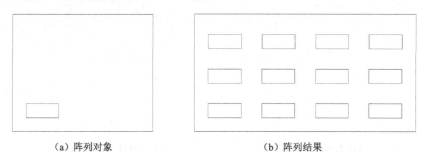

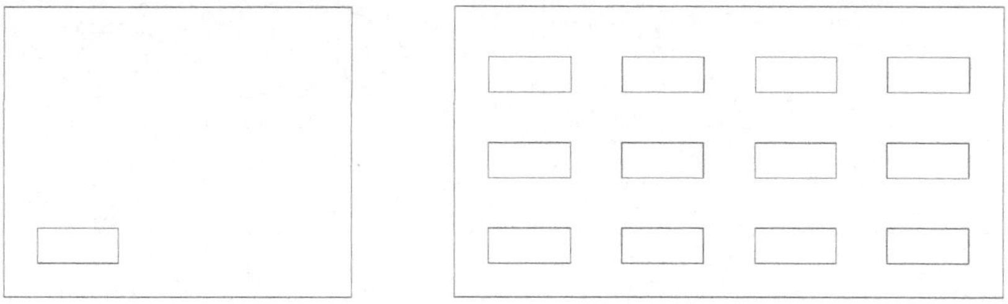

（a）阵列对象　　（b）阵列结果

图 3-7　矩形阵列对象示例

阵列关联性可以快速修改整个阵列中的对象，阵列可以为关联或非关联。

（1）关联：单个阵列对象类似于块。编辑阵列对象的特性，如间距或对象数目，而不影响阵列对象之间的关系，编辑源对象可以更改阵列中的所有对象。阵列默认为关联。

（2）非关联：阵列中的对象各自独立，更改一个对象不会影响其他对象。在命令行中输入命令“AS”，系统提示：“创建关联阵列[是(Y)否(N)]<是>:”可根据需要输入命令或按〈Enter 键〉。

选项中的“基点、角度、计数”分别用来创建阵列的基点、旋转角度与行和列。

2. 创建环形阵列

该功能可以将对象围绕指定的中心点或旋转轴以循环运动均匀分布。

使用中心点创建环形阵列时，旋转轴为当前 UCS 的 Z 轴。可以通过指定两个点重新定义旋转轴。阵列的旋转方向取决于角度输入的是正值还是负值。

1）操作方法

可以执行以下操作之一。

（1）“修改”面板：单击“矩形阵列”的多选按钮，在下拉列表中选择“环形阵列”选项。

（2）菜单栏：选择“修改”→“阵列”→“环形阵列”选项。

（3）命令行：输入“ARRAYPOLAR”命令。

2）操作格式

命令:（输入命令）。

选择对象:（选择要阵列的对象）。

选择对象:（继续选择要阵列的对象或按〈Enter〉键）。

类型=极轴　关联=是。

指定阵列的中心点或[基点(B)/旋转轴(A)]:（移动鼠标确定阵列的中心点或选择选项）。

输入项目数或[项目间角度(A)/表达式(E)] <4>:（指定阵列对象数目或选择选项）。

指定填充角度（+=逆时针、-=顺时针）或[表达式(EX)]<360>:（按〈Enter 键〉或选项）。

按 Enter 键接受或[关联(AS)/基点(B)/项目(I)/项目间角度(A)/填充角度(F)/行(ROW)/层(L)/旋转项目(ROT)/退出(X)]:（按〈Enter 键〉或选择选项）。

命令:

执行命令后，阵列结果如图 3-8（a）所示。

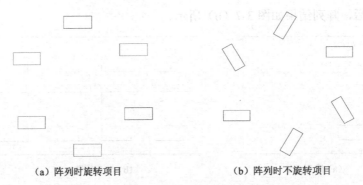

（a）阵列时旋转项目　　（b）阵列时不旋转项目

图 3-8　环形阵列对象示例

3）选项说明

命令和提示中的选项功能如下。

（1）“中心点”：用于确定环形阵列的中心，可以输入坐标值或在绘图区内，单击确定中心点。

（2）“基点”：用来创建阵列的基点。

（3）“旋转轴”：用来创建阵列的旋转轴。

（4）“项目间角度”：用来指定对象之间的角度。

（5）“表达式”：表达参数的数据形式。

（6）“关联”：用来指定对象的关联性。

（7）“填充角度”：用来指定对象阵列的圆心角度，默认为360°，输入正值则逆时针方向阵列。

（8）“旋转项目”：用于确定是否绕基点旋转阵列对象，如图 3-8（b）所示。阵列默认为旋转阵列对象。

3. 创建路径阵列

该功能可以将对象沿路径或部分路径均匀分布。

1）操作方法

可以执行以下操作之一。

（1）“修改”面板：单击“矩形阵列”下拉按钮，在下拉列表中选择“路径阵列”选项。

（2）菜单栏：选择“修改”→“阵列”→“路径阵列”选项。

（3）命令行：输入“ARRAYPATH”命令。

2）操作格式

命令:（输入命令）。

选择对象:（选择要阵列的对象）。

选择对象:（继续选择要阵列的对象或按〈Enter〉键）。

类型=路径 关联=是。

选择路径曲线:（指定路径的曲线）。

输入沿路径的项数或[方向(O)/表达式(E)] <方向>:（指定路径阵列的数目）。

指定沿路径的项目之间的距离或[定数等分(D)/总距离(T)/表达式(E)]<沿路径平均定数等分(D)>:（指定对象之间的距离或选择选项）。

按 Enter 键接受或[关联(AS)/基点(B)/项目(I)/行(R)/层(L)/对齐项目(A)/Z 方向(Z)/退出(X)] <退出>:（按〈Enter 键〉或选择选项）。

命令:

阵列前如图 3-9（a）所示，结束命令后，阵列结果如图 3-9（b）所示。

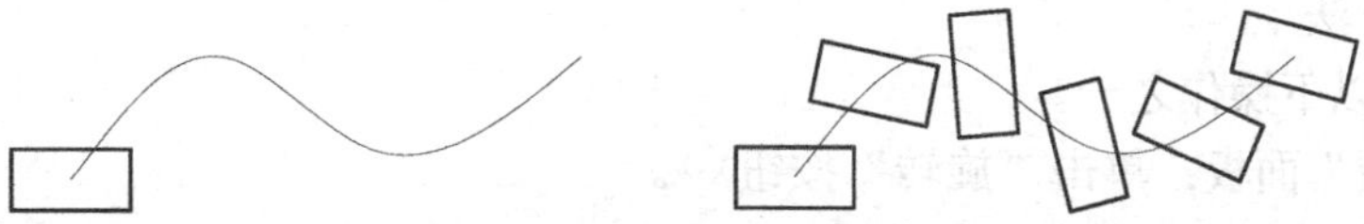

（a）阵列对象　　（b）阵列结果

图 3-9　路径阵列对象示例

3）选项说明

命令和提示中的选项功能如下。

（1）“定数等分”：用于沿路径等分间距。

（2）“总距离”：用于指定路径总距离。

（3）“对齐项目”：用于确定对象是否和路径对齐。

（4）“Z 方向”：用于指定所有对象是否保持 Z 轴方向。

3.2.6　移动对象

该功能可将对象移动到指定位置。

1）操作方法

可以执行以下操作之一。

（1）“修改”面板：单击“移动”按钮。

（2）工具栏：单击“移动”按钮。

（3）菜单栏：选择“修改”→“移动”选项。

（4）命令行：输入“MOVE”命令。

2）操作格式

命令:（输入命令）。

选择对象:（选择要移动的对象）。

选择对象:（按〈Enter〉键或继续选择对象）。

指定基点或位移[位移(D)]〈位移〉:（指定基点 A 或位移）。

此时，有两种选择，即选择基点或位移。

选择基点：任选一点作为基点，根据提示指定的第二点，按〈Enter〉键，系统将对象沿两点所确定的位置矢量移动至新位置。此选项为默认项，图 3-10 所示

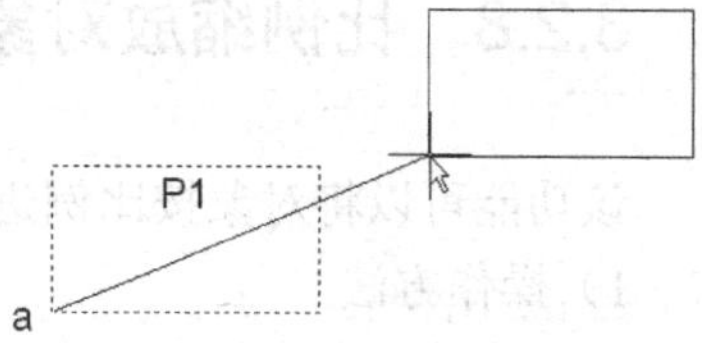

图 3-10　移动对象示例

为指定基点 a 移动的示例。

位移：在提示基点或位移时，输入当前对象沿 X 轴和 Y 轴的位移量，然后在出现“指定第二个点或〈使用第一点作为位移〉:”提示时，按〈Enter〉键，系统将移动到矢量确定的新位置。

3.2.7 旋转对象

该功能可以使对象绕基点按指定的角度进行旋转。

1）操作方法

可以执行以下操作之一。

（1）“修改”面板：单击“旋转”按钮。

（2）工具栏：单击“旋转”按钮。

（3）菜单栏：选择“修改”→“旋转”命令。

（4）命令行：输入“ROTATE”命令。

2）操作格式

命令:（输入命令）。

选择对象:（选择要旋转的对象）。

选择对象:（按〈Enter〉键或继续选择对象）。

指定基点:（指定圆心为旋转基点）。

指定旋转角度或[复制(C)/参照(R)]:（指定旋转角度为“60°”）。

命令结束后，操作结果如图 3-11 所示。

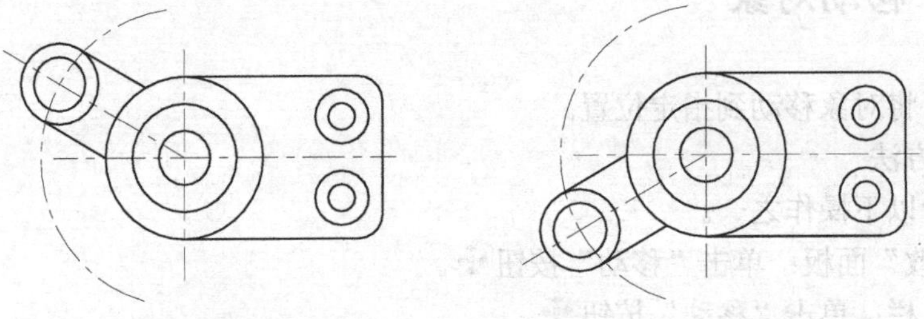

（a）旋转前　（b）旋转后

图 3-11　旋转示例

指定旋转角方式为默认选项。如果直接输入旋转角度值，则系统完成旋转操作。如果输入值为正，则沿逆时针方向旋转；否则，沿顺时针方向旋转。当输入命令“C”时，旋转后源对象保留。

3.2.8 比例缩放对象

该功能可以将对象按比例进行放大或缩小。下面以图 3-12 为例进行介绍。

1）操作方法

可以执行以下操作之一。

（1）“修改”面板：单击“缩放”按钮。
（2）工具栏：单击“缩放”按钮。
（3）菜单栏：选择“修改”→“缩放”选项。
（4）命令行：输入“SCALE”命令。

2）操作格式

命令：（输入命令）。
选择对象：（选择要缩放的对象 R1）。
选择对象：（按〈Enter〉键或继续选择对象）。
确定基点：（指定基点 P1）。
指定比例因子或[复制(C)/参照(R)]〈1.00〉：（指定比例因子）。
命令：

比例因子即为图形缩放的倍数。当 0<比例因子<1 时，为缩小对象；当比例因子>1 时，则放大对象。执行后，按〈Enter〉键，系统按照输入的比例因子来完成缩放操作，结果如图 3-12 所示。当输入命令“C”时，旋转后，源对象保留。

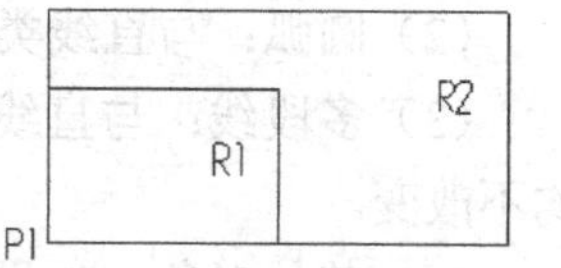

图 3-12 比例缩放对象示例

3.2.9 拉伸对象

该功能可以对对象进行拉伸或移动，执行该命令必须使用窗口方式选择对象。整个对象位于窗口内时，执行结果是移动对象；当对象与选择窗口相交时，执行结果则是拉伸或压缩对象。下面以图 3-13 为例进行介绍。

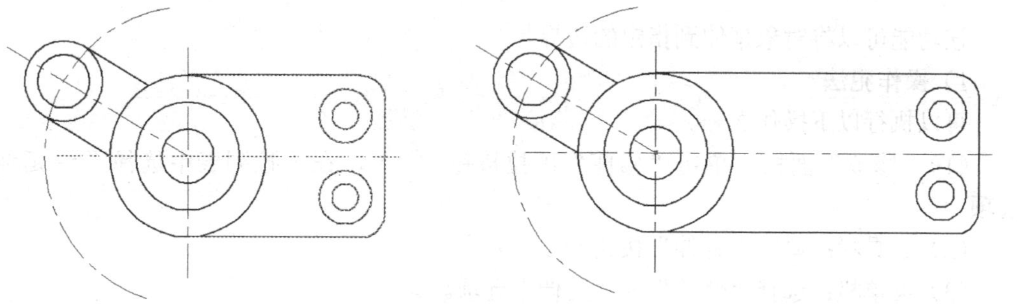

（a）拉伸前　　（b）拉伸后

图 3-13 拉伸示例

1）操作方法

可以执行以下操作之一。

（1）“修改”面板：单击“拉伸”按钮。
（2）工具栏：单击“拉伸”按钮。
（3）菜单栏：选择“修改”→“拉伸”选项。
（4）命令行：输入“STRETCH”命令。

2）操作格式

命令:（输入命令）。

选择对象:（用窗口方式从左向右选择要拉伸的对象，包括竖直中心线右边的所有对象，如图 3-16（a）所示的虚线部分）。

选择对象:（按〈Enter〉键或继续选择对象）。

指定基点或[位移(D)]〈位移〉:（指定圆心为基点）。

指定第二点〈使用第一个点作为位移〉:（移动鼠标指定基点移动位置）。

命令结束后，操作结果如图 3-13（b）所示。

3）移动规则说明

该选项只能拉伸直线、圆弧、椭圆和样条曲线等对象。

（1）直线：位于窗口外的端点不动，窗口内的端点移动，直线由此改变。

（2）圆弧：与直线类似，但在变形过程中弦高保持不变，由此调整圆心位置。

（3）多段线：与直线或圆弧相似，但多段线两端的宽度、切线方向以及曲线拟合信息均不改变。

（4）其他对象：如果定义点位于窗口内，则对象移动，否则对象不动，圆的定义点为圆心，块的定义点为插入点，文本的定义点为字符串的基线端点。

3.2.10 延伸对象和修剪对象

这里介绍延伸和修剪对象的方法。

1. 延伸对象

该功能可以将对象延伸到指定的边界。

1）操作犯法

可以执行以下操作之一。

（1）“修改”面板：单击“修剪”下拉按钮 -/-- ▾，在下拉列表中选择“--/ 延伸”选项。

（2）工具栏：单击“延伸”按钮--/。

（3）菜单栏：选择“修改”→“延伸”选项。

（4）命令行：输入“EXTEND”命令。

2）操作格式

命令:（输入命令）。

当前设置: UCS 边=无（当前设置的信息）。

选择边界的边。

选择对象或〈全部选择〉:（选择边界对象为下边的水平线）。

选择对象:（按〈Shift〉键或继续选择对象）。

选择要延伸的对象，或按住〈Shift〉键选择要修剪的对象，或[栏选(F)/窗交(C)/投影(P)/边(E)/放弃(U)]:（选择要延伸的对象竖直线）。

完成操作，结果如图 3-14 所示。

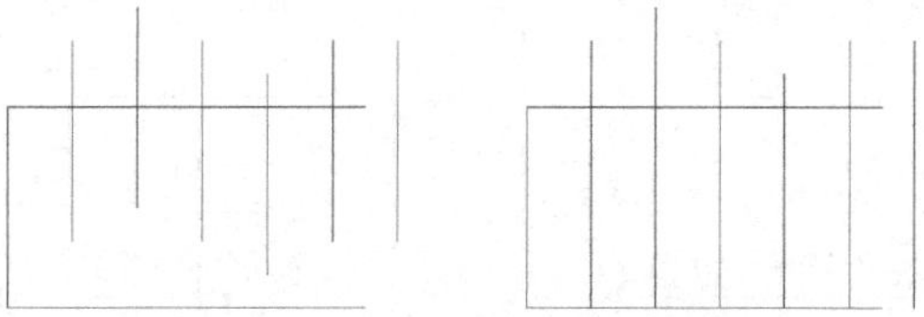

（a）延伸对象前　　（b）延伸对象后

图 3-14 延伸对象示例

3）选项说明

命令和提示中的选项功能如下。

（1）“选择要延伸的对象”：该选项为默认选项，选择要延伸的对象后，系统将该对象延伸到指定的边界边。

（2）“按住〈Shift〉键选择要修剪的对象”：按〈Shift〉键，可以选择要修剪的对象。利用〈Shift〉键可以在延伸和修剪功能之间进行切换。如当前延伸状态下，按〈Shift〉键选择要修剪的对象，可以对所选对象进行修剪。

（3）“栏选”、“窗交”：用于选择对象的方式。

（4）“投影”：用来确定执行延伸的空间。

（5）“边”：用来确定执行延伸的模式。如果边界的边太短，延伸对象延伸后不能与其相交，AutoCAD 会假想延伸边界边，使延伸对象延伸到与其相交位置，该模式为默认模式；或者根据边的实际位置进行延伸，也就是说，延伸后如果不能相交，则不执行延伸。

（6）“放弃”：取消上一次的操作。

2. 修剪对象

该功能可以将对象修剪到指定边界。下面以图 3-15 为例来介绍实现过程。

1）操作方法

可以执行以下操作之一。

（1）“修改”面板：单击“修剪”下拉按钮 在下拉列表中，选择“修剪”选项。

（2）工具栏：单击“修剪”按钮。

（3）菜单栏：选择“修改”→“修剪”选项。

（4）命令行：输入“TRIM”命令。

2）操作格式

命令:（输入命令）。

当前设置: 投影=UCS 边=无　（当前设置的信息）。

选择剪切边。

选择对象或〈全部选择〉:（选择边界对象为上边的水平线）。

选择对象:（按〈Enter〉键或继续选择对象）。

选择要修剪的对象，或按住〈Shift〉键选择要延伸的对象，或[栏选(F)/窗交(C)/投影(P)/边(E)/删除(R)/放弃(U)]:（选择要修剪的直线上端）。

命令:

系统完成操作，操作结果如图 3-15 所示。

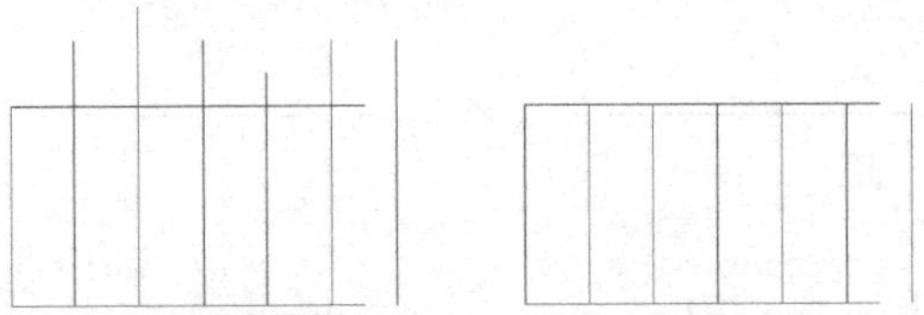

（a）修剪对象前　　（b）修剪对象后

图 3-15　修剪对象示例

当系统提示“选择要修剪的对象，或按住 Shift 键选择要延伸的对象，或[栏选(F)/窗交(C)/投影(P)/边(E)/删除(R)/放弃(U)]:”时，输入命令“E”，系统提示“输入隐含边延伸模式[延伸(E)/不延伸(N)]<延伸>:”时，输入“N”，与边界不相交的线不修剪，如图 3-16 所示。

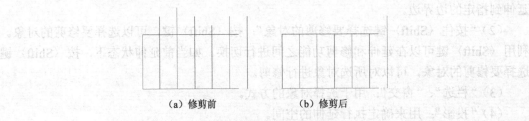

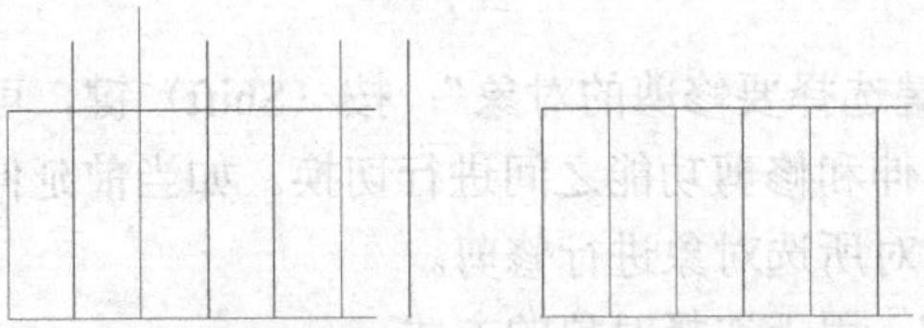

（a）修剪前　　（b）修剪后

图 3-16　边界边不延伸示例

3.2.11　打断对象和合并对象

这里介绍打断和合并对象的方法。

1. 直接指定两个断点

该功能可以删除对象上的某一部分或把对象分成两部分。

1）操作方法

可以执行以下操作之一。

（1）“修改”面板：单击“打断”按钮。

（2）工具栏：单击“打断”按钮。

（3）菜单栏：选择“修改”→“打断”选项。

（4）命令行：输入“BREAK”。

2）操作格式

命令:（输入命令）。

选择对象:（选择对象指定打断点 1）。

指定第二个打断点或[第一点(F)]:（指定打断点 2）。

命令:

2. 先选取对象，再指定两个断点

1）操作方法

可以执行以下操作之一。

（1）“修改”面板：单击“打断”按钮。

（2）工具栏：单击“打断”按钮▭。

（3）菜单栏：选择“修改”→“打断”选项。

（4）命令行：输入“BREAK”命令。

2）操作格式

命令:（输入命令）。

选择对象:（选择断开对象）。

指定第二个打断点或[第一点(F)]:（输入“F”）。

指定第一个打断点:（指定断开点 1）。

指定第二个打断点:（指定断开点 2）。

命令:

结束打断操作，此方法可用于精确打断。

3）说明

在该命令提示指定第二断开点时，可用以下三种方式来指定第二断点。

（1）如果直接拾取对象上的第二点，系统将删除对象两点间的部分。

（2）如果输入“@”后按〈Enter〉键，将在第二点处断开。

（3）如果在对象的一端之外指定第二点，系统将删除对象位于第一点和第二点之间的部分。

另外，在切断圆或圆弧时，由于圆和圆弧有旋转方向性，断开的部分是从打断点 1 到打断点 2 之间逆时针旋转的部分，所以指定第一点时应考虑删除段的位置，如图 3-17（b）和图 3-17（c）所示。图 3-17（a）为打断对象，图 3-17（b）为经 A 点至 B 点逆时针打断对象后的结果，图 3-17（c）为经 A 点至 B 点顺时针打断对象后的结果。

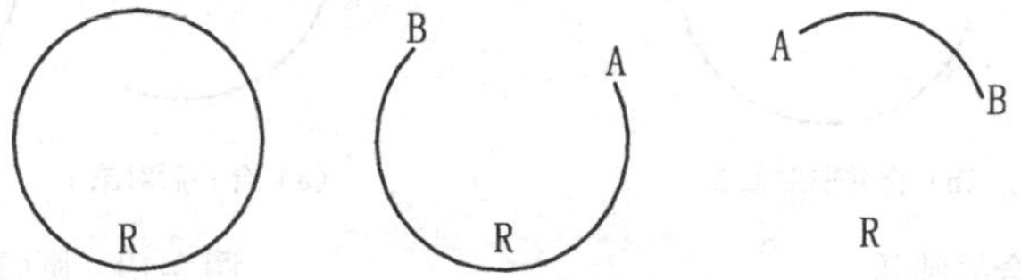

（a）打断对象　（b）逆时针打断效果　（c）顺时针打断效果

图 3-17　打断对象示例

3. 在选取点处打断

操作步骤如下。

命令:（单击“打断”按钮▭）。

选择对象:（选择对象）。

指定第二个打断点或［第一点(F)］:（输入命令“F”）。

指定第一个打断点:（在对象上指定打断点）。

指定第二个打断点: 输入命令“@”。

命令:

说明:

结束操作后，在选取点被打断的对象以指定的分解点为界打断为两个实体，外观上没有任何变化，此时可以利用选择对象的夹点显示来辨识是否已打断。

4. 合并对象

该功能可以根据需要连接某一连续图形上的两个部分，或者将某段圆弧闭合为整圆。

1）操作方法

可以执行以下操作之一。

（1）“修改”面板：单击“合并”按钮。

（2）工具栏：单击“合并”按钮。

（3）菜单栏：选择“修改”→“合并”选项。

（4）命令行：输入“命令 JOIN”。

2）操作格式

命令:（输入命令）。

选择源对象:（选择要合并的对象）。

选择圆弧，以合并到源或进行[闭合(L)]:（选择需要合并的另一部分对象，按〈Enter〉键）。

命令:

3）说明

图 3-18 为需要合并的对象示例，图 3-19 为合并对象后的示例。如果选择“闭合（L）”选项，则可将选择的任意一段圆弧闭合为一个整圆，如图 3-19（b）所示。当选择对象时，应该注意选择的次序，这里与打断对象的方法类似，当选择方向不同，闭合效果也不同。

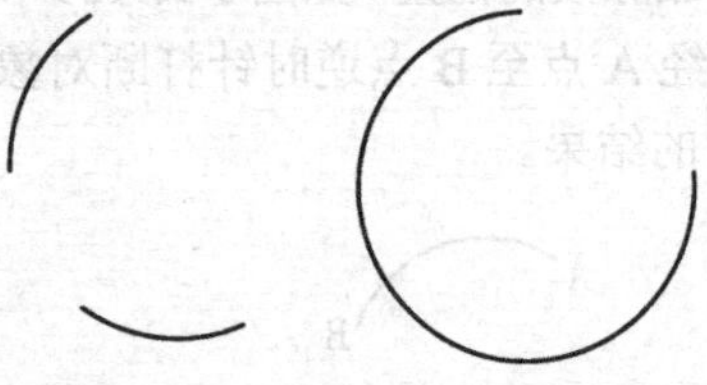

（a）合并前对象 1　（b）合并前对象 2

图 3-18　合并圆弧

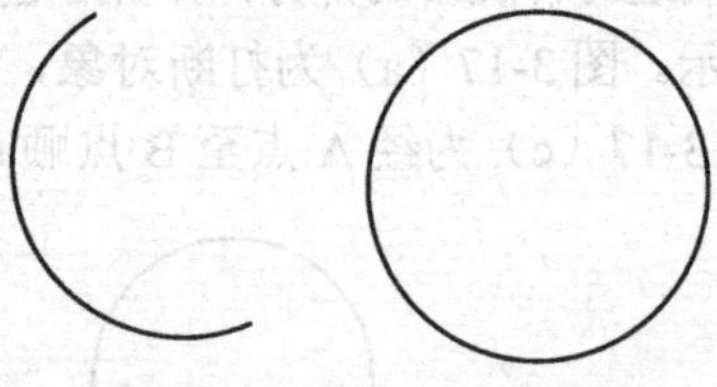

（a）合并后对象 1　（b）合并后对象 2

图 3-19　圆弧合并后示例

3.2.12　倒角和圆角

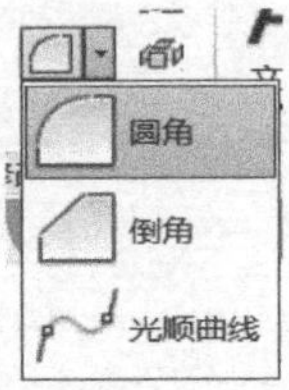

图 3-20　倒角的多选命令

这里介绍绘制倒角和圆角的方法，其命令如图 3-20 所示。

1. 倒角

该功能可以对两条相交直线或多段线等对象绘制倒角。

1）操作方法

可以执行以下操作之一。

（1）“修改”面板：单击“圆角”下列按钮，在下拉列表中选择“倒角”选项。

（2）工具栏：单击“倒角”按钮。

（3）菜单栏：选择“修改”→“倒角”命令。

（4）命令行：输入“CHAMFER”命令。

2）操作格式

命令: （输入命令）。

（“修剪”模式）当前倒角距离 1=10.00，距离 2=10.00 （当前设置提示）。

选择第一条直线或[放弃(U)/多段线(P)/距离(D)/角度(A)/修剪(T)/方式(E)/多个(M)]: （选择 1 条直线或选择选择）。

命令中各选项功能如下。

（1）“选择第一条直线”：默认项。执行该选项，系统提示：“选择第二条直线，且按当前倒角设置进行倒角”。

（2）“距离”：用于指定第 1 个和第 2 个倒角距离，两个倒角距离可相等，也可不相等。输入命令“D”，执行该命令，系统提示。

指定第一个倒角距离〈10.00〉: （指定第一个倒角距离）。

指定第二个倒角距离〈10.00〉: （指定第二个倒角距离）。

选择第一条直线或[放弃(U)/多段线(P)/距离(D)/角度(A)/修剪(T)/方式(E)/多个(M)]: （选择 1 条直线）。

选择第二条直线，或按住〈Shift〉键选择要应用角点的直线: （选择第 2 条直线）。

命令:

依次指定倒角距离和选择直线后，系统完成倒角操作，如图 3-21 所示。选择对象时可以按住〈Shift〉键，用 0 值替代当前的倒角距离。

（3）“角度”：该选项可以根据一个倒角距离和一个角度进行倒角。输入命令“A”执行该命令，系统提示如下。

指定第一条直线的倒角长度〈10.00〉: （指定第 1 个倒角距离）。

指定第二条直线的倒角角度〈0〉: （指定倒角角度）。

选择第一条直线或[放弃(U)/多段线(P)/距离(D)/角度(A)/修剪(T)/方式(E)/多个(M)]: （选择第 1 条直线）。

选择第二条直线: （选择第 2 条直线）。

命令:

依次指定倒角距离、角度和选择直线后，系统完成倒角操作，如图 3-22 所示。

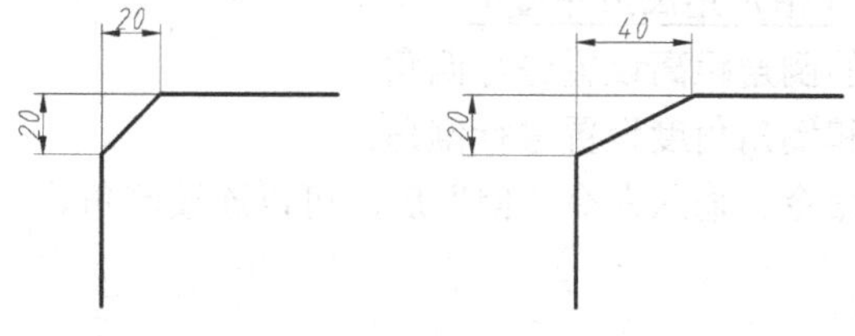

图 3-21 指定距离方式倒角示例

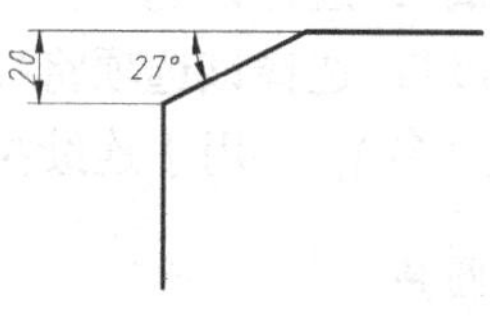

图 3-22 指定距离、角度方式倒角示例

（4）“修剪”：用于确定倒角时倒角边是否剪切。输入命令“T”，执行该命令，系统提示如下。

输入修剪模式选项[修剪(T)/不修剪(N)]〈修剪〉: （指定修剪或不修剪）。

结果如图 3-23 所示。图 3-23（b）为倒角修剪后情况，图 3-23（c）为倒角不修剪的示例。

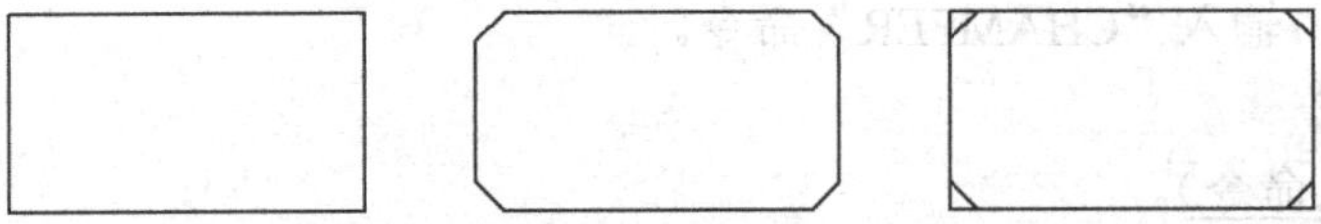

（a）倒角前　（b）倒角修剪　（c）倒角不修剪

图 3-23　绘制倒角示例

（5）“多段线”：用于以指定的倒角距离对多段线进行倒角。此方法和矩形倒角类同，具体操作如下。

命令：（输入命令）。

模式=修剪，当前倒角距离 1=10.00，距离 2=10.00（当前设置提示）。

选择第一条直线或[放弃(U)/多段线(P)/距离(D)/角度(A)/修剪(T)/方式(E)/多个(M)]：（输入命令“D”）。

指定第一个倒角距离〈10.00〉：（指定第一个倒角距离为“20”）。

指定第二个倒角距离〈10.00〉：（指定第二个倒角距离为“20”）。

选择第一条直线或[放弃(U)/多段线(P)/距离(D)/角度(A)/修剪(T)/方式(E)/多个(M)]：（输入命令“P”）。

选择二维多段线：（选择多段线）。

命令：

依次指定倒角距离和选择直线后，系统完成倒角操作，结果如图 3-24 所示。

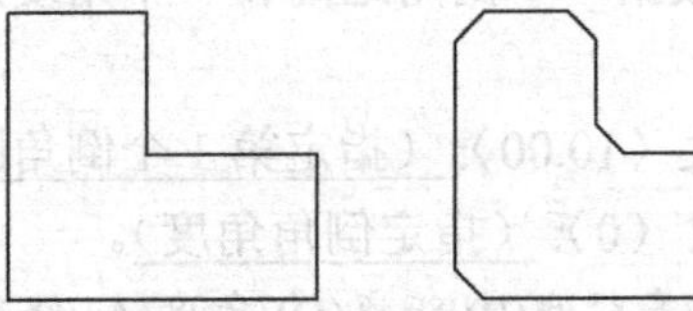

（a）倒角前的多段线　（b）倒角后的多段线

图 3-24　多段线的倒角示例

（6）“方式”：用于确定按什么方式倒角。输入命令“E”，执行该命令，系统提示如下。

输入修剪方法[距离(D)/角度(A)]：（指定距离或角度）

“距离”：选择该选项将按两条边的倒角距离设置进行倒角。

“角度”：选择该选项将按边距离和倒角角度设置进行倒角。

（7）“多个”：用于连续执行倒角命令。输入命令“M”后，可以连续倒角。

2. 圆角

该功能可以为两对象作圆角。

1）操作方法

可以执行以下命令之一。

（1）“修改”面板：单击“圆角”下拉按钮，在下拉列表中选择“圆角”选项。

（2）工具栏：单击“圆角”按钮。

（3）菜单栏：选择“修改”→“圆角”选项。

（4）命令行：输入“FILLET”命令。

2）操作格式

命令：（输入命令）。

当前模式：模式=修剪，半径=10.00（当前设置提示）。

选择第一个对象或[放弃(U)/多段线(P)/半径(R)/修剪(T)/多个(M)]：（选择第一个对象）。

命令中各选项含义如下。

（1）“选择第一个对象”：默认选项。选择第一个对象后，系统提示如下。

选择第二个对象，或按住〈Shift〉键选择要应用角点的对象：（选择第二个对象）。

命令：

系统按当前设置完成圆角操作，如图3-25所示。

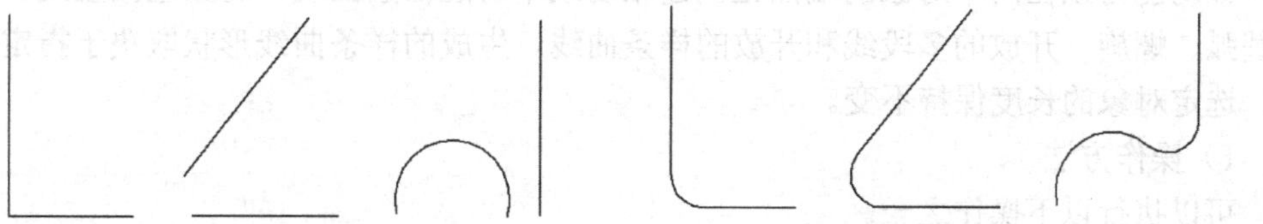

（a）圆角前　（b）圆角后

图3-25　圆角示例

（2）“半径”：用于确定和改变圆角的半径。输入命令“R”，执行该命令，系统提示如下。

指定圆角半径〈10.00〉：（输入半径值）。

选择第一个对象或[放弃(U)/多段线(P)/半径(R)/修剪(T)/多个(M)]：（选择第一个对象）。

选择第二个对象：（选择第二个对象）。

命令：

系统按指定圆角半径完成圆角操作。

（3）“修剪”：用于确定圆角时的边角是否剪切，结果如图3-26所示。

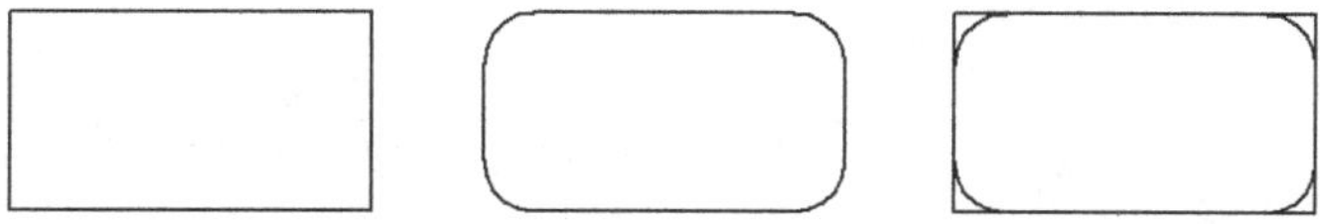

（a）圆角前　（b）圆角修剪　（c）圆角不修剪

图3-26　圆角示例

（4）“多段线”：选择该项将对多段线以当前设置进行圆角。输入命令“R”，执行该命令，系统提示如下。

当前设置：模式=修剪，半径=20（当前设置提示）。

选择第一个对象或[放弃(U)/多段线(P)/半径(R)/修剪(T)/多个(M)]：（输入命令“P”）。

选择二维多段线：（选择多段线）。

命令:

依次指定半径和选择对象后，系统完成圆角操作，结果如图 3-27 所示。

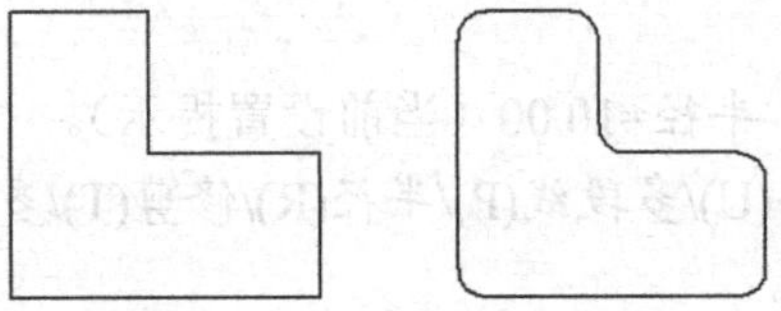

（a）圆角前　　（b）圆角后

图 3-27　多段线的圆角示例

3. 光顺曲线

该功能可以在两个对象的端点处创建相切或平滑的样条曲线，对象包括直线、圆弧、椭圆弧、螺旋、开放的多段线和开放的样条曲线。生成的样条曲线形状取决于指定的连续性，选定对象的长度保持不变。

1）操作方法

可以执行以下操作之一。

（1）“修改”面板：单击“圆角”下拉按钮，在下拉列表中选择“光顺曲线”选项。

（2）工具栏：单击“光顺曲线”按钮。

（3）菜单栏：选择“修改”→“光顺曲线”选项。

（4）命令行：BLEND。

2）操作格式

命令:（输入命令）。

连续性=平滑。

选择第一个对象或 [连续性 (CON)]:（选择对象的端点 B）。

选择第二个点:（选择要连接的对象端点 C）。

命令:

结束操作后，连接结果如图 3-28（b）所示。

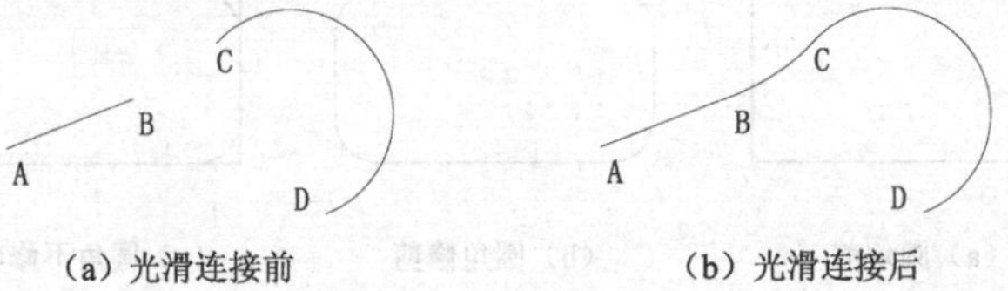

（a）光滑连接前　　（b）光滑连接后

图 3-28　光顺曲线的示例

3.2.13　分解对象

这里介绍分解对象的方法。矩形、多段线、块、尺寸、填充等对象均为一个整体，在编辑时命令常常无法执行，如果把它们分解开来，编辑操作就变得简单多了。

1）操作方法

可以执行以下操作之一。

（1）“修改”面板：单击“分解”按钮。

（2）工具栏：单击“分解”按钮。

（3）菜单栏：选择“修改”→“分解”选项。

（4）命令行：输入“EXPLODE”命令。

2）操作格式

命令：（输入命令）。

选择对象：（选择要分解的对象）。

选择对象：（按〈Enter〉键或继续选择对象）。

系统完成分解操作。一般分解后的对象无特殊表征，可以用选择对象的方法进行验证。如果不能一次选择原对象整体时，即证明对象整体已被分解，结果如图 3-29 所示。

（a）原对象　（b）对象未分解被选择　（c）对象已分解被选择

图 3-29　对象分解示例

3.3 使用夹点功能编辑对象

在没有执行任何命令的情况下，用鼠标选择对象后，这些对象上出现若干个蓝色小方格，称为对象的特征点，如图 3-30 所示。夹点可以看做对象的特征点。使用 AutoCAD 2016 的夹点功能，可以方便地对字体和图形进行拉伸、移动、旋转、缩放以及镜像等编辑操作。

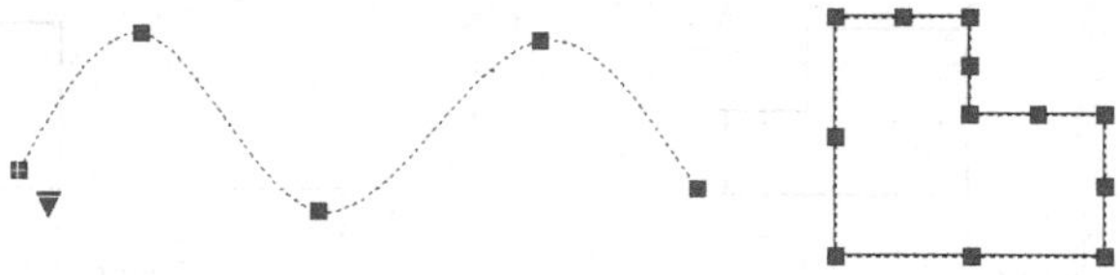

图 3-30　显示对象夹点的示例

1. 用夹点拉伸对象

用夹点拉伸对象的操作步骤如下。

（1）选取要拉伸的对象，如图 3-31（a）所示。

（2）在对象中选择夹点，此时夹点随鼠标的移动而移动，如图 3-31（b）所示。

系统提示：

拉伸。

指定拉伸点或[基点(B)/复制(C)/放弃(U)/退出(X)]: 。

各选项的功能如下。

① “指定拉伸点”：用于指定拉伸的目标点。

② “基点”：用于指定拉伸的基点。

③ “复制”：用于在拉伸对象的同时复制对象。

④ “放弃”：用于取消上次的操作。

⑤ “退出”：退出夹点拉伸对象的操作。

（3）移动到目标位置时单击，即可把夹点拉伸到需要位置，如图 3-31（c）所示。

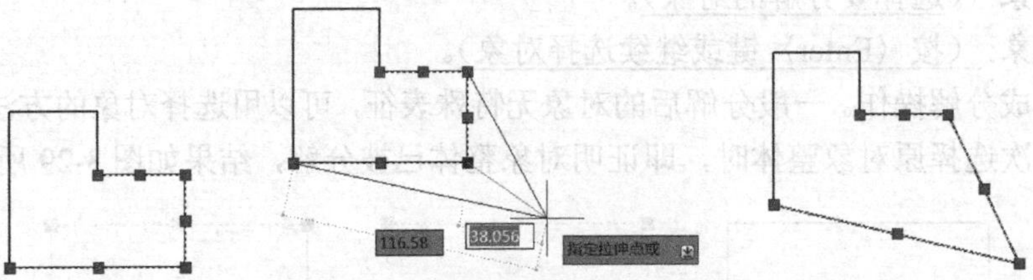

（a）拉伸前　　（b）制定拉伸目标点　　（c）拉伸后

图 3-31　夹点拉伸对象示例

2. 用夹点移动对象

用夹点移动对象的操作步骤如下。

（1）选取移动对象。

（2）指定一个夹点作为基点，如图 3-32（a）所示。

系统提示：

“拉伸”（按〈Enter〉键）。

“移动”。

指定移动点或[基点(B)/复制(C)/放弃(U)/退出(X)]:（指定移动点或选择选项）。

（3）指定目标位置后，系统完成夹点移动对象，结果如图 3-32（b）所示。

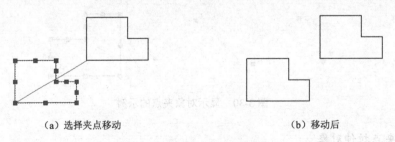

（a）选择夹点移动　　（b）移动后

图 3-32　夹点移动对象示例

3. 用夹点旋转对象

用夹点旋转对象的操作步骤如下。

（1）选取要旋转的对象。

（2）指定一个夹点作为基点。

系统提示：
拉伸（按〈Enter〉键）。
移动（按〈Enter〉键）。
旋转。
指定旋转角度或[基点(B)/复制(C)/放弃(U)/参照(R)/退出(X)]:
（3）在命令行输入旋转角度，完成夹点旋转对象操作。

4. 用夹点缩放对象

用相对夹点来缩放对象的同时可以进行多次复制，其操作步骤如下。
（1）选取要缩放的对象。
（2）指定一个夹点作为基点。
系统提示：
拉伸（按〈Enter〉键）。
移动（按〈Enter〉键）。
旋转（按〈Enter〉键）。
缩放。
指定比例因子或[基点(B)/复制(C)/放弃(U)/参照(R)/退出(X)]:
（3）在命令行输入缩放比例后，按〈Enter〉键，完成夹点缩放对象操作。

5. 用夹点镜像对象

用夹点镜像对象的操作步骤如下。
（1）选取要缩放的对象
（2）指定一个夹点作为基点。
系统提示：
拉伸（按〈Enter〉键）。
移动（按〈Enter〉键）。
旋转（按〈Enter〉键）。
缩放（按〈Enter〉键）。
镜像。
指定第二点或[基点(B)/复制(C)/放弃(U)/退出(X)]:
（3）指定第二点（基点为第一点）后，对象沿两点所确定的直线完成镜像。

3.4 实训

3.4.1 绘制菱形平面图形

1. 要求

绘制如图3-33所示的菱形平面图。

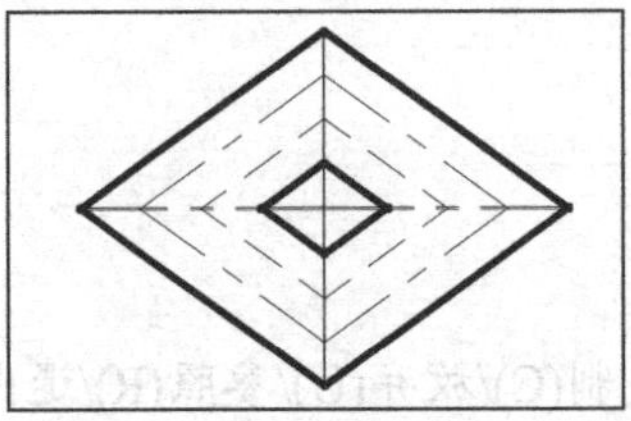

图 3-33　菱形平面图

2. 操作步骤

可以参照图 3-34 所示的步骤进行绘制。

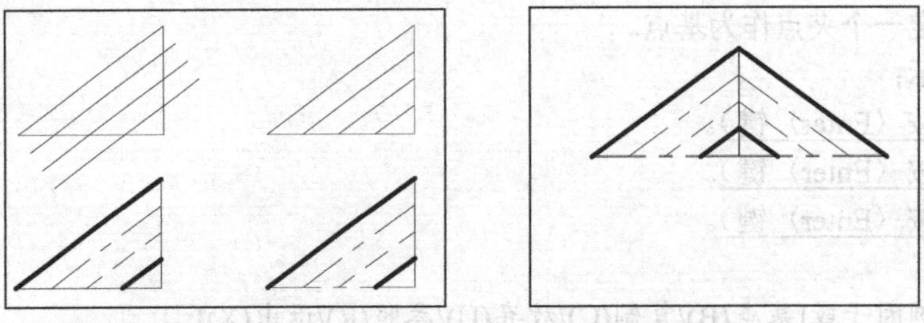

(a)“偏移”、“修剪”编辑　　(b)“镜像”编辑

图 3-34　菱形平面图绘制步骤示意图

(1) 在“细实线”图层绘制一个三角形。

(2) 对三角形的斜边进行“偏移”。

(3) 以三角形的短边为修剪边界，对偏移的斜边进行“修剪”。

(4) 利用“图层特性”对四条斜边进行相应的线型修改，如图 3-34（a）所示。

(5) 对四分之一三角形进行镜像编辑，如图 3-34（b）所示。

(6) 对二分之一三角形进行镜像编辑。

(7) 完成图形绘制，结果如图 3-33 所示。

3.4.2　绘制圆盘图形

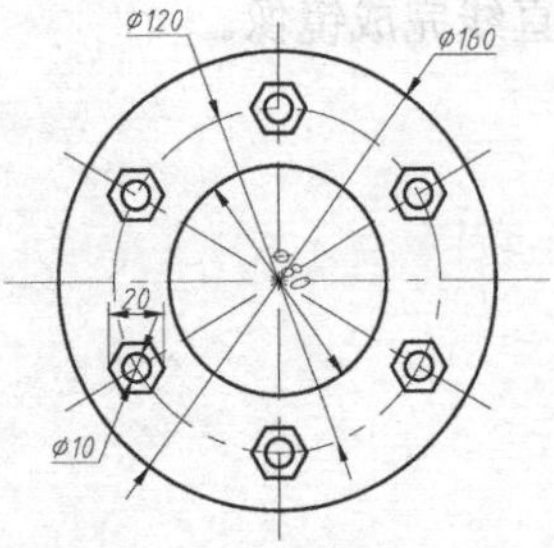

图 3-35　绘制盘形示例

1. 要求

按照给出的尺寸绘制如图 3-35 所示的平面图。

2. 操作步骤

(1) 单击“绘图”面板中的“直线”按钮，绘制中心线。

(2) 使用“圆”命令，根据尺寸 ø80、ø120、ø160 绘制同心圆，结果如图 3-36 所示。

(3) 在 ø120 圆上绘制六边形，步骤如下：

命令: （“绘图”面板→“矩形”下拉列表中的 ▭ ▾ →“多边形”选项)。

命令: _polygon 输入侧面数<4>: （输入“6”）。

指定正多边形的中心点或[边(E)]: <捕捉 开>（指定中心点）。

输入选项[内接于圆(I)/外切于圆(C)]<I>: （按〈Enter〉键）。

指定圆的半径: （输入“10”，按〈Enter〉键）。

结束操作，结果如图 3-37 所示。

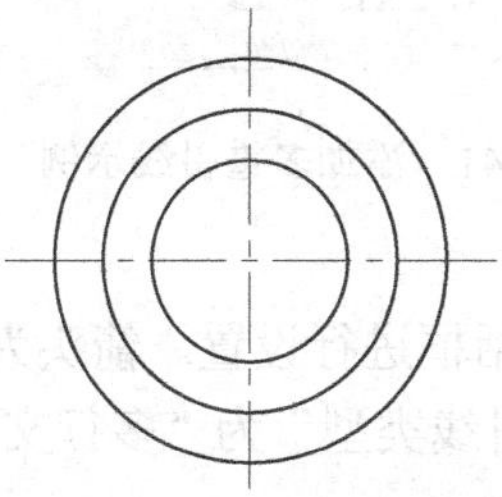

图 3-36 绘制同心圆

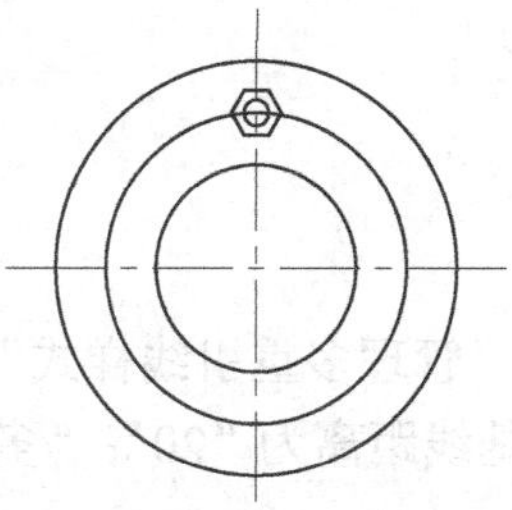

图 3-37 绘制六边形

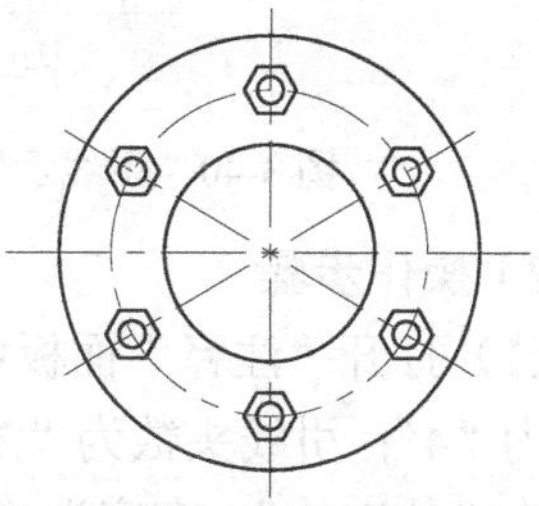

图 3-38 绘制阵列图形示例

（4）“阵列”六边形，操作如下：

命令: （在“修改”面板中单击“矩形阵列”的下拉按钮，在下拉劫镖中选择“环形阵列”选项）。

选择对象: （选择六边形和中心线）。

选择对象: （按〈Enter〉键）。

指定阵列的中心点或[基点(B)/旋转轴(A)]: （选择中心点）。

选择夹点以编辑阵列或[关联(AS)/基点(B)/项目(I)/项目间角度(A)/填充角度(F)/行(ROW)/层(L)/旋转项目(ROT)/退出(X)]<退出>: （选择“项目（I）”选项）。

输入阵列中的项目数或[表达式(E)]<0>: （输入“6”）。

选择夹点以编辑阵列或[关联(AS)/基点(B)/项目(I)/项目间角度(A)/填充角度(F)/行(ROW)/层(L)/旋转项目(ROT)/退出(X)]<退出>: （选择“项目间角度（A）”选项）。

指定项目间的角度或[表达式(EX)]<0>: （输入“60”）。

选择夹点以编辑阵列或[关联(AS)/基点(B)/项目(I)/项目间角度(A)/填充角度(F)/行(ROW)/层(L)/旋转项目(ROT)/退出(X)]<退出>: （选择“填充角度（F）”选项）。

指定填充角度(+=逆时针、-=顺时针)或[表达式(EX)]<0>: （输入“360”）。

选择夹点以编辑阵列或 [关联(AS)/基点(B)/项目(I)/项目间角度(A)/填充角度(F)/行(ROW)/层(L)/旋转项目(ROT)/退出(X)]<退出>: （按〈Enter〉键）。

结束操作，结果如图 3-38 所示。

3.4.3 编辑多重引线

使用 AutoCAD 2016 的“引线”工具，如图 3-39 所示，可以编辑已经创建好的多重引线标注。

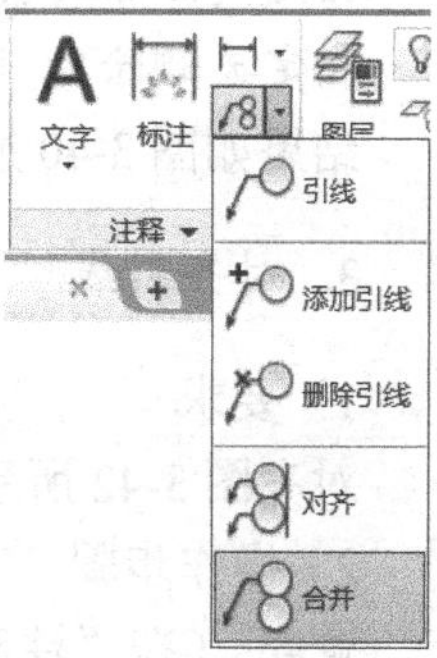

图 3-39 引线工具列表

1. 添加引线

1）要求

按照图 3-40，在原引线上再添加一条引线。

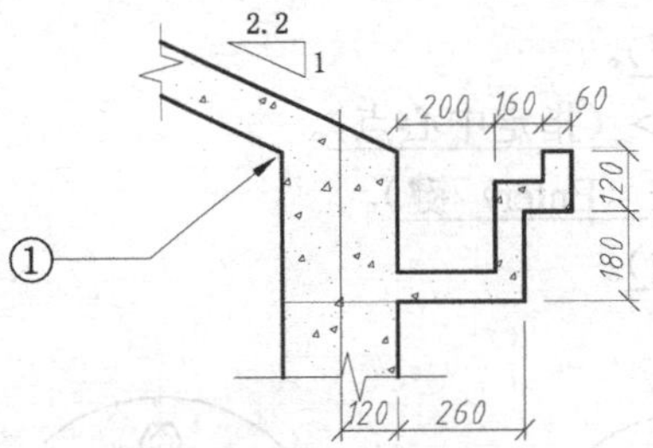

图3-40　引线示例图

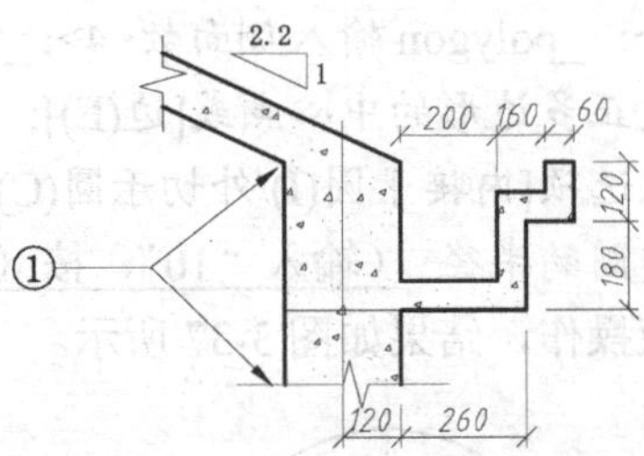

图3-41　添加多重引线示例

2）操作步骤

（1）打开“注释”面板中的“管理多重引线样式”对话框进行设置。箭头为“实心”，大小为“4”；引线头数为“2”，基线距离为“20”；“多重引线类型”为“多行文字”，文字样式为“仿宋体”，高度为“5”。

（2）单击“注释”面板中的“引线”下拉按钮，在下拉列表中选择“添加引线”选项。

命令:

选择多重引线:（选择多重引线）。

找到1个

指定引线箭头位置或 [删除引线(R)]: <正交 关>（引导箭头位置，并单击）。

指定引线箭头位置或 [删除引线(R)]:（按〈Enter〉键）。

命令:

结果如图3-41所示。

2. 删除引线

1）要求

删除图3-41中的一条引线。

2）操作步骤

命令:（在“注释”面板中单击“引线”下拉按钮，在下拉列表中选择“删除引线”选项）。

选择多重引线:（选择多重引线）。

找到1个

指定要删除的引线或[添加引线(A)]:（选择要删除的引线）。

指定要删除的引线或[添加引线(A)]:（按〈Enter〉键）。

结果如图3-40所示。

3. 对齐引线

1）要求

对齐图3-42所示的引线。

2）操作步骤

命令:（在“注释”面板中单击“引线”下拉按钮，在下拉列表中选择“对齐引线”选项）。

命令: _mleaderalign

选择多重引线:（选择多重引线①）。
选择多重引线:（选择多重引线②）。
选择多重引线:（选择多重引线③）。
选择多重引线:（按〈Enter〉键）。
当前模式：使用当前间距
选择要对齐到的多重引线或[选项(O)]:（选择多重引线②）。
指定方向:（引导垂直位置，并单击）。
结果如图 3-43 所示。

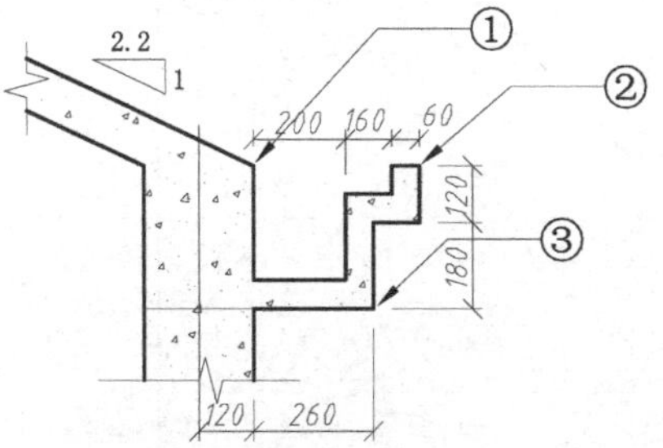

图 3-42 多重引线示例图

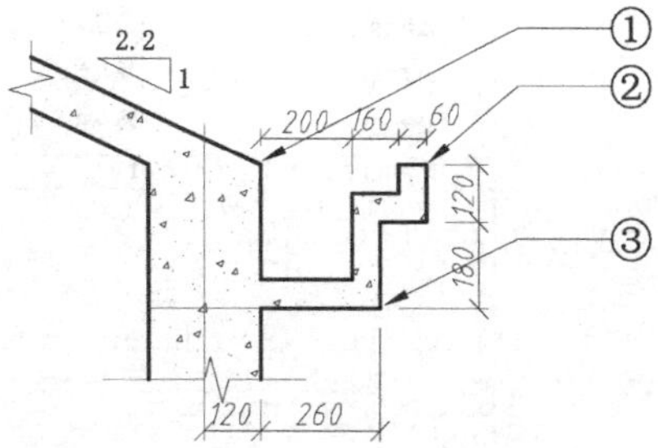

图 3-43 对齐引线示例

4. 合并引线

1）要求

合并如图 3-44 所示的引线，结果如果 3-45 所示。

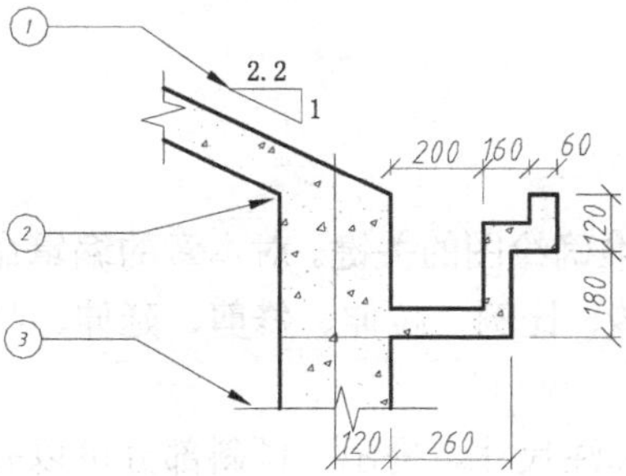

图 3-44 多重引线示例图

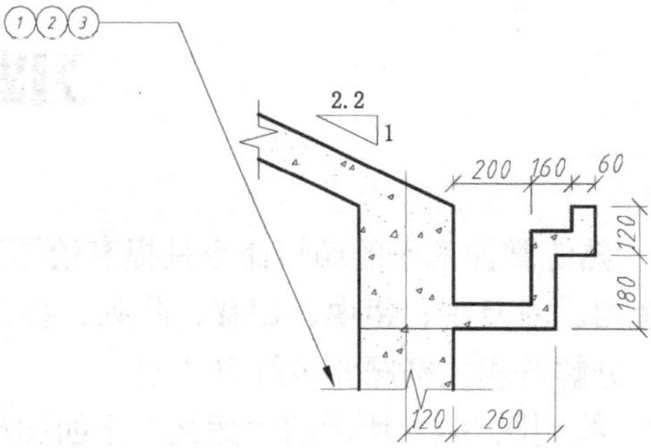

3-45 对齐引线示例

2）操作步骤

（1）在“修改多重引线格式：有箭头”对话框中，选择“内容”选项卡，如图 3-46 所示。设置“多重引线类型”为“块”，“源块”为“圆”，“附着”为“插入点”。

（2）单击“注释”面板中的“引线”下拉按钮，在下拉列表中选择“合并引线”选项。

命令: _mleadercollect
选择多重引线:（选择多重引线①）。
选择多重引线:（选择多重引线②）。
选择多重引线:（选择多重引线③）。
选择多重引线:（按〈Enter〉键）。

指定收集的多重引线位置或[垂直(V)/水平(H)/缠绕(W)]: （输入命令“H”，按〈Enter〉键）。

指定收集的多重引线位置或[垂直(V)/水平(H)/缠绕(W)]<水平>: （引导引线至合适位置，并单击）。

结果如图 3-45 所示。

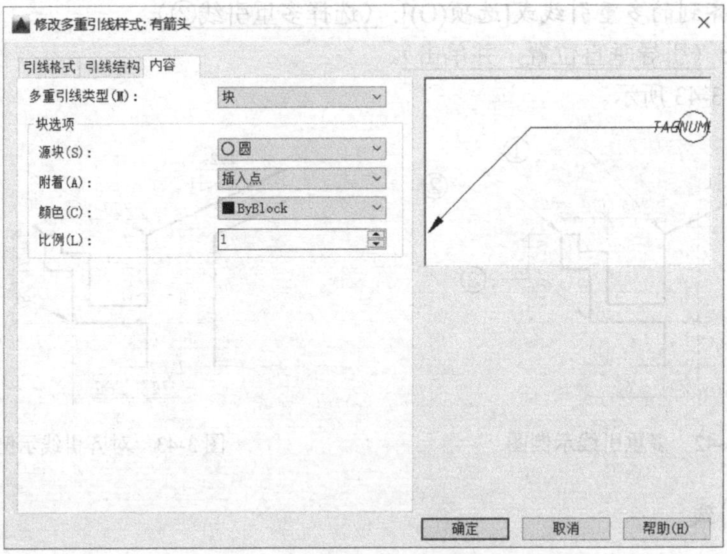

图 3-46 “内容”选项卡

习题3

1. 熟练掌握常用的编辑命令是提高绘图速度和准确绘图的关键。对本章的编辑命令应反复练习。对复制、镜像、偏移、阵列、移动、旋转、比例、拉伸、修剪、延伸、打断、倒角、分解等相关例题要多练习几遍。

2. 绘制图 3-47 所示的“拨叉”平面图形，不标注尺寸。提示：倾斜部分可以先摆正画出，然后利用“旋转”命令旋转“15°”。

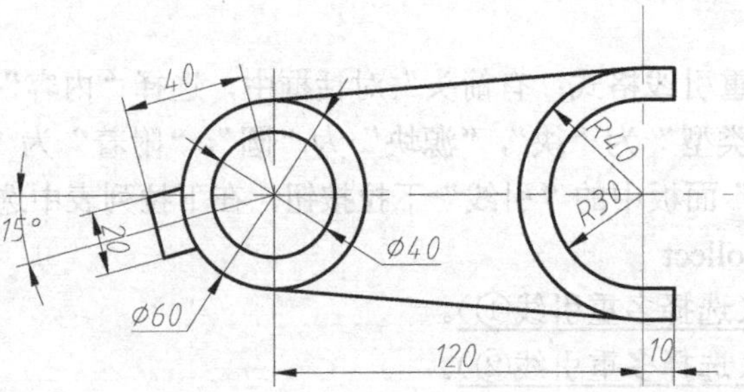

图 3-47 绘制“拨叉”示例

3．绘制如图 3-48 所示的平面图形，不标注尺寸。提示：可以先画出左半部分，然后利用“镜像”命令画出另一半。

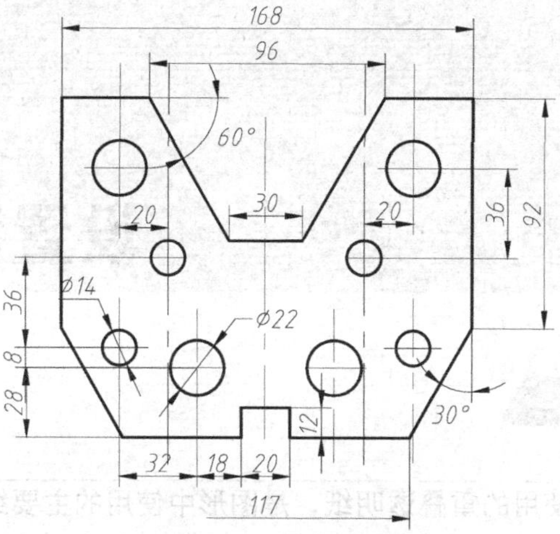

图 3-48　绘制平面图形示例

第4章 设置和管理图层

图层相当于绘图中使用的重叠透明纸，是图形中使用的主要组织工具。通过分层管理，可以利用图层来区分不同的对象，这样便于图形的修改和使用。

4.1 设置图层

AutoCAD 中所有图形对象都具有图层、颜色、线型和线宽四个基本属性，通常在绘制图形之前需要对其进行设置，可以提高绘制复杂图形的效率和准确性。

设置和管理图层的工具主要有“图层”面板（图 4-1)、“图层”工具栏和“图层”菜单命令等。

4.1.1 图层特性管理器

图层特性管理器用于创建新图层和改变图层的特性。

1. 调用“图层特性管理器”命令

可以执行以下操作之一。

(1) 功能区：单击“图层”面板中的“图层特性”按钮。

(2) 菜单栏：选择“格式”→“图层”选项。

(3)“图层”工具栏：单击按钮。

(4) 命令行：输入命令“LAYER”。

当输入命令后，系统打开“图层特性管理器”对话框，如图 4-2 所示。

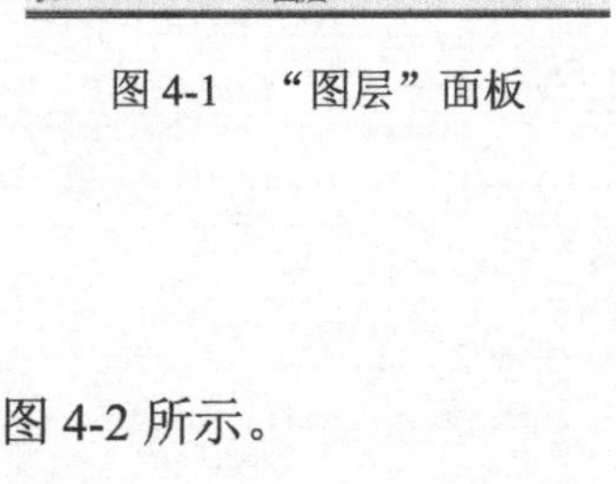

图 4-1 “图层”面板

2. “图层特性管理器”对话框的选项功能

对话框第二行的图标按钮分别是“新建特性过滤器”、“新建组过滤器”、“图层状态管理器”、“新建图层”、“所有视口中已冻结的新图层视口”、“删除图层”和“置为当前”按钮；

按钮右面为“搜索图层”文本框、“刷新”和“设置”按钮；中部有两个窗口，左侧为过滤器的“树状图”窗口，右侧为“列表框”窗口；下面分别为复选框和状态行。

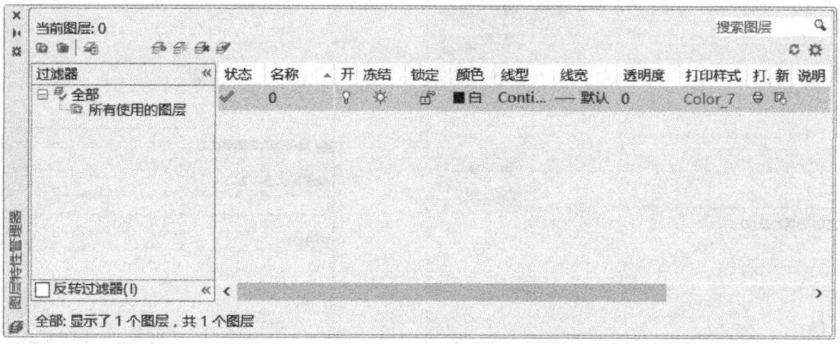

图 4-2 “图层特性管理器”对话框

1）“新建特性过滤器”按钮

用于打开“图层过滤器特性”对话框，如图 4-3 所示。该对话框可以对图层进行过滤，改进后的图层过滤功能大大简化了用户在图层方面的操作。在该对话框中，可以在“过滤器定义”列表框中设置图层名称、状态、颜色、线型及线宽等过滤条件。

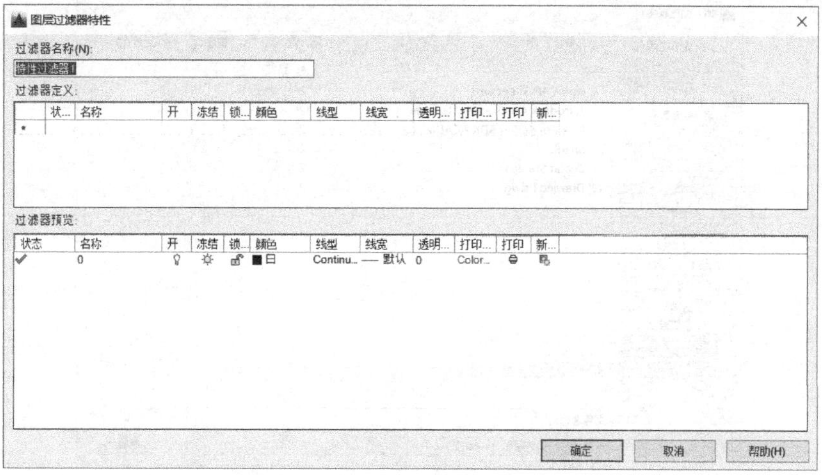

图 4-3 “图层过滤器特性”对话框

2）“新建组过滤器”按钮

此按钮用于创建一个图层过滤器，其中包括已经选定并添加到该过滤器的图层。

3）“图层状态管理器”按钮

单击该按钮，打开“图层状态管理器”对话框，如图 4-4 所示。用户可以通过该对话框管理命名的图层状态，即实现恢复、编辑、重命名、删除、从一个文件输入或输出到另一个文件等操作。

该对话框中的各选项功能如下。

（1）“图层状态”列表框：显示了当前图层已保存下来的图层状态名称，以及从外部输入进来的图层状态名称。

（2）“新建”按钮：单击该按钮，可以打开“要保存的新图层状态”对话框，用以创建新的图层状态，如图 4-5 所示。

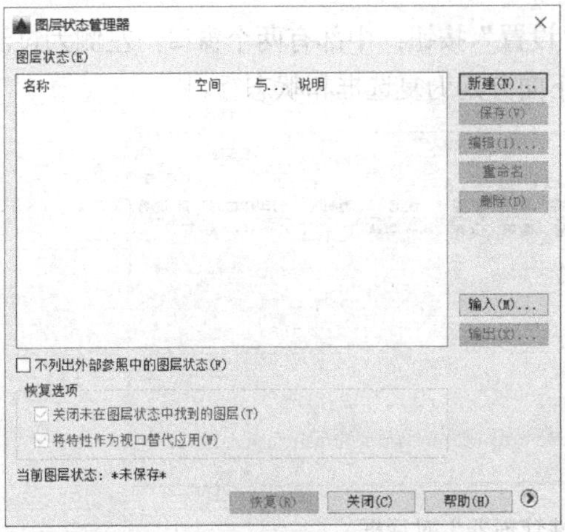

图 4-4 “图层状态管理器”对话框

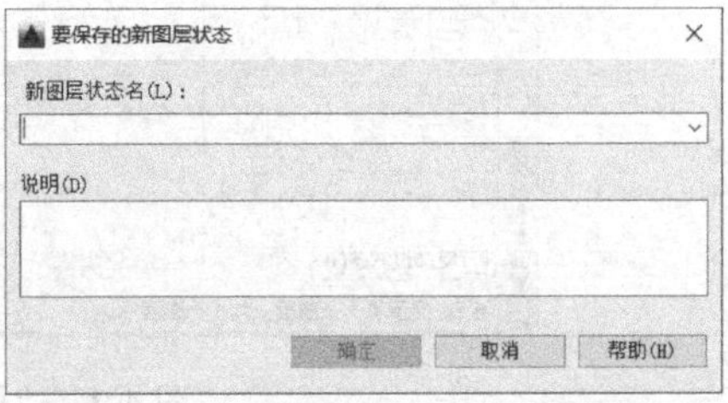

图 4-5 “要保存的新图层状态”对话框

（3）“删除”按钮：单击该按钮，可以删除选中的图层状态。

（4）“输入”按钮：单击该按钮，打开“输入图层状态”对话框，如图 4-6 所示。可以将外部图层状态输入到当前图层中。

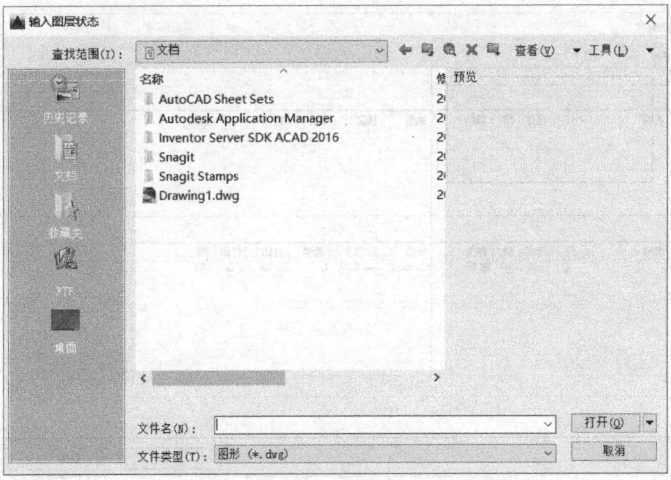

图 4-6 “输入图层状态”对话框

（5）“输出”按钮：单击该按钮，打开“输出图层状态”对话框，可以将当前图形已保存下来的图层状态输出到一个 LAS 文件中，LAS 文件采用 LAS 标准格式，存储了通过光学遥感器收集的光探测和测距数据信息，用于使用数据和数据转换。

（6）“恢复”按钮：单击该按钮，可以将选中的图层状态恢复到当前图形中，并且只有那些保存的特性和状态才能够恢复到图层中。

4）“新建”图层按钮

此按钮用于创建新图层。单击该按钮，建立一个以“图层 1”为名称的图层，连续单击该按钮，系统依次创建以“图层 2”、“图层 3”、…为名称的图层，为了方便确认图层，可以用汉字来重命名。例如，“粗实线”、“点画线”、“尺寸”等。重命名的具体方法：单击被选中的原图层名称，即可以直接删除原图层名称和输入新的图层名称。

5）“所有视口中已冻结的新图层”按钮

此按钮用于创建新图层，然后在现有的所有布局视口中将其冻结。

6）“删除”图层按钮

用于删除不用的空图层。在“图层特性管理器”对话框中选择相应的图层，单击该按钮，被选中的图层将被删除。“0”图层、当前图层、有实体对象的图层不能被删除。

7）“置为当前”按钮

用于设置当前图层。在“图层特性管理器”对话框中选择某一层的图层名称，然后单击该按钮，则这一层图层被设置成当前图层。

8）“刷新”按钮

可以通过扫描图形中的所有元素来刷新图层的使用信息。

9）“设置”按钮

用来打开“图层设置”对话框。

10）“树状图”窗口

其位于左侧，用于显示图形中图层和过滤器的层次结构列表。顶层节点“全部”显示了图形中的所有图层。过滤器按字母顺序显示，“所有使用的图层”过滤器是只读过滤器。

扩展节点以查看其中嵌套的过滤器。双击一个特性过滤器，打开“图层过滤器特性”对话框并，可查看过滤器的定义。

11）“列表框”窗口

其用于显示图层和图层过滤器及其特性和说明。如果在树状图中选定了某一个图层过滤器，则“列表框”窗口仅显示该图层过滤器中的图层。

树状图中的所有过滤器用于显示图形中的所有图层和图层过滤器。当选定了某一个图层特性过滤器且没有符合其定义的图层时，列表框将为空。

“列表框”窗口从左至右的各选项功能如下。

（1）“名称”：用于显示各图层的名称，默认图层为“0”，各图层不能重名。

（2）“开”：用于打开或关闭图层，单击“小灯泡”图标可以进行打开或关闭图层的切换，灯泡为黄色时，表示图层是打开的；灯泡为灰色时，表示图层是关闭的。图层被关闭时，该图层的图形被隐藏，不能显示出来，也不能打印输出。

（3）“冻结”：用于图层冻结和解冻。单击“太阳”图标和“冰花”图标可以进行解冻和冻结之间的切换。显示“冰花”图标时，图层被冻结，该图层的图形均不能显示出来，也不能打印输出，冻结图层与关闭图层的效果相同，区别在于前者的对象不参加处理过程的运算，所以执行速度更快一些。当前图层不能被冻结。

（4）“锁定”：用于图层的锁定和解锁。单击“锁”图标可以进行图层锁定和解锁的切换。“锁”图标关闭时，表示图层被锁定，该层的图形对象虽然可以显示出来，但不能对其编辑，在被锁定的当前图层上仍可以绘图和改变颜色及线型，但不能改变原图形。

（5）“颜色”：用于显示各图层设置的颜色。如果改变某一图层的颜色，可单击该层的颜色图标，打开“选择颜色”对话框，如图 4-7 所示。在该对话框中选择一种颜色，单击“确定”按钮退出。

（6）“线型”：用于显示各图层的线型。如果改变某一图层的线型，单击该图层上的线型名称，打开“选择线型”对话框，如图 4-8 所示。

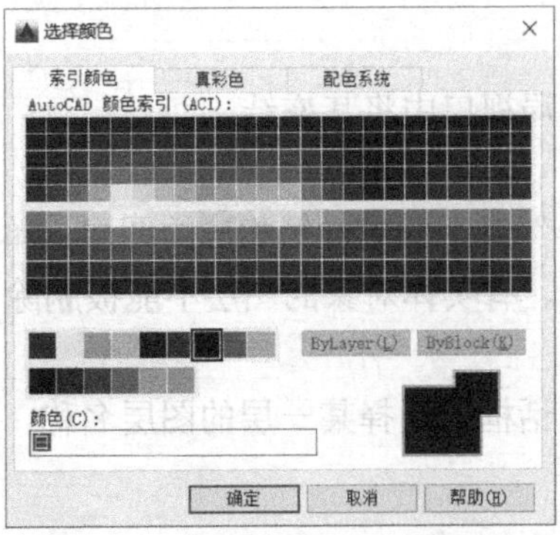

图 4-7　“选择颜色”对话框

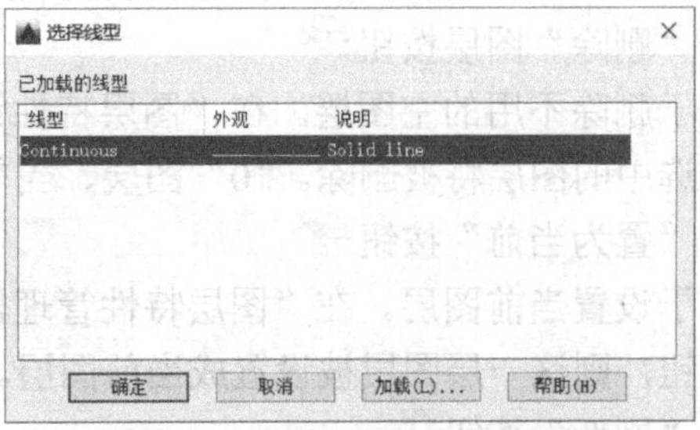

图 4-8　“选择线型”对话框

在该对话框中选择一种线型，或者单击“加载”按钮，打开“加载或重载线型”对话框，如图 4-9 所示。

（7）“线宽”：用于显示各图层的图线宽度。如果要改变某一图层的线宽，单击该层的线宽名称，打开“线宽”对话框，如图 4-10 所示。在该对话框中选择一种线宽，单击“确定”按钮，完成改变线宽操作。

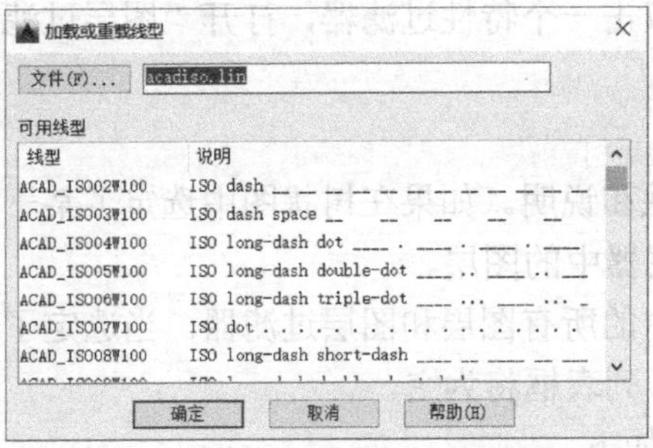

图 4-9　“加载或重载线型”对话框

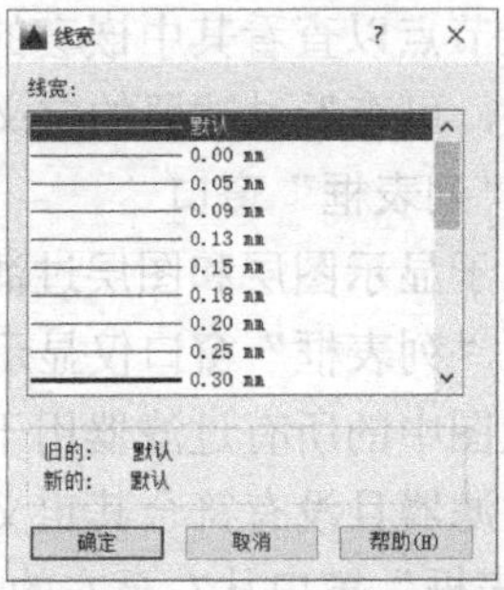

图 4-10　“线宽”对话框

（8）“透明度”：用来更改整个图形的透明度，只是影响屏幕的显示，不会影响打印。

（9）“打印样式”：用来确定各图层的打印样式。

（10）“新视口冻结”用来冻结新创建视口中的图层。

（11）“打印”：用于确定图层是否被打印。默认状态的打印图标是打开的，表明该图层为打印状态。如果要关闭打印开关，则单击该图层的打印图标即可，此时该图层的图形对象可以显示，但不能打印，该功能对冻结和关闭的图层不起作用。

12）“搜索图层”文本框

用于输入字符时，按名称快速过滤图层列表。

13）状态行

其用于显示当前过滤器的名称、列表框窗口中所显示图层的数量和图形中图层的数量。

注意：在“图层特性管理器”对话框中，勾选“反转过滤器”复选框，将只显示所有不满足选定过滤器中条件的图层。

4.1.2　创建新图层

开始绘制新图形时，AutoCAD 将自创一个图层，图层名称为“0”，颜色为白色，线型为实线（Continuous），线宽为默认值，该图层不可以删除和重命名。

在需要新建图层时，单击“新建”按钮，可以创建一个名称为“图层”的新图层，默认状态下，新建图层和当前图层的状态、颜色、线型和线宽等设置相同。单击新图层名可以直接更改名称，然后按〈Enter〉键即可。

4.1.3 设置图线颜色

COLOR 命令用于设置图形对象的颜色。

1. 选用命令的方法

（1）设置新图层图形对象的颜色时，可以在“图层特性管理器”对话框中选择新图层的“颜色”选项。

（2）改变当前图层的线型时，可以单击“特性”面板中的“对象颜色”，在下拉列表中选择“更多颜色”选项，如图 4-11 所示。

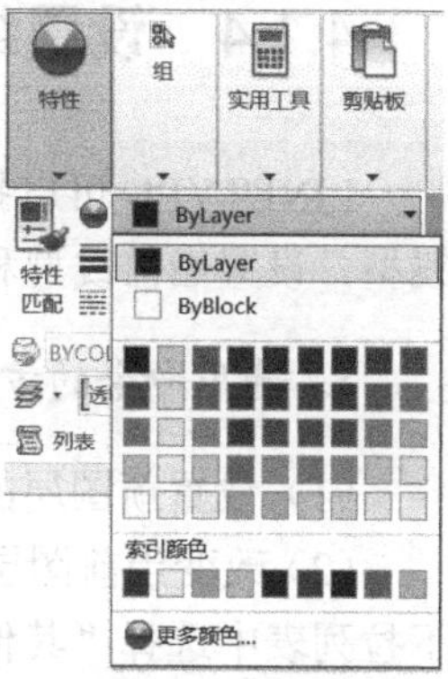

图 4-11 “对象颜色”选项

2. “选择颜色”对话框

使用命令后，系统打开“选择颜色”对话框。

“选择颜色”对话框中包含 3 个选项卡，分别为“索引颜色”、“真彩色”、“配色系统”选项卡。

“索引颜色”选项卡提供了 AutoCAD 的标准颜色，包括一个 255 种（ACI 编号）颜色的调色板，其中，标准颜色分别如下。

1 = 红色　　2 = 黄色　　3 = 绿色　　4 = 青色

5 = 蓝色　　6 = 洋红　　7 = 白/黑色　　8 和 9 为不同程度的灰色

用户可通过选择对话框中的“随层（ByLayer）”、“随块（ByBlock）”选项或指定某一具体颜色来进行选择。

“随层”：所绘制对象的颜色总是与当前图层的绘制颜色一致，这是最常用的方式。

“随块”：选择此选项后，绘图颜色为白色，“块”成员的颜色将随块的插入而与当前图层的颜色一致。

选择某一具体颜色为绘图颜色后，系统将以该颜色绘制对象，不再随所在图层的颜色变化。

“真彩色”选项卡可以设置图层的颜色，如图 4-12 所示。真彩色使用 24 位颜色定义 1670 万种颜色。指定真彩色时，可以使用 RGB 或 HSL 颜色模式。如果使用 RGB 颜色模式，则可以指定颜色的红、绿、蓝组合；如果使用 HSL 颜色模式，则可以指定颜色的色调、饱和度和亮度值。

“配色系统”选项卡也可以对图层颜色进行设置，如图 4-13 所示。用户可以根据 AutoCAD 2016 提供的 PANTONE 配色系统、DIC 颜色指南和 RAL 颜色集来设置当前颜色。

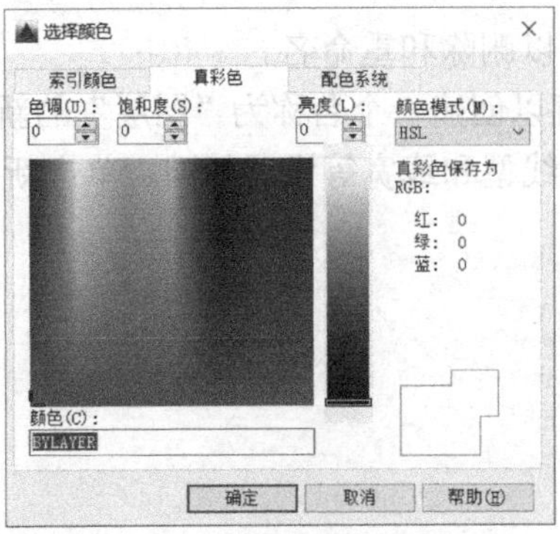

图 4-12 “真彩色”选项卡

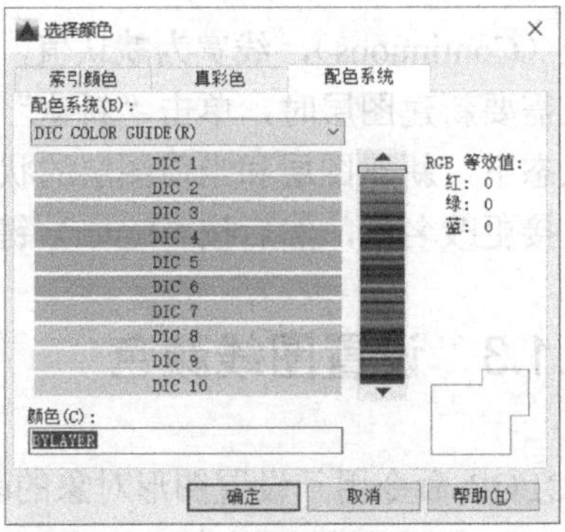

图 4-13 “配色系统”选项卡

4.1.4 设置线型

LINETYPE 可以打开“线型管理器”对话框，从线型库 ACADISO.LIN 文件中加载新线型，设置当前线型和删除已有的线型。

1. 选用命令的方法

（1）设置新图层的线型时，可以在“图层特性管理器”对话框中选择新图层的线型。

（2）改变当前图层的线型时，可以单击“特性”面板中的“线型” ，下拉列表中选择“其他”命令，如图 4-14 所示。

2. 线型管理器

选用命令后，系统打开“线型管理器”对话框，如图 4-15 所示。

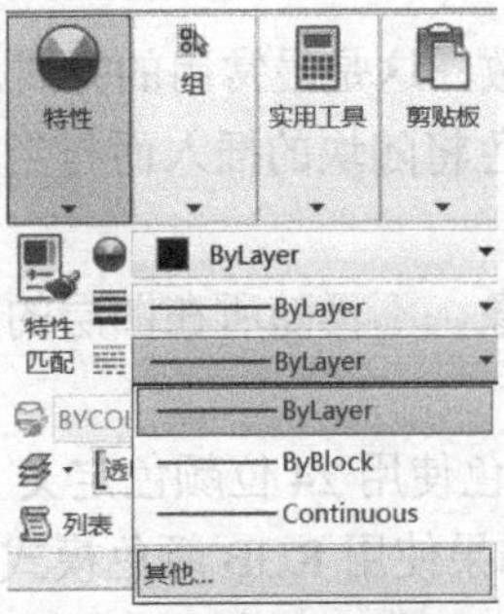

图 4-14 “其他”线型选项

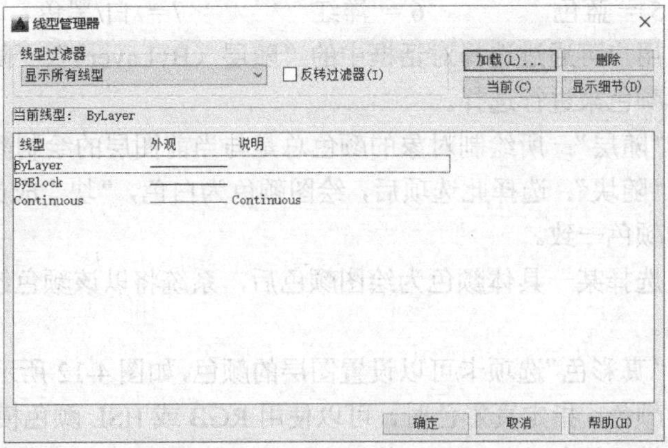

图 4-15 “线型管理器”对话框

“线型管理器”对话框主要选项的功能如下。

（1）线型过滤器：该选项组用于设置过滤条件，以确定在线型列表中显示哪些线型。下拉列表中有三个选项——“显示所有线型”、“显示所有使用的线型”、“显示所有依赖于外部参照的线型”供用户选择。从中选择后，系统在线型列表框中只显示满足条件的线型。

如果选择以上三项中的某一项，再勾选右侧的“反转过滤器(I)”复选框，其结果与选项结果相反。

（2）“加载(L)”按钮：用于加载新的线型。单击该按钮，打开如图 4-9 所示的“加载或重载线型”对话框，该对话框列出了以“.lin”为扩展名的线型库文件。选择要输入的新线型，单击“确定”按钮，完成加载线型操作，返回“线型管理器”对话框。

（3）“当前(C)”按钮：用于指定当前使用的线型。在线型列表框中选择某线型，单击“当前”按钮，则此线型为当前层所使用的线型。

（4）“删除”按钮：用于从线型列表中删除没有使用的线型，即当前图形中没有该线型。

（5）“显示细节(D)”按钮：用于显示或隐藏“线型管理器”对话框中的“详细信息”选项组，如图 4-16 所示。

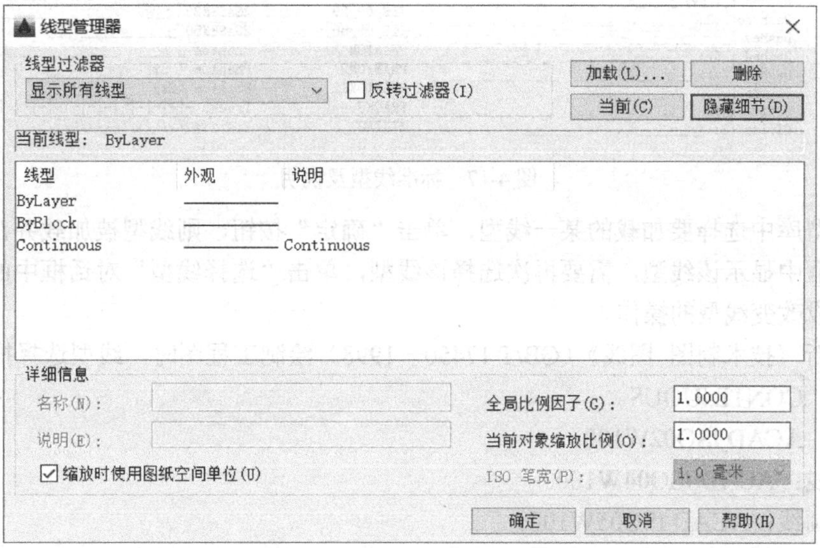

图 4-16　显示详细信息的“线型管理器”对话框

（6）“详细信息”选项组中包括如下内容。

“全局比例因子(G)”：用于设置全局比例因子。它可以控制线型的线段长短、点的大小、线段的间隔尺寸。全局比例因子将修改所有新的和现有的线型比例。

“当前对象缩放比例(O)”：用于设置当前对象的线型比例。该比例因子与全局比例因子的乘积为最终比例因子。

（7）“缩放时使用图纸空间单位(U)”：该复选框被勾选后，AutoCAD 自动调整不同图纸空间视口中线型的缩放比例，一是按创建对象时所在空间的图形单位比例缩放；二是基于图纸空间单位比例缩放。

3. 线型库

AutoCAD 2016 标准线型库提供的 45 种线型中包含多种长短、间隔不同的虚线和点画线，只有适当地使用它们，在同一线型比例下才能绘制出符合制图标准的图线。

AutoCAD 2016 标准线型及说明如图 4-17 所示。

线型	说明
ACAD_ISO02W100	ISO dash
ACAD_ISO03W100	ISO dash space
ACAD_ISO04W100	ISO long-dash dot
ACAD_ISO05W100	ISO long-dash double-dot
ACAD_ISO06W100	ISO long-dash triple-dot
ACAD_ISO07W100	ISO dot
ACAD_ISO08W100	ISO long-dash short-dash
ACAD_ISO09W100	ISO long-dash double-short-dash
ACAD_ISO10W100	ISO dash dot
ACAD_ISO11W100	ISO double-dash dot
ACAD_ISO12W100	ISO dash double-dot
ACAD_ISO13W100	ISO double-dash double-dot
ACAD_ISO14W100	ISO dash triple-dot
ACAD_ISO15W100	ISO double-dash triple-dot
BATTING	Batting SSSSSSSSSSSSSSSSSSSSSSSSSSSSSSSSSSSS
BORDER	Border
BORDER2	Border (.5x)
BORDERX2	Border (2x)
CENTER	Center
CENTER2	Center (.5x)
CENTERX2	Center (2x)
DASHDOT	Dash dot
DASHDOT2	Dash dot (.5x)
DASHDOTX2	Dash dot (2x)
DASHED	Dashed
DASHED2	Dashed (.5x)
DASHEDX2	Dashed (2x)
DIVIDE	Divide
DIVIDE2	Divide (.5x)
DIVIDEX2	Divide (2x)
DIVIDEX2	Divide (2x)
DOT	Dot
DOT2	Dot (.5x)
DOTX2	Dot (2x)
FENCELINE1	Fenceline circle
FENCELINE2	Fenceline square
GAS_LINE	Gas line
HIDDEN	Hidden
HIDDEN2	Hidden (.5x)
HIDDENX2	Hidden (2x)
HOT_WATER_SUPPLY	Hot water supply
JIS_02_0.7	HIDDEN0.75
JIS_02_1.0	HIDDEN01
JIS_02_1.2	HIDDEN01.25
JIS_02_2.0	HIDDEN02
JIS_02_4.0	HIDDEN04
JIS_08_11	1SASEN11
JIS_08_15	1SASEN15
JIS_08_25	1SASEN25
JIS_08_37	1SASEN37
JIS_08_50	1SASEN50
JIS_09_08	2SASEN8
JIS_09_15	2SASEN15
JIS_09_29	2SASEN29
JIS_09_50	2SASEN50
PHANTOM	Phantom
PHANTOM2	Phantom (.5x)
PHANTOMX2	Phantom (2x)
TRACKS	Tracks
ZIGZAG	Zig zag

图 4-17　标准线型及说明

在线型库中选择要加载的某一线型，单击“确定”按钮，则线型被加载并在“选择线型”对话框中显示该线型，需要再次选择该线型，单击“选择线型”对话框中的“确定”按钮，完成改变线型的操作。

按最新《技术制图 图线》（GB/T 17450—1998）绘制工程图时，线型选择推荐如下。

实线：CONTINUOUS。

虚线：ACAD_ISO02W100。

点画线：ACAD_ISO04W100。

双点画线：ACAD_ISO05W100。

4. 线型比例

在绘制工程图中，除了按制图标准规定选择外，还应设定合理的整体线型比例。线型比例值若给得不合理，就会造成虚线和点画线长短、间隔过大或过小，常常还会出现虚线和点画线画出来是实线的情况。

ACADISO.LIN 标准线型库中所设的点画线和虚线的线段长短和间隔长度，乘以全局比例因子才是真正的图样上的实际线段长度和间隔长度。线型比例值设成多少合理？这是一个经验值。如果输出图时不改变绘图时选定的图幅大小，那么线型比例值与图幅大小无关。选用上边所推荐的一组线型时，在“A0～A4”标准图幅上绘图时，全局比例因子一般设定为“0.3～0.4”，当前对象缩放比例值一般使用默认值“1”，当有特殊需要时，可进行调整。

整体线型比例值可用“LTSCALE”命令来设定，也可在“线型管理器”对话框中设定。操作方法如下：

选择“格式”→“线型”选项，AutoCAD 将打开“线型管理器”对话框，如图 4-18 所示。将“全局比例因子”设置为“0.35”，“当前对象缩放比例”设置为“1.0000”。

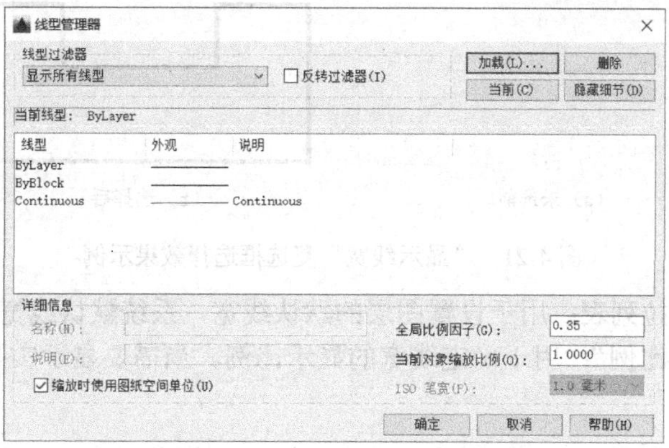

图 4-18 “线型管理器”对话框

4.1.5 设置线宽

LWEIGHT 命令可以设置绘图线型的宽度。

1. 选用命令的方法

（1）设置新图层的线宽时，可以在“图层特性管理器”中选项新图层的线宽项。

（2）设置当前图层的线宽时，可以单击“特性”面板中的“线宽”下拉按钮 ，在下拉列表中选择“线宽设置”选项，如图 4-19 所示。也可以选择“选项”→“用户系统配置”→“线宽设置”选项。

2. “线宽设置”对话框

执行命令后，将会打开“线宽设置”对话框，如图 4-20 所示。

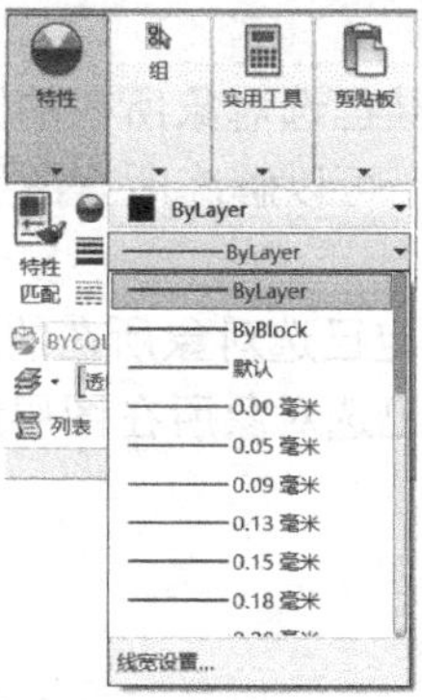

图 4-19 “线宽设置”选项

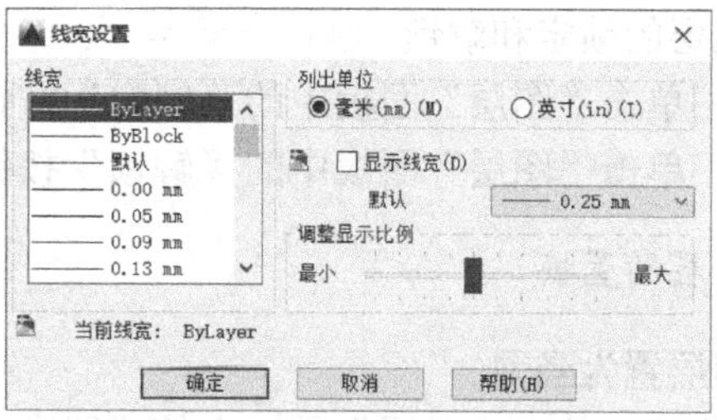

图 4-20 “线宽设置”对话框

其主要选项功能如下：

（1）“线宽”列表框：用于设置当前所绘图形的线宽。

（2）“列出单位”选项组：用于确定线宽单位。

（3）“显示线宽”复选框：用于在当前图形中显示实际所设线宽，如图 4-21 所示。

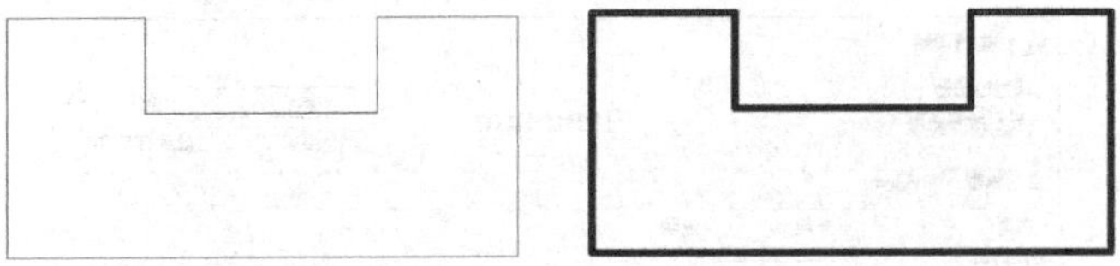

（a）未选前　　　　（b）选择后

图 4-21　“显示线宽”复选框选择效果示例

（4）“默认”下拉列表：用于设置图层的默认线宽，系统默认线宽为 0.25mm。

（5）“调整显示比例”：用于确定线宽的显示比例。当需要显示实际所设的线宽时，显示比例应调至最小。

4.2　管理图层

使用“图层”的管理工具可以进行实现图层之间的快速置换、图层的冻结与解冻、图层的锁定与打开等操作，可以更为方便、快捷地对图层和所选对象进行设置和修改。

1. 图层的控制

1）图层的关闭和打开

关闭：单击“图层”面板中的“关”按钮，可以关闭已选对象所在图层。

打开：单击“图层”面板中的“打开所有图层”按钮，可以打开所有图层。

2）图层的隔离和撤销

隔离：单击“图层”面板中的“隔离”按钮，可以隔离除已选定图层之外的所有图层，保持可见且未锁定的图层为隔离。

取消隔离：单击“图层”面板中的“取消隔离”按钮，可以恢复隔离的图层。

3）图层的冻结和解冻

冻结：单击“图层”面板中的“冻结”按钮，可以冻结已选对象所在的图层。

解冻：单击“图层”面板中的“解冻所有图层”按钮，可以解冻所有图层。

4）图层的锁定和解锁

锁定：单击“图层”面板中的“锁定”按钮，可以锁定已选对象所在的图层。

解锁：单击“图层”面板中的“解锁”按钮，可以对已选对象所在图层解锁。

2. 图层的置换

1）图层置为当前

在功能区，单击“图层”面板中的“置为当前”按钮，可以将选定对象所在的图层设置为当前层。

2）“图层”下拉列表

“图层”下拉列表列出了所有符合条件的图层。

在“图层”面板上，单击“图层”下拉按钮，在下拉列表中选择“置为”前选项可以将选定图层设置为当前层，也可以单击列表框中的图标对图层进行冻结与解冻、锁定与解锁等操作。

3）更改为“当前图层”

在功能区，单击“图层”面板中的“更改为当前图层”按钮，可以将选定对象所在的图层特性更改为当前图层。

4）图层的“上一个图层”

在功能区，单击“图层”面板中的“上一个图层”按钮，可以返回到刚操作过的上一个图层，放弃对图层所做的设置和修改。

3. 图层对象的更改

1）匹配图层

在功能区，单击“图层”面板中的“匹配图层”按钮，可以将选定对象的图层与目标图层相匹配，如果在错误的图层上创建了对象，可以通过选择目标图层上的对象来更改对象的图层。

2）将对象复制到新图层

在功能区，单击“图层”面板中的“将对象复制到新图层”按钮，可以将选定对象复制到其他图层。

4. 图层的合并和删除

1）合并图层

在功能区，单击“图层”面板中的“合并”按钮，可以将选定的图层合并为目标图层，并删除以前的图层。

2）删除图层

在功能区，单击“图层”面板中的“删除”按钮，可以删除图层上所有对象并清理图层。

说明：为了使用方便和快捷，节所介绍的命令，大部分是“图层”面板的工具按钮，它们的作用和“图层特性管理器”对话框中的各选项功能基本相同，“图层特性管理器”对话框中的各选项也可以对所指定的图层进行设置，对此可以根据习惯来使用。

4.3 实训

本节对图层进行设置和管理练习。

4.3.1 设置图层

下面来练习图层的设置。

1. 设置新图层

1）要求

用“图层特性管理器”对话框设置新图层，将各种线型绘制在不同的图层上。图层设置要求如表 4-1 所示。

表 4-1 图层设置要求

线　型	颜　色	线　宽
粗实线（默认）	白色	0.7
细实线（默认）	红色	默认
虚线（ACAD_ISO02W100）	黄色	默认
点画线（ACAD_ISO04W100）	蓝色	默认

2）操作步骤

（1）单击“图层”面板中的“图层特性”按钮，打开“图层特性管理器”对话框。

（2）在图层特性管理器中，单击“新建图层”按钮。设置 4 个图层，并分别命名为“点画线”、“粗实线”、“细实线”、“虚线”。

（3）单击“颜色”图标，按照上述要求对各个图层设置相应的颜色。

（4）单击“线型”图标，按照上述要求对各个图层设置相应的线型。

（5）单击“线宽”图标，按照上述要求对各个图层设置相应的线宽。

（6）完成设置，结果如图 4-22 所示。

（7）关闭“图层特性管理器”对话框，将此图命名为“新图层 401”。

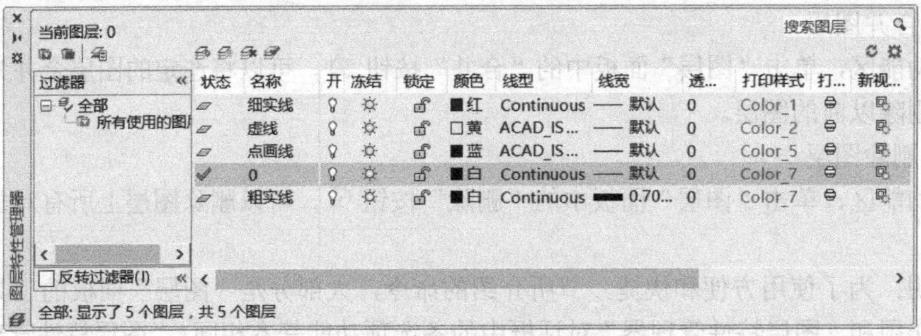

图 4-22　设置新图层示例

2. 过滤图层

1）要求

对图 4-22 所示的“图层特性管理器”对话框中显示的所有图层进行过滤，创建一个图形过滤器，要求被过滤的图层名称为“*实线*”；图层属于“开启”；线型为“Continuous”。

2）操作步骤

（1）单击“图层”面板中的“图层特性”按钮，打开“图层特性管理器”对话框。

（2）在对话框中单击“新建特性过滤器”按钮，打开“图层过滤特性”对话框，如图 4-4 所示。

（3）在“过滤器名称”文本框中输入“过滤特性”，在“过滤器定义”列表框中的“图层名称”一栏中输入“*实线*”；在“开”一栏中选择“开启”；在“线型”一栏中选择“Continuous”。

输入图层名称时，可以使用通配符。“*”（星号）匹配任意字符串，可以在搜索字符串的任意位置使用，例如，“*实线*”匹配任何包含“实线”的字符；“?”（问号）匹配任意单个字符，例如，“?BC”匹配 ABC、6BC 等。

（4）设置完毕后，在“过滤器预览”列表框中将显示所有符合要求的图层信息，如图 4-23 所示。

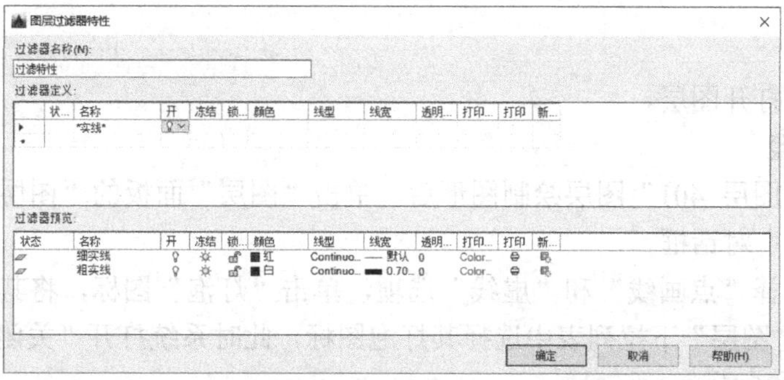

图 4-23 “图层过滤器特性”对话框设置示例

（5）单击“确定”按钮，关闭“图层过滤器特性”对话框，此时在“图层特性管理器”对话框的左侧列表框中将显示“特性过滤”选项。选择该选项，在对话框的右侧会显示过滤后的图层信息，如图 4-24 所示。

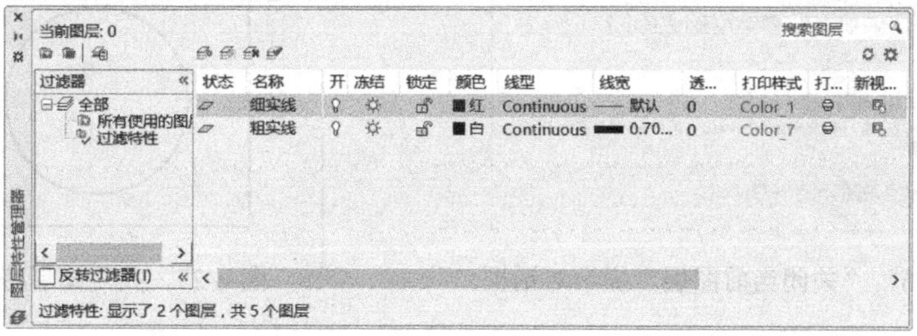

图 4-24 显示过滤图层的“图层特性管理器”对话框

4.3.2 管理图层

下面来练习图层的管理。

1. 绘制图形

1）要求

以图 4-25 为例，根据图形中的线型绘制到相应图层，尺寸自定。

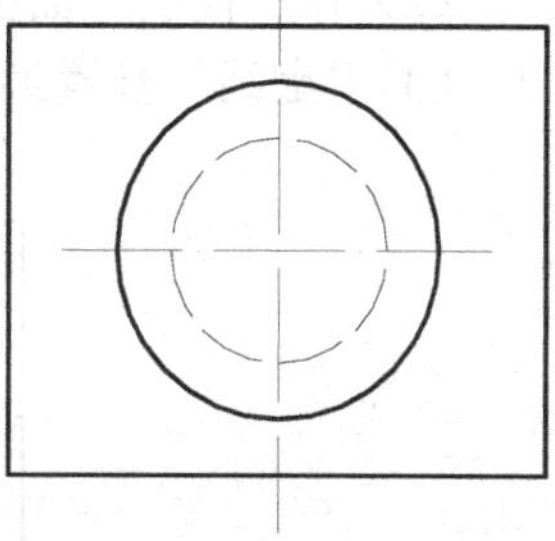

图 4-25 线型和图层的练习

2）操作步骤

（1）打开“新图层 401”，在“图层”面板的“图层”下拉列表中选择“点画线”选项，单击“置为当前”按钮。绘制中心线。

（2）在“图层”面板的“图层”下拉列表中选择“粗实线”选项，单击“置为当前”

按钮。绘制矩形和实线圆。

（3）在“图层”面板的“图层”下拉列表中选择“虚线”选项，单击“置为当前”按钮。绘制虚线圆，结果如图 4-25 所示。

2. 关闭和打开图层

1）要求

练习关闭和打开图层。

2）操作步骤

（1）在“新图层 401”图层绘制图形后，单击“图层”面板的“图层特性”按钮，打开“图层管理器”对话框。

（2）分别选择“点画线”和“虚线”选项，单击“灯泡”图标，将其关闭；也可以在“图层”面板的“图层”下拉列表中选择其灯泡图标，此时系统打开“关闭当前图层”提示对话框，如图 4-26 所示。

（3）选择“关闭为前图层”选项后，退出“图层管理器”对话框，结果如图 4-27 所示。

（4）再次打开“图层管理器”对话框，单击“点画线”和“虚线”后的灯泡图标，图层打开，线形重新显示。

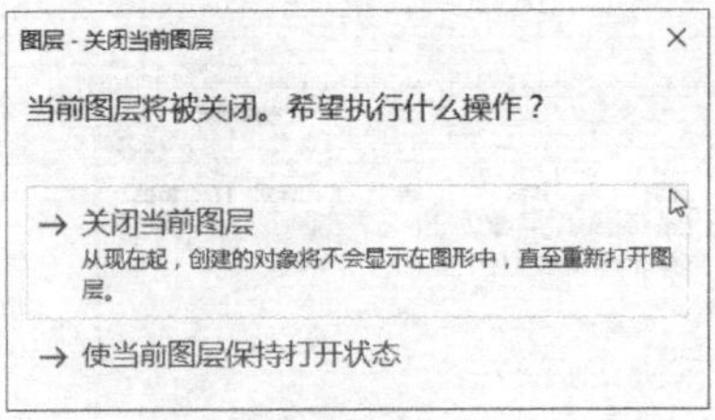

图 4-26 “关闭当前图层”提示对话框

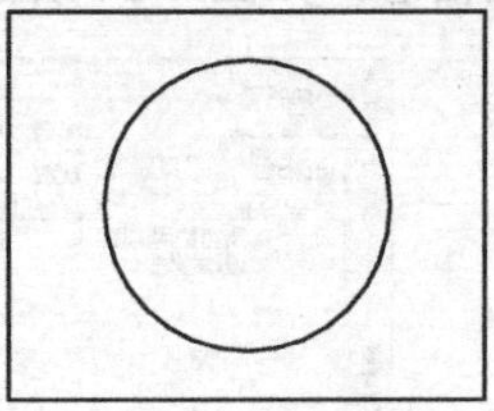

图 4-27 关闭图层练习示例

3. 置换图层

1）要求

练习将某线型置换图层。

2）操作步骤

（1）在“新图层 401”图层绘制的图形中，选择“虚线”圆，如图 4-28（a）所示。

（2）在“图层”面板的“图层”下拉列表中选择“粗实线”。

（3）“虚线”被置换成“粗实线”，如图 4-28（b）所示。

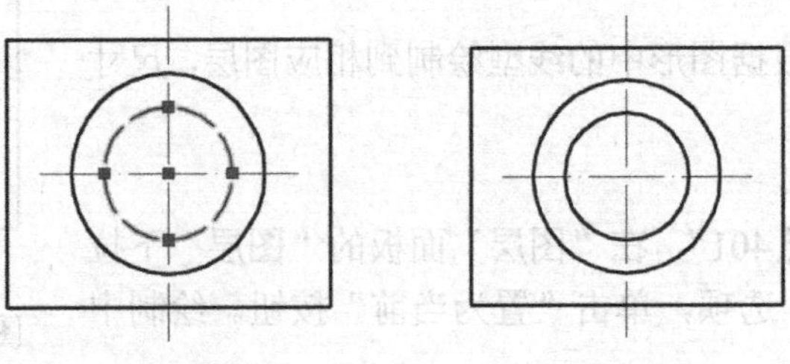

（a）选择对象 （b）置换后

图 4-28 置换线型的示例

置换线型在实际运用中常常遇到，除了利用“图层”工具进行操作之外，也可以使用“快捷特性”面板进行修改，此方法在以后内容中介绍。

习题 4

1. 在“图层特性管理器”对话框中创建新图层，图层、颜色、线型、线宽设置要求如表 4-2 所示。

表 4-2 新图层设置要求

名 称	颜 色	线 型	线 宽
粗实线	白色（或黑色）	实线(CONTINUOUS)	0.7 mm
虚线	黄色	虚线(ACAD_ISO02W100)	默认
点画线	蓝色	点画线(ACAD_ISO04W100)	默认
双点画线	蓝色	双点画线(ACAD_ISO05W100)	默认
细实线	红色	实线(CONTINUOUS)	默认
剖面线	红色	实线(CONTINUOUS)	默认
尺寸	白色（或黑色）	实线(CONTINUOUS)	默认
文字	白色（或黑色）	实线(CONTINUOUS)	默认
剖切符号	白色（或黑色）	实线(CONTINUOUS)	0.7mm

2. 在创建的各新图层上绘制图形，并利用“图层”和“特性”面板来改变图形的设置。

第5章 精确绘制图形

为了更精确地绘制图形，提高绘图的速度和准确性，需要启用捕捉、栅格、对象捕捉追踪等功能，这样既可以精确指定绘图位置，又能实时显示绘图状态，进而辅助设计者提高绘图效率。

5.1 精确定位

绘制图形时，尽管可以通过移动光标来指定点的位置，却很难精确指定对象的某些特殊位置。为提高绘图的速度和效率，通常使用栅格、捕捉和正交功能辅助绘图。栅格显示和捕捉模式是 AutoCAD 提供的精确绘图工具之一。

5.1.1 栅格显示

栅格是可以显示在指定区域内的点或线。利用栅格可以对齐对象并直观显示对象间的距离。栅格不是图形的组成部分，也不能被打印出来。

GRID 命令用于修改栅格间距并控制是否在当前绘图区显示栅格，如图 5-1 所示。

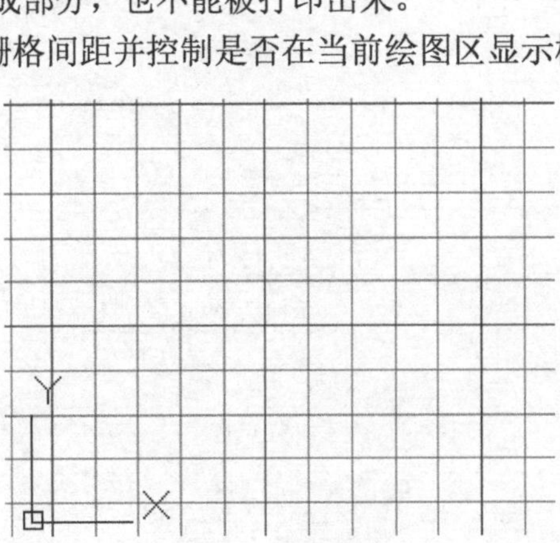

图 5-1　栅格显示

1）操作方法

可以执行以下操作之一。

（1）状态栏：单击“栅格显示”按钮▦。

（2）命令行：输入“GRID”命令。

2）命令的操作

命令:（输入命令）。

指定栅格间距(X)或[开(ON)/关(OFF)/捕捉(S)/主栅格线(M)/自适应(D)/图形界限(L)/跟随(F)/纵横向间距(A)]〈10.000〉:（指定间距或选择选项）。

各选项功能如下。

（1）栅格间距：用于指定显示栅格的X、Y方向间距，默认项为10mm。

（2）“开”：用于打开栅格，默认状态栅格间距值相等。

（3）“关”：用于关闭栅格（也按〈F7〉键在打开和关闭栅格间切换；单击状态栏中的“栅格”按钮或按〈Ctrl〉+〈G〉键也可进行切换）。

（4）“捕捉”：用于将栅格间距设置为指定的捕捉间距。

（5）“主栅格线”：用于指定主栅格线相对于次栅格线的频率。较深颜色的线为主栅格线。

（6）“自适应”：用于控制放大或缩小时栅格线的密度。

（7）“图形界限”：用于显示超出LIMITS命令指定区域的栅格。

（8）“跟随”：用于更改栅格平面以跟随动态UCS的XY平面。

（9）“纵横向间距”：用于将栅格设成不相等的X和Y值。

选择“纵横向间距”选项后，系统提示：

指定水平间距(X)〈当前值〉:（给出X间距）。

指定垂直间距(Y)〈当前值〉:（给出Y间距）。

命令:

5.1.2 捕捉模式

捕捉模式（SNAP）命令与栅格显示命令是配合使用的。打开它将使鼠标的十字光标只能在屏幕上做等距跳动，可以通过“捕捉设置”来调整其捕捉间距。

1）操作方法

可以执行以下操作之一进入捕捉模式。

（1）状态栏：单击“捕捉模式”按钮▦。

（2）命令行：输入“SNAP”。

2）命令的操作

命令:（输入命令）。

指定捕捉间距或[开(ON)/关(OFF)/纵横向间距(A)/样式(S)/类型(T)]〈10.00〉:（指定间距或选择选项）。

各选项功能如下。

（1）指定捕捉间距：即指定捕捉X、Y方向间距。

（2）“开”：用于打开捕捉模式。

（3）“关”：用于关闭捕捉模式（可按〈F9〉键切换捕捉模式的打开和关闭；单击状态栏上的“捕捉模式”按钮或按〈Ctrl〉+〈B〉键切换）。

（4）“纵横向间距”：与栅格显示命令中的选项功能一样，可将 X 和 Y 间距设成不同的值。

（5）“样式”：用于在标准模式和等轴模式中选择一项。标准模式指通常的矩形栅格（默认模式）；等轴模式显示等轴测栅格，栅格点初始为 30° 和 150°，纵横向间距值相同。

（6）“类型”：用于指定捕捉模式。

3）说明

单击状态栏上的“捕捉”按钮可方便地打开和关闭捕捉模式。当捕捉模式打开时，从键盘上输入点的坐标来确定点的位置时不受捕捉的影响。

5.1.3 栅格显示与捕捉模式设置

栅格显示与捕捉模式可以通过“草图设置”对话框来设置，操作步骤如下：

（1）单击状态栏中的“捕捉模式”下拉按钮，在下拉列表中选择“捕捉设置”选项，打开“草图设置”对话框。

（2）选择“捕捉和栅格”选项卡，如图 5-2 所示。

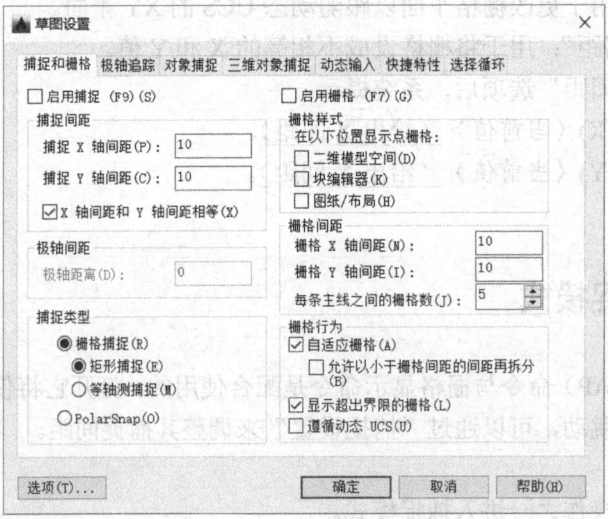

图 5-2 “草图设置”对话框

对话框中各选项的功能如下。

（1）“启用捕捉”复选框：用于控制打开和关闭捕捉功能。

（2）“启用栅格”复选框：用于控制打开和关闭栅格显示。

（3）“捕捉类型”：有四个选项可供选择——“栅格捕捉”、“矩形捕捉”、“等轴测捕捉”和“PolarSnap”（极轴捕捉）。选择“PolarSnap”选项后，“极轴间距”选项显亮，可以选择。

（4）“捕捉 X 轴间距”、“捕捉 Y 轴间距”：设定捕捉在 X 方向和 Y 方向的间距。

（5）“栅格 X 轴间距”、“栅格 Y 轴间距”：设定栅格在 X 方向和 Y 方向的间距。

（6）“每条主线之间的栅格数”：设定主栅格线相对于次栅格线的频率。

（7）“栅格样式”：有“二维模型空间”、“块编辑器”和“图纸/布局”三种选项，选项环境中的栅格显示为点的样式，如图 5-3 所示。默认情况下，在二维和三维环境中工作时均显示为线栅格。

（8）“栅格行为”选项组：用于设置栅格线的显示样式，有以下几个选项。

① “自适应栅格”复选框：用于限制缩放时栅格的密度。

② “允许以小于栅格间距的间距再拆分”复选框：用于是否能够以小于栅格间距的间距来拆分栅格。

图 5-3 “二维模型空间”为点样式的栅格显示

③ “显示超出界限的栅格”复选框：用于确定是否显示图限之外的栅格。

④ “遵循动态 UCS”复选框：遵循动态 UCS 的 XY 平面而改变栅格平面。

（3）根据需要设置各项参数后，单击“确定”按钮。

5.1.4 正交模式

ORTHO 命令可以控制 AutoCAD 以正交模式绘图。在正交模式下，移动鼠标，十字光标只能在水平和垂直两个方向移动，移动光标选择好方向（水平或垂直）后，输入直线的长度，即可快速绘制出直线。

1）操作方法

可以执行以下操作之一。

（1）状态栏：单击“正交限制光标”按钮。

（2）命令行：输入“ORTHO”命令。

（3）功能键：按〈F8〉键。

2）操作格式

执行上面任意一个命令之后，可以打开正交模式，通过单击“正交模式”按钮和按〈F8〉功能键可以切换正交模式的打开与关闭，正交模式不能控制键盘输入点的位置，只能控制鼠标拾取点的方位。

5.2 对象捕捉

在绘制图形过程中，常常需要通过拾取点来确定某些特殊点，如圆心、切点、端点、中点或垂足等。靠人的眼力来准确地拾取到这些点是非常困难的，AutoCAD 提供了“对象捕捉”功能，可以迅速、准确地捕捉到这些特殊点，从而提高了绘图的速度和精度。对象捕捉可以分为两种状态下的捕捉模式，即二维参照点和三维参照点对象捕捉。

5.2.1 二维参照点捕捉模式

此种对象捕捉可以在二维绘图时使用。

1. 操作方法

（1）状态栏：单击“对象捕捉”下拉按钮，在下拉列表中选择“对象捕捉设置”选项，打开“对象捕捉”菜单，如图 5-4 所示。

（2）工具栏：选择“工具”→“工具栏”选项，在打开的“AutoCAD”子菜单中选择“对象捕捉”选项，可打开“对象捕捉”工具栏，选取选项即可。

（3）快捷键：在绘图区任意位置，按下〈Shift〉键，同时单击鼠标右键，打开快捷菜单，如图 5-5 所示，可以从中选择相应的捕捉方式。

（4）命令行：输入相应捕捉模式的命令。例如，捕捉端点时输入命令“END”，捕捉中点时输入命令“MID”。

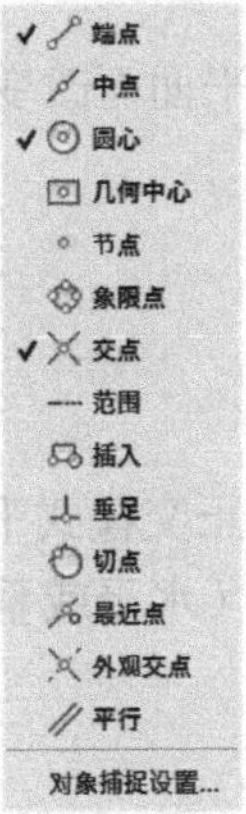

图 5-4 “对象捕捉”菜单

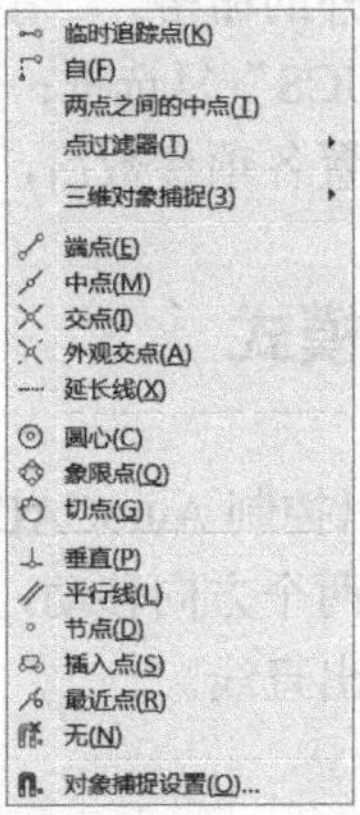

图 5-5 “对象捕捉”快捷菜单

2. 对象捕捉的参照点

利用对象捕捉功能可以捕捉到的特殊点有以下几种。

（1）端点（END）：捕捉直线段或圆弧等对象的端点。

（2）中点（MID）：捕捉直线段或圆弧等对象的中点。

（3）交点（INT）：捕捉直线段、圆弧或圆等对象之间的交点。

（4）外观交点（APPINT）：捕捉外观交点，用于捕捉二维图形中看上去是交点，而在三维图形中并不相交的点。

（5）延长线（EXT）：捕捉对象延长线上的点，捕捉此点之前，应先停留在该对象的端点上，显示出一条辅助延长线后，即可捕捉。

（6）圆心（CEN）：捕捉圆或圆弧的圆心。捕捉此点时，光标应指在圆或圆弧上。

（7）象限点（QUA）：捕捉圆或圆弧的最近象限点，即圆周上 0°、90°、180°、270°的 4 个点。

（8）切点（TAN）：捕捉所绘制的圆或圆弧上的切点。

（9）垂直（PER）：捕捉所绘制的线段与直线、圆、圆弧的正交点。

（10）平行线（PAR）：捕捉与某线平行的直线上的点。

（11）节点（NOD）：捕捉单独绘制的点。

（12）插入点（INS）：捕捉文字、块或属性等对象的插入点。

（13）最近点（NEA）：捕捉对象上距光标中心最近的点。

对象捕捉可以单一捕捉，也可以选择多项，在捕捉点较集中/不易准确捕捉时，应选择单一捕捉，也就是仅选择一项进行捕捉。

3. 对象捕捉实例

1）捕捉端点和线段中点

如图 5-6 所示，已知 AB 线段和 CD 线段，将 D 端点与 B 端点连接，C 端点和 AB 线段的中点 E 连接，其操作步骤如下。

命令:（输入“直线”命令，单击状态栏中的按钮，在下拉列表中选择“端点”和“中点”选项）。

指定第一点:（移动鼠标捕捉 D 点后单击该点）。

指定下一点或 [放弃(U)]:（移动鼠标捕捉 B 点后单击该点）。

指定下一点或 [放弃(U)]: 按〈Enter〉键。

命令:（按〈Enter〉键）。

指定第一点:（移动鼠标捕捉 C 点后单击该点）。

指定下一点或 [放弃(U)]: 移动鼠标捕捉 AB 线段中点 E 后单击该点）。

指定下一点或 [放弃(U)]: 按〈Enter〉键。

结果如图 5-6 所示。

2）捕捉切点

如图 5-7 所示，已知 R1、R2、R3 圆和圆弧，创建一个与三圆弧相切的圆 R，其操作步骤如下。

命令:（输入“圆”命令，单击状态栏中的按钮，在下拉列表中选择“切点”选项）。

指定圆的圆心或 [三点(3P) / 两点(2P) / 相切、相切、半径(T)]:（输入“3P”）。

指定圆上的第一点:（移动鼠标捕捉 R1 圆弧小方框切点处后单击）。

指定圆上的第二点:（移动鼠标捕捉 R2 圆弧小方框切点处后单击）。

指定圆上的第三点:（移动鼠标捕捉 R3 圆弧小方框切点处后单击）。

命令:

执行结果如图 5-7 所示。

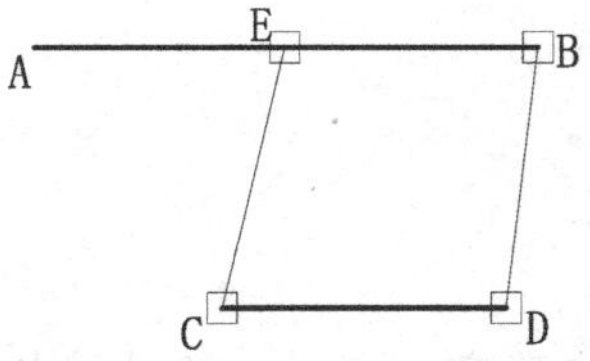

图 5-6 捕捉端点和线段中点示例

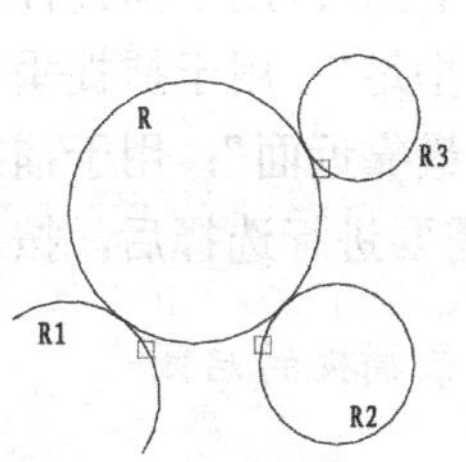

图 5-7 捕捉切点示例

3）捕捉圆心

如图 5-8（a）所示，已知小圆和矩形，移动小圆至矩形中心，其操作步骤如下。

命令: （输入“移动”命令）。

选择对象: （选择小圆）。

选择对象: （按〈Enter〉键）。

指定基点或位移: （单击状态栏中的 按钮，在下拉列表中选择“圆心” 选项，移动鼠标捕捉圆心点 1 处后单击）。

指定位置的第二点或〈用第一点作位移〉: （在“对象捕捉”菜单中选择“交点” 选项，移动鼠标捕捉矩形中心点 2 处后单击）。

命令:

执行结果如图 5-8（b）所示。

5.2.2 三维参照点捕捉模式

这种捕捉模式可以在绘制三维图形时使用。

1. 三维对象捕捉的打开和设置

在状态栏中单击“三维对象捕捉”下拉按钮 ，弹出“三维对象捕捉”下拉列表，如图 5-9 所示。

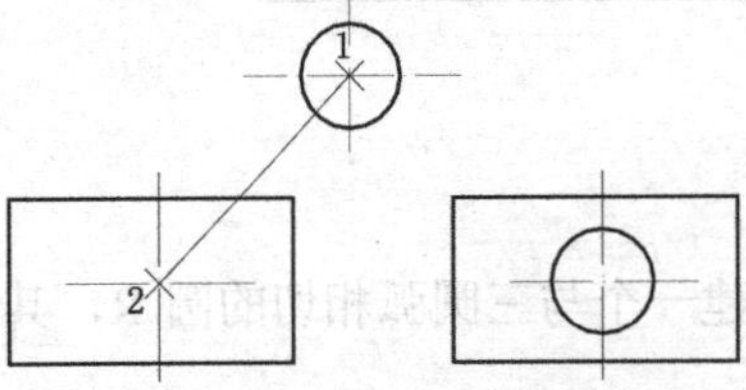

（a）捕捉之前　（b）捕捉之后

图 5-8 捕捉圆心示例

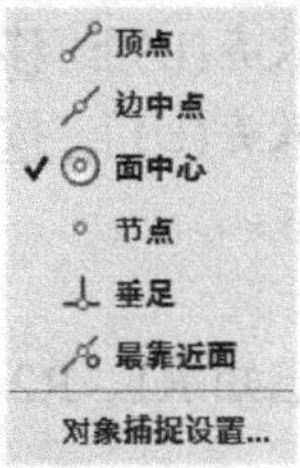

图 5-9 “三维对象捕捉”下拉列表

2. 下拉列表中各选项的含义和功能

（1）“顶点”：用于捕捉三维对象最近的顶点。

（2）“边中点”：用于捕捉边的中点。

（3）“面中心”：用于捕捉面的中点。

（4）“节点”：用于捕捉样条曲线的节点。

（5）“垂足”：用于捕捉垂直三维面的点。

（6）“最靠近面”：用于捕捉最近的对象面的点。

根据需要进行选择后，按〈Esc〉键，即选择结束。

3. 对象捕捉的启闭

在绘图时，常会出现下列情况，准备通过拾取点来确定一点时，却显示出捕捉到的某一特殊点标记，而并不是所希望的点，这时就需要关闭捕捉对象功能。

单击状态栏中的“二维对象捕捉”按钮或按〈F3〉键，可以进行“二维对象捕捉”的开启和关闭；单击状态栏中的“三维对象捕捉”按钮或按〈F4〉键，可以进行“三维对象捕捉”的开启和关闭。

5.3 对象追踪

对象追踪包括“极轴追踪”和“对象捕捉追踪”两种方式。应用极轴追踪可以在设定的角度线上精确移动光标和捕捉任意点，对象捕捉追踪是对象捕捉与极轴追踪功能的综合，也就是说，可以通过指定对象点及指定角度线的延长线上的任意点来进行捕捉。

5.3.1 极轴追踪和对象捕捉追踪的设置

在状态栏中单击“极轴追踪”下拉按钮，弹出“极轴追踪”下拉列表，如图5-10所示，选择“极轴追踪设置”选项，可以打开“草图设置”对话框中的“极轴追踪”选项卡，如图5-11所示。该选项卡中各选项的功能如下。

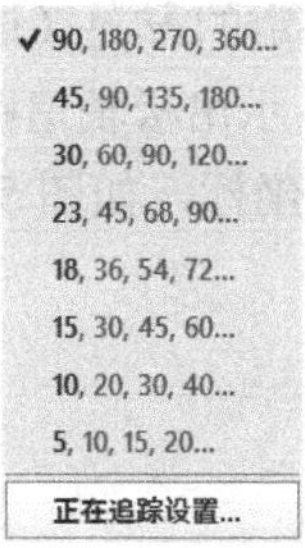

图5-10 “极轴追踪”下拉列表

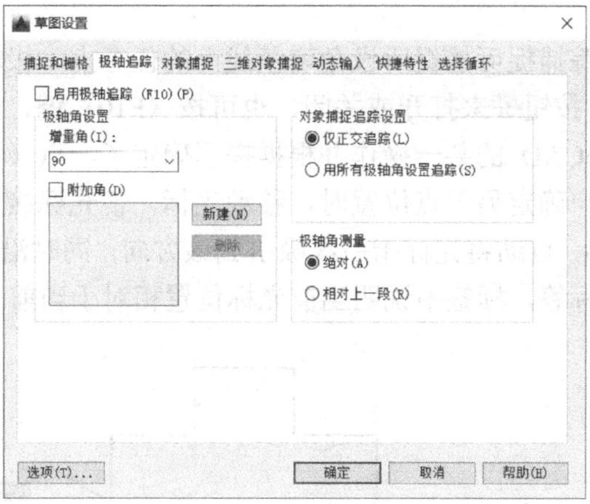

图5-11 “极轴追踪”选项卡

1）“启用极轴追踪（F10）”复选框

此复选框用于控制极轴追踪方式的打开和关闭。

2）“极轴角设置”选项组

“极轴角设置”选项组用于确定极轴追踪的追踪方向，其中有“增量角”和“附加角”两个选项。

“增量角”：用于设置角度增量的大小。默认为90°，即捕捉90°的整数倍角度——0°、90°、180°、270°。用户可以通过下拉列表选择其他的预设角度，也可以输入新的角度。

“附加角”复选框：用来设置附加角度。附加角度和增量角度不同，在极轴追踪中会捕捉增量角及其整数倍角度，并且捕捉附加角设定的角度，但不一定捕捉附加角的整数倍角度。

“新建”按钮：用于新增一个附加角。

“删除”按钮：用于删除一个选定的附加角。

3）“对象捕捉追踪设置”选项组

该选项组用于确定对象捕捉追踪的模式，其中有“仅正交追踪”和“用所有极轴角设置追踪”选项。

“仅正交追踪”：用于在对象捕捉追踪时仅采用正交方式。

“用所有极轴角设置追踪”：用于在对象捕捉追踪时采用所有极轴角。

4）“极轴角测量”选项组

“极轴角测量”选项组表示极轴追踪时角度测量的参考系，其中有“绝对”和“相对上一段”单选按钮。

“绝对”：用于设置极轴角为当前坐标系绝对角度。

“相对上一段”：用于设置极轴角为前一个绘制对象的相对角度。

5）“选项”按钮

单击此按钮，可以打开“选项”对话框。

5.3.2 极轴追踪捕捉的应用

极轴追踪捕捉可捕捉所设角增量线上的任意点，极轴追踪捕捉可通过单击状态栏上的“极轴追踪”按钮来打开或关闭，也可按〈F10〉键，来打开或关闭。启用该功能以后，当执行 AutoCAD 的某一操作并根据提示确定了一点（称此点为追踪点），同时 AutoCAD 继续提示用户确定另一点位置时，移动光标，使光标接近预先设定的方向（该方向成为极轴追踪方向），自动将光标指引线吸引到该方向，同时沿该方向显示出极轴追踪矢量，并且浮出一个小标签，标签中说明当前光标位置相对于当前一点的极坐标，如图 5-12 所示。

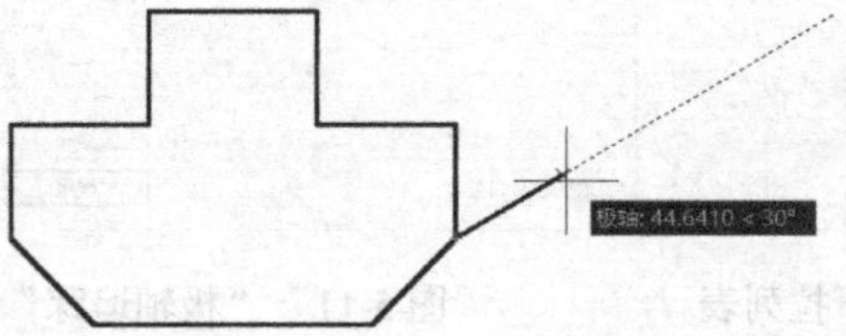

图 5-12　极轴追踪捕捉示例

从图中还可以看出，当前光标位置相对于前一点的极坐标为（80.6218，π/6），即 80.6218<30，即两点之间的距离为 80.6218，极轴追踪矢量方向与 X 轴正方向的夹角为 30°。此时单击左键，AutoCAD 将该点作为绘图所需点；如果直接输入一个数值（如输入 150），AutoCAD 沿极轴追踪矢量方向按该长度确定出点的位置；如果沿极轴矢量方向拖动鼠标，AutoCAD 通过浮出的小标签动态地显示出光标位置对应的极轴追踪矢量的值（即显示“距离<角度”）。

图 5-12 所示的极轴追踪矢量方向夹角为 30° 的倍数，若要改变角度，可在“草图设置”

对话框中的“极轴追踪”选项卡中设置“增量角”。

5.3.3 对象捕捉追踪的应用

对象捕捉追踪是按与对象的某种特定关系来追踪的，这种特定的关系确定了一个未知角度。当不知道具体的追踪方向和角度，但是知道与其他对象的某种关系（如相交）时，可以应用对象捕捉追踪，对象捕捉追踪必须和对象捕捉同时工作。

以图 5-13 所示为例绘制直线 CD，要求 D 点在已知直线 AB 的 B 端点的水平延长线上。

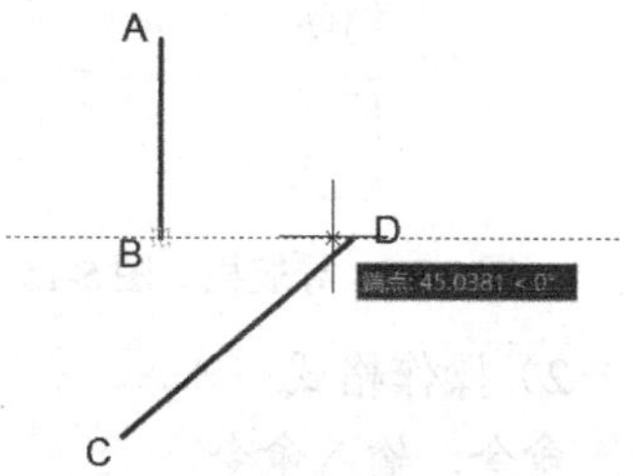

图 5-13 对象捕捉追踪应用示例

其操作步骤如下。

（1）打开对象捕捉追踪。在状态栏中单击“极轴追踪”按钮，打开“对象捕捉追踪”功能，此时的按钮呈彩色显示。

（2）打开对象捕捉模式。在状态栏中单击“对象捕捉”按钮，在弹出的菜单中选取“端点”等捕捉选项，此时状态栏中的按钮呈彩色显示。

（3）画线。

命令: （输入直线命令）。

指定第一点: （指定 C 点，用鼠标直接确定起点）。

指定下一点或 [放弃(U)]: （先移动鼠标，捕捉到 B 点后，AutoCAD 在通过 B 点时自动出现一条点状无穷长直线，此时，沿点状线向右移动鼠标至 D 点，确定后即画出直线 CD）。

指定下一点或 [放弃(U)]: （按〈Enter〉键）。

命令:

5.4 图形的显示控制

在绘制图形时，为了绘图方便，常常需要对图形进行放大或平移，对图形显示的控制主要包括缩放和平移，其操作可以利用导航栏完成，如图 5-14 所示。

5.4.1 实时缩放

实时缩放是指利用鼠标上下的移动来控制放大或缩小图形。

1）操作方法

可以执行以下操作之一。

（1）导航栏：单击“范围缩放”下拉按钮，在下拉列表中选择“缩放”菜单→“实时缩放”选项，如图 5-15 所示。

（2）菜单栏：选择“视图”→“缩放”→“实时”选项。

（3）工具栏：单击按钮。

（4）命令行：输入命令“ZOOM”。

图 5-14　导航栏

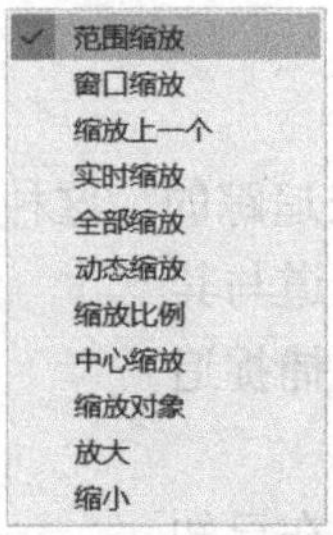

图 5-15　“缩放”下拉列表

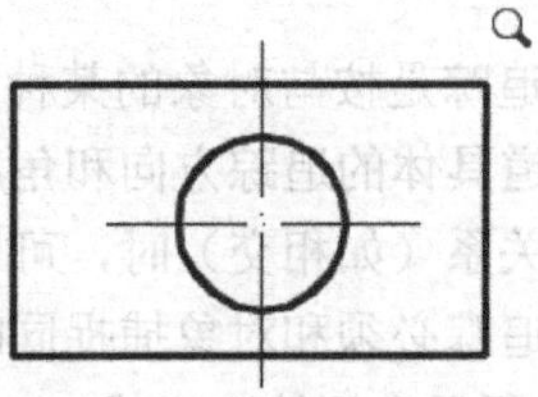

图 5-16　实时缩放示例

2）操作格式

命令：输入命令。

“指定窗口角点，输入比例因子(nX 或 nXP)或[全部(A)/中心点(C)/动态(D)/范围(E)/上一个(P)/比例(S)/窗口(W)]〈实时〉：”（按〈Enter〉键）。

执行命令后，光标显示为放大镜图标，如图 5-16 所示，按住鼠标左键向上移动图形显示放大；向下移动图形则缩小显示。

3）选项说明

（1）“全部”：用于显示整个图形的内容。当图形超出图纸界线时，显示包括图纸边界以外的图形。

（2）“中心点”：根据用户定义的点作为显示中心，同时输入新的缩放倍数。选择该选项后系统提示“指定中心点”，定义显示缩放的中心点后，系统再提示“输入比例或高度：”，可以给出缩放倍数或图形窗口的高度。

（3）“动态”：进行动态缩放图形。选择该选项后，绘图区出现几个不同颜色的视图框。白色或黑色实线框为图形扩展区，绿色虚线框为当前视区，图形的范围用蓝色线框表示，移动视图框可实行平移功能，放大或缩小视图框可实现缩放功能。

（4）“范围”：用于最大限度地将图形全部显示在绘图区域。

（5）“上一个”：用于恢复前一个显示视图，但最多只能恢复当前十个显示视图。

（6）“比例”：根据用户定义的比例值缩放图形，输入的方法有以下 3 种。

① 以“nXP”方式输入时，表示相对于图纸空间缩放视图。

② 以“nX”方式输入时，表示相对当前视图缩放。

③ 以“n”方式输入时，表示相对于原图缩放。

（7）“窗口”：以窗口的形式定义的矩形区域，该窗口是以两个对角点来确定的，它是用户对图形进行缩放的常用工具。

（8）“实时”：它是系统默认的选项，可按操作格式执行。

5.4.2　窗口缩放

窗口缩放指放大或缩小指定矩形窗口中的图形，使其充满绘图区。其作用与实时缩放中的“窗口(W)”选项相同。

1）操作方法

可以执行以下操作之一。

（1）导航栏：单击“缩放”下拉按钮，在下拉列表中选择“缩放”→“窗口缩放”选项。

（2）菜单栏：选择“视图”→“缩放”→“窗口”选项。

（3）工具栏：单击按钮。

2）操作格式

执行上面操作之后，单击确定放大显示的第一个角点，然后拖动鼠标框选要显示在窗口中的图形，再单击确定对角点，即可将图形放大显示。

5.4.3 返回缩放

返回缩放“上一个(P)”是指返回到前面显示的图形视图。

1）操作方法

可以执行以下命令之一：

（1）导航栏：单击“缩放”下拉按钮，在下拉列表中选择“缩放”→“缩放上一个”选项。

（2）菜单栏：选择“视图”→“缩放”→“上一个”选项。

（3）工具栏：单击按钮。

2）操作格式

单击工具栏中的按钮，可快速返回上一个状态。

5.4.4 平移图形

实时平移可以在任何方向上移动观察图形。

1）操作方法

可以执行以下操作之一。

（1）导航栏：单击“平移”按钮。

（2）菜单栏：选择“视图”→“平移”选项。

（3）工具栏：单击按钮。

（4）命令行：输入命令“PAN/-PAN（P/-P）”。

2）操作格式

执行上面的命令之一，光标显示为一只小手，如图5-17所示，按住鼠标左键拖动即可实时平移图形。

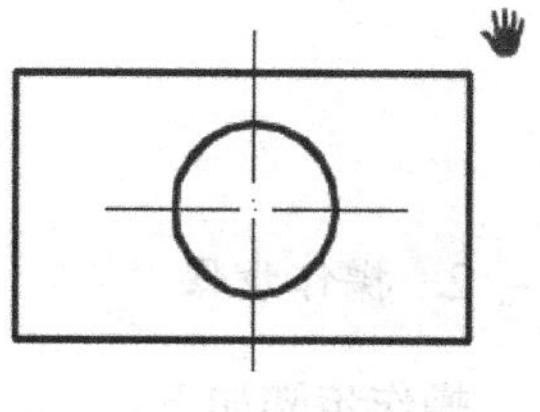

图5-17 平移图形示例

5.4.5 缩放与平移的切换和退出

1. 缩放与平移的快速切换

（1）单击“缩放”按钮和“平移”按钮进行切换。

（2）利用右键快捷菜单可以实现缩放与平移之间的切换。

例如，在“缩放”显示状态中右击，弹出快捷菜单，选择“平移”选项，即可切换至“平移”显示状态。

2. 返回全图显示

输入命令“Z”后，按〈Enter〉键，再输入命令“A”，按〈Enter〉键，系统从“缩放”或“平移”状态返回到全图显示。

3. 退出缩放和平移

（1）按〈Esc〉或〈Enter〉键可以退出缩放和平移的操作。
（2）右击，弹出快捷菜单，选择“退出”选项也可以退出切换操作。

5.5 实训

5.5.1 利用对象捕捉功能绘制图形

本小节练习利用对象捕捉快速、准确地绘制图形。

1. 要求

按照给出的尺寸绘制圆弧连接平面图，结果如图 5-18 所示。

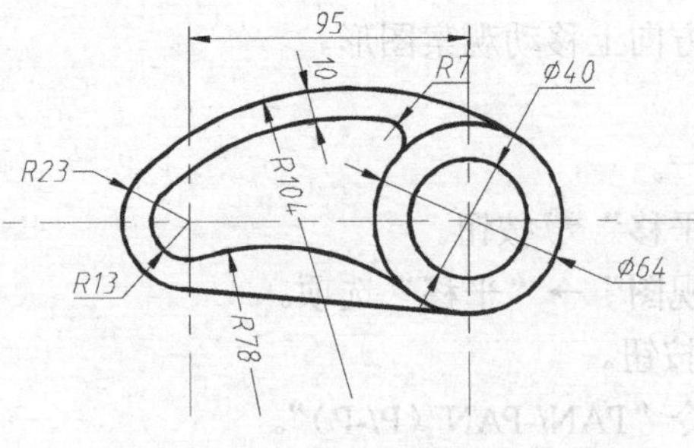

图 5-18 绘制圆和圆弧连接的示例

2. 操作步骤

操作步骤如下。

1）确定中心位置

使用“直线”命令绘制中心线，如图 5-19 所示。

2）绘制左、右端的同心圆

使用“圆”命令绘制同心圆。

命令: （单击“绘图”面板中的“圆”按钮）。

指定圆的圆心或[三点(3P)/两点(2P)/切点、切点、半径(T)]: (利用捕捉“交点”功能指定大圆心)。

指定圆的半径或[直径(D)]: (输入“20”，按〈Enter〉键)。

按〈Enter〉键，重复“圆”命令。

指定圆的圆心或[三点(3P)/两点(2P)/切点、切点、半径(T)]: (利用捕捉“交点”功能指定大圆心)。

指定圆的半径或 [直径(D)]<20>: (输入“32”，按〈Enter〉键)。

按〈Enter〉键，重复“圆”命令。

指定圆的圆心或[三点(3P)/两点(2P)/切点、切点、半径(T)]: (利用捕捉“交点”功能指定左边小圆心)。

指定圆的半径或[直径(D)]<32>: (输入“13”，按〈Enter〉键)。

按〈Enter〉键，重复“圆”命令。

指定圆的圆心或[三点(3P)/两点(2P)/切点、切点、半径(T)]: (利用捕捉“交点”功能指定左边小圆心)。

指定圆的半径或[直径(D)]<13>: (输入“23”，按〈Enter〉键)。

结果如图 5-19 所示。

3）绘制内、外公切圆

使用“圆”命令绘制公切圆。打开捕捉功能，仅选择“切点”选项。

命令: (在“绘图”面板中选择“圆”→“切点、切点、半径”选项)。

指定对象与圆的第一个切点: (利用捕捉功能单击 ø64 圆的切点)。

指定对象与圆的第二个切点: (利用捕捉功能单击 R23 圆的切点)。

指定圆的半径 <13>: (输入“104”，按〈Enter〉键)。

按〈Enter〉键，重复“圆”命令。

指定对象与圆的第一个切点: (利用捕捉功能单击 ø64 圆的切点)。

指定对象与圆的第二个切点: (利用捕捉功能单击 R13 圆的切点)。

指定圆的半径<104>: (输入“78”，按〈Enter〉键)。

结果如图 5-20 所示。

提示：逆时针方向选择切点时，得到的是内切圆；顺时针方向选择切点则得到外切圆。

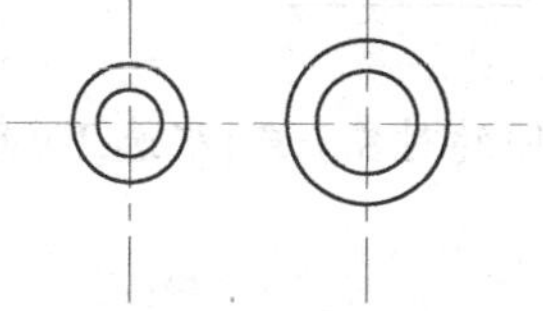

图 5-19　绘制同心圆

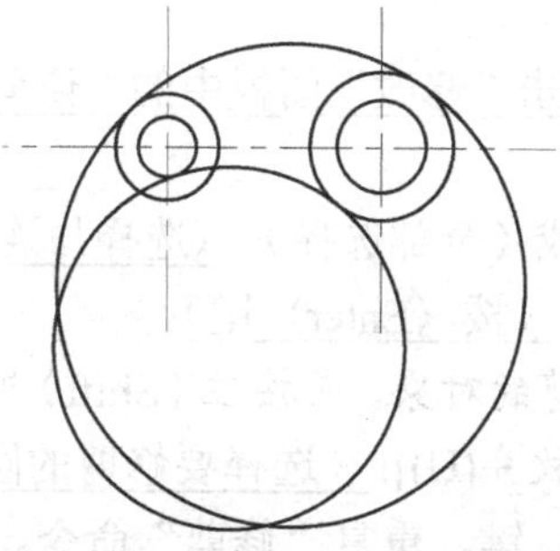

图 5-20　绘制内、外公切圆

4）绘制 ø104 的同心圆

使用“圆”命令绘制公切圆。打开捕捉功能，选择“圆心”选项。

命令:（单击“绘图”面板中的“圆”按钮）。

指定圆的圆心或[三点(3P)/两点(2P)/切点、切点、半径(T)]:（利用捕捉功能指定圆心）。

指定圆的半径或[直径(D)]:（输入“94”，按〈Enter〉键）。

结果如图 5-21 所示。

5）绘制 R7 的连接圆

使用“圆”命令绘制 R7 的连接圆。打开捕捉功能，仅选择“切点”选项。

命令:（在“绘图”面板中选择“圆”→“切点、切点、半径”选项）。

指定对象与圆的第一个切点:（利用捕捉功能单击 R94 圆的切点）。

指定对象与圆的第二个切点:（利用捕捉功能单击 ø64 圆的切点）。

指定圆的半径<94>:（输入“7”，按〈Enter〉键）。

结果如图 5-22 所示。

6）绘制公切线

使用“直线”命令绘制 R23 和 ø64 圆的公切线。打开捕捉功能，仅选择“切点”选项。

命令:（输入“直线”命令）。

指定第一点:（输入起始点）（用鼠标捕捉 R23 圆下方的切点后单击）。

指定下一点或[放弃(U)]:（用鼠标捕捉 ø64 圆下方的切点后单击），按〈Enter〉键）。

结果如图 5-22 所示。

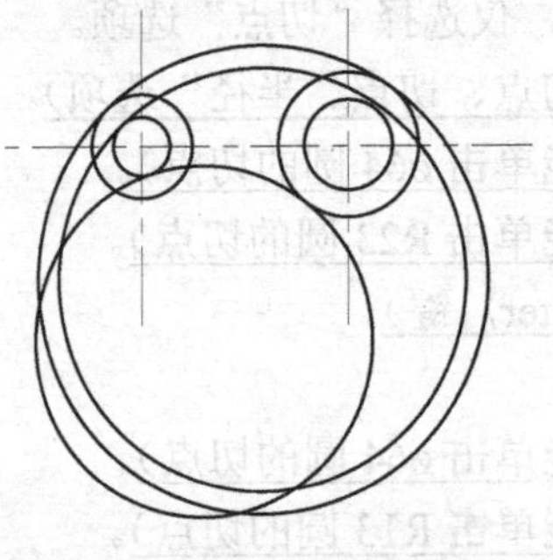

图 5-21　绘制 ø104 的同心圆

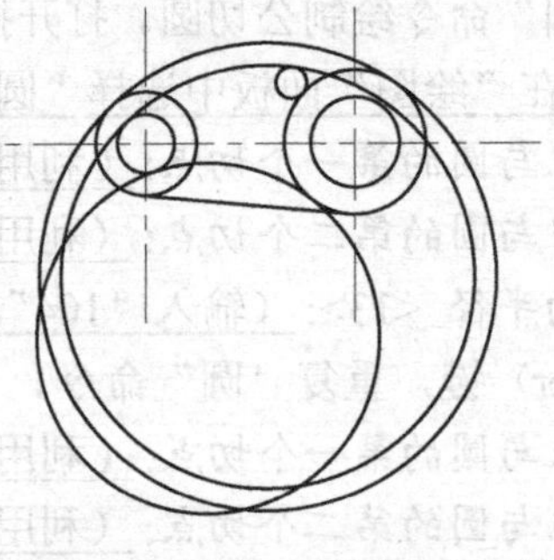

图 5-22　绘制 R7 的圆和公切线

7）删除多余线条

使用“修剪”命令，可以修剪多余线条。

操作如下:

命令:（单击“修改”面板中的“修剪”的下拉按钮 -/-- ▾，在下拉列表中选择“-/- 修剪”选项）。

选择对象或〈全部选择〉:（选择与连接弧相关联的两个圆）。

选择对象:（按〈Enter〉键）。

选择要修剪的对象，或按住〈Shift〉键选择要延伸的对象，或[栏选(F)/窗交(C)/投影(P)/边(E)/删除(R)/放弃(U)]:（选择要修剪的圆弧）。

按〈Enter〉键，重复“修剪”命令。

结束操作，结果如图 5-23 所示。

5.5.2 控制图形显示

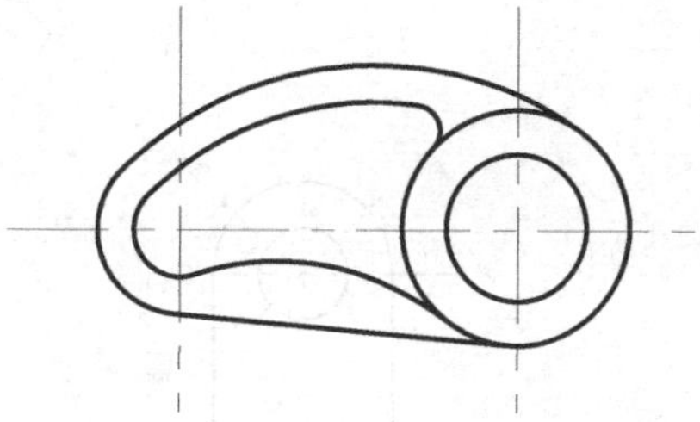

图 5-23 绘制圆弧连接平面图示例

本小节练习图形的显示操作操作。

1. 改变图形界限并观察坐标的显示

1）要求

设置图纸的大小：宽 594，高 420（单位为 mm）。

2）操作步骤

操作步骤如下：

（1）命令:（选择“格式”→“图形界限”选项）。

指定左下角点或（指定左下角点或开/关<默认值>）:（按〈Enter〉键）。

指定右上角点<420.00,297.00>:（指定右上角点<默认值>）（输入“594,420”）。

（2）命令:（输入命令“Z”，按〈Enter〉键）。

指定窗口角点，输入比例因子(nX，nXP)或[全部(A)/中心点(C)/动态(D)/范围(E)/上一个(P)/比例(S)/窗口(W)]<实时>:（输入命令“A”，按〈Enter〉键）。

屏幕上显示按要求设置图形界限的图幅。

2. 对绘制的图形实时缩放和平移

1）要求

使用实时缩放和平移工具栏，观察图 5-23。

2）操作步骤

（1）命令:（单击“导航栏”中的按钮）。

按下鼠标左键，向下移动鼠标为缩小图形，向上移动鼠标为放大图形。

（2）命令:（单击“导航栏”中的按钮）。

光标变成一只小手，按住鼠标左键，左右、上下移动鼠标即可改变图形位置，按〈Esc〉键或按〈Enter〉键退出操作。

习题 5

1．参照 5.2.1 小节的内容，练习对象捕捉的设置和捕捉。

2．练习打开“正交”、“栅格”及“捕捉模式”功能的使用。设置栅格间距为 10，栅格捕捉间距为 10。

3．绘制如图 5-24 和图 5-25 所示的图形。

4．熟练运用“ZOOM”命令，对图形显示进行缩放或平移。

键盘操作：

命令:（输入命令“Z”，按〈Enter〉键），（输入命令，“A”按〈Enter〉键（使整张图全屏显示，栅格代表图纸的大小和位置）。

执行结果如图 5-26 所示。

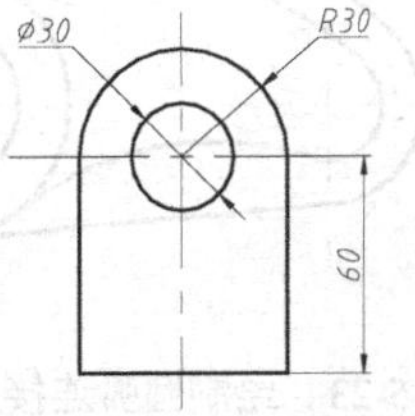

图 5-24　绘制平面图练习二

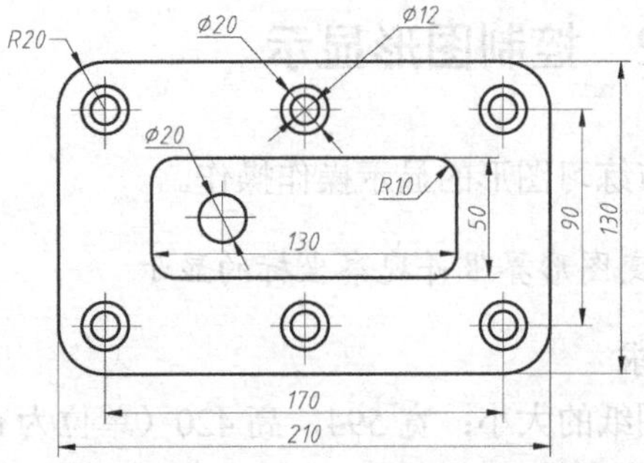

图 5 -25　绘制平面图形练习二

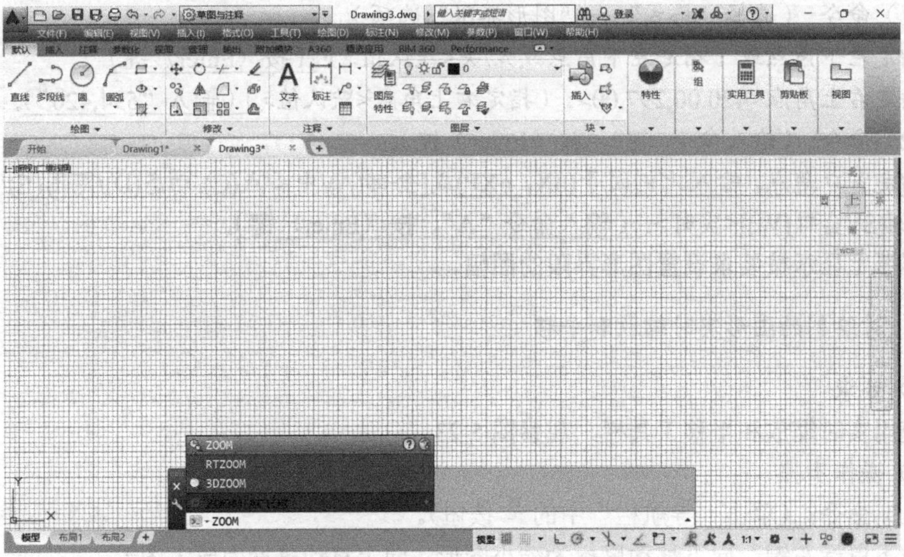

图 5-26　使用“ZOOM”命令显示栅格示例

第6章 图案填充

绘制图形时，经常遇到图案填充，例如，绘制机械的剖切面和建筑的地板图案等，需要使用某种图案来填充某个指定的区域，这个区域的边界就是填充边界，也是封闭的边界。建筑绘图中常用不同的图案填充来表现建筑表面的装饰纹理和颜色，用填充图案来区分部件间的关系或表现组成对象的材质，能够增强图形的可读性。

6.1 创建图案填充

通常使用“HATCH”命令创建“图案填充”或“填充”，也可以显示实体填充或渐变填充。图案填充的操作如下。

1. 图案填充操作方法

可以执行以下操作之一。

（1）功能区：选择“默认”选项卡在“绘图”面板中单击“图案填充”按钮。

（2）工具栏：单击▨按钮。

（3）菜单栏：选择“绘图”→“图案填充”选项。

（4）命令行：输入命令“BHATCH”。

2. “图案填充创建”选项卡

当使用图案填充命令后，在功能区显示“图案填充创建”选项卡，如图6-1所示。

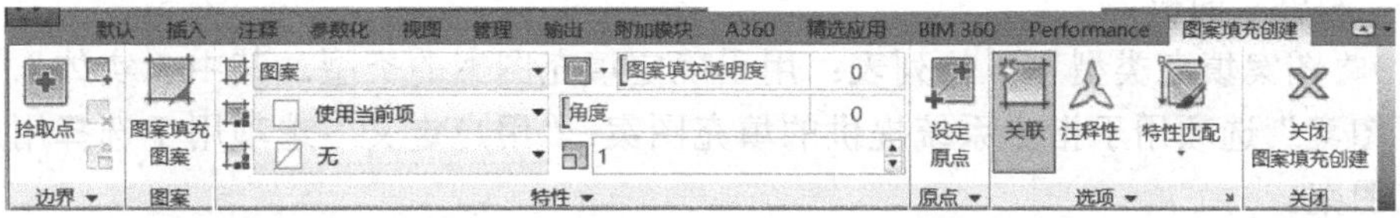

图6-1 “图案填充创建”选项卡

该选项卡有“边界”、“图案”、“特性”、“原点”、“选项”和“关闭”等面板。

“图案填充创建”选项卡用于进行与填充图案相关的设置，各面板选项含义如下。

1）“边界”面板

（1）“拾取点”按钮：以拾取点的方式确定填充区域的边界。单击按钮，在绘图区单击指定要填充区域的内部点，则显示被选封闭区域。如果所选区域边界为不封闭时，系统弹出提示信息，如图 6-2 所示。所以所选区域边界应由各图形对象组成包围该点的封闭区域。

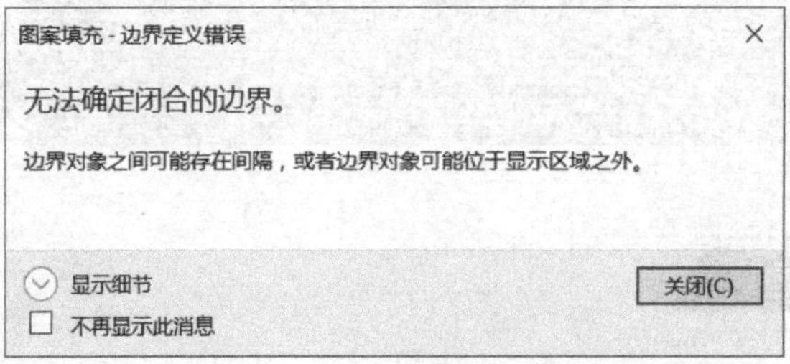

图 6-2 “边界定义错误”对话框

（2）“选择边界对象”按钮：以选择对象方式确定填充区域的边界。此方法虽然可以用于所选对象组成不封闭的区域边界，但在不封闭处会发生填充断裂或不均匀现象，如图 6-3 所示。

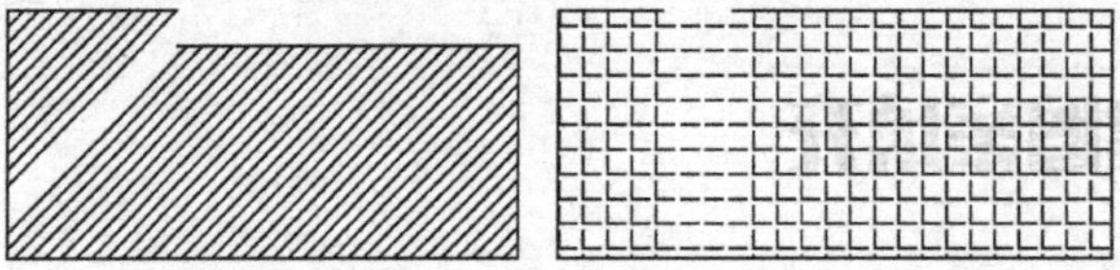

图 6-3 “选择对象”方式边界不封闭的填充结果

（3）“删除边界对象”按钮：用于删除定义前指定的任何边界。

（4）“重新创建边界”按钮：用于围绕所选定的图案填充重新创建相关联的边界。

（5）“显示边界对象”按钮：用于显示当前所定义的填充边界。单击该按钮，已定义的填充边界将亮显。

（6）“保留边界对象”选项：用于创建图案的填充边界。其下拉列表中包括“不保留边界”、“保留边界-多段线”和“保留边界-面域”选项，可以根据需要来进行图案填充的创建。

（7）“选择新边界集”按钮：用于指定对象的有限集（边界集），包括边界集中的对象或当前视口中的所有对象，以便在创建图案填充时拾取点进行计算。

（8）“图案”面板“图案”面板用于确定系统提供的填充图案。单击按钮，可以打开“图案填充图案”库，如图 6-4 所示，拖动右侧滑块可以对填充图案进行选择。

3）“特性”面板

（1）“图案填充类型”下拉列表：用于确定填充图案的类型。其中“实体”、“渐变色”、“图案”选项用于指定系统提供的填充图案；“用户定义”选项用于选择用户定义的填充图案。

（2）“图案填充颜色”下拉列表：用于确定填充图案的颜色，如图 6-5 所示。

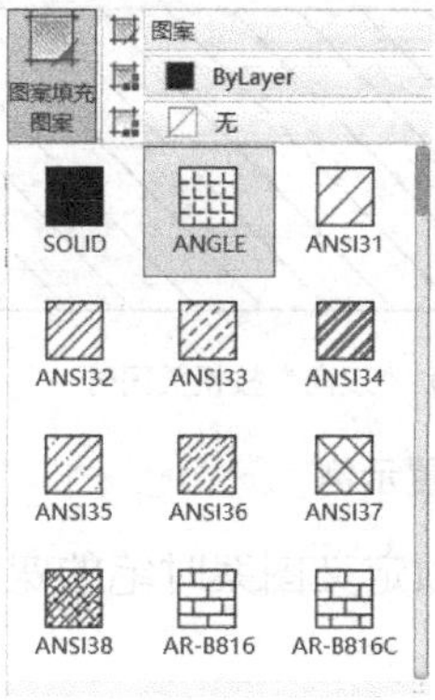

图 6-4 “图案填充图案”库

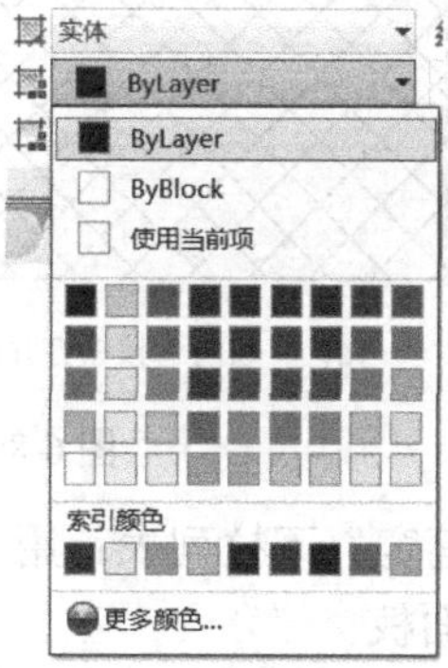

图 6-5 “图案填充颜色”选项

（3）“背景色”下拉列表：用于确定填充图案背景的颜色。

（4）“图案填充透明度”文本框：用于改变当前填充图案的透明度，拖动图标右侧的“[”符号可以改变透明度。

（5）“图案填充角度”文本框：用于确定填充图案的相对当前 UCS 坐标系统的 X 轴的角度。角度的默认设置为“0°”，拖动图标右侧的“[”符号可以改变角度，图 6-6 所示为 ANSI31 金属剖面线的“角度”设置示例。

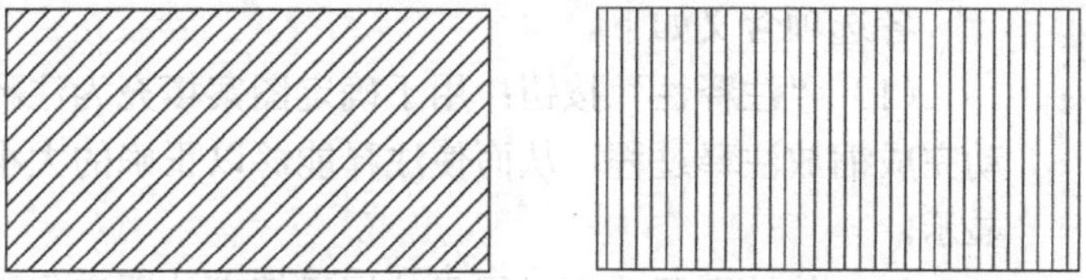

（a）角度为 0° 时 （b）角度为 45° 时

图 6-6 填充图案“角度”设置示例

（6）“图案填充比例”文本框：用于指定填充图案的比例参数。默认设置为“1”，可以根据需要进行放大或缩小，图 6-7 所示为金属剖面线的“比例”设置示例。

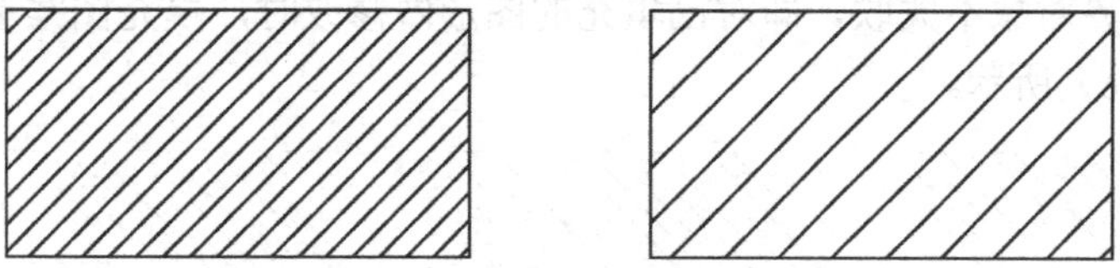

（a）比例为 2 时 （b）比例为 4 时

图 6-7 填充图案“比例”设置示例

（7）“图案填充图层替代”下拉列表：用于为图层指定新的图案填充对象，替代当前图层。

（8）“相对图纸空间”按钮：用于在布局中，相对于图纸空间单位进行比例设置。

（9）“双向”按钮：用于在原来的图案上再画出第二组相互垂直的交叉图线。该按钮只有在选择为“用户定义”类型时可以使用，图 6-8 所示为“双向”设置示例。

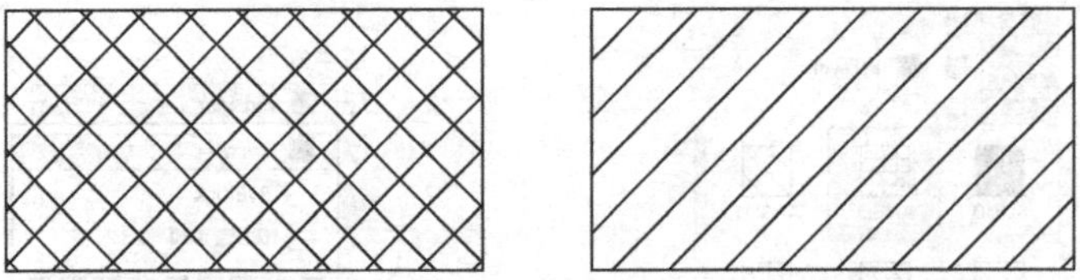

（a）“双向”按钮打开时　　（b）“双向”按钮关闭时

图 6-8　“双向”选项设置示例

（10）“ISO 笔宽”下拉列表：用于设置“ISO”预定义图案时笔的宽度。

4）“原点”面板

“原点”面板中的按钮可以设置图案填充的原点位置，因为许多图案填充需要对齐填充边界上的某一个点。

（1）“设定原点”按钮：用于通过指定点作为图案填充原点，还可以分别选择填充边界的左下、右下、左上、右上或中心作为图案填充原点。

（2）“使用当前原点”按钮：用于使当前 UCS 的原点（0,0）作为图案填充原点。

（3）“存储为默认原点”按钮：可以将指定的点存储为默认的图案填充原点。

5）“选项”面板

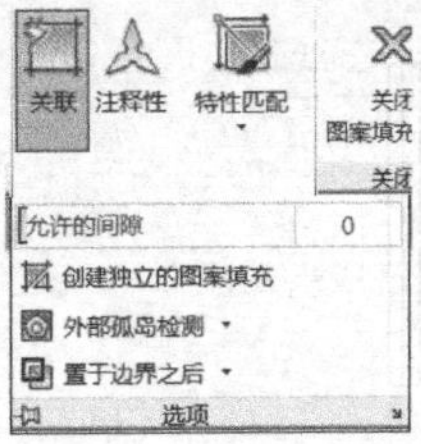

图 6-9　“选项”面板

“选项”面板如图 6-9 所示。

各选项含义如下。

（1）“注释性”按钮：用于确定图案填充为注释性。此特性会自动完成缩放注释过程，从而使注释能够以正确的大小在图纸上打印或显示。

（2）特性匹配选项：用于使用已填充的图案作为当前填充图案的对象特性，其中“使用当前原点”选项不包括填充原点；“使用源图案填充的原点”选项包括填充原点。

（3）“关联”按钮：用于确定图案填充对象与填充边界对象关联。也就是说，对已填充的图形做修改时，填充图案随边界的变化而自动填充，如图 6-10（b）所示；否则，图案填充对象和填充边界对象不关联，即对已填充的图形做修改时，填充图案不随边界修改而变化，如图 6-10（c）所示。

（a）拉伸对象　　（b）“关联”对象拉伸　　（c）“非关联”对象拉伸

图 6-10　填充“关联”设置示例

（4）“允许的间隙”：用于指定作为边界对象之间的最大间隙，可以拖动文本框中的“[”符号来改变允许间隙，默认值为“0”时，对象为封闭区域。

（5）“创建独立的图案填充”复选框：用于指定多条边界时，是创建一个还是多个图案填充对象。

（6）“孤岛检测”：在进行图案填充时，通常对于填充区域内部的封闭边界称为“孤岛”。

“孤岛检测”用于指定在最外层边界内填充对象的方法，包括以下三种样式。

①“普通”样式：从最外边界向里面填充线，遇到与之相交的内部边界时断开填充线，在遇到下一个内部边界时，再继续画填充线，如图 6-11（a）所示。

②“外部”样式：从最外边界向里面绘制填充线，遇到与之相交的内部边界时断开填充线，并不再继续向里面绘制，如图 6-11（b）所示。

③“忽略”样式：忽略所有孤岛，所有内部结构都被填充覆盖，如图 6-11（c）所示。

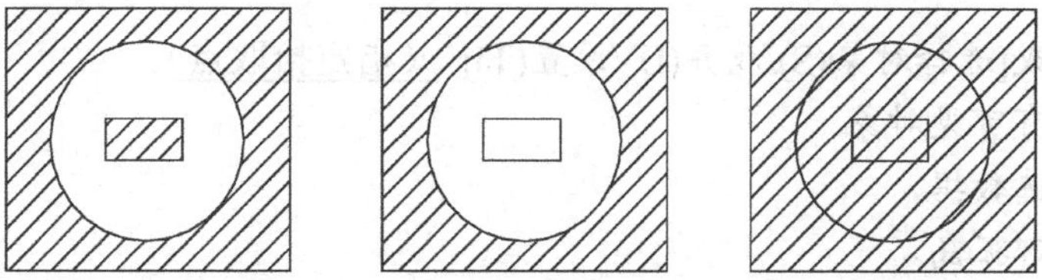

（a）“普通”样式　（b）“外部”样式　（c）“忽略”样式

图 6-11 “孤岛显示样式”设置示例

（7）“绘图次序”下拉列表：用于指定图案填充的绘图顺序，其中包括“不更改”、“后置”、“前置”、“置于边界之后”和“置于边界之前”等选项。

6）“关闭”面板

单击“关闭”面板中的“关闭图案填充创建”按钮，可以退出图案填充并关闭“图案填充”选项卡；也可以按〈Enter〉键或按〈Esc〉键退出图案填充。

6.2 使用渐变色填充图形

使用“图案填充”命令的“渐变色”选项，可以创建单色或双色渐变色进行图案填充。以图 6-12 为例，其操作方法如下。

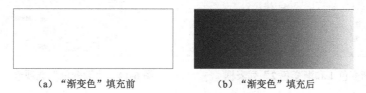

（a）“渐变色”填充前　（b）“渐变色”填充后

图 6-12 “渐变色”填充示例

1）操作方法

可以执行以下操作之一。

（1）功能区：单击“默认”选项卡中“绘图”面板中的“图案填充”按钮，弹出“图案填充创建”选项卡，在“特性”面板的“图案填充类型”下拉列表中选择“渐变色”选项。

（2）工具栏：单击按钮，选择“图案填充创建”→“特征”→“图案填充类型”→“渐变色”选项。

（3）菜单栏：选择“绘图”→“图案填充”命令。

（4）命令行：输入命令“HATCH”。

2）操作格式

命令：（输入命令）。

“特性”面板显示“渐变色 1”和“渐变色 2”下拉列表，如图 6-13 所示。

分别单击列表框的下拉按钮，在打开的填充颜色图中选择“渐变色 1（蓝色）”和“渐变色 2（黄色）”选项。

系统提示：

拾取内部点或[选择对象(S)/放弃(U)/设置(T)]：（指定拾取点）。

正在选择所有可见对象

正在分析所选数据...

正在分析内部孤岛...

拾取内部点或[选择对象(S)/放弃(U)/设置(T)]：（按〈Enter〉键）。

执行命令后，结果如图 6-12（b）所示。

如果选择“设置”选项，系统打开“图案填充和渐变色”对话框，如图 6-14 所示。其中各选项功能如下。

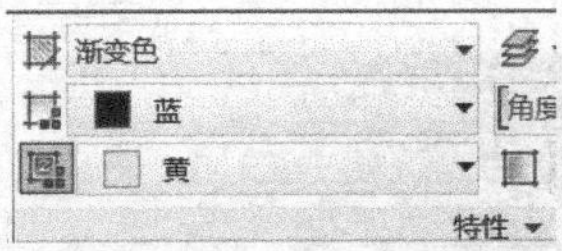

图 6-13 “渐变色 1 和渐变色 2”列表框

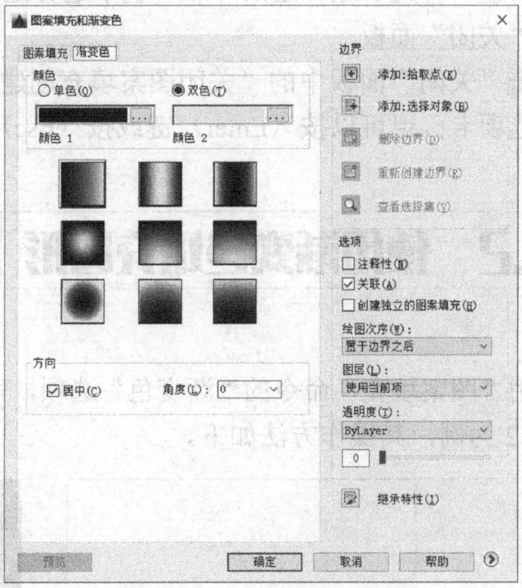

图 6-14 “渐变色”选项卡

（1）“颜色”选项组。

“单色”单选按钮：用于确定一种颜色填充。

“双色”单选按钮：用于确定两种颜色填充。

单击右侧□按钮，打开“选择颜色”对话框，用来选择填充颜色。

当用第一种颜色填充时，利用“双色”单选按钮右边的滑块，可以调整所填充颜色的浓淡度；当以第二种方法进行颜色填充时，“双色”单选按钮右边的滑块改变为与其上面相同的颜色框与按钮，用于调整另一种颜色。

“渐变图案”预览窗口：显示当前设置的渐变色效果，9 个图像按钮显示 9 种效果。

（2）“方向”选项组。

“居中”复选框：用于确定颜色于中心渐变，否则颜色呈不对称渐变。

“角度”下拉列表：用于确定以渐变色方式填充颜色时的旋转角度。

6.3 实训

6.3.1 创建图案填充练习 1

1. 要求

以图 6-15 为例填充金属剖面线。

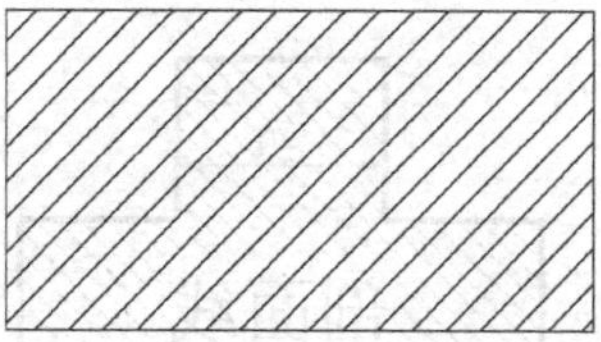

图 6-15 金属剖面线填充示例

2. 操作步骤

（1）在功能区单击“默认”选项卡→“绘图”面板中的“图案填充”按钮。

（2）“图案填充创建”选项卡设置：“图案”面板设置为“ANSI 31”；“特性”面板中的类型为“预定义”，“角度”设置为“0° ”，“比例”设置为“1”。

（3）在绘图区的封闭框中选择（单击）拾取点，按〈Enter〉键。

（4）命令执行后，系统完成图案填充，如图 6-15 所示。

（5）若剖面线间距值不合适，则可修改“比例”值。

6.3.2 创建图案填充练习 2

1. 要求

绘制图 6-16 所示图形中的剖面线。

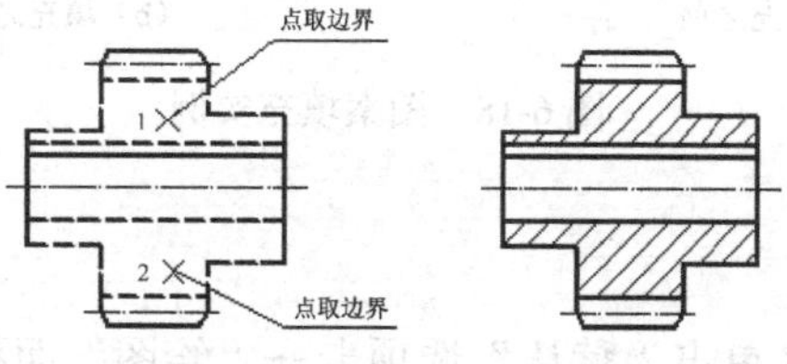

（a）填充之前　（b）填充之后

图 6-16 画剖面线实例

2. 操作步骤

（1）在功能区单击“默认”选项卡→“绘图”面板中的“图案填充”按钮。

（2）“图案填充创建”选项卡设置：“图案”面板设置为“ANSI 31”；“特性”面板中的类型为“预定义”，“角度”设置为“0° ”，“比例”设置为“2”。

（3）在绘图区如图 6-16（a）所示的“1”、“2”两区域内各点取一点，点选后剖面线显示边界，然后按〈Enter〉键。

（4）绘出剖面线结果如图 6-16（b）所示。

说明：

① 在画剖面线时，也可先定边界再选图案，并进行相应设置。

② 如果被选边界中包含文字，AutoCAD 在文字附近的区域内不进行填充，这样，文字就可以清晰地显示，如图 6-17 所示。应注意的是，在使用“忽略”填充方式时，将忽略这一特性而全部填充。

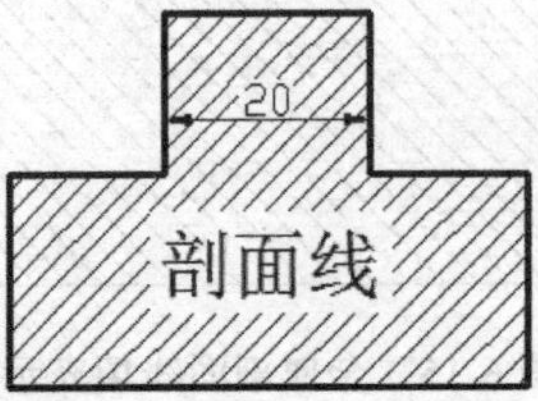

图 6-17　含有文字的填充示例

6.3.3　创建图案填充练习 3

1. 要求

绘制图 6-18 所示图形中的图案填充。

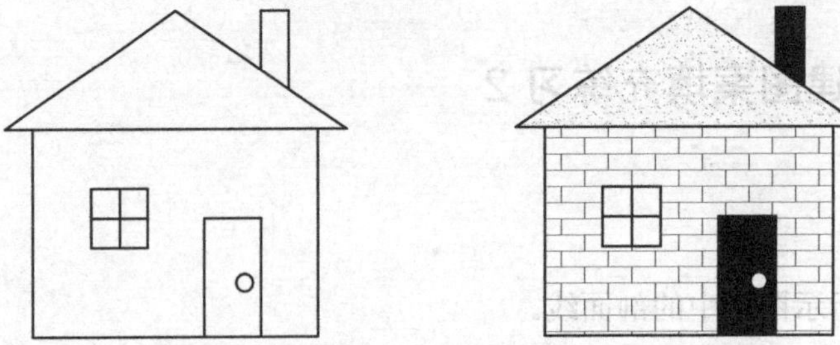

（a）填充之前　　（b）填充之后

图 6-18　图案填充实例

2. 操作步骤

（1）填充墙。在功能区单击“默认”选项卡→“绘图”面板中的“图案填充”按钮。设置“图案填充创建”选项卡：“图案”面板设置为“AR-BRSTD”；根据图形的大小进行“比例”设置。

命令: _hatch

拾取内部点或 [选择对象(S)/放弃(U)/设置(T)]: 正在选择所有对象... (单击墙体)。

正在选择所有可见对象...

正在分析所选数据...

正在分析内部孤岛...

拾取内部点或[选择对象(S)/放弃(U)/设置(T)]: 正在选择所有对象... (按〈Enter〉键)。

(2) 填充屋顶。

命令: (按〈Enter〉键)。

拾取内部点或[选择对象(S)/放弃(U)/设置(T)]: 正在选择所有对象... (选择“图案”中的“AR-SND”选项; 单击屋顶)。

正在选择所有可见对象...

正在分析所选数据...

正在分析内部孤岛...

拾取内部点或[选择对象(S)/放弃(U)/设置(T)]: 正在选择所有对象... (按〈Enter〉键)。

(3) 填充房门和烟囱。

命令: (按〈Enter〉键)。

拾取内部点或[选择对象(S)/放弃(U)/设置(T)]: 正在选择所有对象... (选择“图案”中的“SOLID”选项; 单击屋顶和烟囱)。

正在选择所有可见对象...

正在分析所选数据...

正在分析内部孤岛...

拾取内部点或[选择对象(S)/放弃(U)/设置(T)]: 正在选择所有对象... (按〈Enter〉键)。

结果如图 6-18 所示。

习题 6

1. 练习图案填充设置，根据图 6-19 所示图形进行图案选择、方向、比例、双向、关联等设置练习。

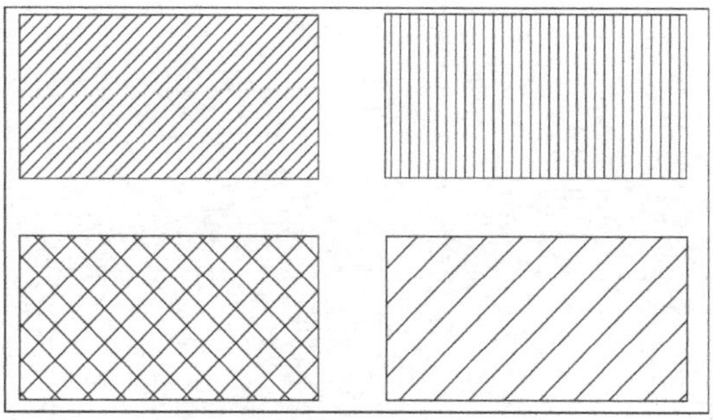

图 6-19 图案填充设置练习

2．理解图案填充的“孤岛”概念，进行孤岛设置，完成图 6-20 所示的图形。

3．根据图 6-21 所示的齿轮图样，进行绘制，完成填充。提示：填充区域应是封闭的，否则填充失败。

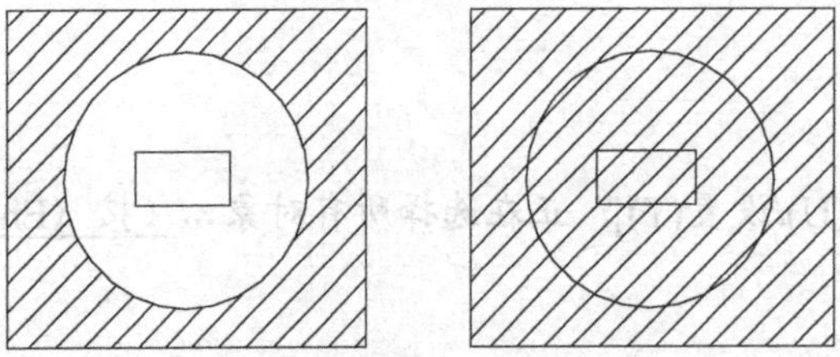

图 6-20　“孤岛”填充练习

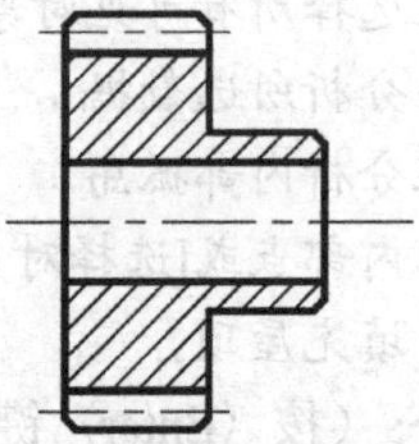

图 6-21　齿轮图样

第7章 文字标注

文字是 AutoCAD 图形中很重要的图形元素，是工程图样不可缺少的组成部分。通常用于工程图样中的标题栏、明细表、技术要求和装配说明等一些非图形信息的标注。

AutoCAD 2016 还可以创建不同类型的表格，更方便地展示与图形相关的数据和材料信息。

7.1 创建文字

此节介绍创建单行文字和多行文字的方法。

7.1.1 创建单行文字

对于字体单一或比较简短的文字对象，可以创建单行文字。

1. 操作方法

可以执行以下操作之一。

（1）“注释”面板：单击“文字”的下拉按钮，在下拉列表中选择“单行文字”选项，如图 7-1 所示。

（2）“文字”工具栏：单击 A| 按钮。

（3）菜单栏：选择“绘图”→“文字”→“单行文字”选项。

（4）命令行：输入命令“TEXT”。

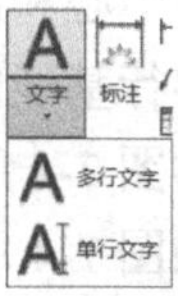

图 7-1 “单行文字”命令

2. 操作格式

命令:（输入命令）。

当前文字样式: Standard　当前文字高度: 0.000（显示当前文字样式和高度）。

指定文字的起点或[对正(J)/样式(S)]:（指定文字的起点或选择选项）。

指定高度<0.000>:（指定文字高度）。

指定文字的旋转角度<0>:（指定文字的旋转角度值）。

输入文字。

3. 选项说明

命令中各选项的功能如下。

（1）“指定文字的起点”：指定文字标注的起点，并默认为左对齐方式。

（2）“对正”：指定文字的对齐方式。在命令行中输入命令“J”，按<Enter>键后，系统提示：

“输入选项[对齐(A)/布满(F)/居中(C)/中间(M)/右对齐(R)/左上(TL)/中上(TC)/右上(TR)/左中(ML)/正中(MC)/右中(MR)/左下(BL)/中下(BC)/右下(BR)]: ”。

此命令中选项含义如下。

“对齐”：指定输入文字基线的起点和终点，使文字的高度和宽度可自动调整，使文字均匀分布在两点之间。输入命令“A”，系统提示“指定文字基线的第一个端点:（指定文字起点）”和“指定文字基线的第二个端点:（指定文字终点）”，设置字高为“25”输入文字后，显示结果如图 7-2 所示。

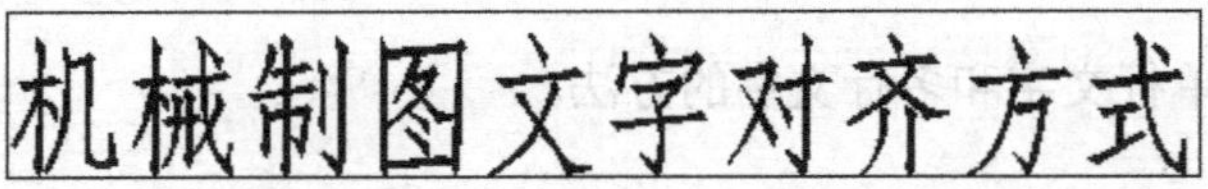

图 7-2　文字对齐方式示例

“布满”：指定输入文字基线起点和终点，文字高度保持不变，使输入的文字宽度自由调整，均匀分布在两点之间。输入命令“F”后，系统提示：指定文字基线的第一个端点:（指定文字起点）和“指定文字基线的第二个端点:（指定文字终点）”，指定字高为“25”，输入文字后，显示结果如图 7-3 所示。

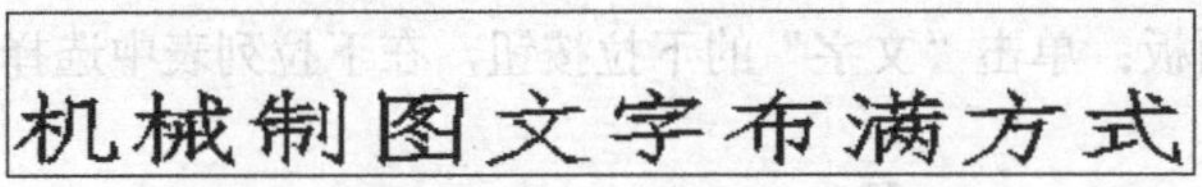

图 7-3　文字布满方式示例

“居中”：指定文字行基线的中点，输入字体高度和旋转角度。

“中间”：指定一点，把该点作为文字中心和高度中心，输入字体高度和旋转角度。

“右对齐”：将文字右对齐，指定文字行基线的终点，输入字体高度和旋转角度。

“左上”：指定文字行顶线的起点，如图 7-4 所示。

“中上”：指定文字行顶线的中点，如图 7-4 所示。

“右上”：指定文字行顶线的终点，如图 7-4 所示。

“左中”：指定文字行中线的起点，如图 7-4 所示。

“正中”：指定文字行中线的中点，如图 7-4 所示。

“右中”：指定文字行中线的终点，如图 7-4 所示。

“左下”：指定文字行底线的起点，如图 7-4 所示。

“中下”：指定文字行底线的中点，如图 7-4 所示。

“右下”：指定文字行底线的终点，如图 7-4 所示。

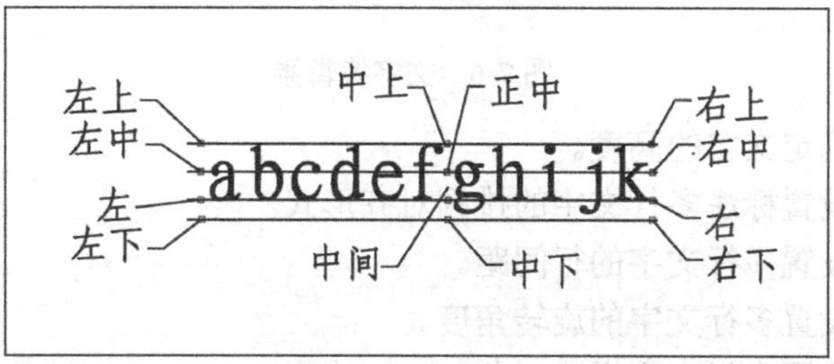

图 7-4 “对正”选项的示例

（3）“样式”：确定已定义的文字样式作为当前文字样式。

7.1.2 标注多行文字

该功能可以注写多行文字。多行文字又叫段落，常用来创建较为复杂的文字说明，如图样的技术要求等。

1. 操作方法

可以执行以下操作之一。

（1）“注释”面板：单击“文字”下拉按钮，在下拉列表中选择“多行文字”选项。

（2）工具栏：单击 A 按钮。

（3）菜单栏：选择“绘图”→“文字”→“多行文字”选项。

（4）命令行：输入命令“MTEXT”。

2. 操作格式

命令：（输入命令）。

当前文字样式：Standard，当前文字高度 0.000（显示当前文字标注样式和高度，鼠标指针呈 ⁺abc 状）。

指定第一角度：（指定多行文字框的第一角点位置）。

指定对角点或[高度(H)/对正(J)/行距(L)/旋转(R)/样式(S)/宽度(W)/栏(C)]：（指定对角点或选择选项）。

命令中提示的各选项功能如下。

（1）“指定对角点”：该选项为默认选项，用于确定对角点。对角点可以拖动鼠标来确定，两对角点形成的矩形框作为文字行的宽度。当指定文字对角框后，系统打开“文字编辑器”选项卡和文字编辑器，如图 7-5 和图 7-6 所示。

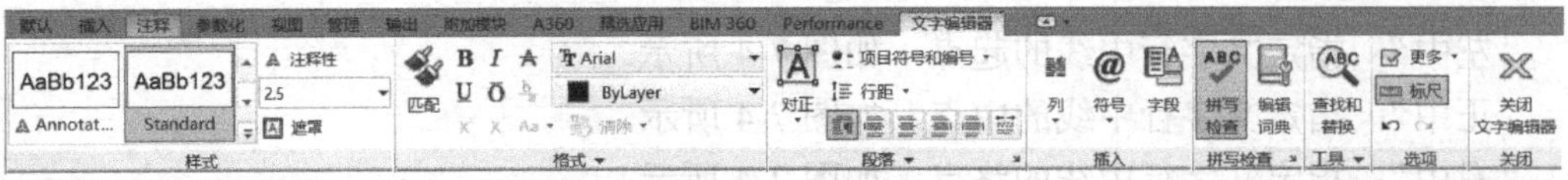

图 7-5 “文字编辑器”选项卡

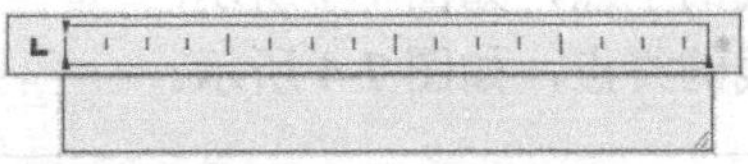

图 7-6 文字编辑器

（2）“高度”：确定文字的高度。

（3）“对正”：设置标注多行文字的排列对齐形式。

（4）“行距”：设置多行文字的行间距。

（5）“旋转”：设置多行文字的旋转角度。

（6）“样式”：设置多行文字样式。

（7）“宽度”：指定多行文字行的宽度。输入命令“W”后，打开多行文字编辑器，可以直接使用鼠标拖动标尺来改变宽度。

（8）“栏”：设置多行文字栏的种类。输入命令“C”后，可以选择栏类型是动态（D）、静态(S)或不分栏(N)，默认为<动态(D)>，指定栏宽、栏间距宽度和栏高。

当输入或编辑文字时，文字编辑器和“文字编辑器”选项卡同时打开，文字编辑器位于绘图区，“文字编辑器”选项卡则位于功能区。

7.2 创建文字样式

图样的文字样式既应符合国家制图标准的要求，又需根据实际情况来设置文字的大小、方向等，所以要对文字样式进行设置。

1. 操作方法

可以执行以下方法之一。

（1）“注释”面板：单击“文字样式”下拉列表按钮，在下拉列表中选择“管理文字样式”选项，如图 7-7 所示。

（2）“文字”工具栏：单击按钮。

（3）菜单栏：选择“格式”→“文字样式”选项。

（4）命令行：输入命令“STYLE”。

2. 操作格式

命令：（输入命令）。

执行命令后，系统打开“文字样式”对话框，如图 7-8 所示。

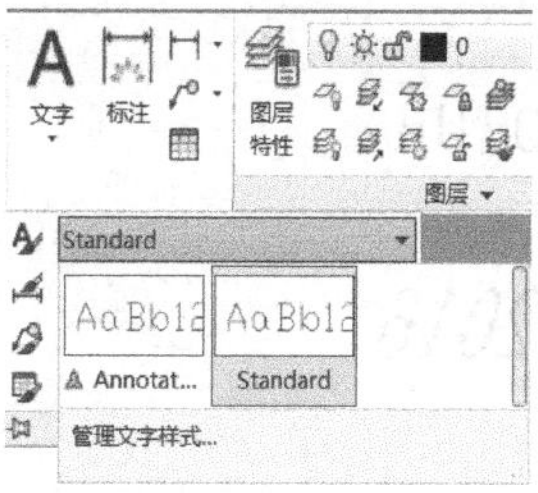

图 7-7　文字样式

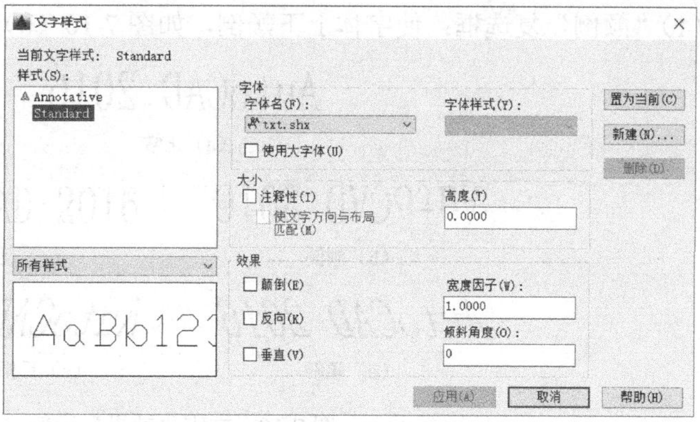

图 7-8　“文字样式”对话框

3. 选项说明

对话框中各选项的功能如下。

1）“样式”选项组

“样式”选项组用于设置当前样式、创建文字样式和删除已有文字样式。

（1）“样式”列表框：显示当前图形中已定义的文字样式。“Standard”为默认文字样式。

（2）下拉列表：用以选择“所有样式”和“正在使用的样式”选项。

（3）预览框：预览所选文字样式的注释效果。

（4）“置为当前”按钮：将选中样式设置为当前样式。

（5）“新建”按钮：创建新的文字样式。单击“新建”按钮，打开“新建文字样式”对话框，如图 7-9 所示。用户可以在“样式名”文本框中输入新的样式名称，单击“确定”按钮即可创建新的文字样式名。

（6）“删除”按钮：删除在列表框中被选中的文字样式。当前文字样式不可删除。

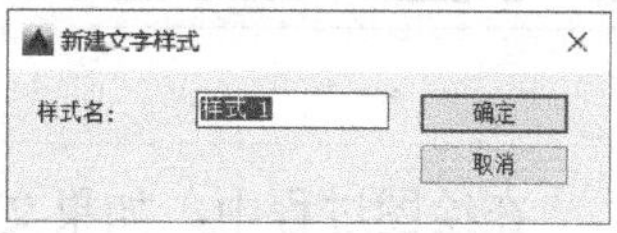

图 7-9　“新建文字样式”对话框

2）“字体”选项组

此选项用于确定字体以及相应的格式、高度等。

（1）“字体名”下拉列表：显示当前所有可选的字体名。

（2）“字体样式”下拉列表：显示指定字体的格式，如斜体、粗体或常规字体。当选择相应字体名时，该下拉列表才可用。

（3）“使用大字体”复选框：设置符合制图标准（.shx）的字体。当用户勾选此复选框时，请注意下拉列表的名称变化。原“字体名”下拉列表变成“SHX 字体”下拉列表，原“字体样式”下拉列表改变为“大字体”下拉列表，可选择其中相应的大字体。

3）“大小”选项组

（1）“注释性”复选框：激活“使文字方向与布局匹配”复选框。用户可以通过勾选该复选框，指定图纸空间视口中的文字方向与布局方向匹配。

（2）“高度”文本框：设置字体高度。这里设置的字体高度为固定值，在今后使用“单行文字”（DTEXT）命令标注文字时，没有字高提示，用户将不能再设置字体的高度。故建议此处按默认设置为“0”。

4）“效果”选项组

该选项组用于确定字体的某些特征。

（1）“颠倒”复选框：使字体上下颠倒，如图 7-10（b）所示。

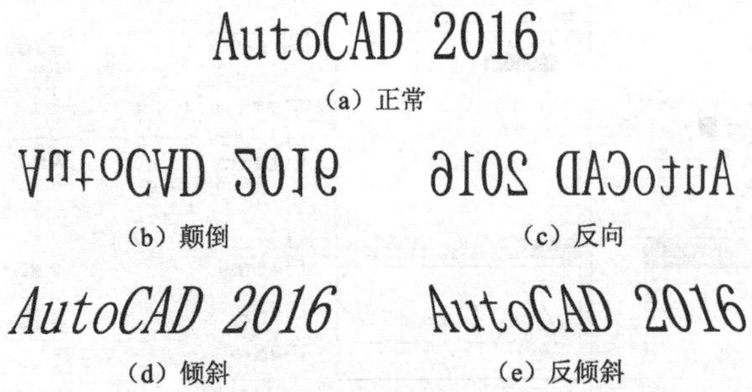

图 7-10　文字“效果”示例

（2）“反向”复选框：使字体反向排列，如图 7-10c 所示。

（3）“垂直”复选框：使字体垂直排列，可以在 SHX 字体中使用。

（4）“宽度因子”文本框：设置字体宽度与高度的比值，输入小于 1.0 的值时将拉长文字，输入大于 1.0 的值时则压缩文字。

（5）“倾斜角度”文本框：设置文字的倾斜角度。角度为正值时，字体向右倾斜，如图 7-10（d）所示；角度为负值时，字体则向左倾斜如图 7-10（e）所示。

5）“应用”按钮

此按钮用于确定用户对文字样式的设置。

7.3 编辑文字

在绘图过程中，如果文字标注不符合要求，可以通过编辑文字命令进行修改。

7.3.1 文字的编辑

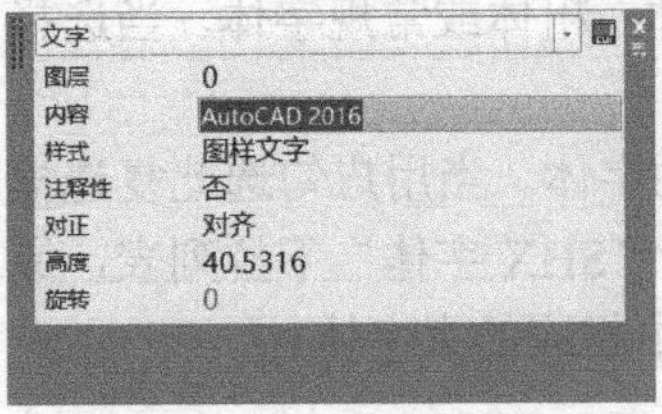

图 7-11　“快捷特性”选项板

1. 利用“快捷特性”选项板编辑文字

AutoCAD 2016 使用了“快捷特性”选项板编辑文字，更为方便快捷。

选取单行文字或多行文字以后，界面会在光标附近显示“快捷特性”选项板，如图 7-11 所示。

“文字”文本框显示了所选文本的文字类型。分别单击在其各选项的下拉列表，可以改变所选文字的特性，也可以直接在“内容”下拉列表内修改所选文字。

如果要关闭选项板，则可以单击“快捷性能”选项板右上角的“关闭”按钮☒，并按〈Esc〉键，结束文字编辑。

2. 利用菜单栏的“修改”选项编辑文字

在菜单栏中选择“修改”→“对象”→“文字”选项，分别选择子菜单中的“编辑”、“比例”、“对正”选项，可以对其字体、高度和行宽进行编辑。

7.3.2 特殊字符的输入

1. 单行文字输入特殊字符

在实际绘图时，常常需要标注一些特殊字符。下面介绍一些特殊字符在 AutoCAD 2016 中输入单行文字时的应用，表 7-1 所示为特殊字符的表达方法。

表 7-1 特殊字符的表达方法

符　号	功能说明
%%O	上画线
%%U	下画线
%%D	度（°）
%%P	正负公差（±）符号
%%C	直径符号
%%%	百分比(%)符号
%%nnn	标注与 ASCⅡ码 nnn 对应的符号

特殊字符的标注示例如图 7-12 所示。

abc%%Odef%%Oghi
abc%%Udefghi
60%%D,%%P
%%C80,85%%%

（a）输入特殊符号

abcdefghi
abcdefghi
60°，±
Ø80,85%

（b）结束命令后

图 7-12 特殊字符标注示例

说明：

（1）符号“%%O”和“%%U”分别是上画线和下画线的开关，第一次输入符号为打开，第二次输入符号为关闭。

（2）以“%%”符号引导的特殊字符只有在输入结束后才会转换过来。

（3）“%%”符号单独使用没有意义，系统将删除它以及后面的所有字符。

2. 多行文字输入特殊字符

在“文字编辑器”选项卡的“插入”面板中单击“符号”@▾下拉按钮，打开“符号”下拉列表，如图 7-13 所示。

根据需要选择后，可以将符号直接插入文字注释，非常方便。还可以在“符号”下拉列表中选择“其他…”选项，打开“字符映射表”对话框，如图 7-14 所示，以供用户选用。

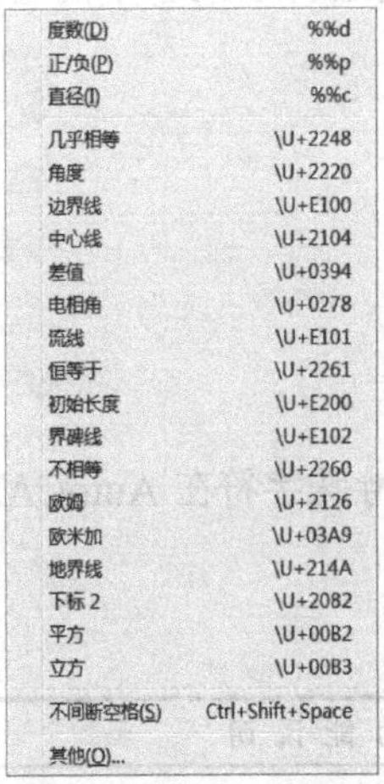

图 7-13 “符号”下拉列表

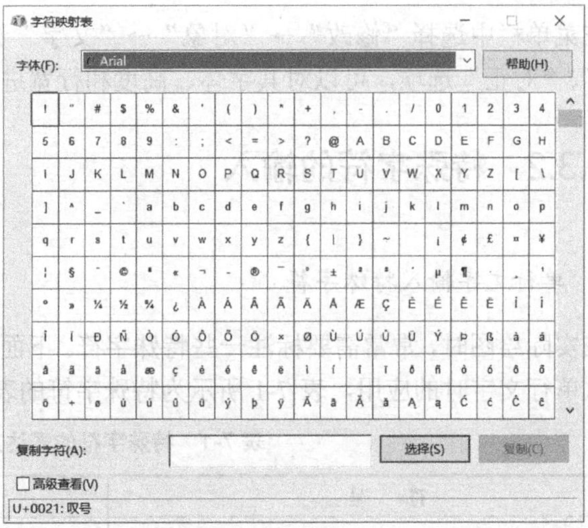

图 7-14 “字符映射表”对话框

3. 多行文字输入堆叠形式字符

单击“格式”面板中的“堆叠”按钮，可以堆叠形式输入字体。利用“/”、“^”、“#”符号，可以用不同的方式表示分数。

（1）在分子、分母中间输入“/”符号可以得到一个标准分式。

（2）在分子、分母中间输入“#”符号，则可以得到一个被“/”分开的分式。

（3）在分子、分母中间输入“^”可以得到左对正的公差值。

操作方法：从左向右选取字体对象，单击“堆叠”按钮即可，结果如图 7-15 所示。

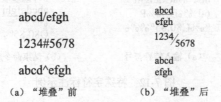

（a）“堆叠”前	（b）“堆叠”后
abcd/efgh	$\frac{abcd}{efgh}$
1234#5678	$^{1234}/_{5678}$
abcd^efgh	$\begin{matrix}abcd\\efgh\end{matrix}$

图 7-15 堆叠形式标注示例

7.4 实训

本节进行创建文字练习。

7.4.1 创建尺寸标注的文字样式

下面练习如何创建尺寸标注的文字样式。

1. 要求

创建样式名称为“尺寸文字”的文字样式。

2. 操作步骤

“尺寸文字”文字样式用于绘制工程图的数字与字母。该文字样式使所注尺寸中的尺寸数字和图中的其他数字与字母符合国家技术制图标准（ISO 字体、一般用斜体），创建步骤如下。

（1）在“注释”面板中单击“文字样式”下拉按钮，在下拉列表中选择“管理文字样式”选项，打开“文字样式”对话框，如图 7-16 所示。

（2）单击“新建”按钮，打开“新建文字样式”对话框，输入文字样式名称“尺寸文字”，单击“确定”按钮，返回“文字样式”对话框，如图 7-17 所示。

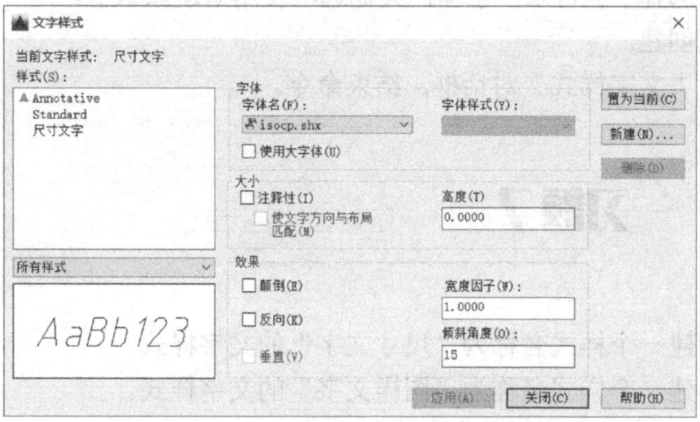

图 7-16 “文字样式”对话框

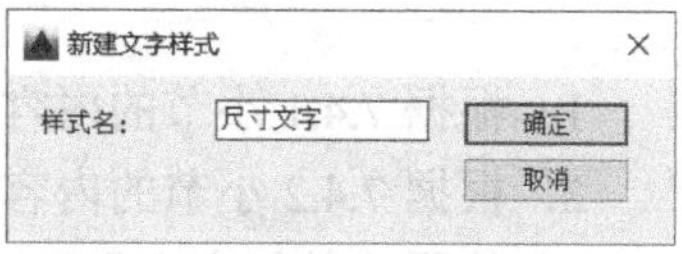

图 7-17 “新建文字样式”对话框

（3）在“字体名”下拉列表中选择“isocp.shx”字体，由于字体文件中已经考虑了字的宽高比，因此在“宽度因子”文本框中输入“1”，在“倾斜角度”文本框中输入“15”，其他选项使用默认值。

（4）单击“应用”按钮，完成创建。

7.4.2 创建文字注释的文字样式

1. 要求

创建样式名称为“图样文字”的文字样式。

2. 操作步骤

“图样文字”文字样式用于在工程图中注写符合国家技术制图标准规定的汉字（仿宋体），创建步骤如下。

（1）在“注释”面板中单击“文字样式”下拉按钮，在下拉列表中选择“管理文字样式”选项，打开“文字样式”对话框，如图 7-18 所示。

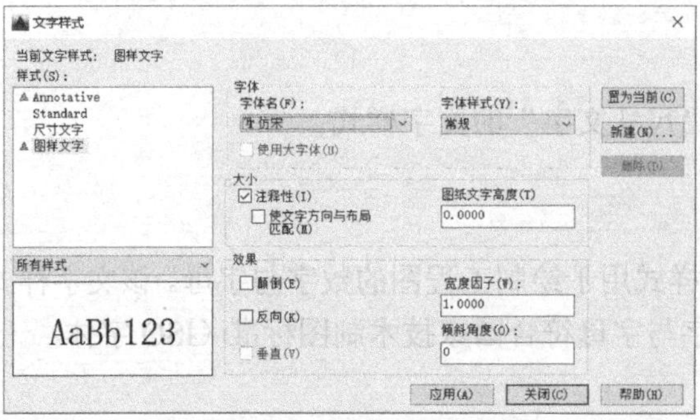

图 7-18 “文字样式”对话框

（2）单击“新建”按钮，打开“新建文字样式”对话框。输入文字样式名称“图样文字”，单击“确定”按钮，返回“文字样式”对话框。

（3）在“字体名”下拉列表中选择“T 仿宋”字体；其他选项使用系统默认值。

（4）单击“应用”按钮，完成创建。

（5）单击“关闭”按钮，退出“文字样式”对话框，结束命令。

习题 7

1．根据 7.4.1 小节的内容，创建一个样式名称为“尺寸文字”的文字样式。

2．根据 7.4.2 小节的内容，创建一个样式名称为“图样文字”的文字样式。

3．使用“单行文字”和“多行文字”命令进行文字注释。

4．练习输入 R50、ø80、60°、100±0.025 等文字。

5．练习输入堆叠字符，参见 7.3 节内容。

6．注写“技术要求”，如图 7-19 所示。提示：“技术要求”标题的字高为“7”，内容的字高为“5”。

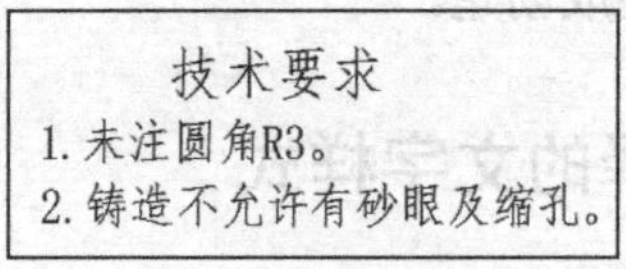

技术要求
1. 未注圆角R3。
2. 铸造不允许有砂眼及缩孔。

图 7-19 填写“技术要求”练习

第 8 章 创建表格

表格使用行和列以一种简洁清晰的形式提供信息。AutoCAD 2016 可以创建不同类型的表格，更方便地展示与图形相关的数据和材料信息。

8.1 创建和编辑表格

本节介绍创建表格和编辑表格。

8.1.1 创建表格

创建表格对象时，首先创建一个空白表格，然后在表格的单元中添加内容。

1. 操作方法

可以执行以下操作之一。

（1）“默认”选项卡：单击“注释”面板中的“表格”按钮。

（2）“注释”选项卡：单击“表格”面板中的“表格”按钮。

（3）“绘图”工具栏：单击按钮。

（4）菜单栏：选择“绘图”→“表格”选项。

（5）命令行：输入命令“TABLE”。

2. 操作格式

命令：（输入命令）。

执行命令后，打开“插入表格”对话框，如图 8-1 所示。

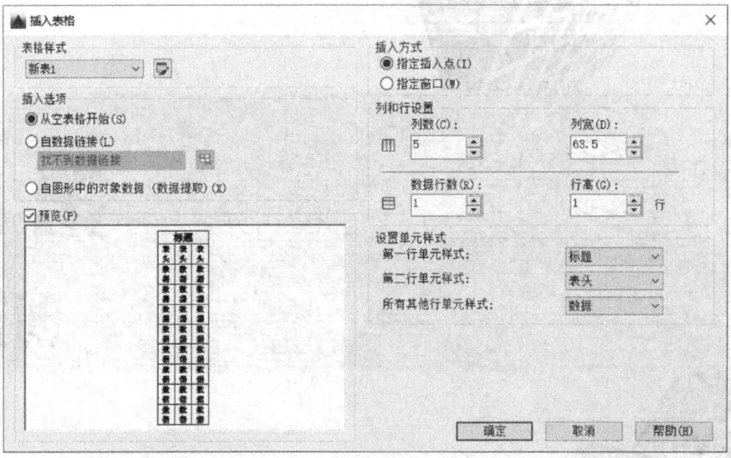

图 8-1 “插入表格”对话框

“插入表格”对话框中的各选项功能如下。

（1）“表格样式”下拉列表：选择系统提供或用户自定义的表格样式。单击其后的按钮，可以在打开的对话框中创建或修改新的表格样式。

（2）“插入选项”选项组：指定插入表格的方式。

“从空表格开始”单选按钮：手动创建填充数据的空表格。

“自数据链接”单选按钮：从外部电子表格中的数据创建表格。

“自图形中的对象数据（数据提取）”单选按钮：启动“数据提取”向导。

（3）“插入方式”选项组：包括“指定插入点”和“指定窗口”两个单选按钮。选中“指定插入点”单选按钮，可以在绘图区中的某点插入固定大小的表格；选中“指定窗口”单选按钮，可以在绘图区中通过拖动表格边框来创建任意大小的表格。

（4）“列和行设置”选项组：可以改变“列数”、“列宽”、“数据行数”和“行高”文本框中的数值，来调整表格的外观大小。

（5）“设置单元样式”选项组：指定新表格中不包含起始表格时的行单元格式。

“第一行单元样式”：指定表格中第一行的单元样式。“标题”为默认单元样式。

“第二行单元样式”：指定表格中第二行的单元样式。“表头”为默认单元样式。

“所有其他行单元样式”：指定表格中所有其他行的单元样式。默认情况下为“数据”单元样式。

根据需要设置对话框后，单击“确定”按钮，关闭对话框，返回绘图区。

指定插入点：拖动表格至合适位置后单击，完成表格创建。此时，在功能区显示“文字编辑器”选项卡，可以根据光标的提示进行文字填写。

8.1.2 编辑表格

1. “表格单元”选项卡

当表格绘制完成或单击表格单元时，功能区会显示“表格单元”选项卡，如图 8-2 所示。

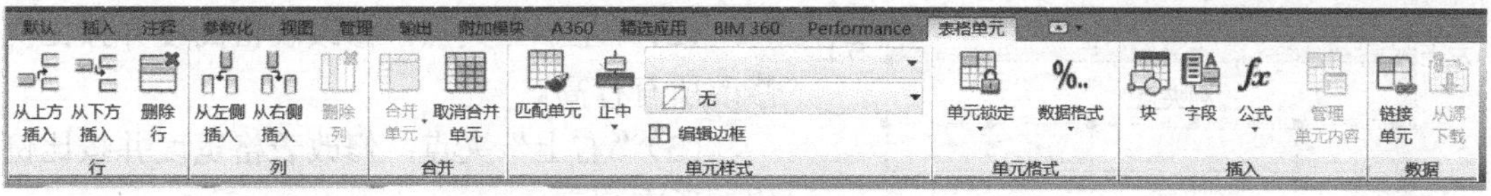

图 8-2 “表格单元”选项卡

“表格单元”选项卡包括“行”、“列”、“合并”、“单元样式”、“单元格式”、“插入”、“数据”等面板，其中各选项含义如下。

1）“行”面板

(1)“从上方插入”按钮：在当前选定单元的上方插入行。

(2)“从下方插入”按钮：在当前选定单元的下方插入行。

(3)“删除行”按钮：删除当前选定行。

2）“列”面板

(1)“从左侧插入”按钮：在当前选定单元的左侧插入列。

(2)“从右侧插入”按钮：在当前选定单元的右侧插入列。

(3)“删除列”按钮：删除当前选定列。

3）“合并”面板

(1)“合并单元”按钮：将选定的单元合并到一个大单元中。

(2)“取消合并单元”按钮：取消之前的单元合并。

4）“单元样式”面板

(1)“匹配单元”按钮：将选定单元的特性应用到其他单元。

(2)“对齐”下拉列表：对单元内的内容指定对齐方式。

(3)“表格单元样式”下拉列表：列出所有的单元样式。

(4)“表格单元背景色”按钮：打开“选择颜色”对话框，可以在其中改变单元背景色。

(5)“编辑边框”按钮：控制单元边框的外观。

5）“单元格式”面板

(1)“单元锁定”按钮：控制对单元内容和格式进行的锁定。

(2)“数据格式”按钮：显示数据类型的列表（“文字”、“角度”、“日期”、“十进制数”等），设置数据的格式。

6）“插入”面板

(1)“块”按钮：打开“插入”对话框，从中可以将块插入当前选定的表格单元。

(2)“字段”按钮：打开“字段”对话框，从中可以将字段插入当前选定的表格单元。

(3)“公式”按钮：将公式插入当前选定的表格单元中。

利用“表格单元”选项卡，可以对表格单元进行快速的编辑。

2. 使用夹点编辑表格

使用夹点功能也可以快速修改表格。

1）各夹点的功能

单击表格线以选中该表格，显示夹点，如图 8-3 所示。

(1)“左上”夹点：移动表格。

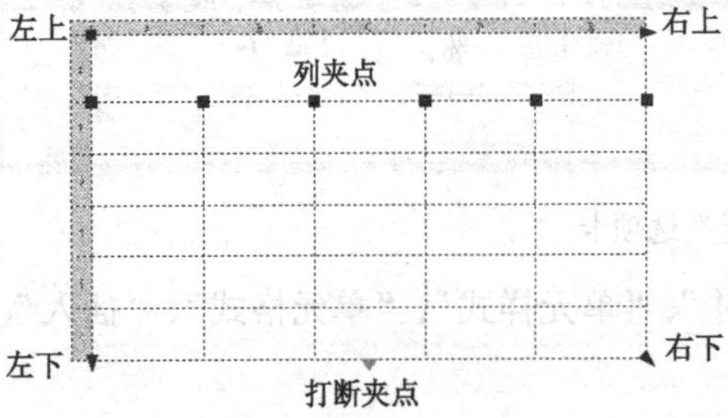

图 8-3 夹点示意图

（2）“左下”夹点：修改表格高度并按比例修改所有行高。

（3）“右上”夹点：修改表格宽度并按比例修改所有列高。

（4）“右下”夹点：同时修改表格高度和表格宽度，并按比例修改行和列。

（5）“列夹点”（在列标题行的顶部）：修改列的宽度，并加宽或缩小表格以适应此修改。

（6）“Ctrl+列夹点”：加宽或缩小相邻列而不改变被选表格的宽度。最小列宽是单个字符的宽度；空白表格的最小行高是文字的高度加上单元边距。

（7）“打断夹点”：拖动表格“打断”夹点至合适位置，可以将表格拆分为主要和次要两部分，如图 8-4 所示。

（a）拖动“打断”夹点

（b）打断后的表格

图 8-4 “表格打断”示例

2）选择一个或多个表格单元的方法。

（1）在单元内单击。

（2）选中一个表格单元后，按下〈Shift〉键并在另一个单元内单击，可以同时选中这两个单元以及它们之间的所有单元。

（3）在选定单元内单击，按住鼠标左键，拖动到要选择的单元区域，然后释放鼠标左键。

（4）按〈Esc〉键可以取消选择。

3）修改单元格的行高

要修改选定表格单元的行高，可以拖动顶部或底部的夹点，如图 8-5 所示。如果选中多个单元，每行的行高将做同样的修改。

4）修改单元格的列宽

如果要修改选定单元的列宽，可以拖动左侧或右侧的夹点，如图 8-6 所示。如果选中多个单元，每列的列宽将做同样的修改。

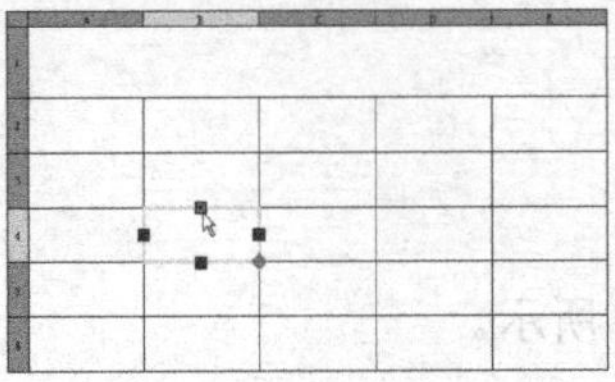

图 8-5 改变单元行高

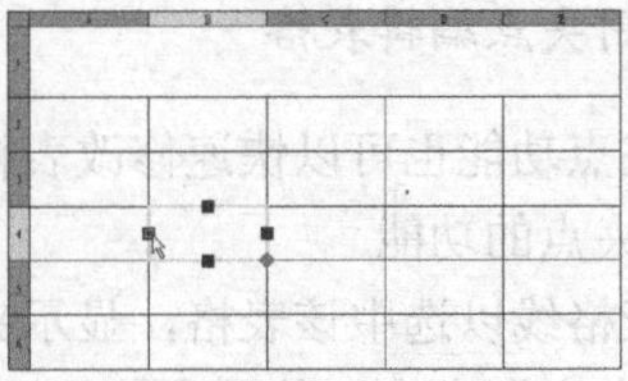

图 8-6 改变单元列宽

5）合并单元

如果要合并选定的单元，如图 8-7 所示，右击，在快捷菜单中选择“合并单元”选项即可。如果选择了多个行或列中的单元，则可以按行或按列合并。

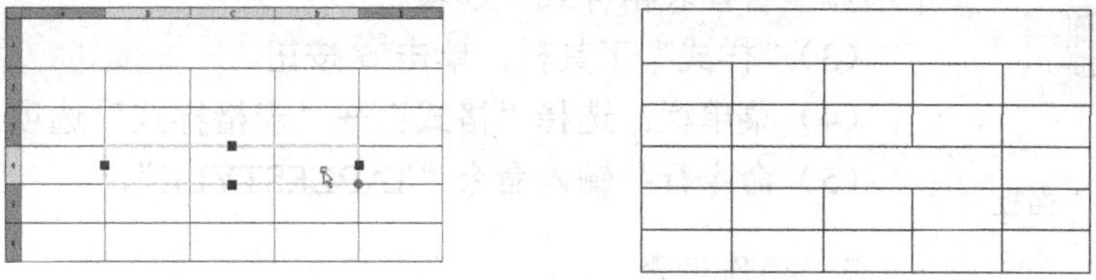

（a）选定多个单元　　（b）合并多个单元

图 8-7　“合并单元”示例

6）自动复制数据

夹点区右下角的夹点为填充柄，单击或拖动填充柄可以自动增加数据，如果拖动的是文字，将对其复制，如图 8-8 所示。

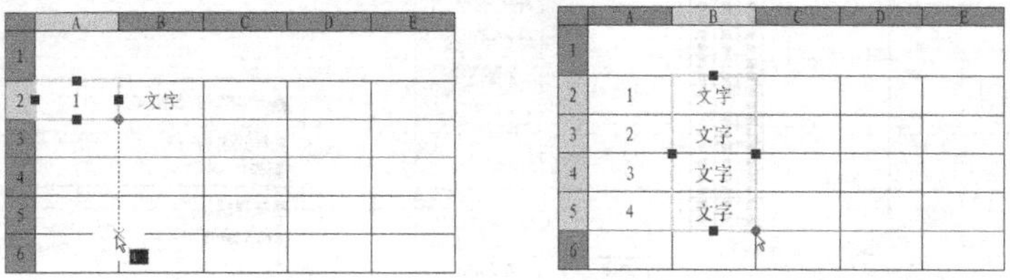

（a）拖动填充柄　　（b）数据和文字填充示例

图 8-8　“填充柄”拖动示例

3. 使用快捷菜单编辑表格

在选中单元格时右击，弹出快捷菜单，可以在表格中添加列或行。其操作步骤如下：

（1）在要添加列或行的单元内右击，弹出快捷菜单。

（2）可以选择以下选项之一，在多个单元内添加多个列或行。

① 选择“列”→“在左侧插入”或“在右侧插入”选项。

② 选择“行”→“在上方插入”或“在下方插入”选项。

（3）按〈Esc〉键可以取消选择。

8.2 创建表格样式

AutoCAD 2016 增强了创建和编辑表格的功能，可以自动生成各类的数据表格。用户可以直接引用软件默认的格式制作表格，也可以根据需要自定义表格样式。其步骤如下：

1. 操作方法

可以执行以下操作之一。

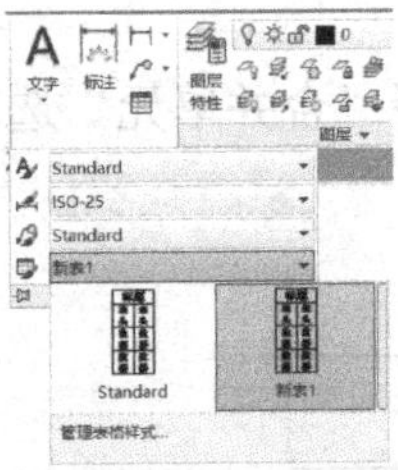

图 8-9 “注释”面板

（1）“默认”选项卡：在“注释”面板中的“表格样式”下拉列表中选择“管理表格样式”选项，如图 8-9 所示。

（2）“注释”选项卡：在“表格”面板的“表格样式”下拉列表中选择“管理表格样式”选项。

（3）“样式”工具栏：单击按钮。

（4）菜单栏：选择“格式”→“表格样式”选项。

（5）命令行：输入命令“TABLESTYLE”。

2. 操作步骤

（1）执行命令后，打开“表格样式”对话框，如图 8-10 所示。

（2）单击对话框中的“新建”按钮，打开“创建新的表格样式”对话框，如图 8-11 所示。

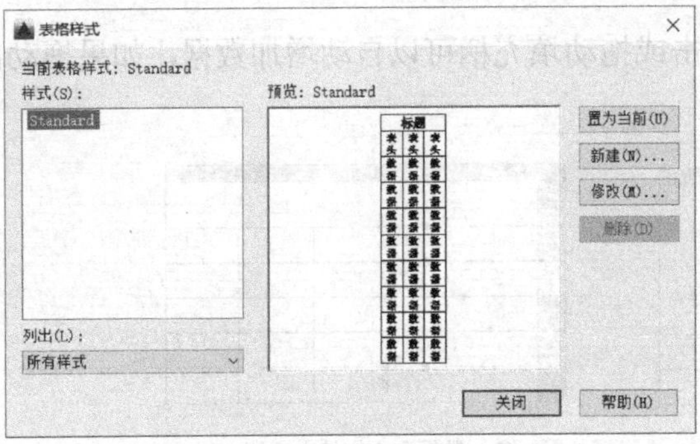

图 8-10 “表格样式”对话框

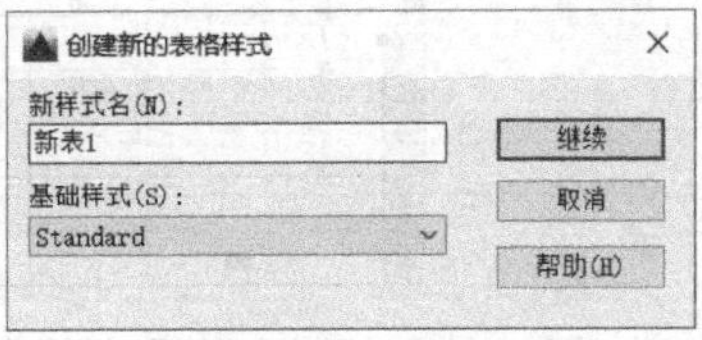

图 8-11 “创建新的表格样式”对话框

（3）在“新样式名”文本框中输入样式名称“新表 1”。单击“继续”按钮，打开“新建表格样式：新表 1”对话框，如图 8-12 所示。

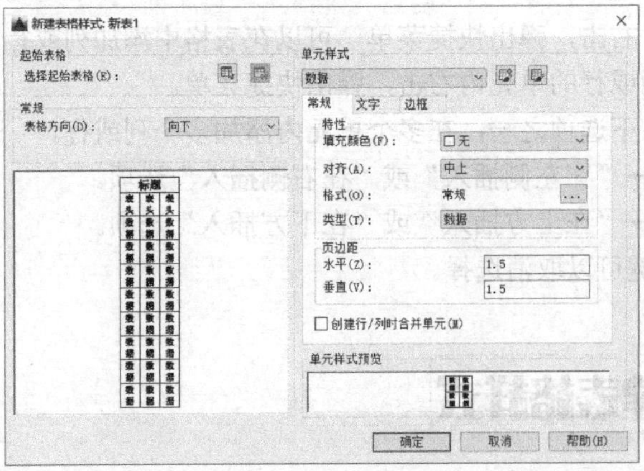

图 8-12 “新建表格样式：新表 1”对话框

该对话框的“单元样式”选项组中包括下列选项内容。

① “单元样式”下拉列表：选择标题、表头或数据等单元样式。

② “常规”选项卡：设置数据行的填充颜色、对齐方式、格式、类型、页边距等特性。

③ “文字”选项卡：设置文字的样式、高度、颜色、角度等特性。

④ “边框”选项卡：设置表格边框格式、线宽、线型、颜色和双线间距等。

⑤ “起始表格”选项组：单击“表格”按钮，可以在图形中指定一个表格样例来设置此表格的样式；使用“删除表格”按钮，可以将表格从当前指定的表格样式中删除。

⑥ “常规”选项卡：确定表格创建方向。选择“向下”选项，将创建由上而下读取的表格，标题行和列标题行位于表格的顶部；选择“向上”选项，将创建由下而上读取的表格，标题行和列标题行位于表格的底部。左下侧为表格设置预览框。

（4）根据需要设置对话框后，单击“确定”按钮，关闭对话框，完成创建表格样式。

（5）在菜单栏中选择：“格式”→“表格样式”选项，打开“表格样式”对话框，在“样式”文本框中显示“新表 1”样式名称，如图 8-13 所示。

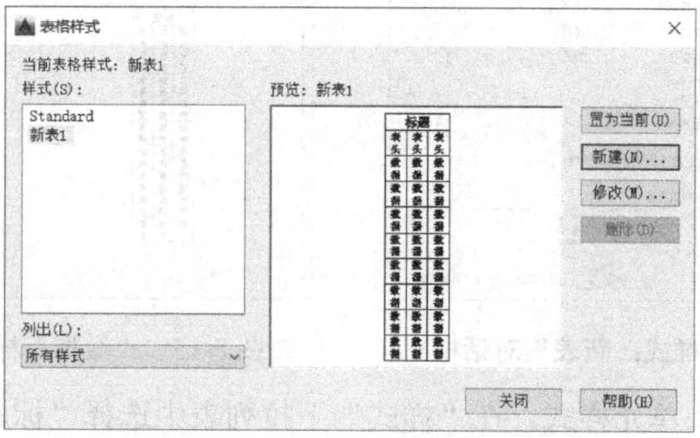

图 8-13 “表格样式”对话框

如果单击“置为当前”按钮，则可将其设置为当前表格样式；如果单击“修改”按钮，则打开“修改表格样式”对话框，此对话框的内容和新建表格样式对话框的内容相同，可以对所选的表格样式进行修改；如果单击“删除”按钮，则将选中的表格样式删除。

8.3 实训

本节进行创建表格的练习。

8.3.1 自定义表格样式

本小节进行创建表格样式的练习。

1. 要求

通常表格上面带有独立的标题项（表格名称行），以下创建名称为“表格样式”的常规表格样式。

2. 操作步骤

（1）选择“默认”选项卡→“注释”面板→“表格样式”→“管理表格样式”选项，打开“表格样式”对话框。

（2）单击“新建”按钮，打开“创建新的表格样式”对话框。

（3）在“新样式名”文本框中输入格式名称“新表”。单击“继续”按钮，打开“新建表格样式：新表”对话框，如图 8-14 所示。

（4）设置“数据”单元样式。在“常规”选项卡中，选择对齐方式为“正中”；在“文字”选项卡中，选择“文字样式”为“图样文字”样式，如图 8-15 所示。如果未设置文字样式则可以单击⋯按钮，在打开的对话框中重新设置“仿宋”字体为“图样文字”字体。

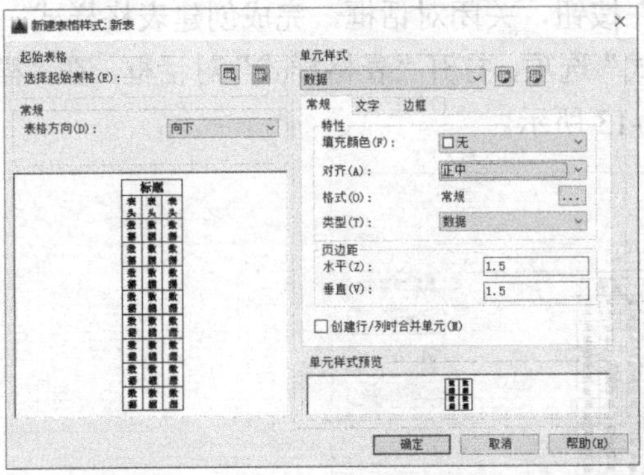

图 8-14　“新建表格样式：新表”对话框

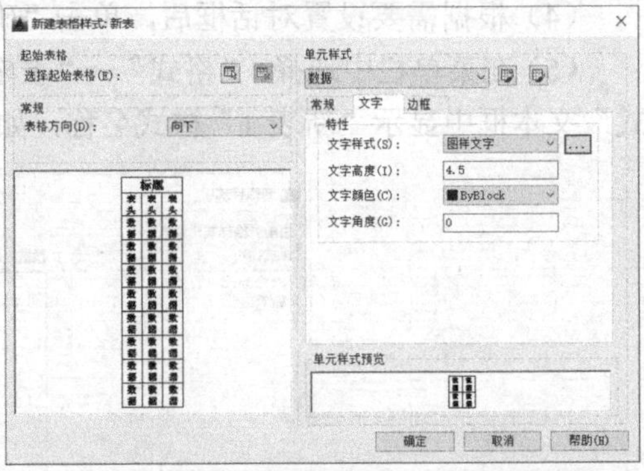

图 8-15　“数据”样式的“文字”选项卡

（5）设置“标题”单元样式。在“样式”下拉列表中选择“标题”选项，在“文字”选项卡中选择“图样文字”样式，如图 8-16 所示。

（6）设置“表头”单元样式：在“样式”下拉列表中选择“表头”选项，在“文字”选项卡中选择“图样文字”样式，如图 8-17 所示。

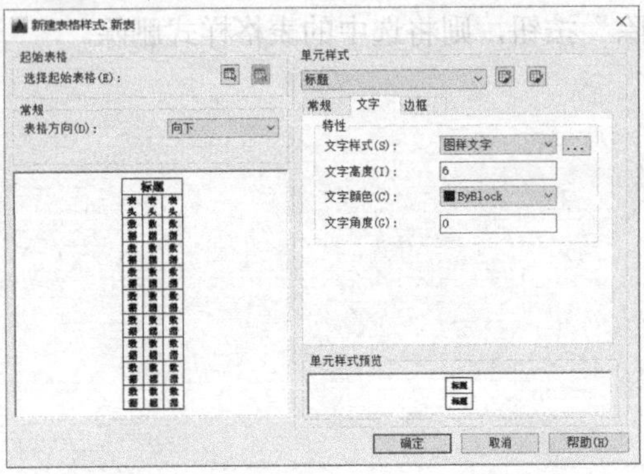

图 8-16　“标题”样式的“文字”选项卡

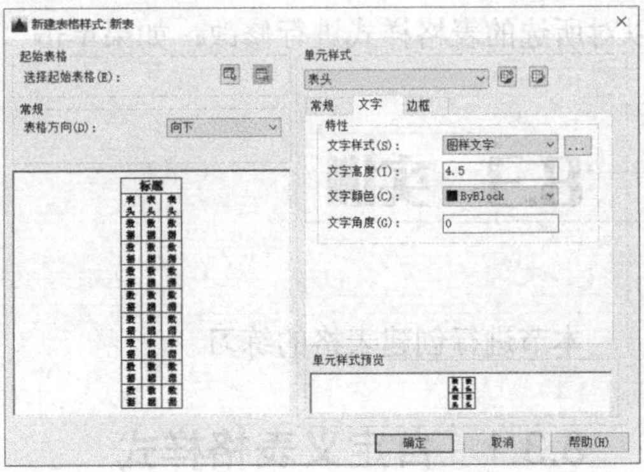

图 8-17　“表头”样式的“文字”选项卡

（7）其他参数可以设置为默认，设置完成后，单击“确定”按钮，关闭对话框，完成创建表格样式。

8.3.2　创建标题栏

1. 设置表格样式

标题栏上面没有标题项，以下创建符合标题栏的表格样式，操作步骤如下。

（1）选择“默认”选项卡，在“注释”面板的“表格样式”下拉列表中选择“管理表格样式”命令，执行命令后，打开“表格样式”对话框，如图 8-18 所示。

（2）单击对话框中的“新建”按钮，打开“创建新的表格样式”对话框，如图 8-19 所示。

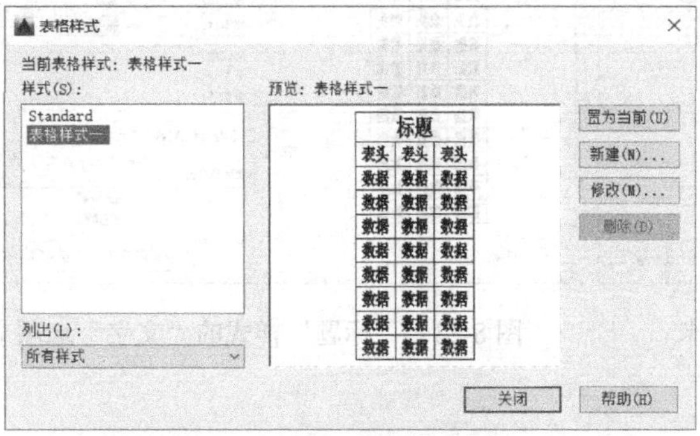

图 8-18 “表格样式”对话框

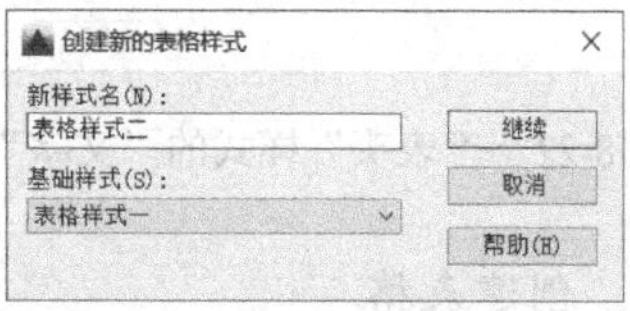

图 8-19 “创建新的表格样式”对话框

在“新样式名”文本框中输入样式名称“表格样式二”。单击“继续”按钮，打开“新建表格样式：表格样式二”对话框，如图 8-20 所示。

（3）设置“数据”单元样式：在“常规”选项卡中选择对齐方式为“正中”；在“文字”选项卡中选择“图样文字”样式，如图 8-21 所示。如果未设置文字样式，则可以单击[...]按钮，在打开的对话框中，重新设置“仿宋”字体为“图样文字”。

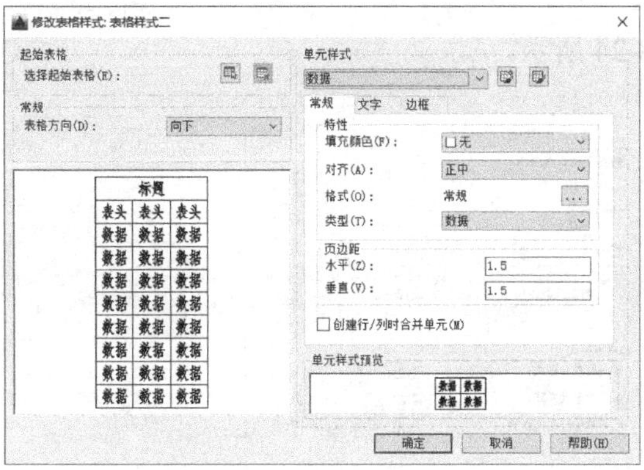

图 8-20 “新建表格样式：表格样式二”对话框

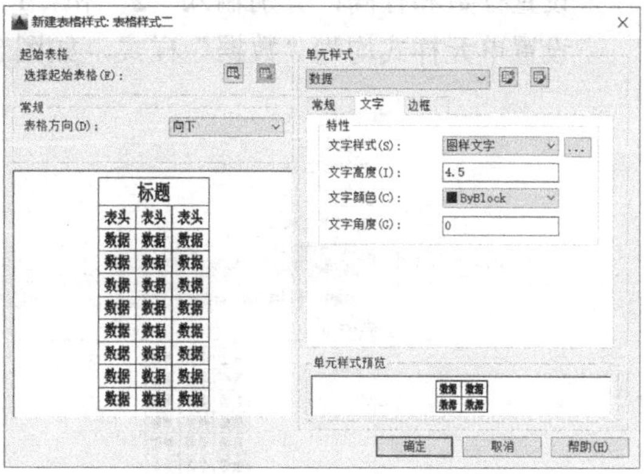

图 8-21 “数据”样式的“文字”选项卡

（4）设置“表头”单元样式：在“样式”下拉列表中选择“表头”选项，在“文字”选项卡中选择“图样文字”样式，如图 8-22 所示。

（5）设置“标题”单元样式：在“样式”下拉列表中选择“标题”选项，在“常规”选项卡中取消勾选“创建行/列时合并单元”复选框，如图 8-23 所示。在“文字”选项卡中选择“图样文字”样式。

其他参数可以设置为默认，设置完成后，单击“确定”按钮，关闭对话框，完成表格样式的创建。

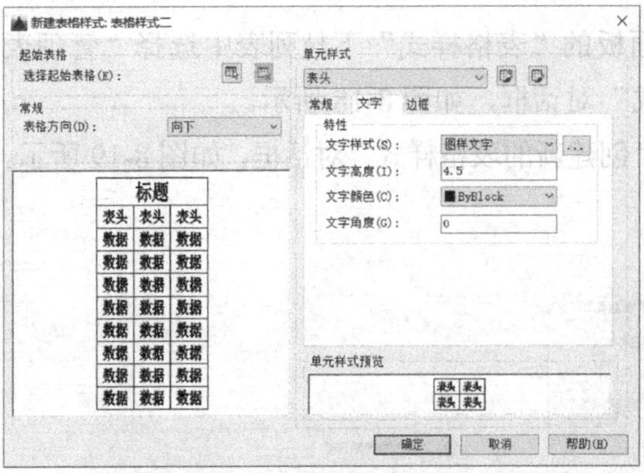

图 8-22 “表头”样式的“文字”选项卡

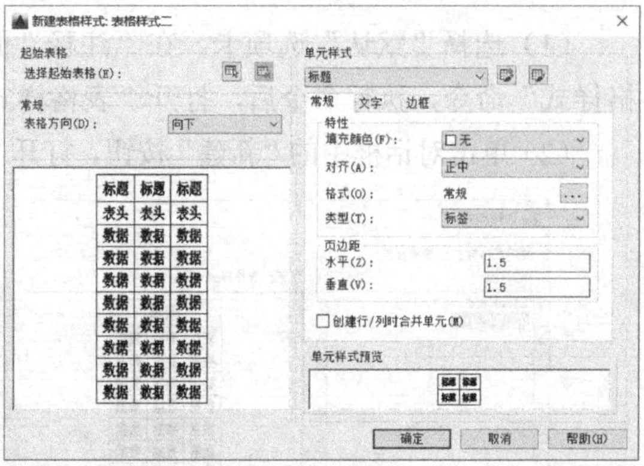

图 8-23 “标题”样式的“文字”选项卡

2. 创建表格

创建标题栏的表格。其操作步骤如下：

（1）单击“注释”面板中的“表格”按钮 ▦。

（2）打开“插入表格”对话框，在“表格样式”列表框中选择“表格样式二”样式。

（3）设置。

选择“插入方式”：选中“指定插入点”单选按钮。

设置列数和列宽：分别输入“6”和“20”。

设置行数和行高：分别输入“2”和“1”。

设置单元样式均为“数据”样式，如图 8-24 所示。

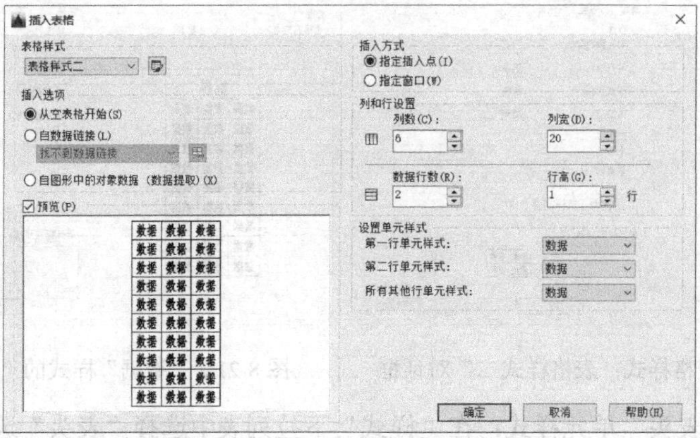

图 8-24 “插入表格”对话框

（4）设置完成后，单击“确定”按钮，在绘图区将鼠标指针移动到合适位置后，单击以下指定插入点，完成创建表格，此时表格最上面的一行（第一个单元）处于文字输入状态，如图 8-25 所示，同时，在功能区显示“文字编辑器”选项卡，开始文字输入。

3. 在表格中输入文字

在 1A 单元格中填写“零件名”，使用键盘上的方向键“→”移动光标，分别在 1D 格中填写“比例”，在 1E 格中填写“材料”，在 1F 格中填写“图号”；在 3A 格中填写“制图”，在 3D 格中填写“单位”，在 4A 格中填写“审核”，单击以结束文字输入，或单击“文字编辑器”中的“关闭”按钮，完成表格文字的输入操作，如图 8-26 所示。

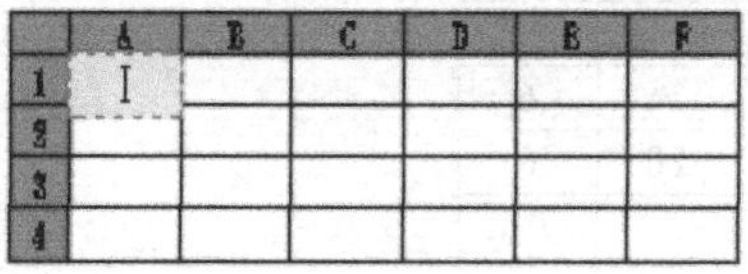

图 8-25　插入“表格”

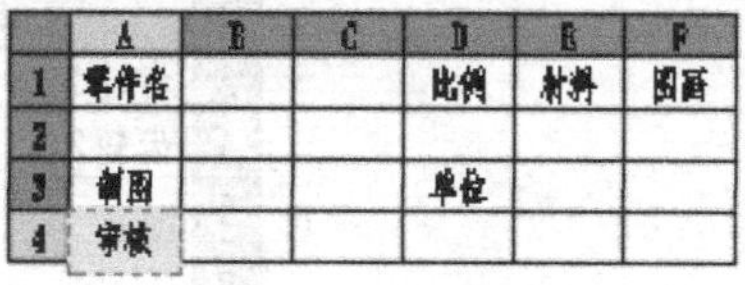

图 8-26　输入文字

4. 编辑表格和文字

（1）合并单元格。单击 1A 单元格，按〈Shift〉键的同时，单击 2C 单元格，如图 8-27 所示，单击“表格单元”选项卡“合并”面板中的“合并全部”按钮，结果如图 8-28 所示。以同样的方法，合并“3D-4F”单元格。

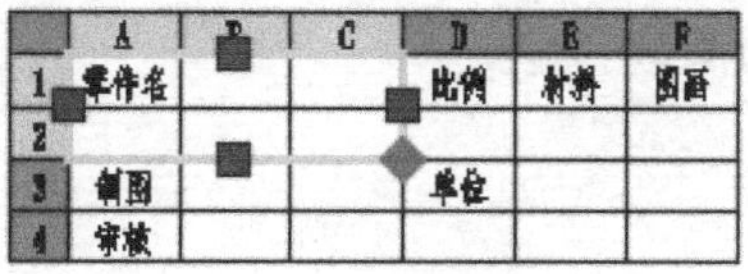

图 8-27　选择表格区域

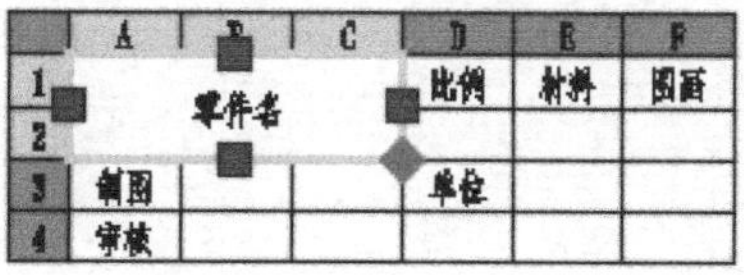

图 8-28　合并单元格

（2）分解表格。表格单元中的文字样式由当前表格样式中指定的文字样式控制。为了方便修改文字，可使用“分解”命令，全选表格，按〈Enter〉键，表格即可被分解。

（3）修改文字。单击“零件名”文字，在光标附近显示“快捷特性”选项板，如图 8-29 所示。在文字高度栏内输入“7”，按〈Enter〉键；用同样的方法将“单位”的文字高度改为“7”，如图 8-30 所示。

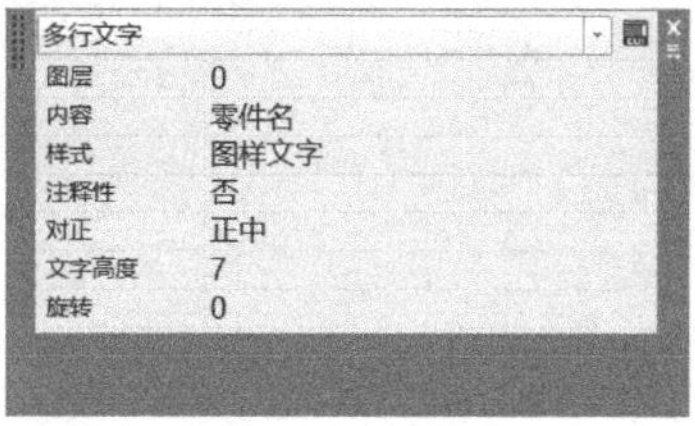

图 8-29　文字的“快捷特性”选项板

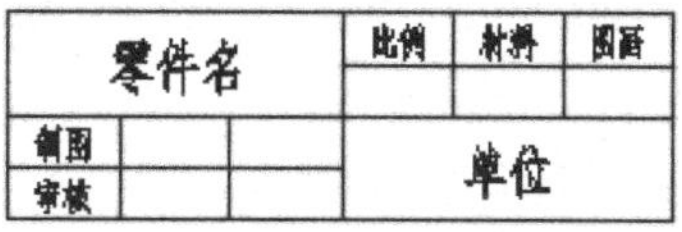

图 8-30　设置文字高度效果

当需要重新填写表格或编辑文字时，可以双击文字所在的单元格，在打开的文字编辑器中编辑文字。

习题 8

1. 根据 8.2 节的内容，练习如何创建表格样式。

2．以图 8-31 为例创建表格。

	A	B	C	D	E
1	直齿圆柱齿轮参数表（mm）				
2		模数	齿宽	孔径	键宽
3	齿轮1	4	24	24	6
4	齿轮2	4	24	20	6
5					
6					

图 8-31　创建零件参数表格

3．以图 8-32 为例创建标题栏。

提示：零件名称和单位名称字高为“7”；其余字高为“5”。

<table>
<tr><td colspan="3" rowspan="2">零件名称</td><td>比例</td><td>材料</td><td>图号</td></tr>
<tr><td></td><td></td><td></td></tr>
<tr><td>制图</td><td></td><td></td><td colspan="3" rowspan="2">（单位）</td></tr>
<tr><td>校核</td><td></td><td></td></tr>
</table>

图 8-32　创建标题栏

第9章 尺寸标注

在图形设计中，尺寸标注是绘图设计工作中相当重要的一个环节，因为绘制的图形只能表达对象的形状，并不能清楚地表达图形的设计意图，而图形中各个对象的真实大小和相对位置只有经过尺寸标注后才能确定。

一个完整的尺寸由尺寸线、尺寸界线、尺寸箭头（尺寸起止符号）、尺寸数字四部分组成，如图 9–1 所示。

AutoCAD 2016 提供了一套完整的尺寸标注命令和工具。在“默认”选项卡中的“注释”面板和“标注”子菜单（如图 9–2 和图 9–3）中列出了尺寸标注的各种类型。

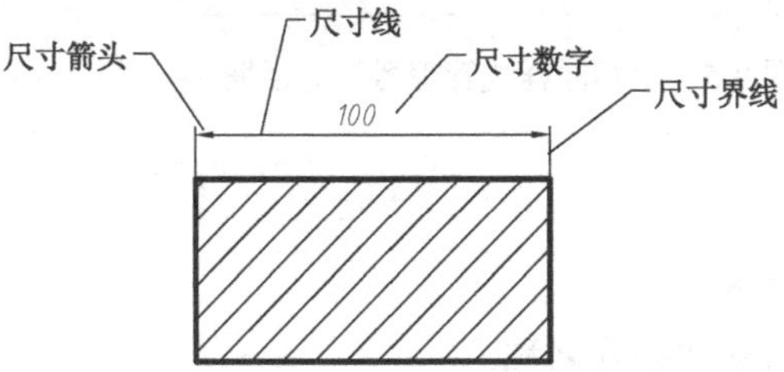

图 9-1　尺寸的组成

图 9-2　“注释”面板

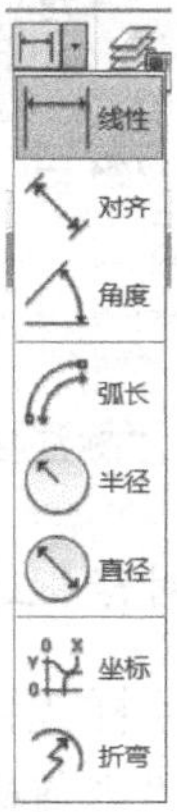

图 9-3　“标注”子菜单

9.1 尺寸样式

尺寸标注样式用于设置尺寸标注的具体格式，例如，尺寸线、尺寸界线、尺寸箭头以及尺寸数字采用的样式设置等，以满足不同行业或有关国家标准的规定和要求。

9.1.1 新建尺寸样式

在设计过程中，单一的标注样式往往不能满足各类尺寸标注的要求，这就需要预先定义新的尺寸样式，包括设置直线、箭头、文字、单位和公差等参数。下面介绍新建尺寸样式的方法。

1. 操作方法

可以执行以下操作之一。

（1）功能区：选择“默认”选项卡，在“注释”面板的“标注样式”下拉列表中选择“管理标注样式”选项，如图 9-4 所示。

（2）“标注”工具栏：单击按钮。

（3）菜单栏：选择“标注”→“样式”选项。

（4）命令行：输入命令“DIMSTYLE”。

执行命令，打开“标注样式管理器”对话框，如图 9-5 所示。

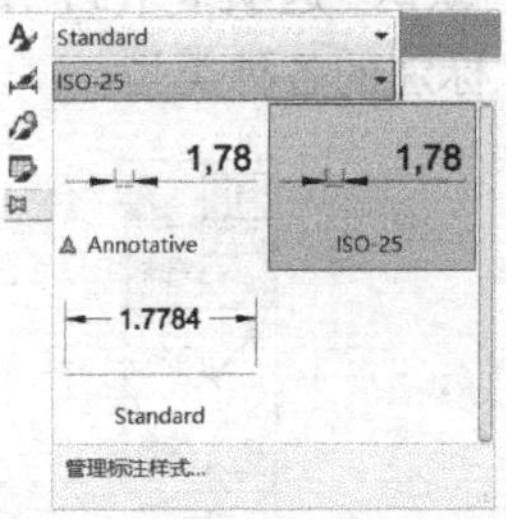

图 9-4 “标注样式”下拉列表

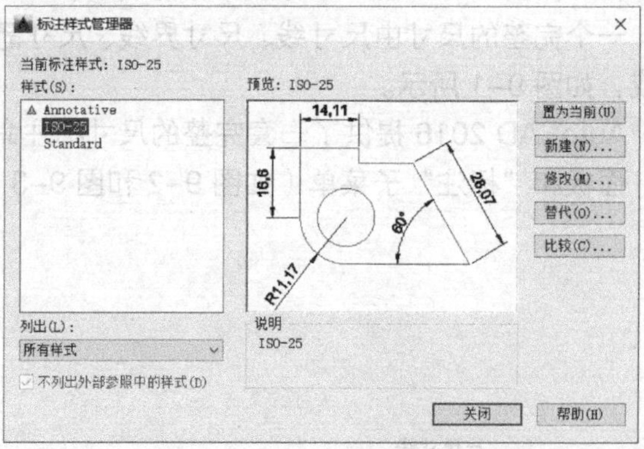

图 9-5 “标注样式管理器”对话框

2. 对话框选项说明

“标注样式管理器”对话框中的各选项功能如下。

（1）“当前标注样式”标签：显示当前使用的标注样式名称。

（2）“样式”列表框：列出当前图中已有的尺寸标注样式。

（3）“列出”下拉列表：用于确定在“样式”列表框中所显示的尺寸标注样式范围，可以通过列表在“所有样式”和“正在使用的样式”中选择。

（4）“预览”选项组：用于预览当前尺寸标注样式的标注效果。

（5）“说明”选项组：用于对当前尺寸标注样式的说明。

（6）“置为当前”按钮：用于将指定的标注样式置为当前标注样式。

（7）“新建”按钮：用于创建新的尺寸标注样式。单击“新建”按钮后，打开“创建新标注样式”对话框，如图 9-6 所示。

在对话框中，“新样式名”文本框用于确定新尺寸标注样式的名字；“基础样式”下拉列表用于确定以哪一个已有的标注样式为基础来定义新的标注样式；“用于”下拉列表用于确定新标注样式的应用范围，包括“所有标注”、“线性标注”、“角度标注”、“半径标注”、“直径标注”、“坐标标注”、“引线与公差”等供用户选择。完成上述设置后，单击“继续”按钮，打开新建标注样式对话框，如图 9-7 所示。其中，各选项卡的内容和设置方法将在后面详细介绍。设置完成后，单击“确定”按钮，返回“标注样式管理器”对话框。

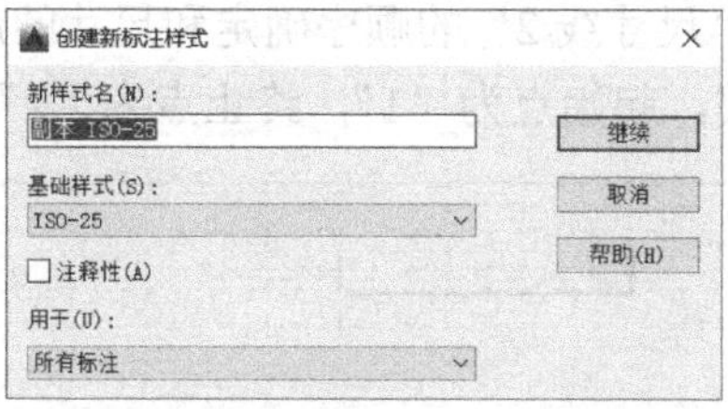

图 9-6 “创建新标注样式”对话框

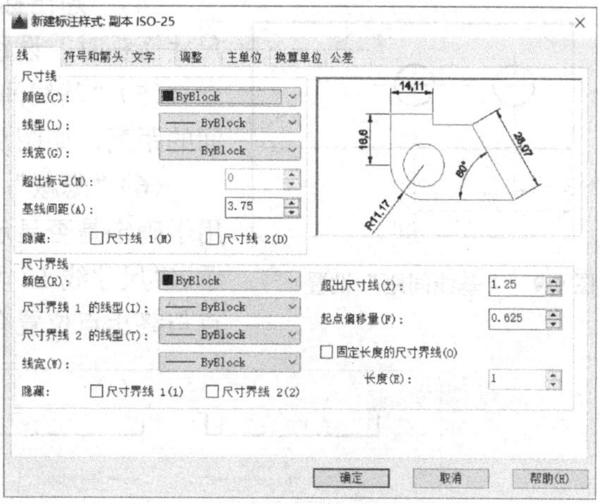

图 9-7 新建标注样式对话框

（8）“修改”按钮：用于修改已有的标注尺寸样式。单击“修改”按钮，可以打开“修改标注样式”对话框，此对话框与图 9-7 所示的新建标注样式对话框功能类似。

（9）“替代”按钮：用于设置当前样式的替代样式。单击“替代”按钮，可以打开“替代标注样式”对话框，此对话框与图 9-7 所示的新建标注样式对话框功能类似。

（10）“比较”按钮：用于对两个标注样式做比较。用户利用该功能可以快速了解不同标注样式之间的设置差别，单击“比较”按钮，打开“比较标注样式”对话框，如图 9-8 所示。

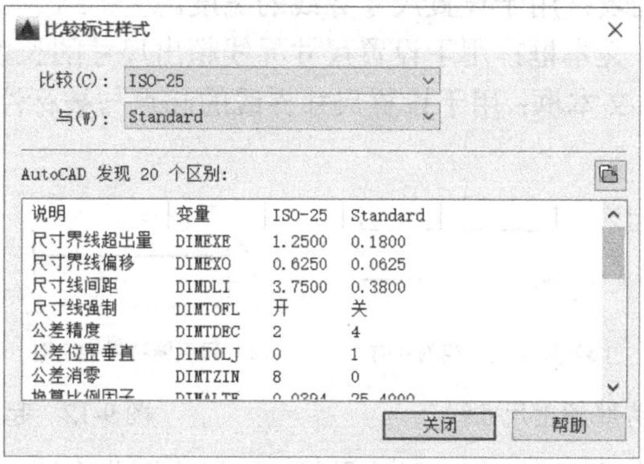

图 9-8 “比较标注样式”对话框

9.1.2 “线”选项卡

“线”选项卡用于设置尺寸线、尺寸界线的格式和属性，如图 9-7 所示。选项卡中各选项功能如下。

1）“尺寸线”选项组

该选项组用于设置尺寸线的格式。

（1）“颜色”下拉列表：设置尺寸线的颜色。

（2）“线型”下拉列表：设置尺寸界线的线型。

（3）“线宽”下拉列表：设置尺寸线的线宽。

（4）“超出标记”文本框：当采用倾斜、建筑标记等尺寸箭头时，设置尺寸线超出尺寸界线的长度。

（5）“基线间距”文本框：设置基线标注时尺寸线之间的距离，如图 9-9 所示。

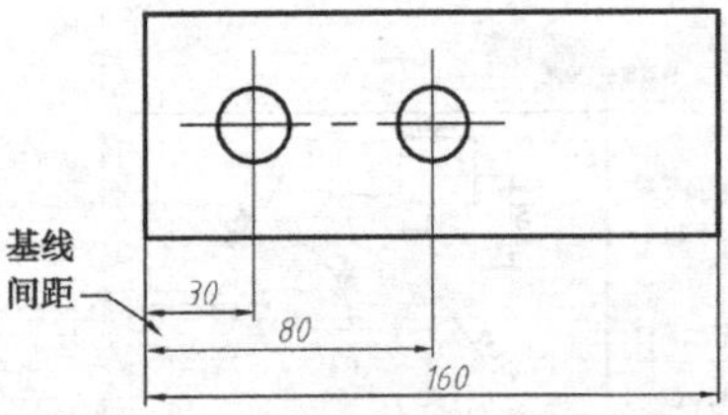

图 9-9 “基线间距”设置

（6）“隐藏”：“尺寸线 1”和“尺寸线 2”复选框分别用于确定是否显示第一条或第二条尺寸线，如图 9-10 所示。“尺寸线 1”和“尺寸线 2”的顺序确定和尺寸的起始点与终止点位置有关，起始点为“1”，终止点为“2”。

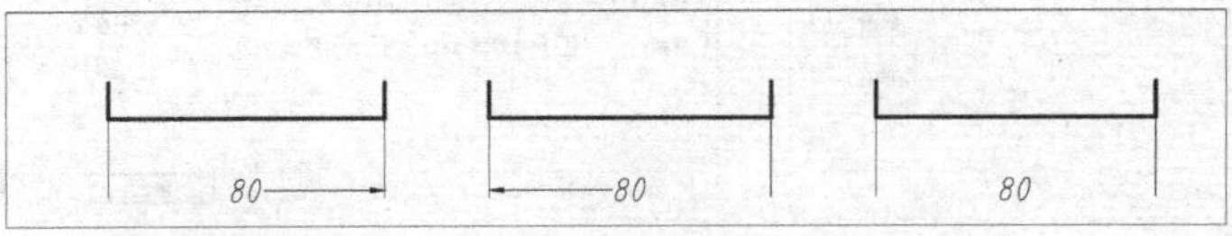

（a）隐藏尺寸线 1（b）隐藏尺寸线 2（c）隐藏尺寸线 1 和尺寸线 2

图 9-10 隐藏尺寸线

2）“尺寸界线”选项组

该选项组用于设置尺寸界线的格式。

（1）“颜色”下拉列表：用于设置尺寸界线的颜色。

（2）“尺寸界线 1 的线型”下拉列表：用于设置尺寸界线 1 的线型。

（3）“尺寸界线 2 的线型”下拉列表：用于设置尺寸界线 2 的线型。

（4）“线宽”下拉列表：用于设置尺寸界线的宽度。

（5）“超出尺寸线”文本框：用于设置尺寸界线超出尺寸的长度，如图 9-11 所示。

（6）“起点偏移量”文本框：用于设置尺寸界线的起点与被标注对象的距离，如图 9-12 所示。

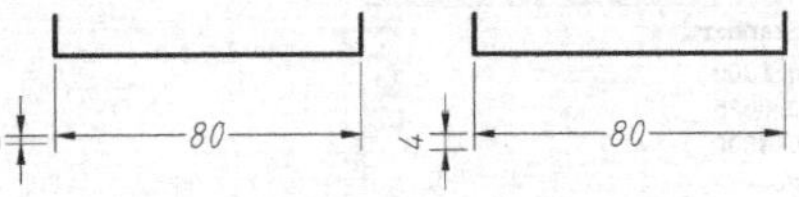

（a）超出尺寸线为 2 时（b）超出尺寸线为 4 时

图 9-11 尺寸界线超出尺寸线

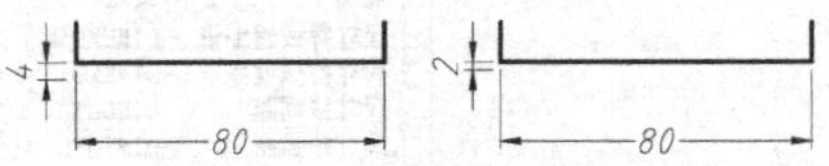

（a）起点偏移量为 2 时（b）起点偏移量为 4 时

图 9-12 起点偏移量设置

（7）“隐藏”：“尺寸界线 1”和“尺寸界线 2”复选框分别用于确定是否显示第一条尺寸界线或第二条尺寸界线，如图 9-13 所示。

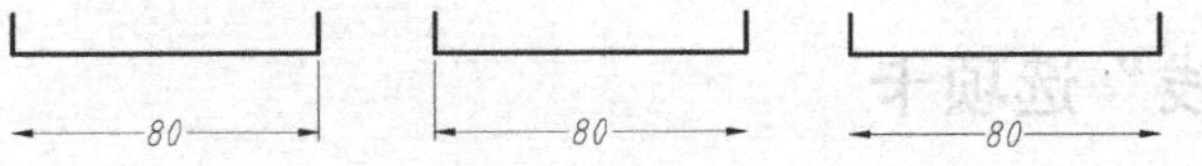

（a）隐藏尺寸界线 1（b）隐藏尺寸界线 2（c）隐藏尺寸界线 1 和 2

图 9-13 隐藏尺寸界线

（8）“固定长度的尺寸界线”复选框：用于使用特定长度的尺寸界线来标注图形，其中在“长度”文本框中可以输入尺寸界线的数值。

3）预览窗口

右上角的预览窗口用于显示当前标注样式设置后的标注效果。

9.1.3 “符号和箭头”选项卡

“符号和箭头”选项卡用于尺寸箭头和标注符号的设置，如图 9-14 所示。

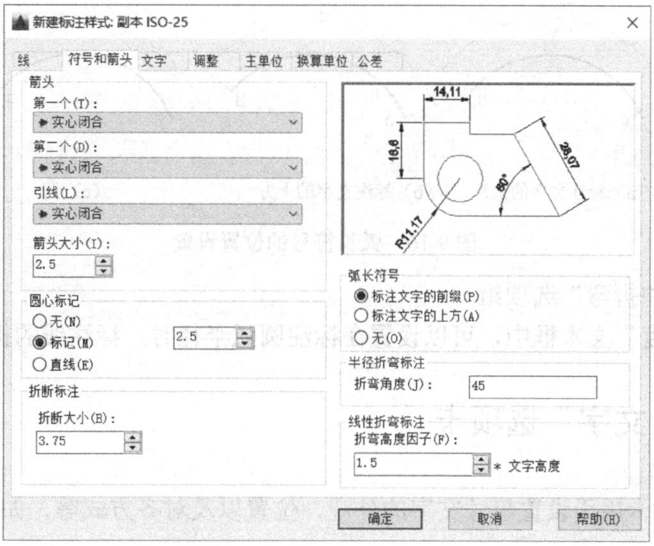

图 9-14 “符号和箭头”选项卡

1）“箭头”选项组

该选项组用于确定尺寸线起止符号的样式。

（1）“第一个”下拉列表：设置第一尺寸线箭头的样式。

（2）“第二个”下拉列表：设置第二尺寸线箭头的样式。尺寸线起止符号标准库中有 19 种，在工程图中常用的有下列几种。

① 实心闭合（即箭头），如图 9-15（a）所示。

② 倾斜（即细 45° 斜线），如图 9-15（b）所示。

③ 建筑标记（中粗 45° 斜线）。

④ 小圆点。

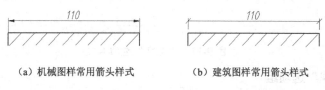

（a）机械图样常用箭头样式　（b）建筑图样常用箭头样式

图 9-15 尺寸箭头

（3）“引线”下拉列表：用于设置引线标注时引线箭头的样式。

（4）“箭头大小”文本框：用于设置箭头的大小。例如，箭头的长度、45° 斜线的长度、圆点的大小，按制图标准应设成 3～4mm。

2)“圆心标记”选项组

该选项组用于确定圆或圆弧的圆心标记样式。

(1)“标记”、“直线”和“无”单选按钮：用于设置圆心标记的类型。

(2)“大小”下拉列表：用于设置圆心标记的大小。

3)“弧长符号”选项组

在“弧长符号”选项组中，可以设置弧长符号显示的位置，包括“标注文字的前缀”、“标注文字的上方”和“无”三种方式，如图 9-16 所示。

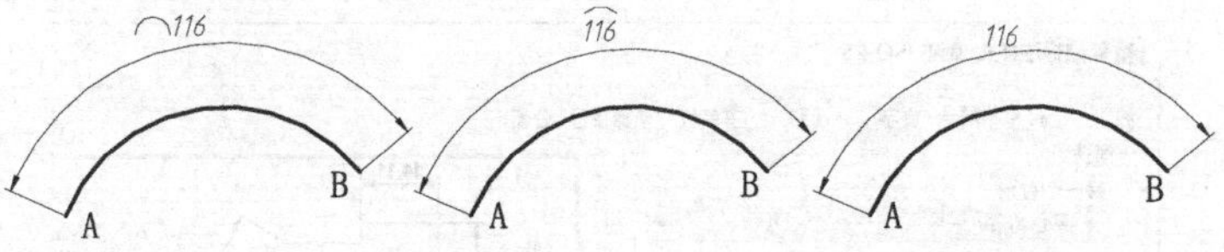

(a) 标注文字的前缀　(b) 标注文字的上方　(c) 无

图 9-16　弧长符号的位置设置

4)“半径标注折弯”选项组

在“折弯角度”文本框中，可以设置在标注圆弧半径时，标注线的折弯角度大小。

9.1.4　“文字”选项卡

“文字”选项卡用于设置尺寸文字的外观、位置以及对齐方式等，如图 9-17 所示。

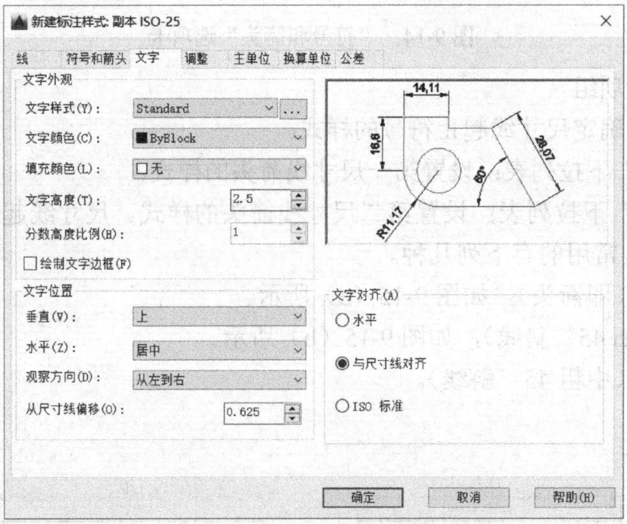

图 9-17　“文字”选项卡

1)“文字外观”选项组

该选项组用于设置尺寸文字的样式、颜色、大小等。

(1)“文字样式”：用于选择尺寸数字的样式，也可以单击右侧的□按钮，从打开的“文字样式”对话框中选择样式或设置新样式，如图 9-18 所示。

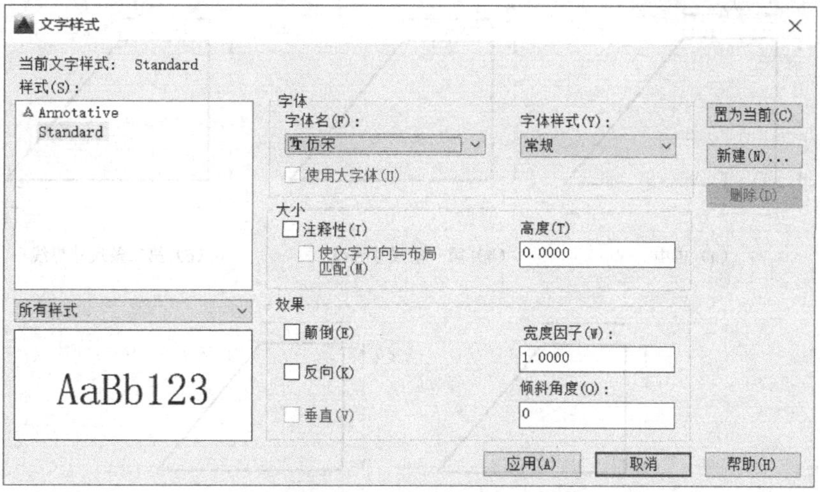

图 9-18 “文字样式”对话框

（2）“文字颜色”：选择文字的颜色，一般设为“ByLayer（随层）”。

（3）“填充颜色”：设置标注文字背景的颜色。

（4）“文字高度”：指定尺寸数字的字高，一般设为“3.5”（单位为 mm）。

（5）“分数高度比例”：设置基本尺寸中分数数字的高度。在“分数高度比例”框中输入一个数值，AutoCAD 用该数值与尺寸数字高度的乘积来指定基本尺寸中分数数值的高度。

（6）“绘制文字边框”复选框：给尺寸数字绘制边框。例如，尺寸数字“30”注写为“30”的形式。

2）“文字位置”选项组

该选项组用于设置尺寸文字的位置。

（1）“垂直”：设置尺寸数字相对尺寸线垂直方向上的位置。有“居中”、“上”、“外部”、“下”和“日本工业标准(JIS)”5 个选项，如图 9-19 所示。

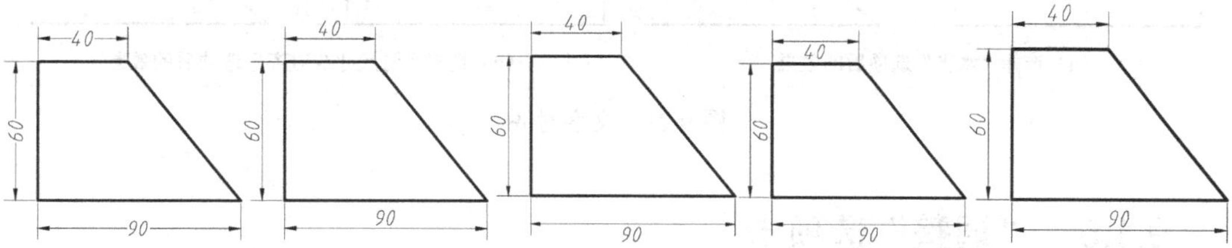

（a）居中　（b）上方　（c）外部　（d）下　（e）JIS

图 9-19 垂直选项设置

（2）“水平”：用于设置尺寸数字相对尺寸线水平方向上的位置。有“居中”、“第一条尺寸界线”、“第二条尺寸界线”、“第一条尺寸界线上方”和“第二条尺寸界线上方”5 个选项，如图 9-20 所示。

（3）“观察方向”：用于设置文字显示的方向。

（4）“从尺寸线偏移”：用于设置尺寸数字与尺寸线之间的距离。

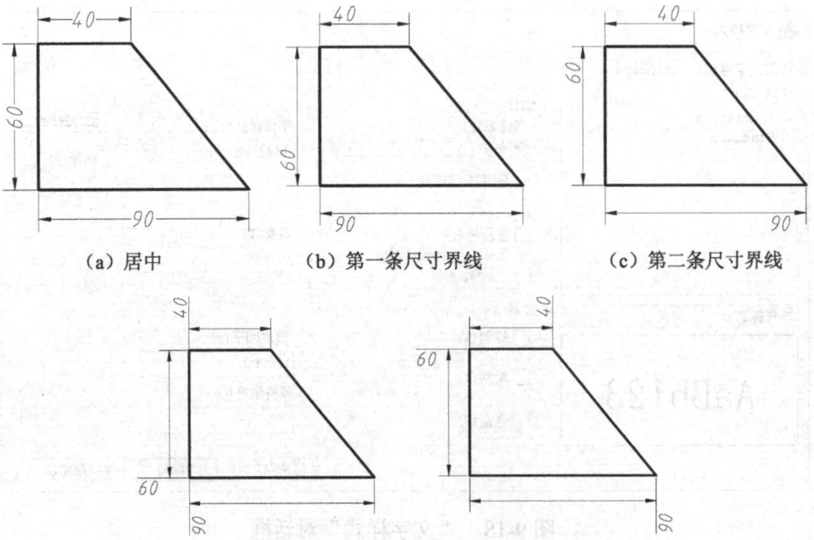

（a）居中　（b）第一条尺寸界线　（c）第二条尺寸界线

（d）第一条尺寸界线上方　（e）第二条尺寸界线上方

图 9-20　“水平”选项设置

3）“文字对齐”选项组

该选项组用于设置标注文字的书写方向。

（1）“水平”：确定尺寸数字是否始终沿水平方向放置，如图 9-21（a）所示。

（2）“与尺寸线对齐”：确定尺寸数字是否与尺寸线始终平行放置，如图 9-21（b）所示。

（3）“ISO 标准”：确定尺寸数字是否按 ISO 标准设置。尺寸数字在尺寸界线以内与尺寸线方向平行放置；尺寸数字在尺寸界线以外时则水平放置。

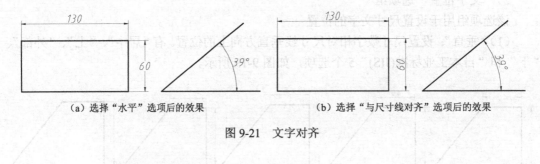

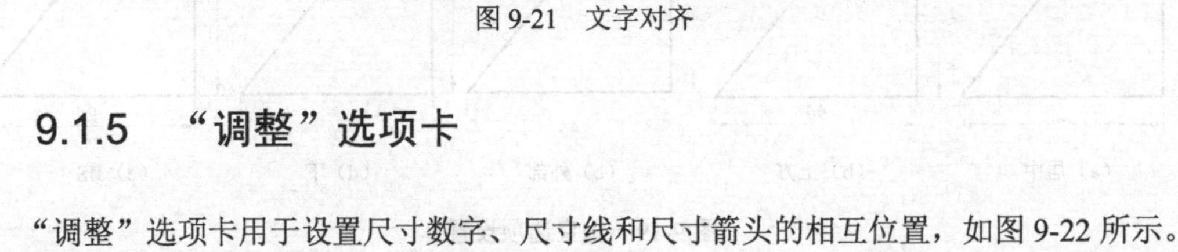

（a）选择“水平”选项后的效果　（b）选择“与尺寸线对齐”选项后的效果

图 9-21　文字对齐

9.1.5　“调整”选项卡

“调整”选项卡用于设置尺寸数字、尺寸线和尺寸箭头的相互位置，如图 9-22 所示。

1）“调整选项”选项组

该选项组用于设置尺寸数字、箭头的位置。

（1）“文字或箭头（最佳效果）”：系统自动移出尺寸数字和箭头，使其达到最佳的标注效果。

（2）“箭头”：确定当尺寸界线之间的空间过小时移出箭头，将其绘制在尺寸界线之外。

（3）“文字”：确定当尺寸界线之间的空间过小时移出文字，将其放置在尺寸界线外侧。

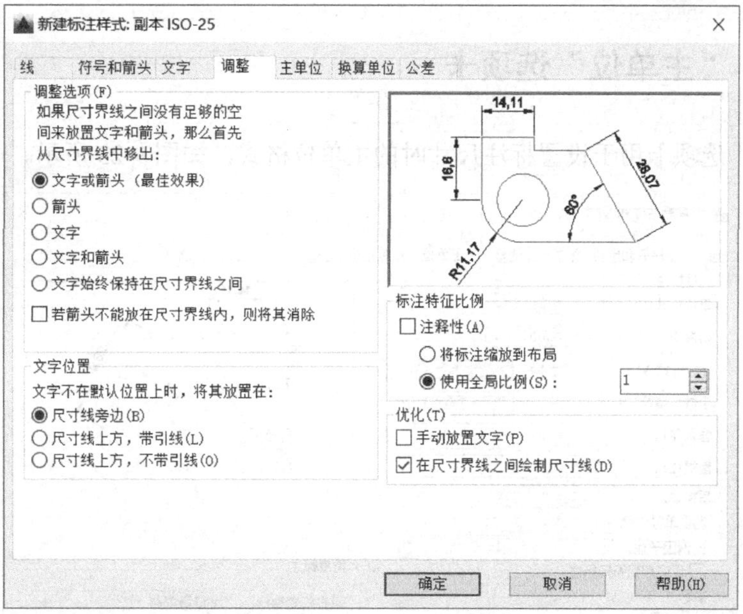

图 9-22 “调整”选项卡

(4)“文字和箭头”单选按钮：确定当尺寸界线之间的空间过小时移出文字与箭头，将其绘制在尺寸界线外侧。

(5)“文字始终保持在尺寸界线之间”：确定将文字始终放置在尺寸界线之间。

(6)“若箭头不能放在尺寸界线内，则将其消除”：确定当尺寸之间的空间过小时将不显示箭头。

2)“文字位置”选项组

该选项组用于设置标注文字的放置位置。

(1)“尺寸线旁边”：确定将尺寸数字放在尺寸线旁边。

(2)“尺寸线上方，带引线”：当尺寸数字不在默认位置时，若尺寸数字与箭头都不足以放到尺寸界线内，则可移动鼠标自动绘出一条引线标注尺寸数字。

(3)“尺寸线上方，不带引线”：当尺寸数字不在默认位置时，若尺寸数字与箭头都不足以放到尺寸界线内，则按引线模式标注尺寸数字，但不画出引线。

3)“标注特征比例”选项组

该选项组用于设置尺寸特征的缩放关系。

(1)“使用全局比例”：设置全部尺寸样式的比例系数。该比例不会改变标注尺寸时的尺寸测量值。

(2)“将标注缩放到布局”：确定比例系数是否用于图纸空间。默认状态下，比例系数只运用于模型空间。

4)“优化”选项组

该选项组用于确定在设置尺寸标注时，是否使用附加调整。

(1)“手动放置文字”：忽略尺寸数字的水平放置，将尺寸放置在指定的位置上。

(2)“在尺寸界线之间绘制尺寸线”：确定始终在尺寸界线内绘制出尺寸线。当尺寸箭头放置在尺寸界线之外时，也可在尺寸界线之内绘制出尺寸线。

9.1.6 “主单位”选项卡

“主单位”选项卡用于设置标注尺寸时的主单位格式，如图 9-23 所示。

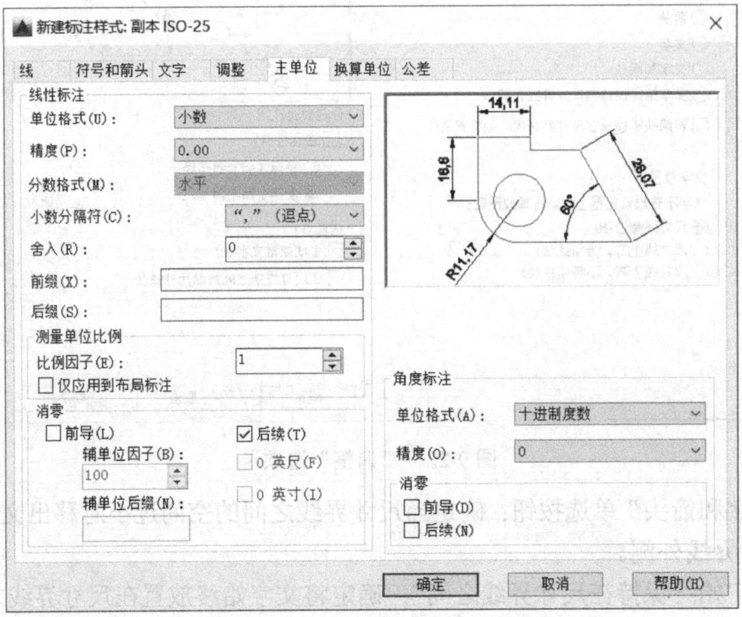

图 9-23 “主单位”选项卡

1）“线性标注”选项组

该选项组用于设置标注的格式和精度。

（1）“单位格式”：设置线型尺寸标注的单位，单位格式默认为“小数”。

（2）“精度”：设置线型尺寸标注的精度，即保留小数点后的位数。

（3）“分数格式”：确定分数形式标注尺寸时的标注格式。

（4）“小数分隔符”：确定小数形式标注尺寸时的分隔符形式。其中包括“小圆点”、“逗号”和“空格”3 个选项。

（5）“舍入”：设置测量尺寸的舍入值。

（6）“前缀”：设置尺寸数字的前缀。

（7）“后缀”：设置尺寸数字的后缀。

（8）“比例因子”：设置尺寸测量值的比例。

（9）“仅用到布局标注”：确定是否把现行比例系数仅应用到布局标注。

（10）“前导”：确定尺寸小数点前面的零是否显示。

（11）“后续”：确定尺寸小数点后面的零是否显示。

2）“角度标注”选项组

该选项组用于设置角度标注时的标注形式、精度等。

（1）“单位格式”：设置角度标注的尺寸单位。

（2）“精度”：设置角度标注尺寸的精度位数。

（3）“前导”和“后续”：确定角度标注尺寸小数点前、后的零是否显示。

9.1.7 “换算单位”选项卡

“换算单位”选项卡用于设置线型标注和角度标注换算单位的格式，如图 9-24 所示。

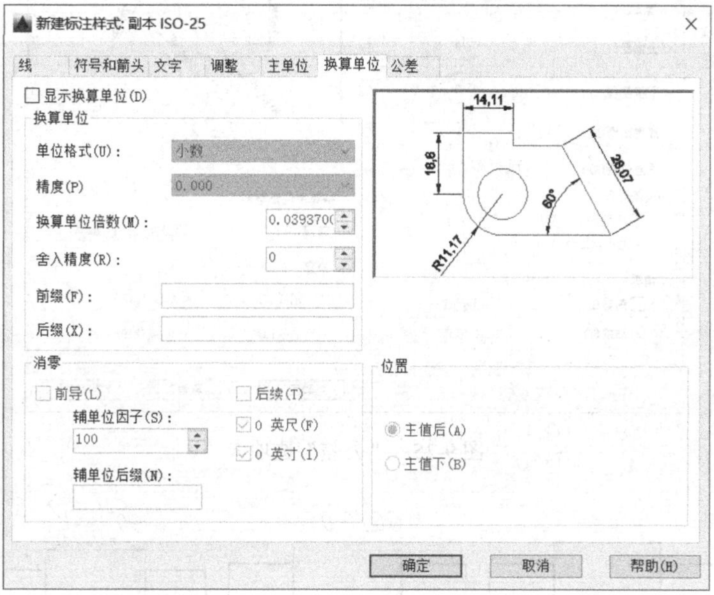

图 9-24 “换算单位”选项卡

1）“显示换算单位”复选框

该复选框用于确定是否显示换算单位。

2）“换算单位”选项组

该选项组用于显示换算单位时，确定换算单位的单位格式、精度、换算单位乘数、舍入精度及前缀、后缀等。

3）“消零”选项组

该选项组用于确定是否消除换算单位的前导或后续零。

4）“位置”选项组

该选项组用于确定换算单位的放置位置，包括“主值后”、“主值下”两个单选按钮。

9.1.8 “公差”选项卡

“公差”选项卡用于设置尺寸公差样式、公差值的高度及位置，如图 9-25 所示。

1）“公差格式”选项组

该选项组用于设置公差标注格式。

（1）“方式”：用于设置公差标注方式。通过其下拉列表可以选择“无”、“对称”、“极限偏差”、“极限尺寸”、“基本尺寸”等选项，其标注形式如图 9-26 所示。

（2）“精度”：设置公差值的精度。

（3）“上偏差/下偏差”：设置尺寸的上、下偏差值。

（4）“高度比例”：设置公差数字的高度比例。

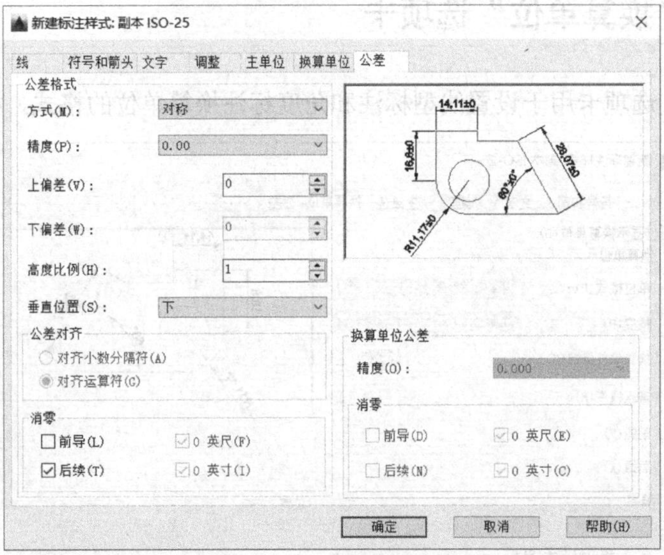

图 9-25 “公差”选项卡

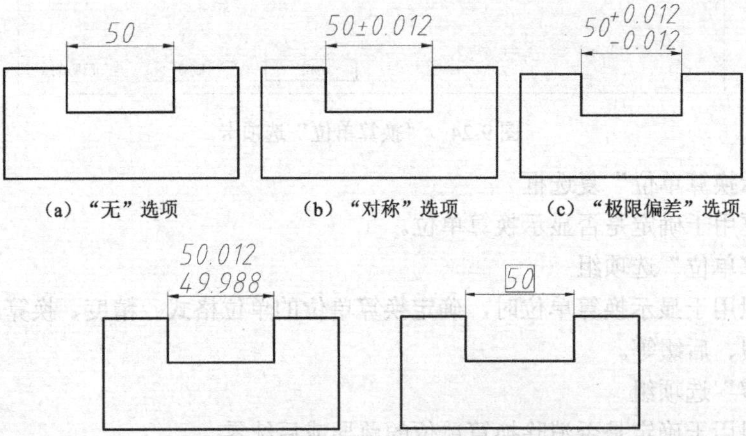

（a）“无”选项　（b）“对称”选项　（c）“极限偏差”选项

（d）“极限尺寸”选项　（e）“基本尺寸”选项

图 9-26 公差标注格式

（5）“垂直位置”：设置公差数字相对基本尺寸的位置，可以通过下拉列表进行选择。

① “顶”：公差数字与基本尺寸数字的顶部对齐。

② “中”：公差数字与基本尺寸数字的中部对齐。

③ “下”：公差数字与基本尺寸数字的下部对齐。

（6）“前导”/“后续”复选框：确定是否消除公差值的前导和后续零。

2）“换算单位公差”选项组

该选项组用于设置换算单位的公差样式。在选择了“公差格式”选项组中的“方式”选项时，可以使用该选项组。

“精度”：设置换算单位的公差值精度。

9.2 标注尺寸

本节介绍各种类型尺寸的标注方法，其中包括长度、半径、直径、角度和圆心等。

9.2.1 线性尺寸标注

该功能用于水平、垂直、旋转尺寸的标注。

1. 操作方法

可以执行以下操作之一。

（1）功能区：单击“注释”面板中的“线性”按钮。

（2）“标注”工具栏：单击按钮。

（3）菜单栏：选择“标注”→“线性”选项。

（4）命令行：输入命令“DIMLINEAR”。

2. 操作格式

命令:（输入命令）。

指定第一条尺寸界线原点或〈选择对象〉:（指定第 1 条尺寸界线起点）。

指定第二条尺寸界线原点:（指定第 2 条尺寸界线起点）。

指定尺寸线位置或[多行文字(M)/文字(T)/角度(A)/水平(H)/垂直(V)/旋转(R)]:（指定尺寸位置或选择选项）。

标注结果如图 9-27 所示。

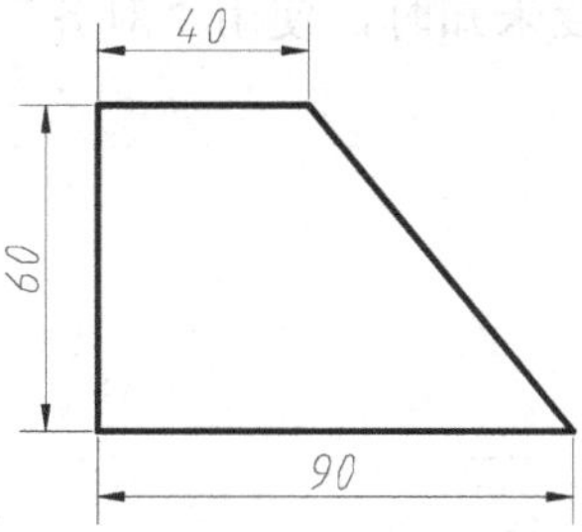

（a）水平和垂直的线性标注

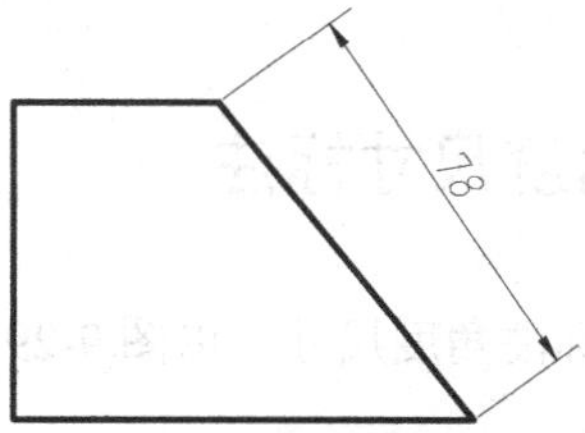

（b）旋转的线性标注

图 9-27 标注结果

3. 选项说明

命令中的各选项功能如下。

（1）“指定尺寸线位置”：确定尺寸线的位置。可以通过移动光标来指定尺寸线的位置，确定位置后按自动测量的长度标注尺寸。

（2）“多行文字”：使用多行文字编辑器编辑尺寸数字。
（3）“文字”：使用单行文字方式标注尺寸数字。
（4）“角度”：设置尺寸数字的旋转角度。
（5）“水平”：尺寸线水平标注，如图 9-27（a）所示。
（6）“垂直”：尺寸线垂直标注，如图 9-27（a）所示。
（7）“旋转”：尺寸线旋转标注。当系统提示指定尺寸线位置时，输入命令“R”，指定旋转角度可得到尺寸线旋转后的尺寸，如图 9-27（b）所示。

9.2.2 对齐尺寸标注

对齐标注是线性标注尺寸的一种特殊形式。该功能用于标注倾斜方向的尺寸，如图 9-28 所示。

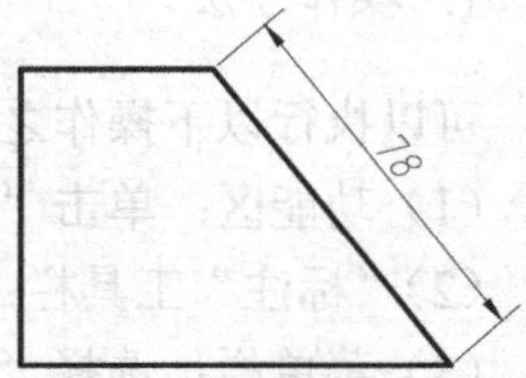

图 9-28 标注对齐尺寸

1. 操作方法

可以执行以下操作之一。
（1）功能区：单击“注释”面板中的“对齐”按钮。
（2）“标注”工具栏：单击按钮。
（3）菜单栏：选择“标注”→“对齐”选项。
（4）命令行：输入命令“DIMALIGNED”。

2. 操作格式

命令: （输入命令）。
指定第 1 条尺寸界线原点或〈选择对象〉: （指定第 1 条尺寸界线起点）。
指定第 2 条尺寸界线原点: （指定第 2 条尺寸界线起点）。
指定尺寸线位置或[多行文字(M)/文字(T)/角度(A)]: （指定尺寸位置或选择选项）。
比较图 9-27 和图 9-28，当标注的倾斜角度未知时，使用“对齐”标注方法更方便和准确。

9.2.3 角度尺寸标注

该功能用于标注角度尺寸，以图 9-29 为例。

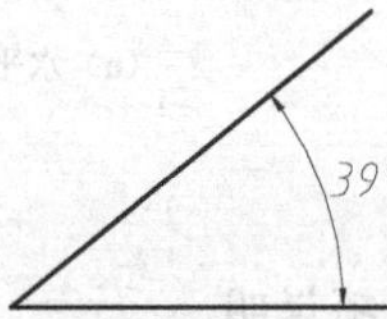

图 9-29 标注角度尺寸

1. 操作方法

可以执行以下操作之一。
（1）功能区：选择“注释”面板→“角度”按钮。
（2）“标注”工具栏：单击按钮。
（3）菜单栏：选择“标注”→“角度”选项。
（4）命令行：输入命令“DIMANGULAR”。

2. 操作格式

命令: (输入命令)。
选择圆弧、圆、直线或〈指定顶点〉: (选取直线对象)。
选择第二条直线: (选取第二条直线)。
指定标注弧线位置或 [多行文字(M)/文字(T)/角度(A)]: (移动鼠标指定尺寸线位置)。
指定尺寸线的位置后，完成两条直线间的角度标注。

3. 选项说明

命令中的各选项功能如下。
(1)“圆弧”：标注圆弧的包含角，如图 9-30（a）所示。
(2)“圆”：标注圆上某段弧的包含角，如图 9-30（b）所示。
(3)“顶点”：三点方式标注角度，如图 9-30（c）所示。

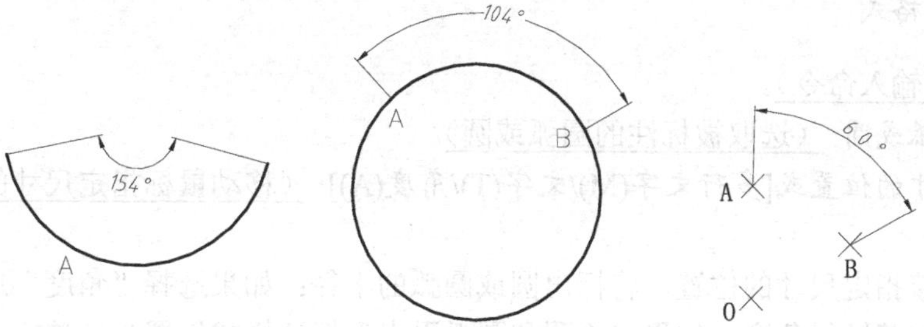

(a) 圆弧的角度标注　(b) 圆的角度标注　(c) 顶点角度标注

图 9-30　圆弧和圆的角度标注

9.2.4　弧长尺寸标注

该功能用于标注弧长的尺寸，如图 9-31 所示。

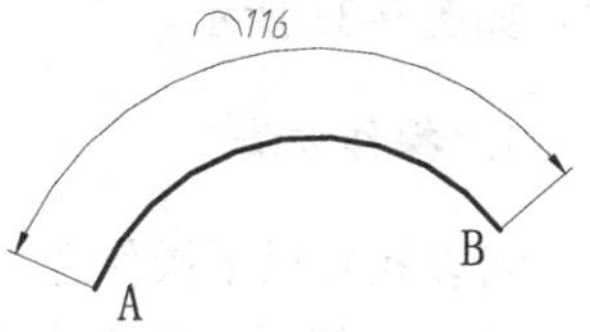

图 9-31　弧长标注

1. 操作方法

可以执行以下操作之一。
(1) 功能区：单击“注释”面板中的“弧长”按钮。
(2)“标注”工具栏：单击按钮。
(3) 菜单栏：选择“标注”→“弧长”选项。
(4) 命令行：输入命令“DIMARC”。

2. 操作格式

命令: (输入命令)。
选择弧线段或多线段弧线段: (选取弧线段)。
指定弧长标注位置或[多行文字(M)文字(T)角度(A)部分(P)引线(L)]: (使用鼠标牵引位置，单击结束操作)。

9.2.5 半径尺寸标注

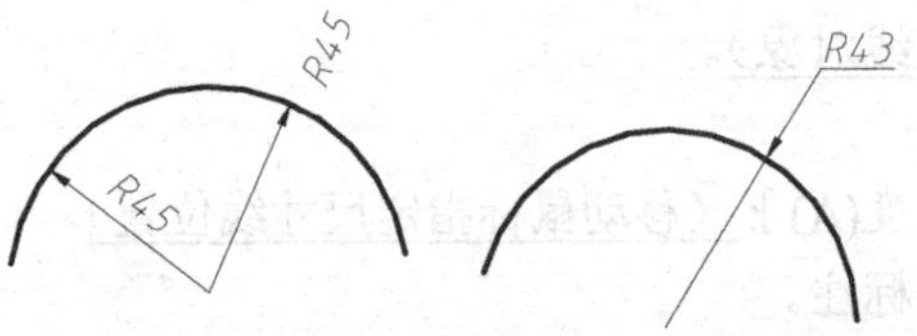

图 9-32 半径尺寸标注的各种类型

该功能用于标注圆弧的半径尺寸，如图 9-32 所示。

1. 操作方法

可以执行以下操作之一。

（1）功能区：单击“注释”面板中的“半径”按钮。

（2）“标注”工具栏：单击按钮。

（3）菜单栏：选择“标注”→“半径”选项。

（4）命令行：输入命令“DIMRADIUS”。

2. 操作格式

命令: （输入命令）。

选择圆弧或圆: （选取被标注的圆弧或圆）。

指定尺寸的位置或[多行文字(M)/文字(T)/角度(A)]: （移动鼠标指定尺寸的位置或选择选项）。

如果直接指定尺寸的位置，将标出圆或圆弧的半径；如果选择“角度”选项，将确定标注的尺寸与其倾斜角度。如果将“圆和圆弧引出”标注样式设置为当前样式，则可以进行引出标注，如图 9-32 所示。

9.2.6 直径尺寸标注

该功能用于标注圆或圆弧的直径尺寸，如图 9-33 所示。

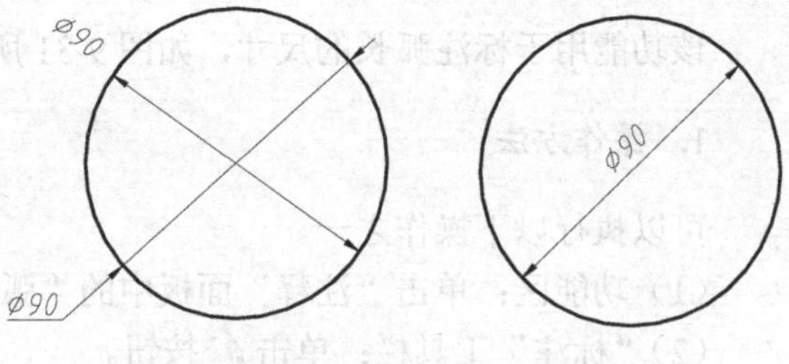

图 9-33 直径尺寸标注的各种类型

1. 操作方法

可以执行以下操作之一。

（1）功能区：单击“注释”面板中的“直径”按钮。

（2）“标注”工具栏：单击按钮。

（3）菜单栏：选择“标注”→“直径”选项。

（4）命令行：输入命令“DIMDIAMETER”。

2. 操作格式

命令: （输入命令）。

选择圆弧或圆: （选择对象）。

指定尺寸线的位置或[多行文字(M)/文字(T)/角度(A)]: （指定位置或选择选项）。

如果将“圆和圆弧引出”标注样式设置为当前样式，则可以进行引出标注，如图 9-33 所示。

9.2.7 折弯尺寸标注

该功能用于折弯标注圆或圆弧的半径，如图 9-34 所示。

1. 操作方法

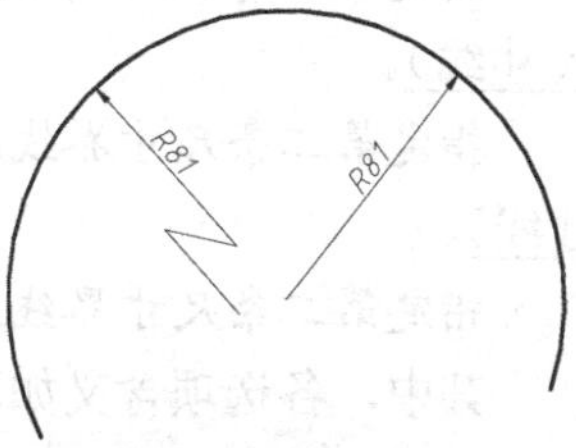

图 9-34 折弯尺寸

可以执行以下操作之一。

（1）功能区：单击“注释”面板中的“折弯”按钮。

（2）“标注”工具栏：单击按钮。

（3）菜单栏：选择“标注”→“折弯”选项。

（4）命令行：输入命令“DIMJOGED”。

2. 操作格式

命令: （输入命令）。

选择圆弧或圆: （选择对象）。

指定中心位置替代: （指定尺寸线起点位置）。

指定尺寸线位置或[多行文字(M)/文字(T)/角度(A)]: （移动鼠标指定位置或选择选项）。

指定折弯位置: （滑动鼠标指定位置后结束操作）。

折弯角度可在“新建标注样式”对话框的“符号和箭头”选项卡中设置，默认值为“45° ”。

9.2.8 基线尺寸标注

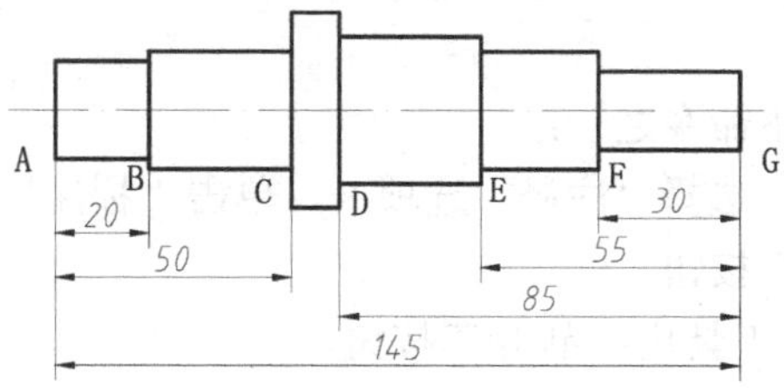

图 9-35 基线尺寸标注

该功能用于基线标注，可以把已存在的一个线性尺寸的尺寸界线作为基线，来引出多条尺寸线。下面以图 9-35 为例来介绍。

1. 操作方法

可以执行以下操作之一。

（1）功能区：选择“注释”选项卡，单击“标注”面板中的“基线”按钮。

（2）“标注”工具栏：单击按钮。

（3）菜单栏：选择“标注”→“基线”选项。

（4）命令行：输入命令“DIMBASELINE”。

2. 操作格式

1）命令: （选择“注释”选项卡，单击“标注”面板中的“线性”按钮）。

指定第一条尺寸界线原点或〈选择对象〉: （捕捉 G 点）。

指定第二条尺寸界线原点: （捕捉 F 点）。

指定尺寸线位置或[多行文字(M)/文字(T)/角度(A)/水平(H)/垂直(V)/旋转(R)]: （指定“30”尺寸线位置）。

2）命令: （选择“注释”选项卡，单击“标注”面板中的“基线”按钮）。

指定第二条尺寸界线原点或[放弃(U)/选择(S)]〈选择〉: （捕捉 E 点，创建“55”的尺寸线）。

指定第二条尺寸界线原点或[放弃(U)/选择(S)]〈选择〉: （捕捉 D 点，创建“85”的尺寸线）。

指定第二条尺寸界线原点或[放弃(U)/选择(S)]〈选择〉: （捕捉 A 点，创建“145”的尺寸线）。

指定第二条尺寸界线原点或[放弃(U)/选择(S)]〈选择〉: （按〈Enter〉键，结束操作）。

其中，各选项含义如下。

① “指定第二条尺寸界线原点”: 用于确定第一点后，系统进行基线标注，并提示下一次操作命令。

② “放弃”: 用于取消上一次操作。

③ “选择”: 用于确定另一尺寸界线进行基线标注。

说明:

（1）各基线尺寸间的距离是在尺寸样式中预设的。

（2）所注的基线尺寸数值只能使用 AutoCAD 的已设值，若需变化，则要更改基线设置。

9.2.9 连续尺寸标注

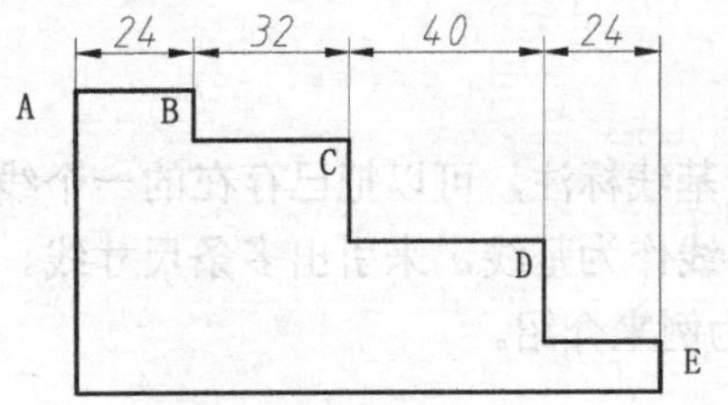

图 9-36 标注连续尺寸

该功能用于在同一尺寸线水平或垂直方向连续标注尺寸，下面以图 9-36 为例。

1. 操作方法

可以执行以下命令之一:

（1）功能区: 选择“注释”选项卡，单击“标注”面板中的“连续”按钮。

（2）“标注”工具栏: 单击按钮。

（3）菜单栏: 选择“标注”→“连续”选项。

（4）命令行: 输入命令“DIMCONTINUE”

2. 操作格式

（1）命令: （选择“注释”选项卡，单击“标注”面板中的“线性”按钮）。

指定第一条尺寸界线原点或〈选择对象〉: （捕捉 A 点）。

指定第二条尺寸界线原点: （捕捉 B 点）。

指定尺寸线位置或[多行文字(M)/文字(T)/角度(A)/水平(H)/垂直(V)/旋转(R)]: （指定“24”尺寸线位置）。

（2）命令：（选择“注释”选项卡，单击“标注”面板中的“连续”按钮）。
指定第二条尺寸界线原点或[放弃(U)/选择(S)]〈选择〉：（捕捉 C 点，创建 32 的尺寸）。
指定第二条尺寸界线原点或[放弃(U)/选择(S)]〈选择〉：（捕捉 D 点，创建 40 的尺寸）。
指定第二条尺寸界线原点或[放弃(U)/选择(S)]〈选择〉：（捕捉 E 点，创建 24 的尺寸）。
指定第二条尺寸界线原点或[放弃(U)/选择(S)]〈选择〉：（按〈Enter〉键，结束操作）。
其中，各选项含义与基准标注中选项含义类同。

9.2.10 圆心标记标注

该功能用于创建圆心的中间标记或中心线，如图 9-37 所示。

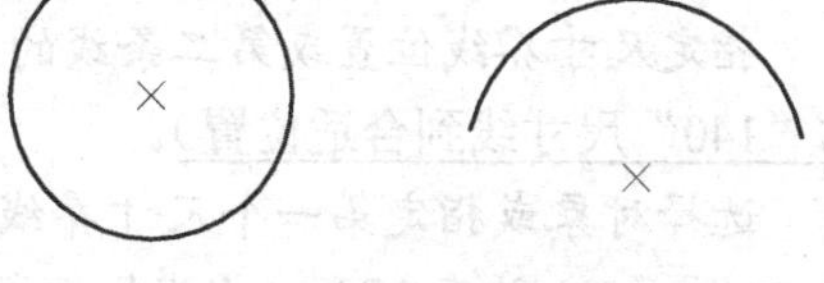

图 9-37 创建圆心标记

1. 操作方法

可以执行以下操作之一。

（1）功能区：选择“注释”选项卡，单击“标注”面板中的“圆心标记”选项。

（2）“标注”工具栏：单击按钮。

（3）菜单栏：选择“标注”→“圆心标记”选项。

（4）命令行：输入命令“DIMCENTER”。

2. 操作格式

命令：（输入命令）。
选择圆弧或圆：（选择对象）。
执行结果与“尺寸标注样式管理器”的“圆心标记”选项设置一致。

9.3 智能标注尺寸

DIM 命令是 AutoCAD 2016 对前版本 QDIM（快速标注）的改进命令，可以在一个命令下进行多个直径、半径、连续和基线的标注。以图 9-38 为例，具体操作如下。

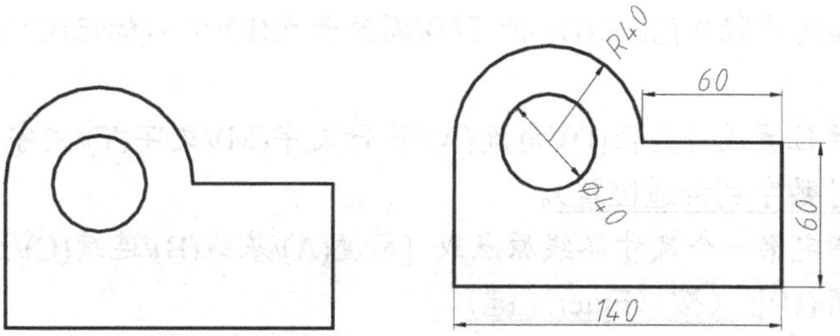

（a）标注前　（b）标注后

图 9-38 智能标注示例

1. 操作方法

可以执行以下操作之一。

（1）功能区：选择“默认”选项卡，单击“注释”面板中的“标注”按钮。

（2）功能区：选择“注释”选项卡→“标注”面板中的“标注”按钮。

（3）命令行：输入命令“DIM”。

2. 操作格式

命令:（输入命令）。

选择对象或指定第一个尺寸界线原点或[角度(A)/基线(B)/连续(C)/坐标(O)/对齐(G)/分发(D)/图层(L)/放弃(U)]:（将光标停留在水平底线上）。

选择直线以指定尺寸界线原点:（单击水平底线）。

指定尺寸界线位置或第二条线的角度[多行文字(M)/文字(T)/文字角度(N)/放弃(U)]:（拖动“140”尺寸线到合适位置）。

选择对象或指定第一个尺寸界线原点或[角度(A)/基线(B)/连续(C)/坐标(O)/对齐(G)/分发(D)/图层(L)/放弃(U)]:（将光标停留在竖直线上）。

选择直线以指定尺寸界线原点:（单击竖直线）。

指定尺寸界线位置或第二条线的角度[多行文字(M)/文字(T)/文字角度(N)/放弃(U)]:（拖动“60”尺寸线到合适位置）。

选择对象或指定第一个尺寸界线原点或[角度(A)/基线(B)/连续(C)/坐标(O)/对齐(G)/分发(D)/图层(L)/放弃(U)]:（将光标停留在上边的水平线上）。

选择直线以指定尺寸界线原点:（单击上边的水平线）。

指定尺寸界线位置或第二条线的角度[多行文字(M)/文字(T)/文字角度(N)/放弃(U)]:（拖动“60”尺寸线到合适位置）。

选择对象或指定第一个尺寸界线原点或[角度(A)/基线(B)/连续(C)/坐标(O)/对齐(G)/分发(D)/图层(L)/放弃(U)]:（将光标停留在小圆上）。

选择圆以指定直径或[半径(R)/折弯(J)/中心标记(C)/角度(A)]:（单击小圆）。

指定直径标注位置或[半径(R)/多行文字(M)/文字(T)/文字角度(N)/放弃(U)]:（拖动 40 尺寸数字到合适位置）。

选择对象或指定第一个尺寸界线原点或 [角度(A)/基线(B)/连续(C)/坐标(O)/对齐(G)/分发(D)/图层(L)/放弃(U)]:（将光标停留在大圆弧上）。

选择圆弧以指定半径或[直径(D)/折弯(J)/圆弧长度(L)/中心标记(C)/角度(A)]:（单击大圆弧）。

指定半径标注位置或 [直径(D)/角度(A)/多行文字(M)/文字(T)/文字角度(N)/放弃(U)]:（拖动“R40”尺寸数字到合适位置）。

选择对象或指定第一个尺寸界线原点或 [角度(A)/基线(B)/连续(C)/坐标(O)/对齐(G)/分发(D)/图层(L)/放弃(U)]:（按〈Enter〉键）。

执行命令后，结果如图 9-38（b）所示。一个标注命令替代了线性、直径和半径等多项命令，减少了命令之间的转换，加快了操作的速度。智能标注主要适用于标注一般尺寸或数量多且类型相同的尺寸。

在系统指令中给出了“角度”、“基线”、“连续”、“坐标”、“对齐”、“分发”、“半径”和“直径”等命令，可以选择不同的方式连续对多个所选对象进行标注。“图层”选项用于在指定图层上进行标注。

9.4 引线标注

引线标注用于创建多种格式的指引线和文字注释。引线标注一般包括箭头、引线、基线和多行文字四部分，如图 9-39 所示。箭头指向目标位置；多行文字为目标的内容说明；引线和基线为箭头和文字的相关联系部分。

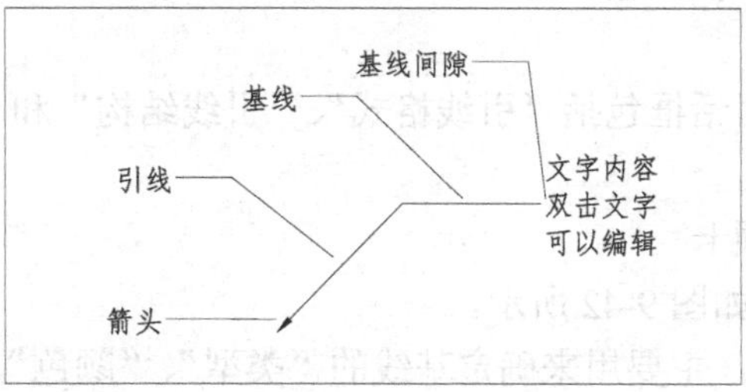

图 9-39 引线的组成

9.4.1 设置多重引线

在 AutoCAD 2016 中，有 QLEADER（快速引线）、MLEADER（多重引线）和 LEADER（一般引线）等多种命令，下面主要介绍 MLEADER 命令，其操作步骤如下。

1. 操作方法

可以执行以下操作之一。

（1）功能区：在“注释”面板“多重引线样式”下拉列表中选择“管理多重引线样式”选项，如图 9-40 所示。

（2）“多重引线”工具栏：单击“多重引线样式”按钮。

（3）菜单栏：选择“格式”→“多重引线样式”选项。

（4）命令行：输入命令“MLEADERSTYLE”。

图 9-40 “管理多重引线样式”命令

2. 操作格式

命令:（输入命令）。

打开“多重引线样式管理器”对话框，如图 9-41 所示。单击“新建”按钮，打开“创建新多重引线样式”对话框。

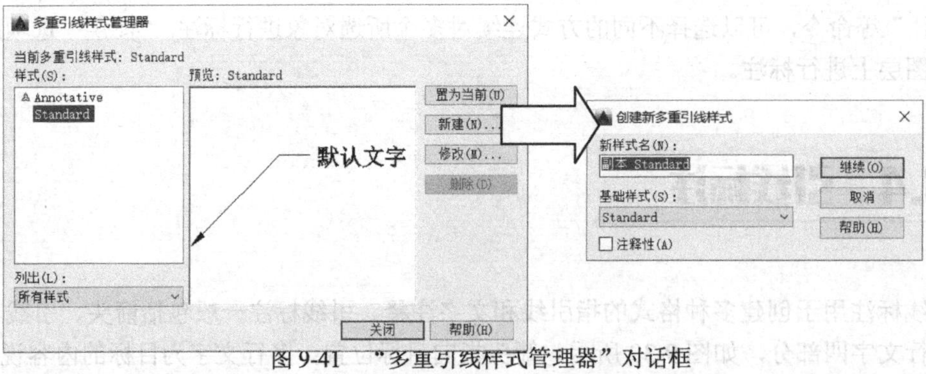

图 9-41 “多重引线样式管理器”对话框

在“新样式名”文本框中输入样式名称，单击“继续”按钮，打开修改多重引线样式对话框，如图 9-42 所示。

修改多重引线样式对话框包括“引线格式”、“引线结构”和“内容”选项卡，其各选项功能如下。

1）“引线格式”选项卡

“引线格式”选项卡如图 9-42 所示。

（1）“常规”选项组：主要用来确定基线的“类型”、“颜色”、“线型”和“线宽”，基线类型可以选择直线、样条曲线或无基线。

（2）“箭头”选项组：指定多重引线的箭头符号和尺寸，也可选择无箭头。

（3）“引线打断”选项组：控制多重引线时使用打断标注（见 9.6.3 小节）的设置。“打断大小”用来指定多重引线与其他线段断开的间隙。

2）“引线结构”选项卡。

“引线结构”选项卡如图 9-43 所示。

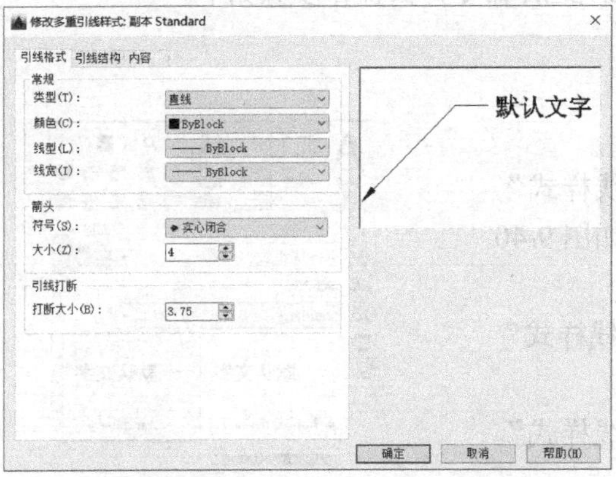

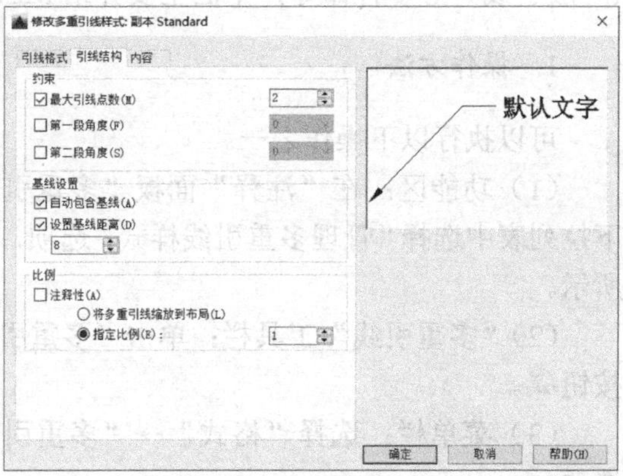

图 9-42 修改多重引线样式对话框　　　　图 9-43 “引线结构”选项卡

（1）“约束”选项组.

“最大引线点数”：指定多重引线基线点的最大数目。

“第一段角度”和“第二段角度”：指定基线中第一段和第二段的角度。

（2）“基线设置”选项组：自动保持水平基线，并可以设置基线固定长度。

(3)“比例”选项组：设置多重引线的缩放比例。

3)“内容”选项卡

“内容”选项卡如图 9-44 所示。

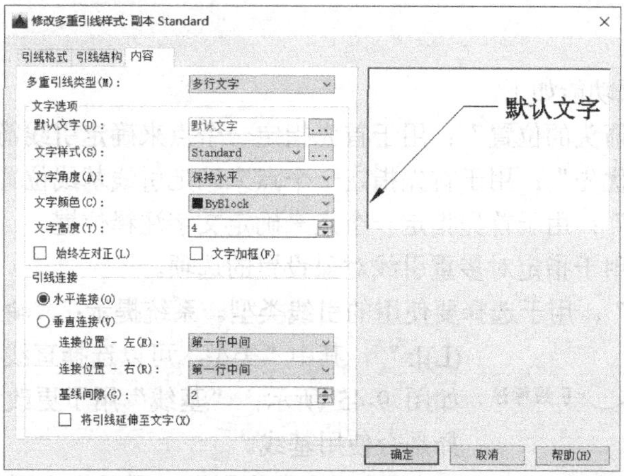

图 9-44 “内容”选项卡

(1)“多重引线类型”下拉列表：选择内容类型为“多行文字”、“块”或“无”。

(2)“文字选项”选项组：设置文字的样式、角度、颜色、字高、字框和默认字块。

(3) “引线连接”选项组：设置基线与文字的附着位置。“基线间隙”数值框用于指定基线和文字间的距离。

9.4.2 标注多重引线

MLEADER 命令用于创建连接注释与几何特征的引线，其操作步骤如下。

1. 操作方法

可以执行以下操作之一。

(1) 功能区：选择“注释”面板中的“引线”按钮。

(2)“多重引线”工具栏：单击“多重引线”按钮。

(3) 菜单栏：选择“标注”→“多重引线”选项。

(4) 命令行：输入命令“MLEADER”。

2. 操作格式

命令: (输入命令)。

指定引线箭头的位置或[引线基线优先(L)/内容优先(C)/选项(O)]<引线基线优先>: (输入命令“O”。

输入选项 [引线类型(L)/引线基线(A)/内容类型(C)/最大节点数(M)/第一个角度(F)/第二个角度(S)/退出选项(X)]<退出选项>: (选择选项或按〈Enter〉键)。

指定引线箭头的位置或[引线基线优先(L)/内容优先(C)/选项(O)]<选项>: (在绘图区单击，指定引线箭头的位置)。

指定引线基线的位置：（在绘图区单击，指定引线基线的位置）。

在基线处显示文字输入编辑器来编辑引线注释，输入注释后，单击“确定”按钮或按〈Enter〉键结束操作。

3. 选项说明

命令中的各选项功能如下。

（1）“指定引线箭头的位置”：用于首先指定一个点来确定引线箭头位置。

（2）“引线基线优先”：用于首先指定一个点来确定引线基线位置。

（3）“内容优先”：用于首先指定一个点来确定文字注释位置。

（4）“选项”：用于指定对多重引线对象设置的选项。

（5）“引线类型”：用于选择要使用的引线类型。系统提示：“输入选项[类型(T)/基线(L)]:”，其中“类型”可以选择直线、样条曲线或无引线如图 9-45 所示；“基线”用于更改水平基线的距离和选择是否使用基线。

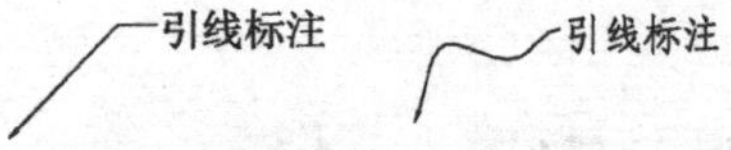

（a）直线　（b）样条曲线

图 9-45　引线类型

（6）“内容类型”：用于指定要使用的内容类型。系统提示“输入内容类型[块(B)//无(N)]:”，其中“块”选项可以指定图形中的块用于文字注释；“无”选项用来确定无注释内容。

（7）“最大节点数”：用于指定新引线的最大节点数。

（8）“第一个角度”：用于约束新引线的第一个角度。

（9）“第二个角度”：用于约束新引线中的第二个角度。

（10）“退出选项”：用于退出操作，返回到第一个命令提示。左选择选项后必须输入命令“X”，才能返回命令提示。

9.5 形位公差标注

形位公差表示对象的形状、轮廓、方向、位置和跳动的允许偏差，如图 9-46 所示。

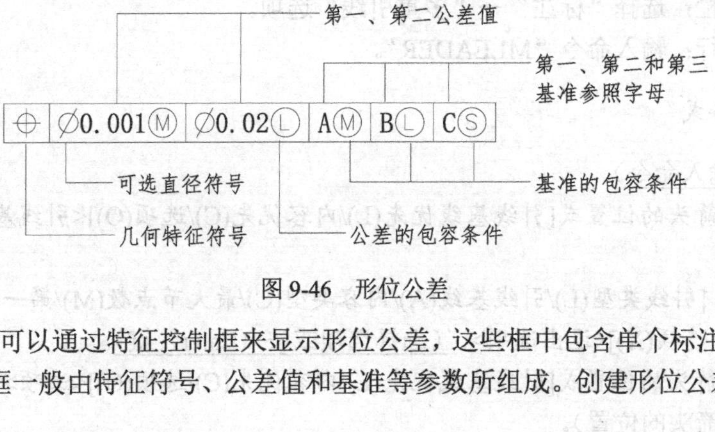

图 9-46　形位公差

AutoCAD 可以通过特征控制框来显示形位公差，这些框中包含单个标注的所有公差信息。特征控制框一般由特征符号、公差值和基准等参数所组成。创建形位公差的步骤如下。

1. 操作方法

可以执行以下操作之一。

（1）功能区：单击“注释”选项卡“标注”面板中的“公差” 按钮。

（2）“标注”工具栏：单击 按钮。

（3）菜单栏：选择“标注”→“公差”选项。

（4）命令行：输入命令“TOLERANCE”。

2. 操作格式

命令: （输入命令）。

打开“形位公差”对话框，如图 9-47 所示。

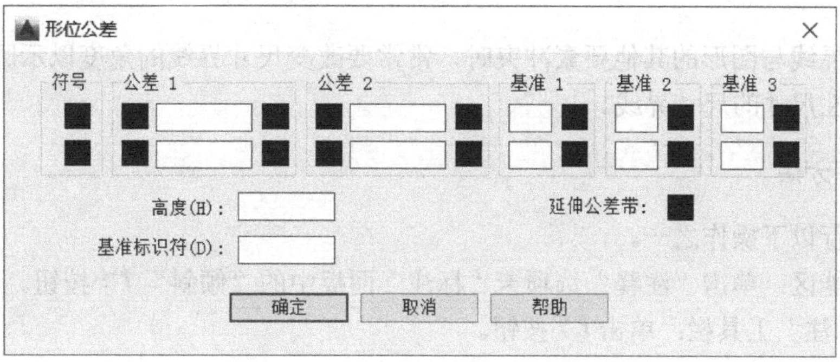

图 9-47 “形位公差”对话框

3. 选项说明

“形位公差”对话框中各选项功能说明如下。

（1）“符号”选项组：确定形位公差的符号。单击选项组中小方框，会打开“特征符号”对话框，如图 9-48 所示。选取符号后，返回“形位公差”对话框。

（2）“公差”选项组分为“公差 1”和“公差 2”选项组，各选项组又有三个部分：第一个小方框，确定是否加直径“Φ”符号；中间文本框用于输入公差值；第三个小方框用于确定包容条件，当单击第三个小方框时，将打开“附加符号”对话框，如图 9-49 所示，以供选择。

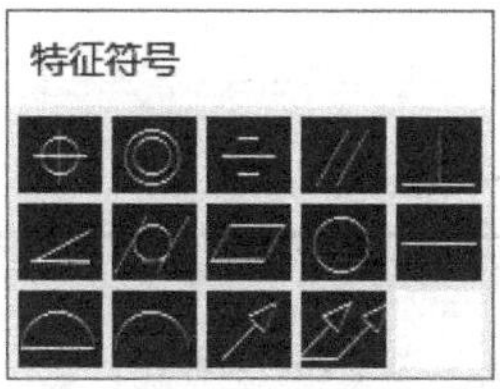

图 9-48 “特征符号”对话框

图 9-49 “附加符号”对话框

（3）“基准 1/2/3”选项组：该选项组的文本框可设置基准符号，后面的小方框用于确定包容条件。

（4）“高度”文本框：设置公差的高度。

（5）“基准标识符”文本框：设置基准标识符。

（6）“延伸公差带”复选框：确定是否在公差带后面加上投影公差符号。

设置后，单击“确定”按钮，退出“形位公差”对话框，移动鼠标指定插入公差的位置，即完成形位公差的标注。

9.6 编辑尺寸标注

AutoCAD 2016 提供了对尺寸的编辑功能，可以根据需要对已经标注的尺寸进行修改。

9.6.1 倾斜标注

当尺寸界线与图形的其他要素冲突时，常常要改变尺寸界线的角度以示区别，该命令用于倾斜线性尺寸的尺寸界线。

1. 操作方法

可以执行以下操作之一。

（1）功能区：单击“注释”选项卡“标注”面板中的“倾斜”  按钮。

（2）“标注”工具栏：单击  按钮。

（3）菜单栏：选择“标注”→“倾斜”选项。

（4）命令行：输入命令“DIMEDIT”。

2. 操作格式

命令：（输入命令）。

输入标注编辑类型[默认(H)/新建(N)/旋转(R)/倾斜(O)]〈默认〉：（输入命令“O”或选择选项）。

选择对象：（选择需倾斜的尺寸）。

选择对象：（按〈Enter〉键，结束选择）。

输入倾斜角度（按〈Enter〉键表示无）：（输入倾斜角）。

命令：

倾斜标注前后如图 9-50（b）所示。

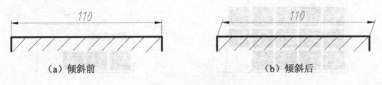

（a）倾斜前　　（b）倾斜后

图 9-50　倾斜标注

3. 选项说明

命令中的各选项功能如下。

（1）“默认”选项：该选项用于将尺寸标注退回到默认位置。

（2）“新建”选项：该选项用于打开多行文字编辑器来修改尺寸文字。

（3）“旋转”选项：该选项用于将尺寸数字旋转指定的角度。

9.6.2 对齐标注文字

该命令可以对尺寸文字的位置进行编辑，其中包括“左对齐”、“右对齐”、“居中对齐”、“文字角度”等选项。

1. 操作方法

可以执行以下操作之一。

（1）功能区：选择“默认”选项卡的“注释”→“标注”下拉列表中的“左对齐”或“右对齐”或“居中对齐”或“文字角度”选项。

（3）“标注”工具栏：单击按钮。

（3）菜单栏：选择“标注”→“对齐文字”选项。

（4）命令行：输入命令“DIMTEDIT”。

2. 操作格式

命令:（输入命令）。

选择标注:（选择要编辑的标准）。

指定标注文字的新位置或[左(L)/右(R)/中心(C)/默认(H)/角度(A)]:（指定位置或选择选项）。

3. 选项说明

命令中的各选项功能如下。

（1）“指定标注文字的新位置”：用于指定标注文字的位置。

（2）“左”：用于将尺寸数字沿尺寸线左对齐。

（3）“右”：用于将尺寸数字沿尺寸线右对齐。

（4）“中心”：用于将尺寸数字放在尺寸线中间。

（5）“默认”：用于返回尺寸标注的默认位置。

（6）“角度”：用于将尺寸旋转一个角度。

9.6.3 打断尺寸标注

该命令可以将尺寸线或尺寸界线与其他对象相交的地方打断。下面以图9-51为例，操作步骤如下。

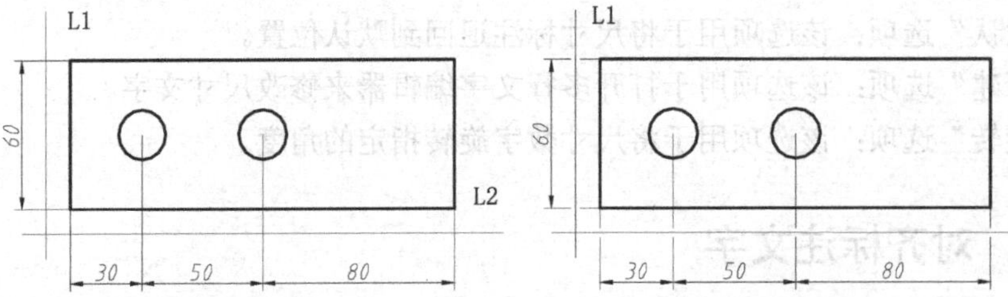

（a）打断前　　　（b）打断后

图 9-51　标注打断

1. 操作方法

可以执行以下操作之一。

（1）功能区：单击“注释”选项卡“标注”面板中的“打断” 按钮。

（2）“标注”工具栏：单击 按钮。

（3）菜单栏：选择“标注”→“标注打断”选项。

（4）命令行：输入命令“DIMBREAK”。

2. 操作格式

命令: （输入命令）。

选择标注或[多个(M)]: （选择垂直标注“60”）。

选择要打断标注的对象或[自动(A)/恢复(R)/手动(M)] <自动>: （选择直线 L1）。

选择要打断标注的对象: （按〈Enter〉键）。

命令结束后，打断结果如图 9-51（b）左侧所示。也可以选择多尺寸，操作如下。

命令:

选择标注或[多个(M)]: （输入命令“M”按〈Enter〉键）。

选择标注: （选择尺寸“30”）。

选择标注: （选择尺寸“50”）。

选择标注: （选择尺寸“80”）。

选择标注: （按〈Enter〉键）。

输入选项[打断(B)/恢复(R)] <打断>: （按〈Enter〉键，结束操作）。

命令结束后，打断结果如图 9-51（b）下侧所示。

9.6.4　调整标注间距

该命令可以自动调整平行的线性标注和角度标注之间的间距或指定间距。下面以图 9-52 为例，操作方法如下。

1. 操作方法

可以执行以下操作之一。

（1）功能区：单击“注释”选项卡“标注”面板中的“调整间距” 按钮。

（2）“标注”工具栏：单击按钮。
（3）菜单栏：选择“标注”→“标注间距”选项。
（4）命令行：输入命令“DIMSPACE”。

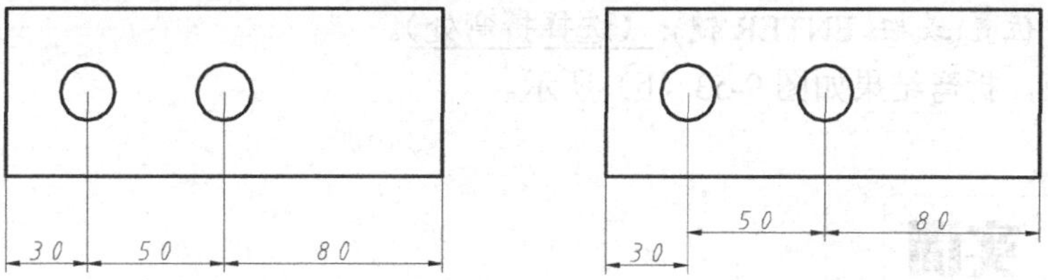

（a）调整前　　（b）调整后

图 9-52　调整标注间距

2. 操作格式

命令：（输入命令）。
选择基准标注：（选择基准标注“30”）。
选择要产生间距的标注：（选择要产生间距的标注“50”）。
选择要产生间距的标注：（选择要产生间距的标注“80”）。
选择要产生间距的标注：（按〈Enter〉键）。
输入值或[自动(A)]<自动>:（输入间距值或按〈Enter〉键结束操作）。
调整结果如图 9-52（b）所示。

9.6.5　折弯线性标注

该命令可以在线性标注中添加折弯线，来表示实际测量值与尺寸界线之间的长度不同。下面以图 9-53 为例，操作步骤如下。

1. 操作方法

可以执行以下操作之一。
（1）功能区：单击“注释”选项卡“标注”面板中的“折弯标注”按钮。
（2）“标注”工具栏：单击按钮。
（3）菜单栏：选择“标注”→“折弯线性”选项。
（4）命令行：输入命令“DIMJOGLING”。

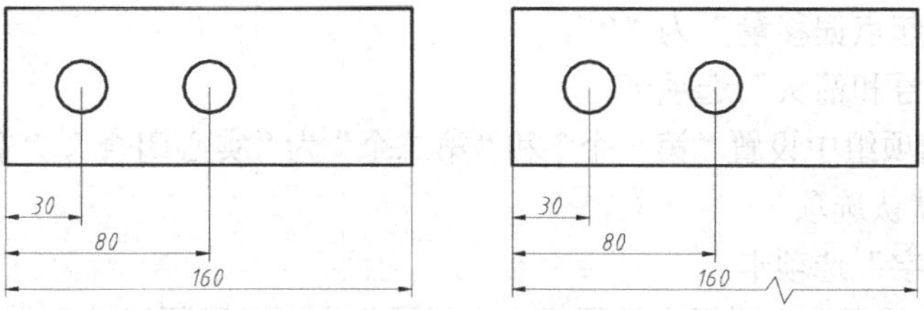

（a）折弯前　（b）折弯后

图 9-53　折弯线性

2. 操作格式

命令：（输入命令）。

选择要添加折弯的标注或[删除(R)]：（选择要折弯的标注“160”）。

指定折弯位置(或按 ENTER 键)：（选择折弯处）。

命令结束，折弯结果如图 9-53（b）所示。

9.7 实训

9.7.1 创建尺寸标注样式

在绘制工程制图时，通常要有多种标注尺寸的样式，为了提高绘图速度，就应把常用的标注形式一一创建为标注尺寸样式。标注尺寸时只需要调用尺寸标注样式，从而减少了反复设置尺寸标注样式的麻烦。下面以机械制图为例，介绍几种常用的尺寸标注样式的创建。

1. 创建“直线”尺寸标注样式

创建“直线”尺寸标注样式，如图 9-54 所示，其操作步骤如下。

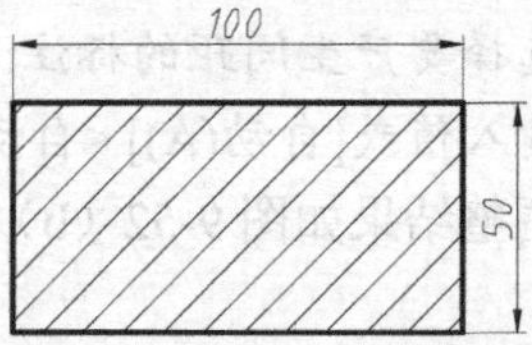

图 9-54 “直线”尺寸标注样式

1）创建新标注样式名。

（1）选择“默认”选项卡中，在“注释”面板 “标注样式”下拉列表中选择“管理标注样式”选项，打开“标注样式管理器”对话框，单击“新建”按钮，打开“创建新标注样式”对话框。

（2）在“基础样式”下拉列表中选择“ISO-25”样式。

（3）在“新样式名”文本框中输入“直线”。

（4）单击“继续”按钮，打开“新建标注样式”对话框。

2）设置“直线”选项卡

（1）在“尺寸线”选项组中设置“颜色”为“随层”，“线宽”为“随层”，“超出标记”为“0”，“基线间距”为“7”。

（2）在“尺寸界线”选项组中设置 “颜色”为“随层”，“线宽”为“随层”，“超出尺寸线”为“2”，“起点偏移量”为“0”。

3）设置“符号和箭头”选项卡

在“箭头”选项组中设置“第一个”和“第二个”为“实心闭合”，“箭头大小”为“4”。其他选项为默认选项。

4）设置“文字”选项卡

（1）在“文字外观”选项组中设置“文字样式”为“工程图尺寸”，“文字颜色”为“随层”，“文字高度”为“5”。

（2）在“文字位置”选项组中设置“垂直”方式为“上方”，“水平”方式为“置中”，“尺寸偏移量”为“1”。

（3）“文字对齐”设为“与尺寸线对齐”。

5）设置“调整”选项卡。

（1）在“调整选项”选项组中选中“文字或箭头（最佳效果）”单选按钮。

（2）在“文字位置”选项组中选中“尺寸线旁边”单选按钮。

（3）在“标注特征比例”选项组中选中“使用全局比例”单选按钮。

（4）在“优化”选项组中选中“在尺寸线之间绘制尺寸线”复选框。

6）设置“主单位”选项卡

（1）在“线性标注”选项组中设置“单位格式”为“小数”，“精度”为“0”。

（2）在“角度标注”选项组中设置“单位格式”为“十进制数”，“精度”为“0”。

其余选项均为默认选项。

7）完成设置。

设置完成后，单击“确定”按钮，返回“标注样式管理器”对话框，并在“样式”列表框中显示“直线”新尺寸标注样式。

2. 创建“圆与圆弧引出”尺寸标注样式

利用“直线”尺寸标注样式可以直接标注圆和圆弧中的直径与半径，如图 9-55 所示。

若要标注如图 9-56 所示的“圆与圆弧引出”尺寸标注，则应创建“圆与圆弧引出”尺寸标注样式。

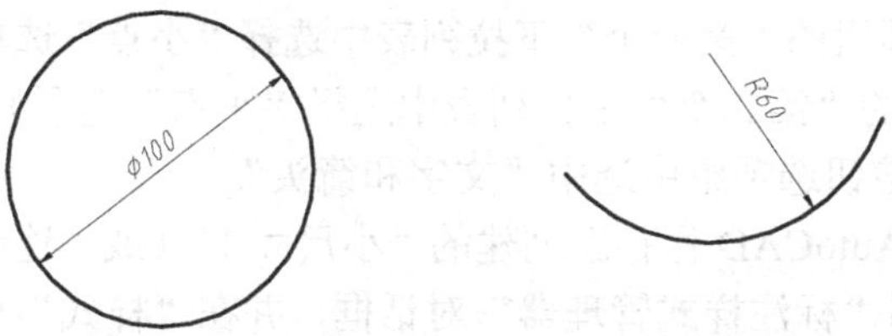

图 9-55 “圆与圆弧”尺寸标注样式

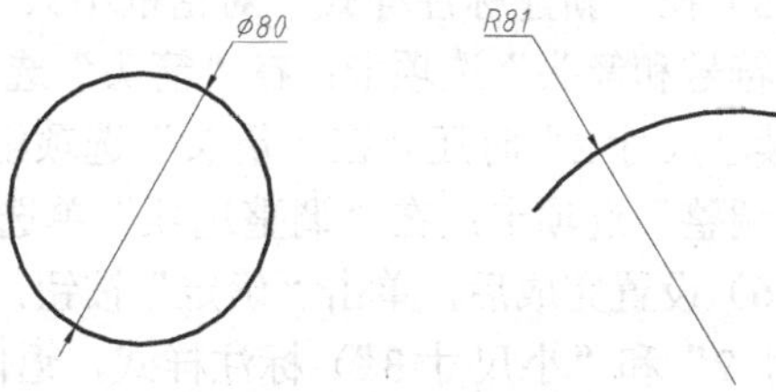

图 9-56 “圆与圆弧引出”标注样式

创建“圆与圆弧引出”尺寸标注样式，可在“直线”尺寸标注样式的基础上进行，其操作步骤如下。

（1）选择“默认”选项卡，在“注释”面板“标注样式”下拉列表中选择“管理标注样式”选项，打开“标注样式管理器”对话框。单击该对话框中的“新建”按钮，打开“创建新标注样式”对话框。

（2）在“创建新标注样式”对话框中的“基础样式”下拉列表中选择“直线”尺寸标注样式为基础样式。

（3）在“创建新标注样式”对话框中的“新样式名”文本框中输入所要创建的尺寸标注样式的名称“圆与圆弧引出”。

（4）单击“创建新标注样式”对话框中的“继续”按钮，打开“新建标注样式”对话框。

（5）在“新建标注样式”对话框中只需修改与“直线”尺寸标注样式不同的两处。设置修改如下。

“文字”选项卡：在“文字对齐”选项组中将“与尺寸线对齐”选项改为“水平”选项。

“调整”选项卡：在“优化”选项组中选择“手动放置文字”选项。

（6）设置完成后，单击“确定”按钮，AutoCAD 保存新创建的“圆及圆弧引出”尺寸标注样式，返回“标注样式管理器”对话框，并在“样式”列表中显示“圆及圆弧引出”尺寸标注样式名称，完成创建。

另外，该样式也可用于角度尺寸的标注。

3. 创建“小尺寸”尺寸标注样式

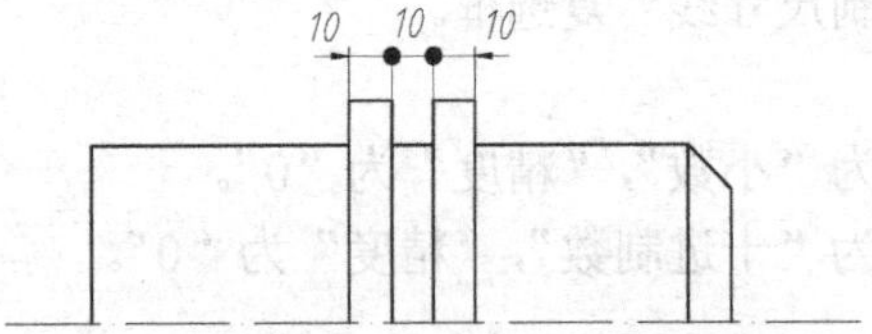

图 9-57　“小尺寸”标注样式

创建“小尺寸”标注样式，以图 9-57 为例。

“小尺寸”标注样式的创建，可在“直线”尺寸标注样式的基础上进行创建。其操作步骤如下。

（1）选择“默认”选项卡，在“注释”面板“标注样式”下拉列表中选择“管理标注样式”命令，打开“标注样式管理器”对话框。单击该对话框中的“新建”按钮，打开“创建新标注样式”对话框。

（2）在“创建新标注样式”对话框中的“基础样式”下拉列表中选择“直线”尺寸标注样式为基础样式。

（3）在“创建新标注样式”对话框中的“新样式名”文本框中输入所要创建的尺寸标注样式的名称“小尺寸 1”（或“连续小尺寸 2”和“小尺寸 3”）。

（4）单击“创建新标注样式”对话框中的“继续”按钮，弹出“新建标注样式”对话框。

（5）在“新建标注样式”对话框中只需修改与“直线”尺寸标注样式不同的两处。

“符号和箭头”选项卡：在“箭头”选项组的“第一个”下拉列表中选择“小点”选项（“连续小尺寸 2”时还要在“箭头”选项组的“第二个”下拉列表中选择“小点”选项）。

“调整”选项卡：在“调整选项”单选按钮选项组中选中“文字和箭头”。

（6）设置完成后，单击“确定”按钮，AutoCAD 保存新创建的“小尺寸 1”（或“连续小尺寸 2”和“小尺寸 3”）标注样式，返回“标注样式管理器”对话框，并在“样式”列表中显示“小尺寸 1”（或“连续小尺寸 2”和“小尺寸 3”）尺寸标注样式名称，完成创建。“小尺寸”的不同设置应用如图 9-58 所示。

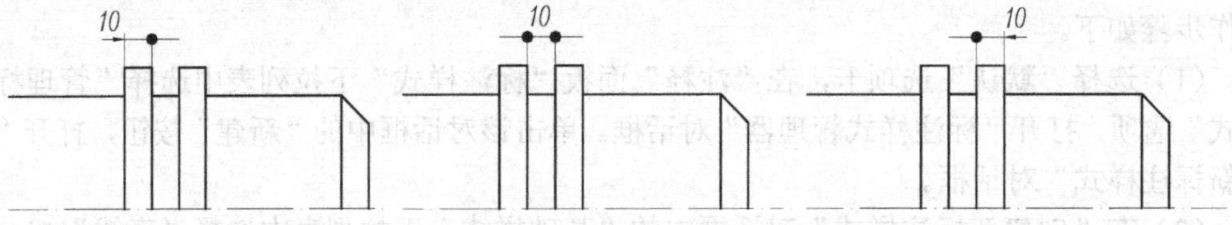

（a）“小尺寸 1”标注样式　（b）“连续小尺寸 2”标注样式　（c）“小尺寸 3”标注样式

图 9-58　“小尺寸”的不同设置

9.7.2 创建多重引线标注

下面进行无箭头和有箭头的多重引线标注练习。

1. 创建倒角标注

以图 9-59 所示，创建倒角标注。操作步骤如下。

（1）在“注释”面板中选择“多重引线样式”下拉列表→“管理多重引线样式”命令后，打开“多重引线样式管理器”对话框，如图 9-60 所示。

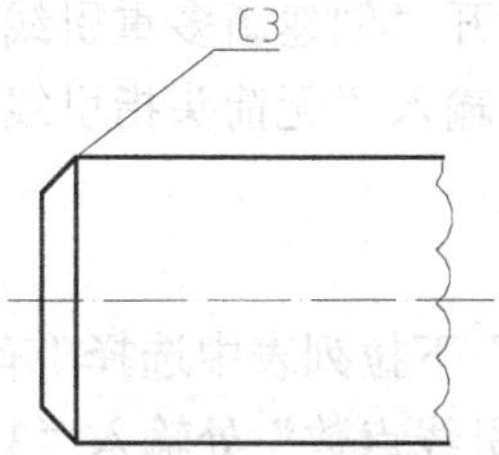

图 9-59 创建倒角标注

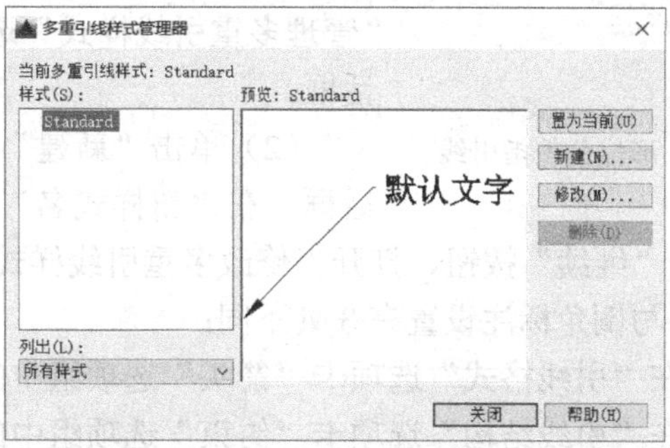

图 9-60 “多重引线样式管理器”对话框

（2）单击“新建”按钮，打开“创建新多重引线样式”对话框，在“新样式名”文本框中输入“无箭头指引线”样式名称，单击“继续”按钮，打开“修改多重引线样式”对话框，如图 9-61 所示。在“箭头”选项组的“符号”下拉列表中选择“无”选项。

（3）选择“引线结构”选项卡，在“约束”选项组中勾选“最大引线点数”复选框，并输入“2”。

（4）选择“内容”选项卡，在“引线连接”选项组中“引线连接-左”下拉列表中选择“第一行加下画线”选项；在“引线连接-右”下拉列表中选择“第一行加下画线”选项；在“基线间隙”文本框中输入“0”，如图 9-62 所示。单击“确定”按钮，完成“多重引线样式”设置。

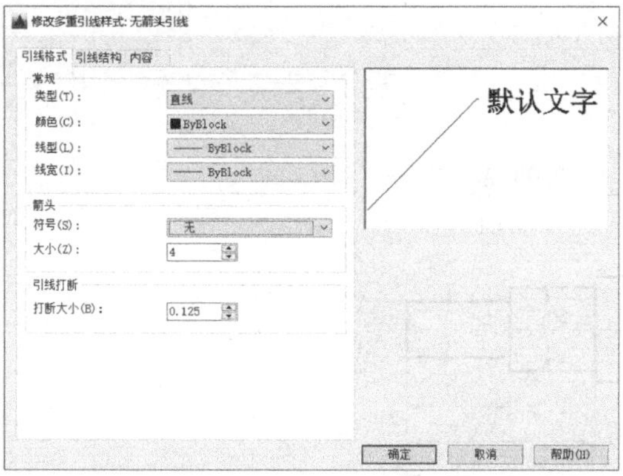

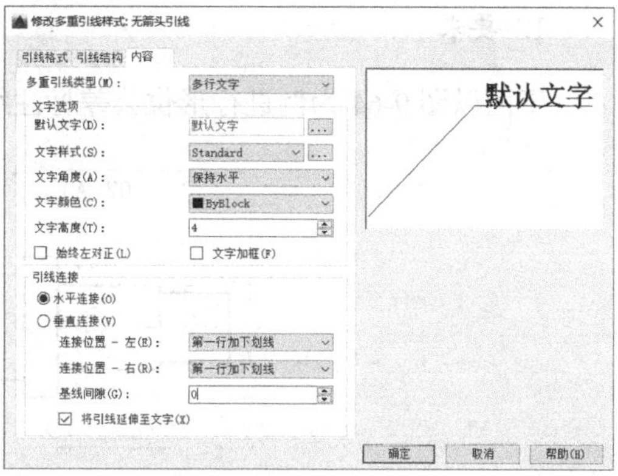

图 9-61 “修改多重引线样式”对话框的“引线格式”选项卡 图 9-62 “修改多重引线样式”对话框的“内容”选项卡

（4）设置后，单击“注释”面板中的“多重引线”按钮，提示如下。

指定引线箭头的位置或[引线基线优先(L)/内容优先(C)/选项(O)]<选项>: （单击指定引线的位置）。

指定引线基线的位置: （单击指定基线的位置）。

（5）在基线处显示文字输入编辑器，输入“C3”后，按“确定”按钮或单击结束操作。

2. 创建形位公差指引线

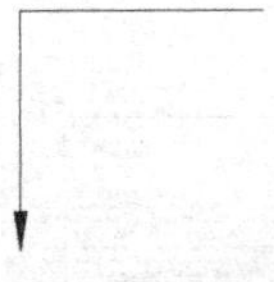
图 9-63 形位公差指引线

以图 9-63 所示，创建形位公差指引线。其操作步骤如下：

（1）在“注释”面板“多重引线样式”的下拉列表中选择“管理多重引线样式”选项后，打开“多重引线样式管理器”对话框。

（2）单击“新建”按钮，打开“创建新多重引线样式”对话框，在“新样式名”文本框中输入“无箭头指引线”样式名称，单击“继续”按钮，打开“修改多重引线样式”对话框。

（3）与倒角标注设置有 3 处不同：

① 在“引线格式”选项卡“箭头”选项组中的“符号”下拉列表中选择“有”选项。

② 在“引线结构”选项卡“约束”选项组中的“最大引线点数”处输入“3”。

③ 在“内容”选项卡“多重引线类型”下拉列表中选择“无”选项。

单击“确定”按钮，完成“无箭头指引线”设置。

4）设置后，置为当前，单击“注释”面板中的“多重引线”按钮，提示如下。

指定引线箭头的位置或[引线基线优先(L)/内容优先(C)/选项(O)]<选项>: （单击指定引线的位置）。

指定引线基线的位置: （单击指定基线的位置）。

结果如图 9-63 所示。

9.7.3 形位公差标注

1. 要求

下面以图 9-64 为例进行形位公差标注练习。

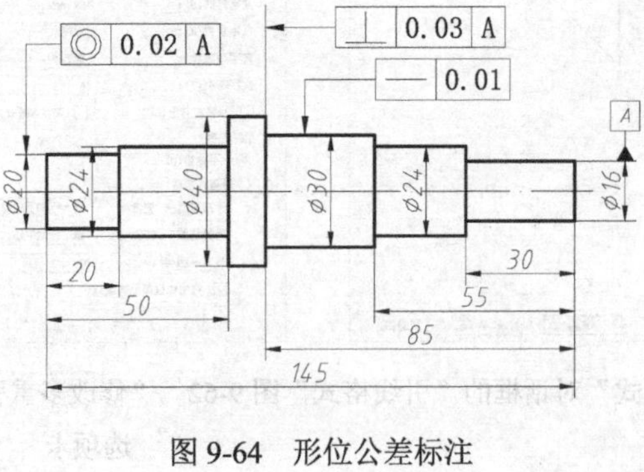

图 9-64 形位公差标注

2. 操作步骤

（1）根据尺寸绘制图形。

（2）根据 9.7.2 小节的内容，创建有箭头的形位公差指引线，如图 9-65 所示。基准符号可以先不绘制（后面章节要讲到）。

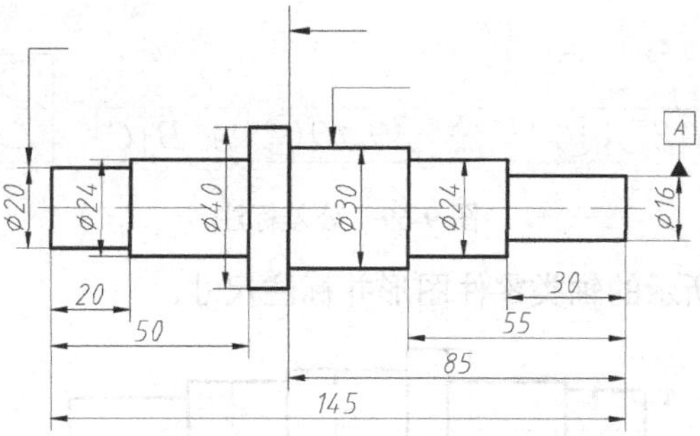

图 9-65　公差标注指引线

（3）分别选择“注释”选项卡，在“标注”面板中单击“形位公差”按钮，完成图 9-66、图 9-67 和图 9-68 所示的设置。

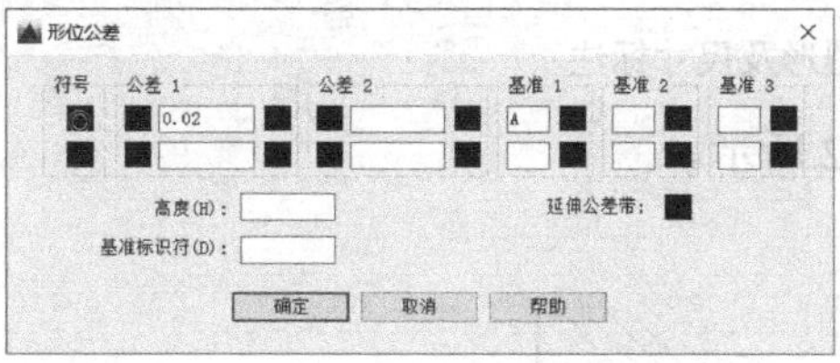

图 9-66　形位公差标注设置示例 1

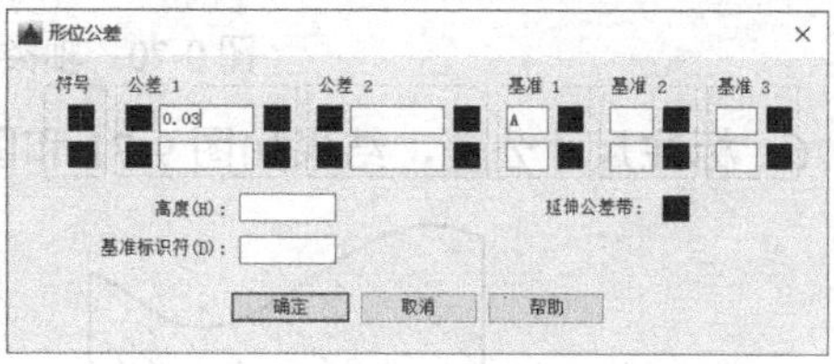

图 9-67　形位公差标注设置示例 2

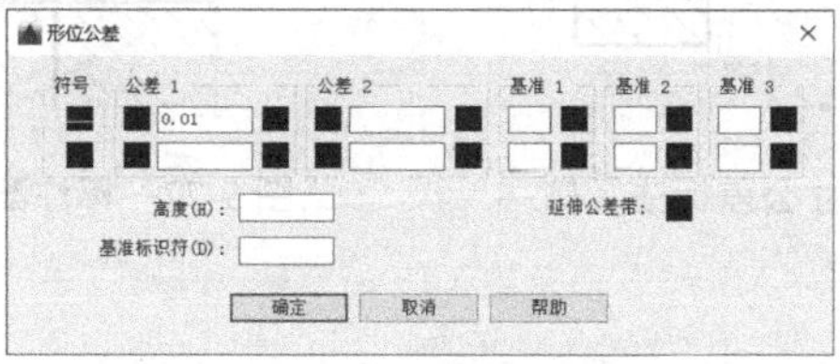

图 9-68　形位公差标注设置示例 3

（4）依次将填好的特性控制框拉动到指引线处，完成标注。

习题 9

1．掌握“标注样式管理器”的设置，根据需要设置尺寸线、尺寸界线、箭头、尺寸文字等参数。

2．设置以下标注样式。

（1）“直线”标注样式。

（2）“圆与圆弧引出”标注样式。

（3）“小尺寸 1”、“小尺寸 2”、“小尺寸 3”等标注样式。

3．进行各种类型的尺寸标注练习，包括直线、圆、圆弧、角度、基线、连续、公差、形位公差等内容。

4．根据图 9-69 所示标注形位公差尺寸。提示：应在新标注样式中创建“公差”标注样式。

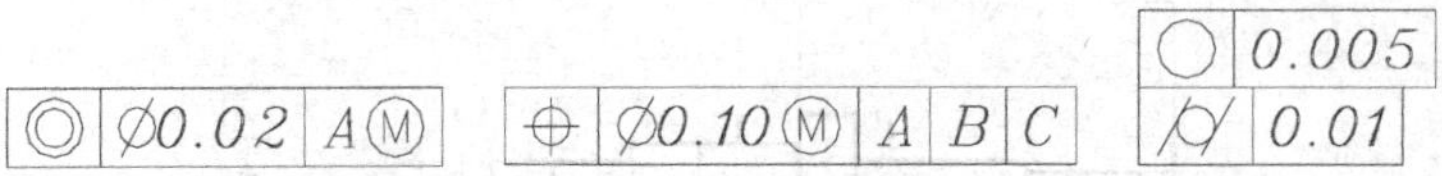

图 9-69　公差标注

5．绘制如图 9-70 所示的轴类零件图形并标注尺寸。

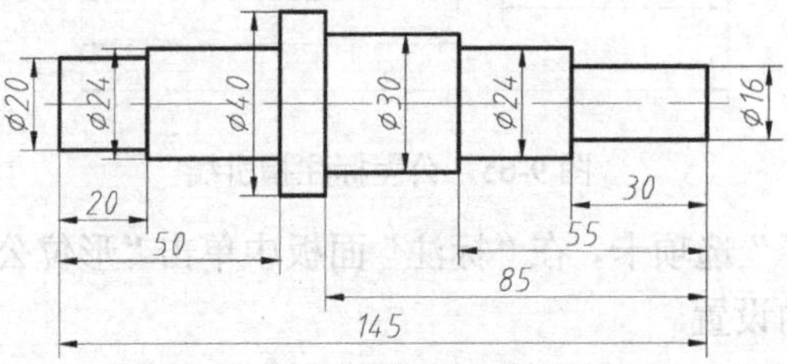

图 9-70　轴类零件图形及尺寸标注

6．标注尺寸公差，结果如图 9-71 和图 9-72 所示。

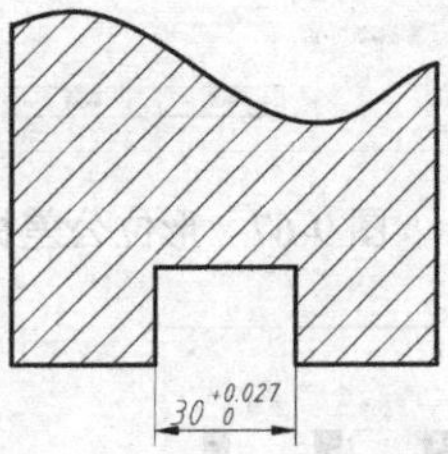

图 9-71　尺寸公差标注示例

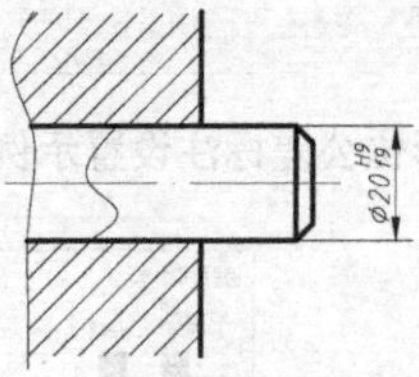

图 9-72　标注配合尺寸示例

第10章

创建图块和使用设计中心

本章主要介绍创建图块和使用 AutoCAD 设计中心。

10.1 创建和编辑块

在绘制图形时，经常会遇到绘制相同的或相似的图形（如粗糙度符号、螺母等），AutoCAD 将这些重复的图形定义为块，使用时以插入块的方式直接插入，从而提高了绘图效率。图块具有自己的属性，也可以在插入块时重新定义其文本信息。

10.1.1 创建块

图块是由多个图形组成的实体，是将已经绘制出的一组图形定义为块。

1. 操作方法

可以执行以下操作之一。

（1）“块”面板：单击“创建”按钮，如图 10-1 所示。

（2）工具栏：单击“创建块”按钮。

（3）菜单栏：选择“绘图”→“块”→“创建”选项。

（4）命令行：输入命令“BLOCK”。

2. 操作格式

命令: （输入命令）。

执行命令后将打开“块定义”对话框，如图 10-2 所示。

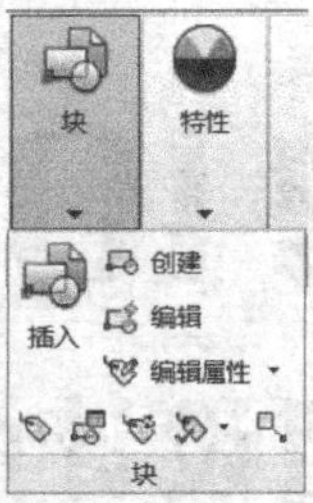

图 10-1 “块”面板

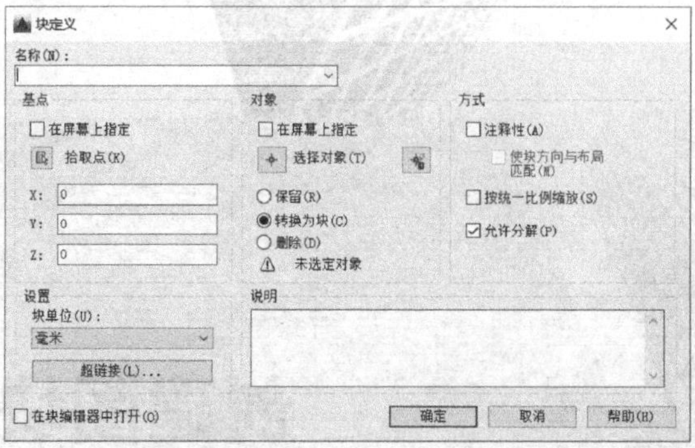

图 10-2 “块定义”对话框

3. 对话框选项说明

（1）“名称”下拉列表：输入新建图块的名称。

（2）“基点”选项组：设置该图块插入基点的 X、Y、Z 坐标。

（3）“对象”选项组：选择要创建图块的实体对象。

① “选择对象”按钮：在绘图区选择对象。

② “快速选择”按钮：在打开的“快速选择”对话框中定义选择集。

③ “保留”单选按钮：创建图块后保留原对象。

④ “转换为块”单选按钮：创建图块后，将选定对象转换为图形中的块。

⑤ “删除”单选按钮：创建图块后，删除原对象。

（4）“方式”选项组：设置创建的图块是否允许分解和是否按统一比例缩放等。

（5）“说明”文本框：输入图块的简要说明。

（6）“设置”选项组：指定图块的设置。其中包括“块单位”和“超链接”两个选项。

① “块单位”下拉列表：设置插入图块的缩放单位。

② “超链接”按钮：单击此按钮，打开“插入超链接”对话框，可以插入超链接文档。

4. 创建内部图块示例

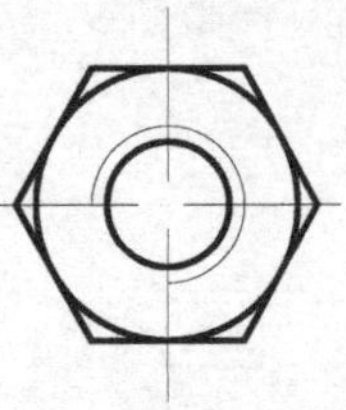

图 10-3 创建块的图形

下面以图 10-3 为例，介绍如何创建内部图块，操作步骤如下。

（1）在“块”面板中单击“创建”按钮，打开“块定义”对话框。

（2）在“名称”文本框输入名称“螺母块”。

（3）单击“基点”选项组中的“拾取点”按钮，在绘图区指定基点。

命令行提示：

指定插入点：（利用捕捉功能，在图上指定图块的插入点）。

指定插入点后，返回“块定义”对话框。

（4）单击“对象”选项组中的“拾取点”按钮，利用捕捉功能，在绘图区指定对象上的插入点。

命令行提示：

选择对象：（选择要定义为块的对象）。

选择对象：（按〈Enter〉键）。

选择对象后，返回“块定义”对话框，单击“确定”按钮，完成创建图块的操作。

说明：

“BLOCK”命令创建的块又称内部块，可以在本张图纸中随意插入，但是不能用到其他图纸中，下面的命令可以创建在其他图纸中使用的块。

10.1.2 存储块

存储块也称创建外部图块，又称永久块。“WBLOCK”命令创建的图块可以作为独立图形文件保存，可以单独使用也可以插入到其他图形中。

1. 输入命令

命令行：输入命令“WBLOCK”。

2. 操作格式

命令：（输入命令）。

打开“写块”对话框，如图 10-4 所示。

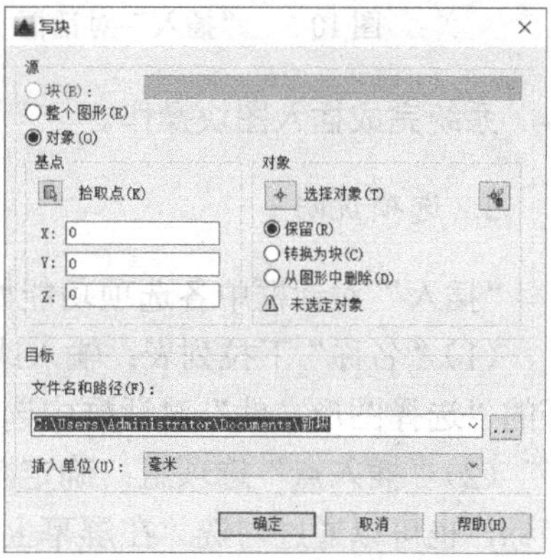

图 10-4 “写块”对话框

3. 对话框选项说明

（1）“源”选项组：确定图块定义范围，其中包括以下单选按钮。

① “块”单选按钮：选择本图中的块或已经保存的图块。

② “整个图形”单选按钮：将当前整个图形确定为图块。

③ “对象”单选按钮：选择要定义为存储块的实体对象。

（2）“基点”和“对象”选项组的定义与创建内部图块中的选项含义相同。

（3）“目标”选项组：指定保存图块文件的名称和路径。也可以单击按钮，打开“浏览图形文件”对话框，指定名称和路径。保存目标的路径一定要清晰，插入块时才更方便。

“插入单位”下拉列表：设置插入图块的单位。

10.1.3 插入图块

插入图块的操作如下。

1. 操作方法

可以执行以下操作之一。

（1）“块”面板：单击“创建”按钮。

（2）工具栏：单击按钮。

（3）菜单栏：选择“插入”→“块”选项。

（4）命令行：输入命令“INSERT”。

2. 操作格式

命令：（输入命令）。

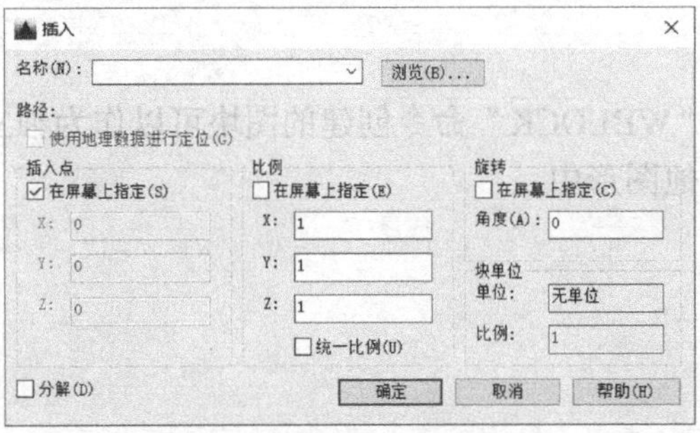

图 10-5 “插入”对话框

执行命令后将会打开“插入”对话框，如图 10-5 所示。在“名称”下拉列表中选择相应的图块名称。

插入点选择“在屏幕上指定”；比例选择“1∶1”；旋转角度选择“0”。

单击“确定”按钮，关闭“插入”对话框。

系统提示：“指定插入点或[比例(S)/X/Y/Z/旋转(R)/预览比例(PS)/PX/PY/PZ 预览旋转(PR)]：（指定插入点）”。

系统完成插入图块操作。

3. 选项说明

“插入”对话框中各选项功能如下。

（1）“名称”下拉列表：输入或选择已有的图块名称。也可以单击“浏览”按钮，在打开的“选择图形文件”对话框中选择需要的外部图块。

（2）“插入点”选项组：确定图块的插入点。可以直接在 X、Y、Z 文本框中输入点的坐标，也可以通过勾选“在屏幕上指定”复选框，在绘图区内指定插入点。

（3）“比例”选项组：确定图块的插入比例。可以直接在 X、Y、Z 文本框中输入块的三个方向坐标，也可以通过勾选“在屏幕上指定”复选框，在绘图区内指定。如果勾选“统一比例”复选框，三个方向的比例相同，只需要输入 X 方向的比例即可。

（4）“旋转”选项组：确定图块插入的旋转角度，可以直接在“角度”文本框中输入角度值，也可以勾选“在屏幕上指定”复选框，在绘图区上指定。

（5）“分解”复选框：确定是否把插入的图块分解为各自独立的对象。

10.1.4 编辑图块

1. 编辑图块

图块作为一个整体可以被复制、移动、删除，但是不能直接对它进行编辑。要想编辑图块中的某一部分，首先应将图块分解成若干实体对象，再对其进行修改，最后重新进行定义。

操作步骤如下。

（1）选择“修改”→“分解”选项。
（2）选取需要的图块。
（3）编辑图块。
（4）从菜单栏中选取“绘图”→“块”→“创建”选项。
（5）在“块定义”对话框中重新定义块的名称。
（6）单击“确定”按钮，结束编辑操作。
执行结果是当前图形中所有插入的该图块都自动修改为新图块。

2. 编辑存储块

存储块是一个独立的图形文件，使用“打开”命令将其打开，修改后再保存即可。

10.2 使用设计中心

AutoCAD 设计中心是一个集管理、查看和重复利用图形的多功能高效工具。利用设计中心，用户可以将源图形中的任何内容拖动到当前图形中。

AutoCAD 设计中心的功能如下。
（1）创建对常用图形、文件夹和 Web 站点的快捷方式。
（2）浏览用户计算机、网络和 Web 页上的图形内容。
（3）查看块、图层和其他图形文件的定义，并将这些图形定义插入到当前图形文件中。
（4）在新窗口中打开图形文件。
（5）更新块定义。

10.2.1 启用 AutoCAD 设计中心

使用 AutoCAD 设计中心可以打开、查找、复制图形文件和属性。打开设计中心的步骤如下。

1. 操作方法

可以执行以下操作之一。
（1）“功能区”：选择“视图”选项卡，在“选项板”面板中单击“设计中心”按钮。
（2）工具栏：单击按钮。
（3）菜单栏：选择“工具”→“选项板”→“设计中心”选项。
（4）命令行：输入命令“ADCENTER”。

2. 操作格式

命令: （输入命令）。
打开“设计中心”窗口，如图 10-6 所示。

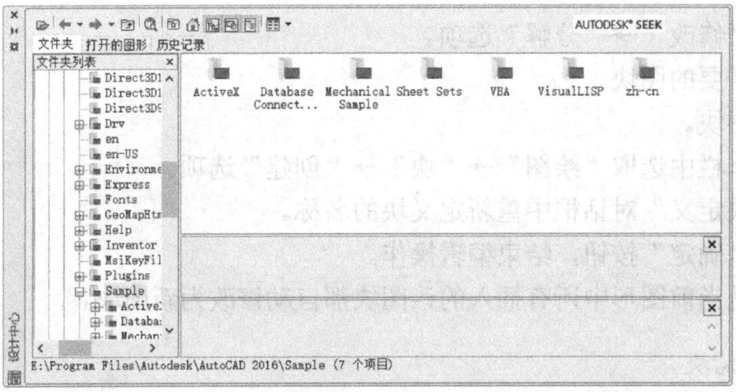

图 10-6 “设计中心”窗口

设计中心窗口由工具栏和左、右两个框组成，其中左边区域为树状列表框，右边区域为内容框。

1）树状列表框

树状列表框用于显示系统内的所有资源，包括磁盘及所有文件夹、文件以及层次关系。树状列表框的操作与 Windows 资源管理器的操作方法类似。

2）内容框

内容框又称控制板，当在树状列表框中选中某一项时，AutoCAD 会在内容框中显示所选项的内容。根据在树状列表框中选项的不同，在内容框中显示的内容可以是图形文件、文件夹、图形文件中的命名对象（如块、图层、标注样式、文字样式等）、填充图案、Web 等。

3）工具栏

工具栏位于窗口上边，由一组功能按钮组成，按钮的主要功能如下：

（1）“打开”按钮：用于在内容框中显示指定图形文件的相关内容。单击该按钮，打开“加载”对话框，如图 10-7 所示。通过该对话框选择图形文件后，单击“打开”按钮，树状列表框中显示出该文件名称并选中该文件，在内容框中显示出该图形文件的对应内容。

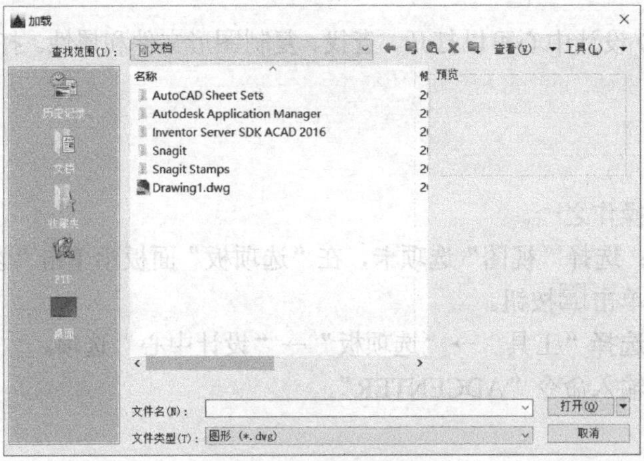

图 10-7 “加载”对话框

（2）“后退”按钮：向后返回一次所显示的内容。

（3）“向前”按钮：向前返回一次所显示的内容。

（4）“上一级”按钮：显示活动容器的上一级容器内容。容器可以是文件夹或图形。

（5）“搜索”按钮：快速查找对象。单击该按钮，打开“搜索”对话框。

（6）“收藏夹”按钮：在内容框内显示收藏夹中的内容。

（7）“Home”按钮：返回到固定的文件夹或文件，即在内容框内显示固定文件夹或文件中的内容。默认固定文件夹为Design Center文件夹。

（8）“树状列表框切换”按钮：显示或隐藏树状视图窗口。

（9）“预览”按钮：预览被选中的图形或图标，“预览”框在“内容”框的下方。

（10）“说明”按钮：显示被选中内容的说明，“说明”框在“预览”框的下方。

另外，“视图”按钮用于确定在内容框内显示内容的格式。单击右侧下拉按钮，弹出下拉列表，可以选择不同的显示格式，其中包括“大图标”、“小图标”、“列表”和“详细信息”四种格式。

4）选项卡

AutoCAD设计中心有“文件夹”、“打开的图形”、“历史记录”选项卡。

（1）“文件夹”选项卡：用于显示文件夹，如图10-6所示。

（2）“打开的图形”选项卡：用于显示当前已打开的图形及相关内容，如图10-8所示。

（3）“历史纪录”选项卡：用于显示用户最近浏览过的AutoCAD图形。

10.2.2 查找（搜索）图形文件

单击“设计中心”工具栏中的“搜索”按钮，打开“搜索”对话框，可以查找所需要的图形内容，如图10-9所示。

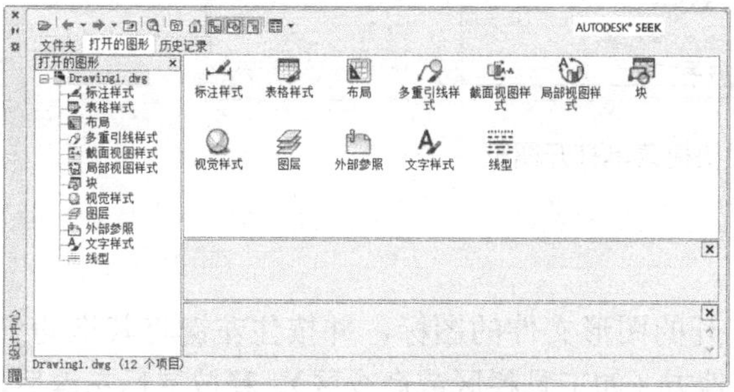

图10-8 设计中心的“打开的图形”选项卡

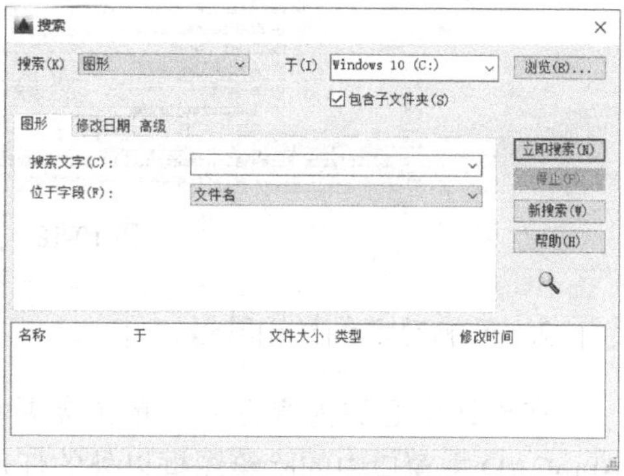

图10-9 “搜索”对话框

“搜索”对话框中各选项含义如下。

（1）“搜索”下拉列表：确定查找对象的类型。可以通过下拉列表在标注样式、布局、块、填充图案、填充图案文件、图层、图形、图形和块、外部参照、文字样式、线型等类型中选择。

（2）“于”下拉列表：确定搜索路径。也可以单击“预览”按钮来选择路径。

（3）“包含子文件夹”复选框：确定搜索时是否包含子文件夹。

（4）“立即搜索”按钮：启动搜索。搜索到符合条件要求的文件后，将在下方显示结果。

（5）“停止”按钮：停止查找。

（6）“新搜索”按钮：重新搜索。

（7）“图形”选项卡：设置搜索图形的文字和位于的字段（如文件名、标题、主题、作者、关键字等）。

（8）“修改日期”选项卡：设置查找的时间条件。

（9）“高级”选项卡：设置是否包含块、图形说明、属性标记、属性值等，并可以设置图形的大小范围。

10.2.3 打开图形文件

在 AutoCAD 设计中心中，可以很方便地打开所选的图形文件，一般有两种方法。

1. 用右键快捷菜单打开图形

在设计中心的内容框中，右击所选图形文件的图标，弹出快捷菜单，在快捷菜单中选择“在应用程序窗口中打开”选项，如图 10-10 所示，可将所选图形文件打开并设置为当前图形。

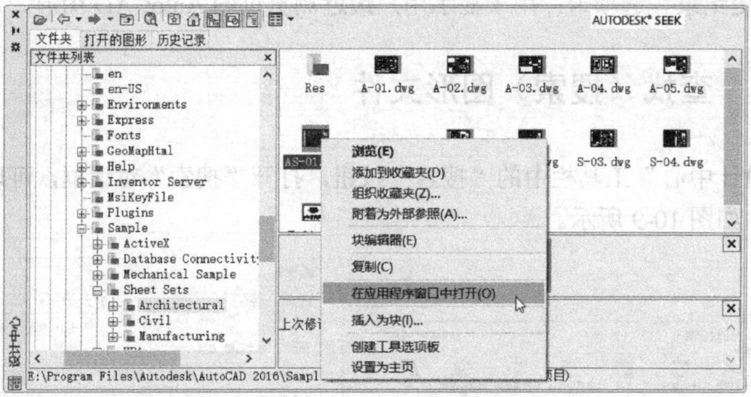

图 10-10 用快捷菜单打开图形

2. 用拖动方式打开图形

在设计中心的内容框中，单击需要打开的图形文件的图标，并按住左键将其拖动到 AutoCAD 主窗口中的除绘图框以外的任何地方（如工具栏区或命令区），释放鼠标左键后，AutoCAD 即可打开该图形文件并设置为当前图形。

如果将图形文件拖动到 AutoCAD 绘图区中，则将该文件作为一个图块插入到当前的图形文件中，而不是打开该图形。

10.2.4 复制图形文件

利用 AutoCAD 设计中心，可以方便地将某一图形中的图层、线形、文字样式、尺寸样式及图块通过鼠标拖动添加到当前图形中。

操作方法：在内容框或通过“查询”对话框找到对应内容，然后将它们拖动到当前打开图形的绘图区后释放按键，即可将所选内容复制到当前图形中。如果所选内容为图块文件，拖动到指定位置释放左键后，即可成插入块操作。

也可以使用复制粘贴的方法：在设计中心的内容框中，选择要复制的内容，右击所选内容，弹出快捷菜单，在快捷菜单中选择“复制”选项，然后单击主窗口“剪贴板”面板中的“粘贴”按钮，所选内容就被复制到当前图中。

10.3 实训

以下进行创建图块和使用设计中心的练习。

10.3.1 创建外部图块

1. 要求

以图10-11为例，创建粗糙度符号的块。

图10-11 创建粗糙度符号的块

2. 操作步骤

1）绘制粗糙度符号

（1）绘制一条水平直线

命令:（单击“绘图”面板中的“直线”按钮）。
命令: _line
指定第一个点:（在绘图区指定一点）。
指定下一点或[放弃(U)]:（向右移动适当距离，单击）。
指定下一点或[放弃(U)]:（按〈Enter〉键）。

（2）绘制水平偏移线。

命令:（单击“修改”面板中的“偏移”按钮）。
命令: _offset
指定偏移距离或[通过(T)/删除(E)/图层(L)] <通过>:（输入“7”）。
选择要偏移的对象，或[退出(E)/放弃(U)] <退出>:（选择水平直线单击）。
指定要偏移的那一侧上的点，或[退出(E)/多个(M)/放弃(U)] <退出>:（单击直线上方）。
选择要偏移的对象，或 [退出(E)/放弃(U)] <退出>:（按〈Enter〉键）。
命令:（按〈Enter〉键）。
OFFSET
指定偏移距离或[通过(T)/删除(E)/图层(L)] <7.0000>:（输入15）。
选择要偏移的对象，或[退出(E)/放弃(U)] <退出>:（选择水平直线单击）。
指定要偏移的那一侧上的点，或[退出(E)/多个(M)/放弃(U)] <退出>:（单击直线上方）。
命令:（按〈Enter〉键）。

结果如图10-12（a）所示。

（3）绘制斜线。

命令:（单击“绘图”面板中的“直线”按钮）。

命令: _line

指定第一个点:（在上边的两条直线中的适当位置单击 A 点）。

指定下一点或[放弃(U)]:（输入“@15<-60”）。

指定下一点或[放弃(U)]:（按〈Enter〉键）。

命令:（按〈Enter〉键）。

LINE

指定第一个点: <打开对象捕捉>（捕捉斜线与下面水平线的交点并单击 B 点）。

指定下一点或[放弃(U)]:（输入“@20<60”）。

指定下一点或[放弃(U)]:（按〈Enter〉键）。

结果如图 10-12b 所示。

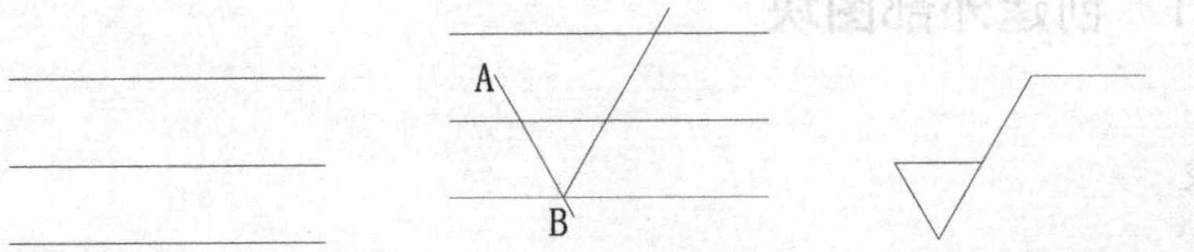

（a）绘制辅助水平线　（b）绘制斜线 2　（c）修剪线条后的结果

图 10-12　绘制粗糙度符号

（3）修剪线条。

单击“修改”面板中的“修剪”按钮，多次执行命令的结果如图 10-12（c）所示。

2）创建存储块

（1）输入命令“WBLOCK”，打开“写块”对话框。

（2）在“源”选项组中选中“对象”单选按钮，再单击“选择对象”按钮进入绘图区。

命令行提示：

选择对象:（选择要定义为块的对象）。

选择对象:（按〈Enter〉键）。

选择对象后，返回“写块”对话框。

（3）在“文件名和路径”文本框中输入图块名称“粗糙度符号”，并选择存放路径。

（4）单击“基点”选项组中的“拾取点”按钮，进入绘图区。

命令行提示：

指定插入基点:（指定图块上的插入点）。

指定插入点后，返回“写块”对话框，也可在该按钮下边的“X”、“Y”、“Z”文字编辑框中输入坐标值来指定插入点。

单击“确定”按钮，完成创建外部图块的操作。

10.3.2　插入图块

1）要求

将图 10-11 所示的图块插入图中。

2）操作步骤

（1）在“块”面板中单击“插入”按钮，打开“插入”对话框。

（2）在“名称”下拉列表中选择“粗糙度符号”选项。

（3）在“插入点”选项组中勾选“在屏幕上指定”复选框，单击“确定”按钮。

（4）移动光标在绘图区内指定插入点，完成图块插入的操作，如图 10-13 所示。

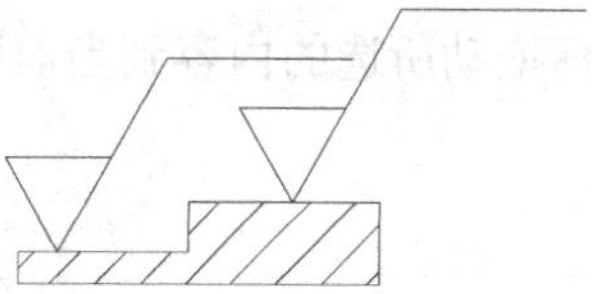

图 10-13　插入图块

10.3.3　利用设计中心的查找功能

1）要求

利用设计中心查找“直线”标注样式。

2）操作步骤

（1）在“搜索”对话框的“搜索”下拉列表中选择“图层”选项。

（2）单击“浏览”按钮，指定搜索位置。

（3）在“搜索名称”文本框中输入“粗实线”图层名称。

（4）单击 立即搜索(N) 按钮，在对话框下部的查找栏内出现查找结果，如图 10-14 所示。如果在查找结束前已经找到需要的内容，为节省时间可以单击“停止”按钮结束查找。

（5）可选择其中一个，直接将其拖动到绘图框中，“粗实线”图层即可应用于当前图形图层。

（6）单击“关闭”按钮，结束查找。

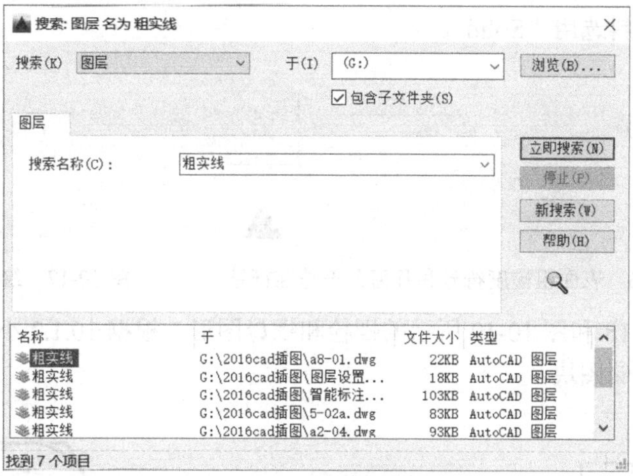

图 10-14　显示查找图层的搜索对话框

10.3.4　利用设计中心的复制功能

1）要求

利用设计中心的拖动方式复制图层。

2）操作步骤

首先在文件夹列表框找到样图将其内容打开，如图 10-15 所示。在 AutoCAD 设计中心的内容显示框中，选择要复制的一个或多个图层（或图块、文字样式、标注样式等），用鼠标拖动所选的内容到当前图形中，所选内容即被复制到当前图形中。

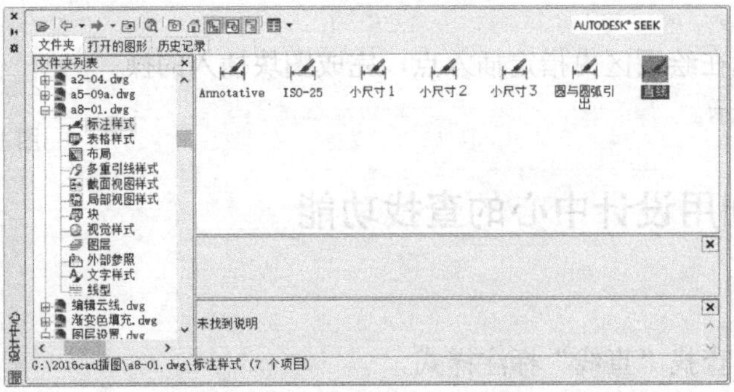

图 10-15 采用拖动方式复制图层

习题10

1．绘制图 10-16 所示的“表面粗糙度”符号图形和“几何公差基准”符号图形，根据 10.1.1 小节的内容创建图块，并练习插入图块。提示：绘制表面粗糙度符号图形时，可以参考 10.3.2 小节的绘制方法；绘制基准符号可以参考图 10-17，可以根据尺寸使用“直线”命令绘制，填充材料选用“Solid”。

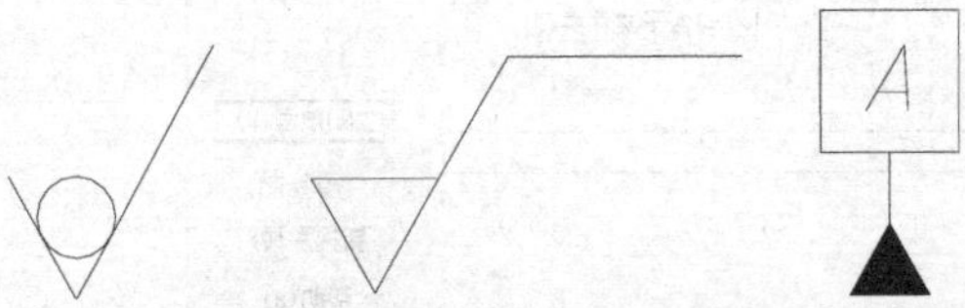

图 10-16 表面粗糙度符号和几何公差基准符号

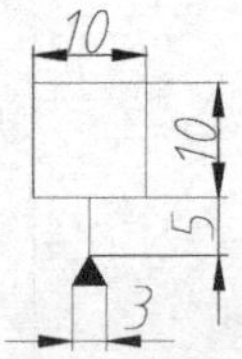

图 10-17 绘制几何公差基准符号

2．绘制图 10-18 和图 10-19 所示的螺栓和螺母图形，根据 10.1.2 小节的内容创建存储块，并练习插入存储图块。

图 10-18 螺栓图形

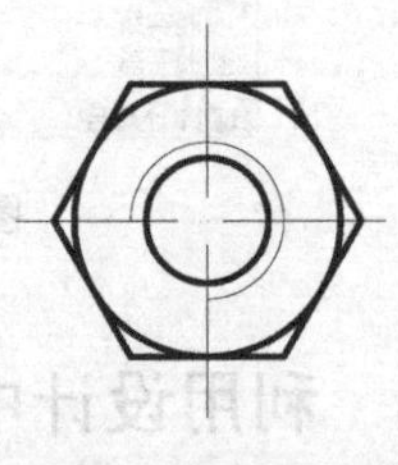

图 10-19 螺母图形

3．使用 AutoCAD 设计中心查找和打开图形文件，并复制其内容，创建新的文件，进行保存。

第11章
综合练习 1——绘制组合体

组合体三视图是绘制零件图和装配图的基础，通过绘制组合体三视图可以进一步掌握视图间的位置关系和更加熟练地运用绘图工具。

11.1 绘制组合体练习 1

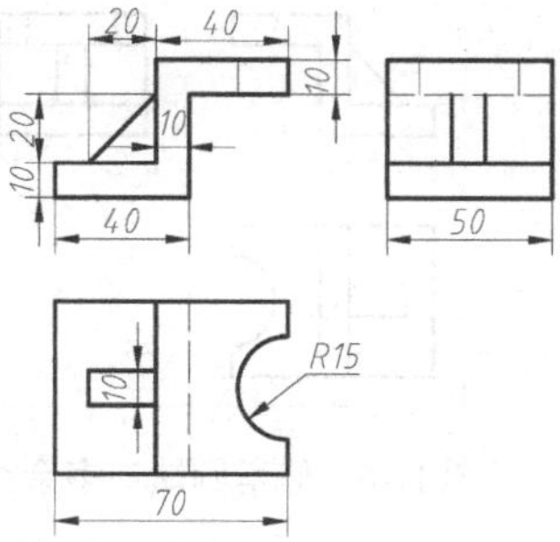

图 11-1 绘制组合体三视图

1. 要求

按照给出的尺寸绘制如图 11-1 所示的组合体三视图，主要掌握视图间的投影关系。

2. 操作步骤

（1）在“图层”面板的“图层”下拉列表中选择“粗实线”图层为当前图层。

（2）绘制主视图。使用“构造线”命令，输入命令“h”，根据尺寸“10”、“20”、“10”绘制水平构造线；输入命令“V”，根据尺寸“10”、“20”、“40”、“70”，绘制垂直构造线；输入命令“A”，根据水平构造线和垂直构造线交点，绘制 45° 构造线，结果如图 11-2 所示。

（3）根据尺寸“10”、“50”和水平构造线绘制俯视图，在 45° 构造线处可以绘制垂直构造线，并绘制出左视图，结果如图 11-3 所示。

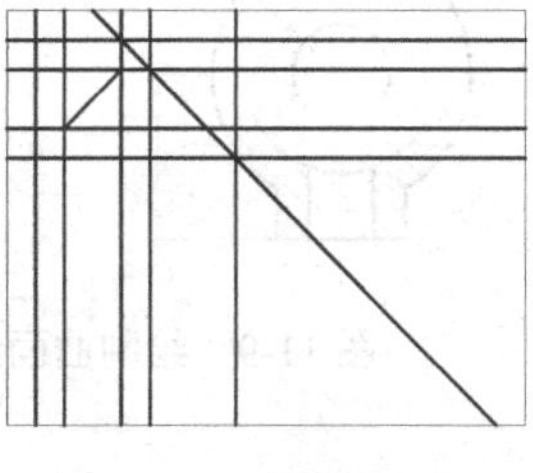

图 11-2 绘制主视图

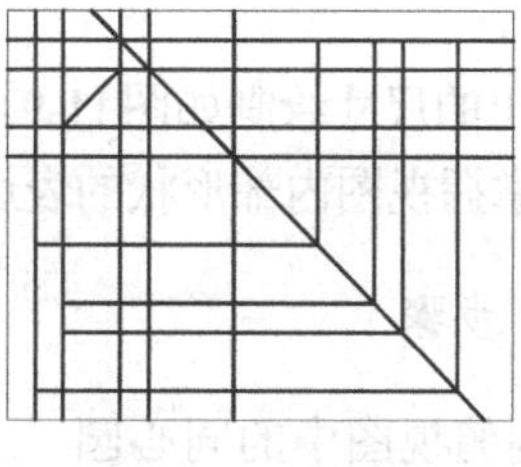

图 11-3 绘制俯视图

（4）使用“剪切”命令，修剪多余线条，如图 11-4 所示。

（5）根据尺寸“R15”绘制俯视图的圆缺口；利用构造线绘出其他投影，如图 11-5 所示。

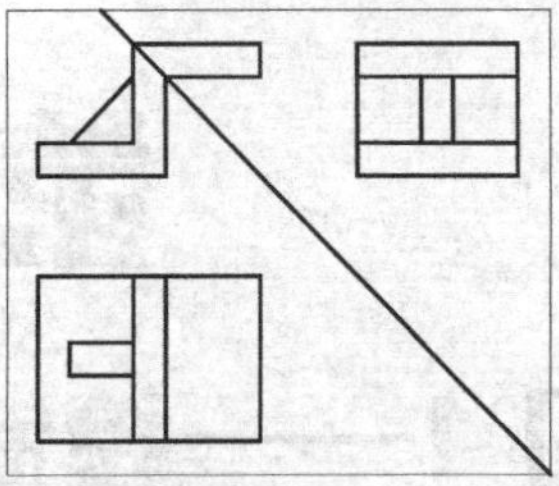

图 11-4　修剪多余线条

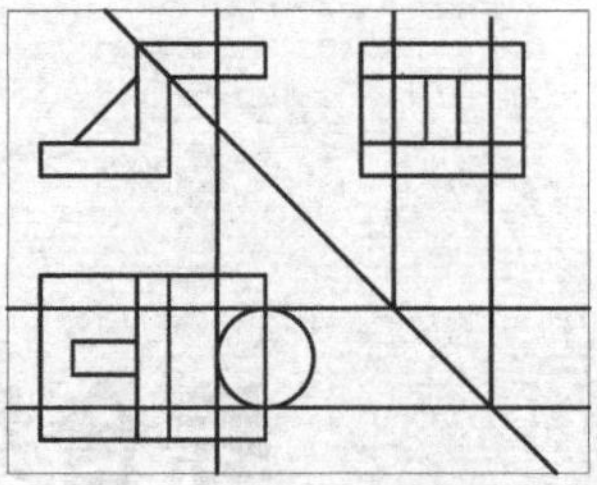

图 11-5　绘制圆缺口

（6）使用“剪切”命令，修剪圆缺口的多余线条，如图 11-6 所示。

（7）选取主视图中圆缺口的投影线，在光标附近显示“快捷特性”选项板，如图 11-7 所示。

在“图层”下拉列表中将“粗实线”改为“虚线”，关闭选项板。重复选取应为虚线的线段，对其左视图和俯视图进行修改后，结果如图 11-8 所示。

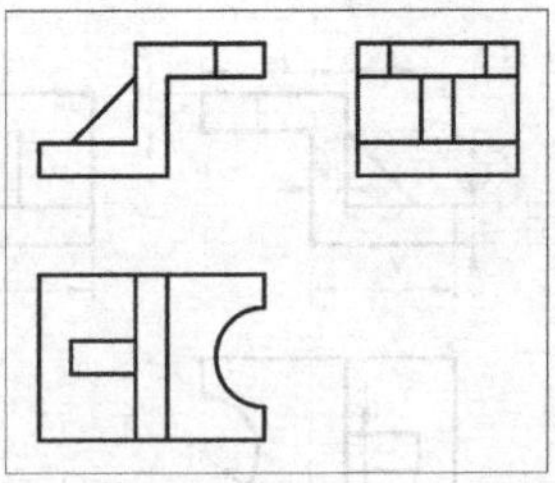

图 11-6　修剪圆缺口多余线条

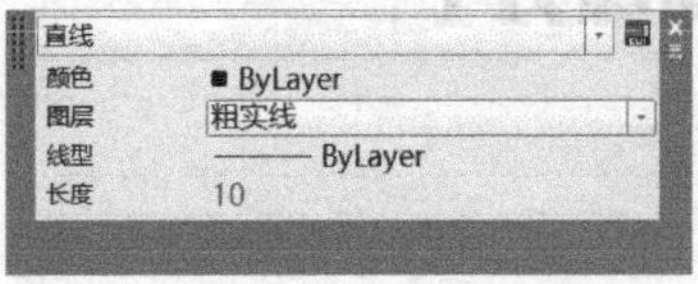

图 11-7　“快捷特性”选项板

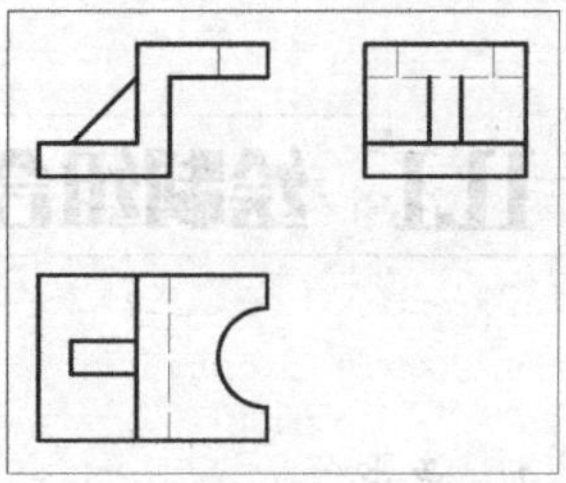

图 11-8　修改圆缺口虚线

（8）在“图层”面板的“图层”下拉列表中选择“尺寸”图层为当前图层。打开“注释”面板的“标注样式”下拉列表中，选取“直线”样式为当前样式。单击“线性”按钮，标注直线尺寸。

在“注释”面板的“标注样式”下拉列表中，选取“圆与圆弧引出”样式为当前样式。单击“半径”按钮，标注圆弧尺寸，如图 11-1 所示。

11.2 绘制组合体练习 2

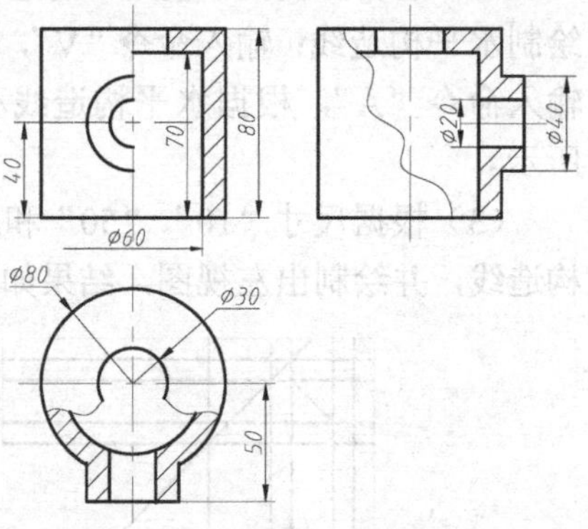

图 11-9　绘制曲面组合体

1. 要求

按照给出的尺寸绘制如图 11-9 所示的曲面组合体三视图，主要掌握视图内部形状的表达。

2. 操作步骤

1）绘制俯视图中的同心圆

在“图层”面板的“图层”下拉列表中选择“点画线”图层为当前图层，绘制俯视图中圆的中心轴线。

在“图层”面板的“图层”下拉列表中选择“粗实线”图层为当前图层。使用“直线”命令，根据尺寸 ø30、ø60、ø80 绘制同心圆，如图 11-10 所示。

2）利用“构造线”绘制三视图

使用“构造线”命令，输入命令“V”，捕捉圆的“象限点”，绘制垂直构造线；输入命令“H”，根据高度尺寸和捕捉圆的“象限点”，绘制水平构造线；分别输入命令“A”和“-45”，绘制角度构造线，在 45° 构造线处可以绘制“垂直”构造线，并绘制出左视图，如图 11-11 所示。

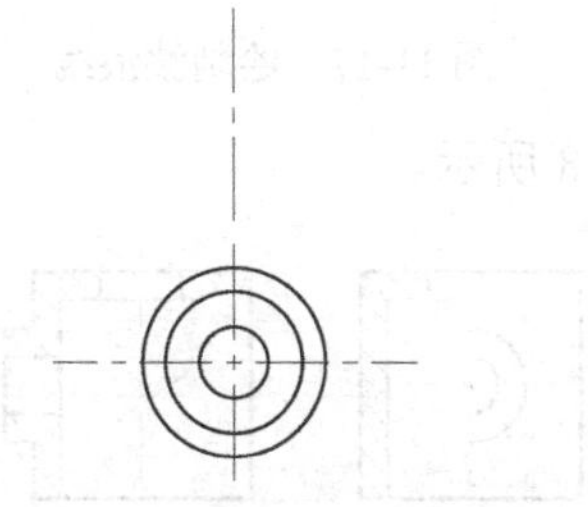

图 11-10　绘制中心轴线和同心圆

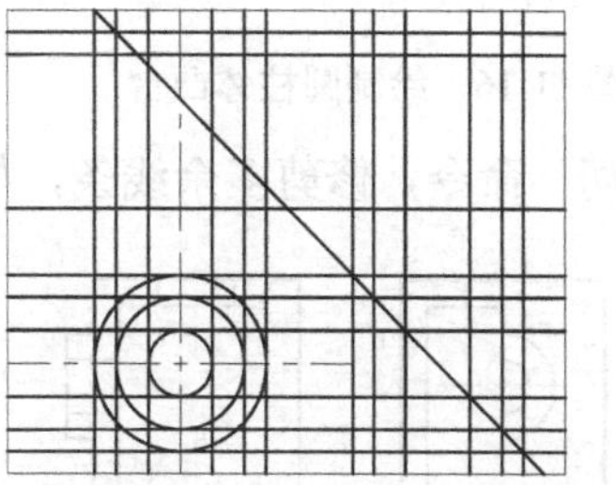

图 11-11　绘制“角度”构造线

使用“剪切”命令，修剪多余线条，如图 11-12 所示。

3）绘制圆柱体凸台

使用“圆”命令，根据尺寸 ø20、ø40 绘制主视图的同心圆，如图 11-13 所示。

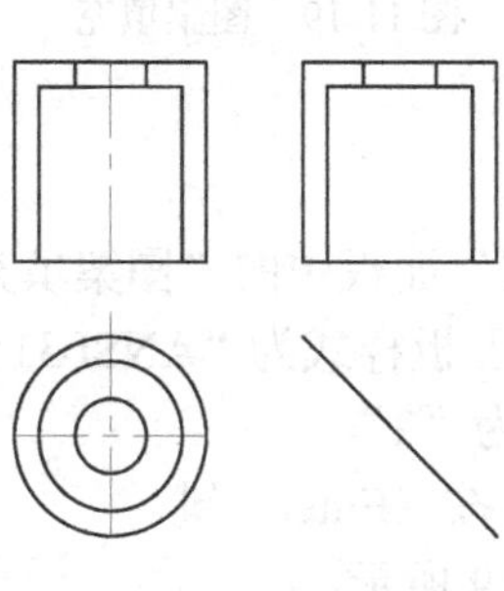

图 11-12　修剪多余线条

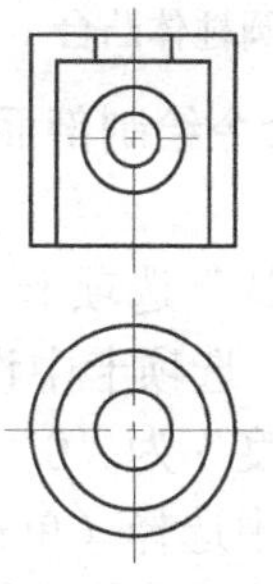

图 11-13　绘制同心圆

单击状态栏中的“对象捕捉”下拉按钮，在弹出的“对象捕捉”下拉列表中选择“象限点”选项，打开“对象捕捉”和“对象捕捉追踪”功能，同时关闭“栅格捕捉”功能。

使用“直线”命令，捕捉象限点，水平移动至左视图，指定第一点，如图 11-14 所示；向右移动鼠标，输入“10”，单击指定第二点；向下移动鼠标，同时捕捉象限点，单击指定第三点，如图 11-15 所示；向左移动鼠标，输入“10”，单击完成操作。

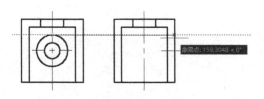

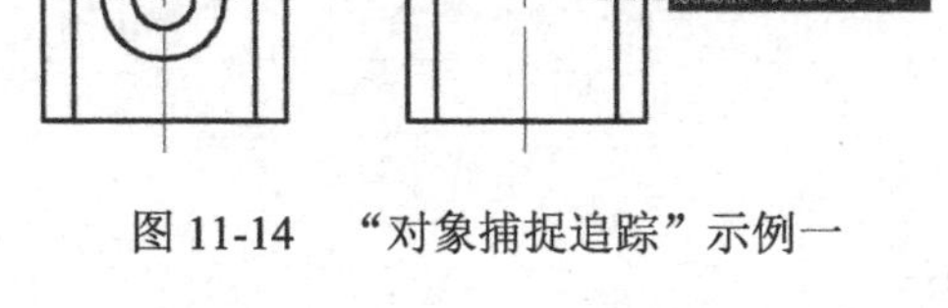

图 11-14　“对象捕捉追踪”示例一

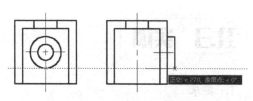

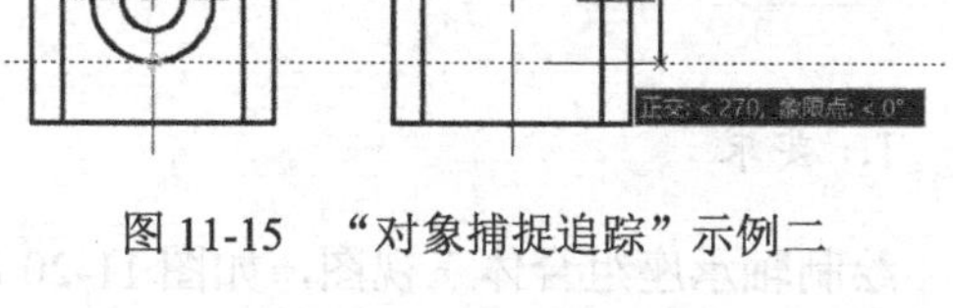

图 11-15　“对象捕捉追踪”示例二

以同样的方法可以绘制小圆孔的投影，结果如图 11-16 所示。

4）使用“样条曲线”命令绘制波浪线，如图 11-17 所示。

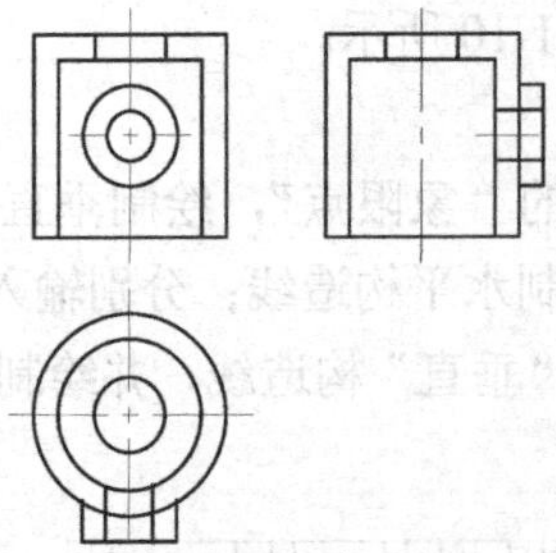

图 11-16　绘制圆柱体凸台

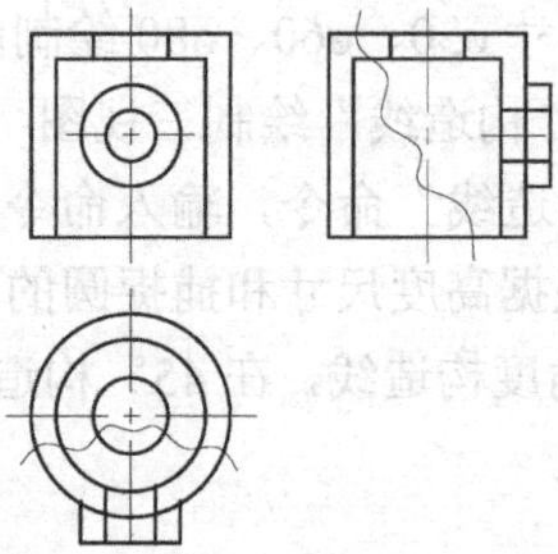

图 11-17　绘制波浪线

使用“剪切”命令，修剪多余线条，如图 11-18 所示。

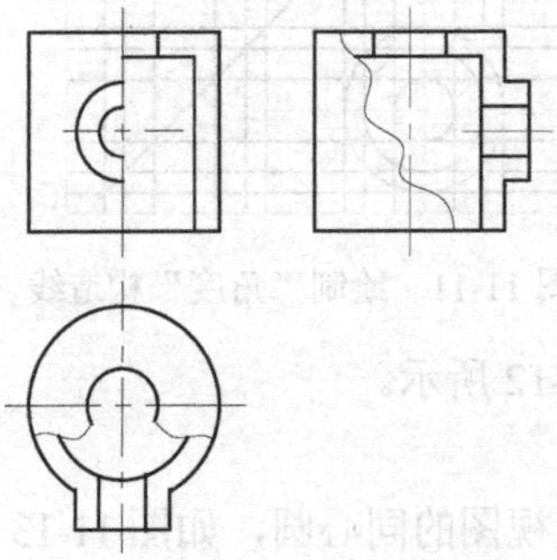

图 11-18　绘制圆柱体凸台

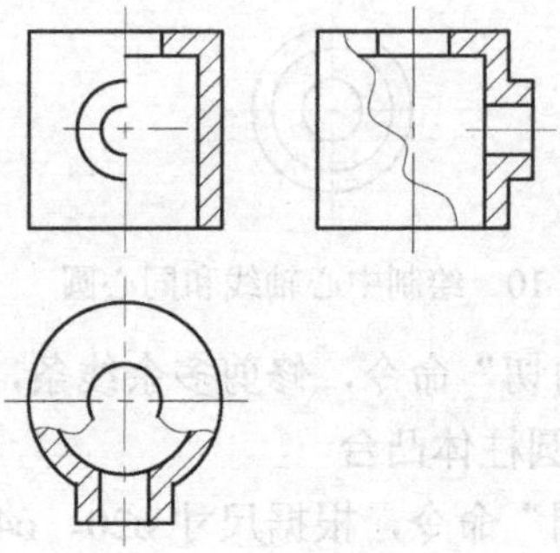

图 11-19　图案填充

5）使用“图案填充”命令绘制剖面线

操作步骤如下。

（1）在功能区选择“默认”选项卡，单击“绘图”面板中的“图案填充”按钮。

（2）在“图案填充创建”选项卡中设置“图案”面板样式为“ANSI 31”；“特性”面板中的类型为“预定义”，“角度”为“0°”，“比例”为“2”。

（3）在绘图区的封闭框中选择（单击）拾取点，按〈Enter〉键。

（4）命令执行后，系统完成图案填充，如图 11-19 所示。

6）标注尺寸

在“图层”面板的“图层”下拉列表中选择“尺寸”图层为当前图层；在“注释”面板的“标注样式”下拉列表中，选取“直线”样式为当前样式；输入“线性”标注命令，标注直线尺寸。

在“注释”面板的“标注样式”下拉列表中，选取“圆与圆弧引出”样式为当前样式。输入“半径”标注命令，标注圆弧尺寸，如图 11-9 所示。

11.3　实训

1. 要求

绘制轴承座组合体三视图，如图 11-20 所示。

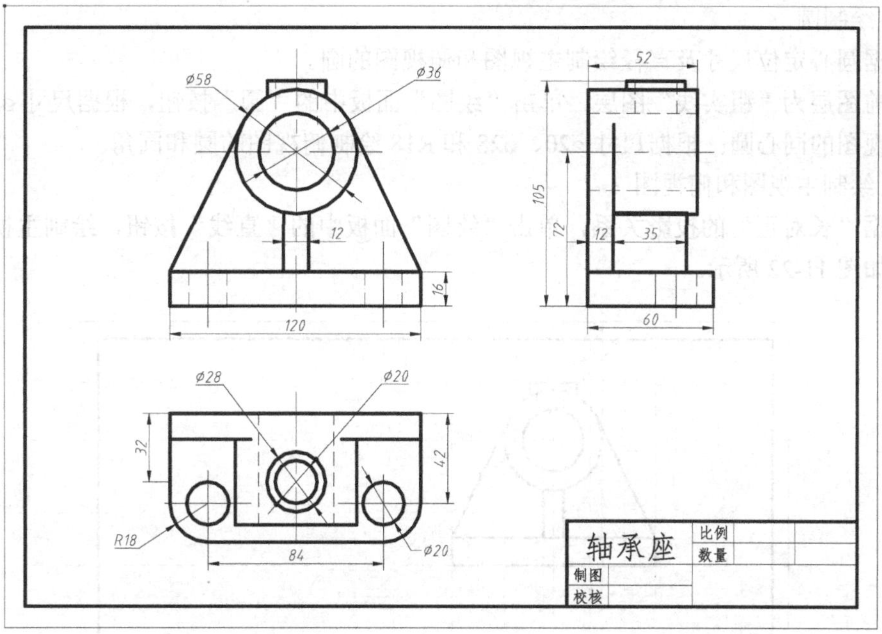

图 11-20　轴承座组合体

2. 操作步骤

1）绘制构造线

当前图层为“0”图层，根据总体尺寸利用“构造线”进行布局，然后绘制主视图。

单击“绘图”面板中的“构造线”按钮，根据尺寸 16、72 和 105 绘制主视图的水平构造线；根据尺寸 12、42、52 和 60 绘制俯视图的水平构造线；根据尺寸 120、84、60 和 42 绘制垂直构造线；输入命令“A”，输入“45”，绘制角度构造线，结果如图 11-21 所示。

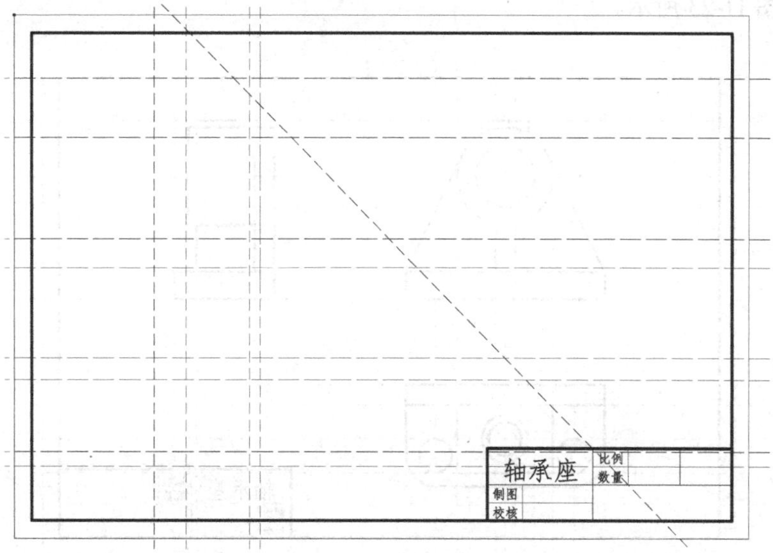

图 11-21　绘制构造线

2）绘制圆

根据圆心定位尺寸及直径绘制主视图和俯视图的圆。

当前图层为“粗实线”图层，单击“绘图”面板中的“圆”按钮，根据尺寸 ø36、ø58 绘制主视图的同心圆；根据尺寸 ø20、ø28 和 R18 绘制俯视图的圆和圆角。

3）绘制主视图和俯视图

根据“长对正”的投影关系，单击“绘图”面板中的“直线”按钮，绘制主视图和俯视图，如图 11-22 所示。

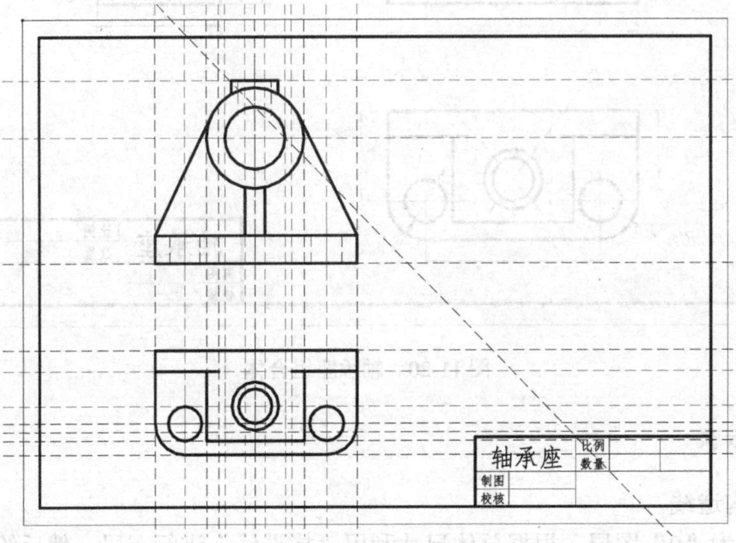

图 11-22　绘制主视图和俯视图

4）绘制左视图

根据“高平齐”、“宽相等”的投影关系，单击“绘图”面板中的“直线”按钮，绘制左视图，如图 11-23 所示。

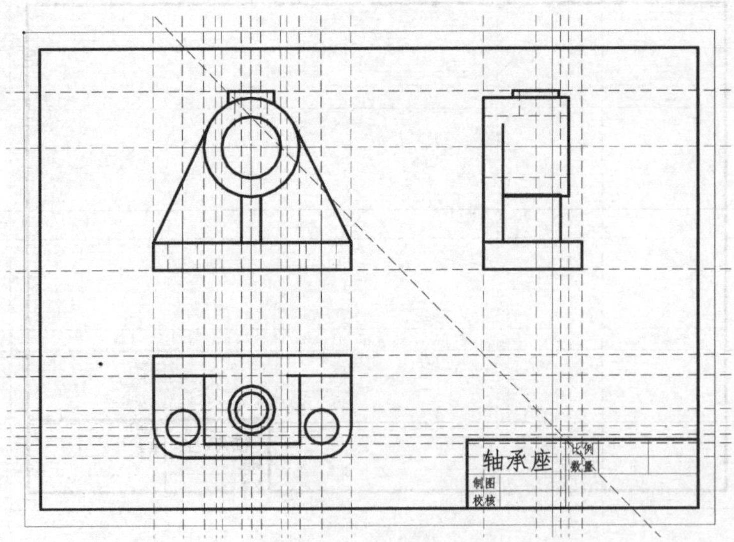

图 11-23　绘制左视图

5）编辑视图

关闭“0”图层。绘制虚线，修剪多余线条。

6）标注尺寸

当前图层为“尺寸”图层。“标注样式”选择“直线”和“圆弧引出”样式，标注尺寸，结果如图 11-24 所示。

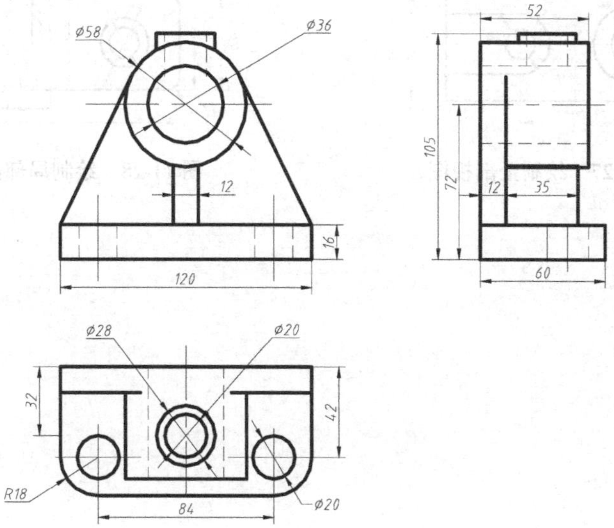

图 11-24 轴承座尺寸标注

习题 11

1．绘制图 11-25 和图 11-26 所示的图形，并标注尺寸。

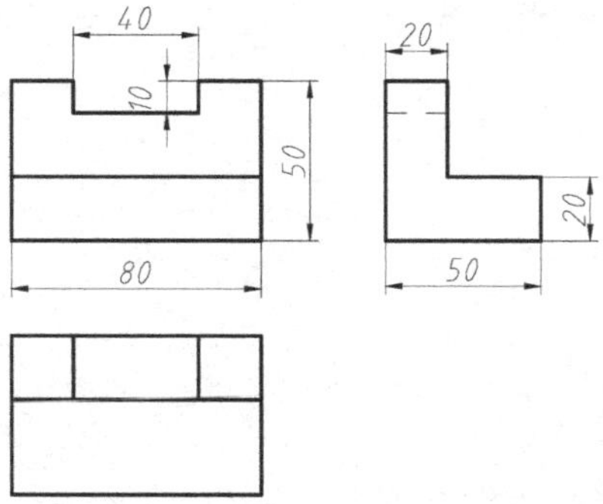

图 11-25 带有矩形缺口的组合体

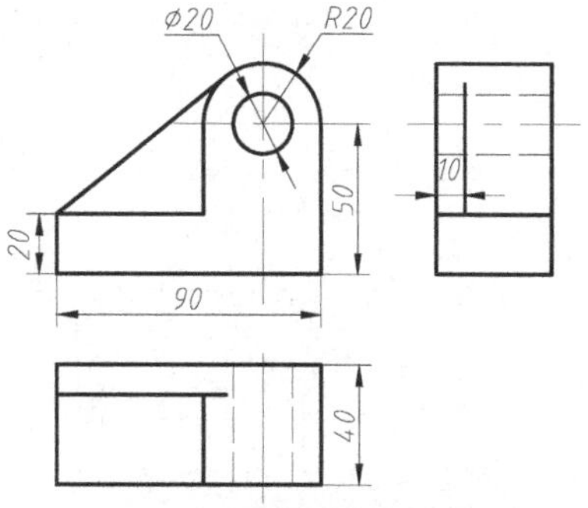

图 11-26 带有圆孔的组合体

2．绘制图 11-27 和图 11-28 所示的图形，并标注尺寸。

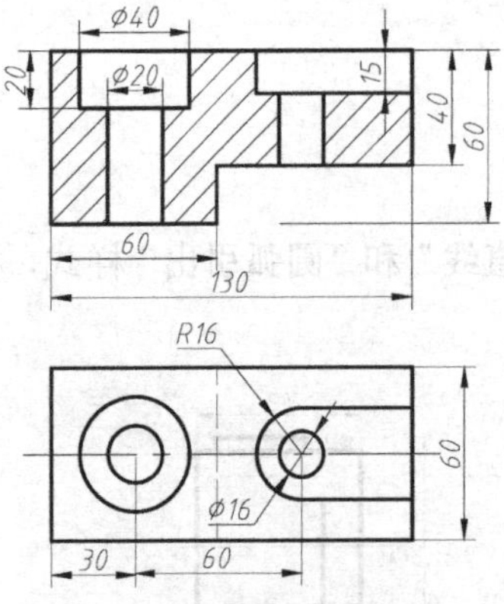

图 11-27　绘制全剖视图

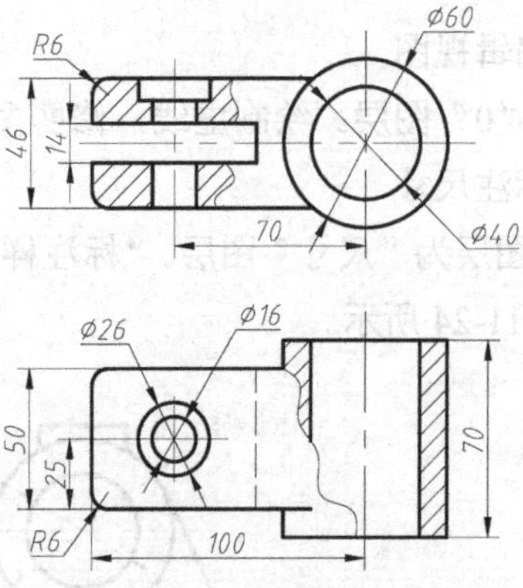

图 11-28　绘制局部剖视图

第12章 综合练习2——绘制零件图

本章进行创建样板图和绘制机械零件图的综合练习。

12.1 创建样板图

在新建工程图时总要进行大量的设置工作，包括图层、线型、颜色设置、文字样式设置、标注样式设置等，如果每次作图都要如此设置会很麻烦。为了提高绘图效率，使图样标准化，应该创建个人样板图，当需要绘制图样时只要调用样板图即可。下面介绍样板图的创建方法。

12.1.1 创建A3样板图

1. 新建一张图并保存

单击图名标签右边的“新图形”按钮，系统打开一张新的图形。单击“快速访问”工具栏中的“另存为”按钮，打开“图形另存为”对话框。在“文件名”文本框中输入文件名称“A3样板图”；在“保存类型”下拉列表中选择“AutoCAD图形样板(*.dwt)”选项；在“保存于”下拉列表中选择“Template”（样板）文件夹或指定其他保存位置。

2. 设置图层

单击“图层”面板中的“图层特性”按钮，打开“图层特性管理器”。根据第4.3.1小节的内容，分别设置出“粗实线”、“细实线”、“虚线”、“点画线”、“尺寸”、“文字”、“图案填充”等图层。

3. 设置图纸幅面

国家规定的图纸型号共有5种即A0、A1、A2、A3和A4，其幅面尺寸分别是1180×

840、840×594、594×420、420×297 和 297×210。图纸的大小应设置为标准图纸的幅面。下面以 A3 图幅为例来介绍。

1）绘制图框

（1）选取“细实线”图层为当前图层，单击“绘图”面板中的“矩形”按钮，指定原点“0,0”为起点，指定点“420,297”为对角点，绘制出矩形。

（2）选取“粗实线”图层为当前图层，单击“绘图”面板中的“矩形”按钮或“直线”按钮，绘制距离左侧框线“25”，距离其余各边“5”或“10”，结果如图 12-1 所示。

2）绘制标题栏

（1）绘制标题栏框。选取“细实线”图层为当前图层，单击“绘图”面板中的“直线”按钮，采用“直线距离”输入法，分别输入“32”、“130”、“32”、“C”，结果如图 12-2 所示。

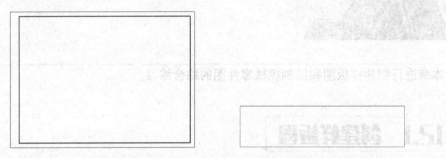

图 12-1　绘制图框

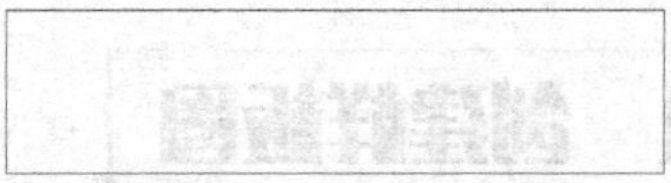

图 12-2　绘制标题栏框

（2）偏移水平线条。单击“修改”面板中的“偏移”按钮，输入偏移距离“8”，选取偏移对象，指定偏移方向，依次选取偏移对象 3 次，结果如图 12-3 所示。

图 12-3　“偏移”水平线条

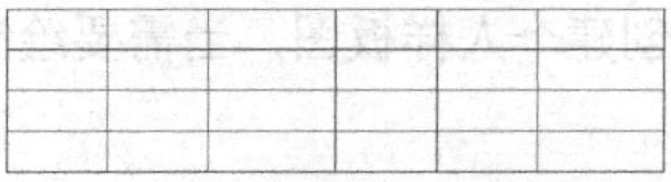

图 12-4　“偏移”竖直线条

（3）偏移竖直线条。单击“修改”面板中的“偏移”按钮，输入偏移距离“65”，选取偏移对象，指定偏移方向，绘制出竖直中心线。继续使用“偏移”命令，输入偏移距离“20”，选取左侧边线为偏移对象，指定偏移方向，依次选取偏移对象 2 次；选取竖直中线为偏移对象，指定偏移方向，依次选取偏移对象 2 次，结果如图 12-4 所示。

（4）修剪线条。单击“修改”面板中的“修剪”按钮，同时选取图中的水平和竖直两中心线为边界对象，分别选取左上角和右下角要修剪的线条，结果如图 12-5 所示。

（5）移动标题栏。单击“修改”面板中的“移动”按钮，选取标题栏为移动对象，选择标题栏的右下角为基点，捕捉图框的右下角，移动结果如图 12-6 所示。

图 12-5　“修剪”线条

图 12-6　图框和标题栏

12.1.2 设置文字样式和尺寸标注样式

1. 文字样式设置

（1）在“注释”面板单击“文字样式”下拉按钮，在下拉列表中选择“管理文字样式”选项，打开“文字样式”对话框，根据 7.4.1 节的内容，创建尺寸标注的文字样式。

（2）在“注释”面板单击“文字样式”下拉列表按钮，在下拉列表中选择“管理文字样式”选项，打开“文字样式”对话框，根据 7.4.2 节的内容，创建文字注释的文字样式。

2. 尺寸标注样式设置

选择“默认”选项卡，在“注释”面板中“标注样式”下拉按钮，在下拉列表中选择“管理标注样式”选项，打开“标注样式管理器”对话框，根据 9.7.1 节的内容，分别设置“直线”、“圆弧和圆引出标注”、“小尺寸”等各种标注样式。

公差和多重引线标注的样式可以根据使用情况来设置。

各项样式设置好以后，可以保存到 A3 样板图中。

12.1.3 创建 A2 样板图

创建 A3 样板图以后，再创建 A2 样板图就简单了。

（1）打开 A3 样板图，删除原图框。选取“细实线”图层为当前图层，单击“绘图”面板中的“矩形”按钮，指定原点“0,0”为起点，指定点“594,420”为对角点，绘制出新图框，按照规定尺寸，使用粗实线绘制内框后，将标题栏移动到右下角，其他设置不变。

（2）保存 A2 样板图。单击“快速访问”工具栏中的“另存为”按钮，打开“图形另存为”对话框，在“文件名”文本框中输入“A2 样板图”。在“保存类型”下拉列表中选择“AutoCAD 图形样板(*.dwt)”选项，在“保存于”下拉列表中选择“Template”（样板）文件夹或指定其他保存位置，单击“保存”按钮。

12.1.4 使用 AutoCAD 设计中心创建样板图

如果所需创建样板图的设置内容分别是几张已有图样中的某些部分，用 AutoCAD 设计中心来创建图样将非常方便。操作步骤如下：

（1）单击“快速访问”工具栏中的“打开”按钮，打开“选择样板”对话框，选择国际标准（公制）图样“acadiso.dwt”，单击“打开”按钮，进入绘图状态。

（2）选择“插入”选项卡，在“内容”面板单击“设计中心”按钮，打开设计中心窗口。

（3）在树状列表区中分别打开需要的图形文件，在内容区中显示其内容，直接将需要的内容拖动到新建的当前图形中，然后关闭设计中心。

（4）单击“快速访问”工具栏中的“保存”按钮，打开“图形另存为”对话框。在“文件名”文本框输入样板图名称。在“保存类型”下拉列表中选择“AutoCAD 图形样板

(*. dwt)”选项，在“保存于”下拉列表选择“样板(Template)”文件夹或指定其他保存位置。

（5）单击“保存”按钮，打开“样板选项”对话框，可以输入样板图说明文件，然后单击“确定”按钮，完成样板图的创建。

12.2 绘制机械零件图

机械零件多种多样，主要可以分为轴、盘、叉架和箱类零件。零件图是表达零件的图样，是设计部门提交给生产部门的重要技术条件，是制造、加工和检验的依据。

12.2.1 绘制轴类零件图

下面以图 12-7 所示的轴零件图为例，介绍机械图样的绘制方法以及绘制过程中应注意的一些问题。

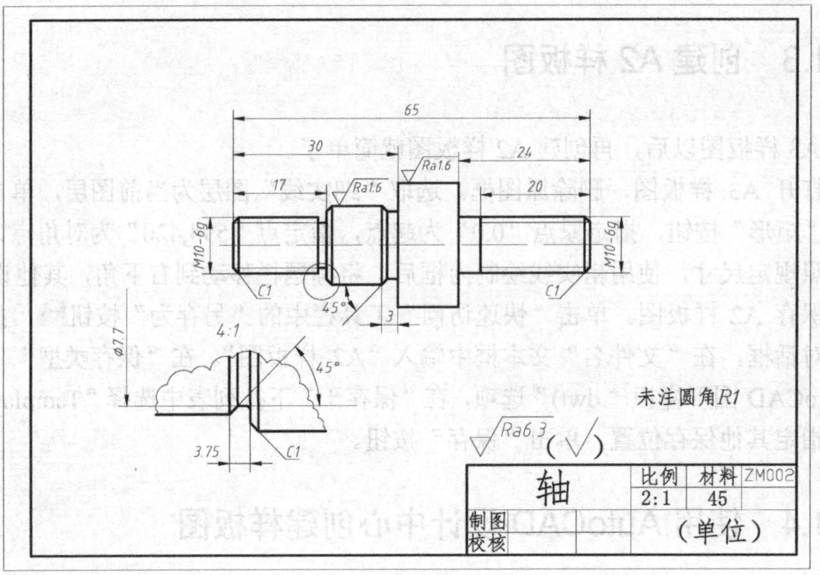

图 12-7 轴零件图

1. 设置绘图环境

绘图环境的设置包括以下内容。

（1）打开或设置“A3 样板图”，单击“快速访问”工具栏中的“另存为”按钮，把打开“另存为”对话框，输入文件名“ZM002 轴”，将其保存。

（2）设置图层：包括粗实线、细实线、尺寸标注、剖面线、点画线、文字等图层。

（3）设置文字样式：包括尺寸文字、图样文字等样式。

（4）设置尺寸标注样式：包括直线、圆与圆弧、角度和公差等样式。

（5）设置使用的各类线型和线宽。

（6）设置比例，本图比例为 2 : 1。

（7）绘制图框和标题栏。

2. 绘制轮廓定位线

轴类零件设计时应考虑加工位置，多以轴线水平设置，绘制步骤如下：

（1）绘制中心定位线。选取“点画线”图层为当前图层，使用“直线”命令，绘制轴的中心定位线，如图 12-8 所示。

（2）绘制水平和垂直构造线。选择“粗实线”图层为当前图层，使用“构造线”命令，输入命令“H”，再捕捉中心定位线的点，绘制出水平构造线；输入命令“V”，再捕捉中心定位线的某点，绘制出垂直构造线如图 12-9 所示。

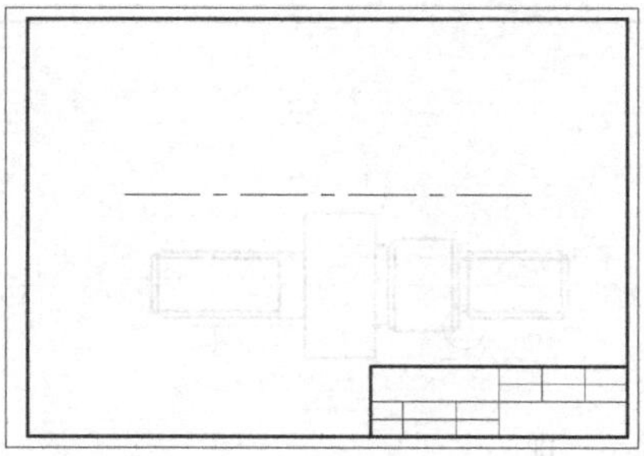

图 12-8 绘制中心定位线

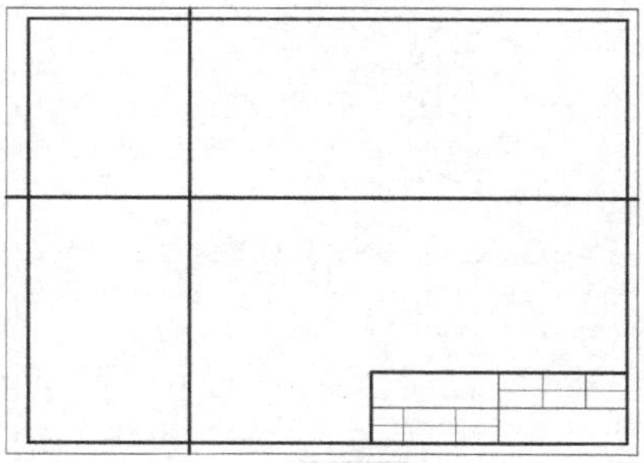

图 12-9 绘制构造线

（3）偏移构造线。使用“修改”工具栏的“偏移”命令，偏移水平构造线，偏移距离从中心线开始，分别为“10”、“13.2”、“14”和“22”；偏移垂直构造线，偏移距离从左向右分别为“17”、“30”、“65”，再向左偏移“20”和“24”，结果如图 12-10 所示。

（4）修剪构造线。使用“删除”命令，删除中心点画线覆盖的构造线。使用“修剪”命令，以最外面的四条构造线为边，修剪长出的多余线条，结果如图 12-11 所示。

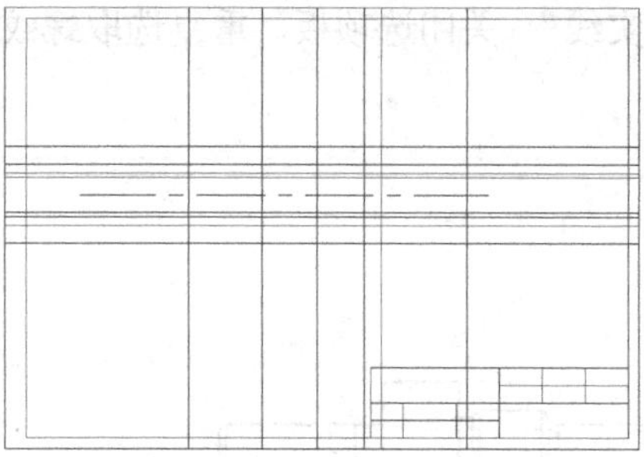

图 12-10 “偏移”图线

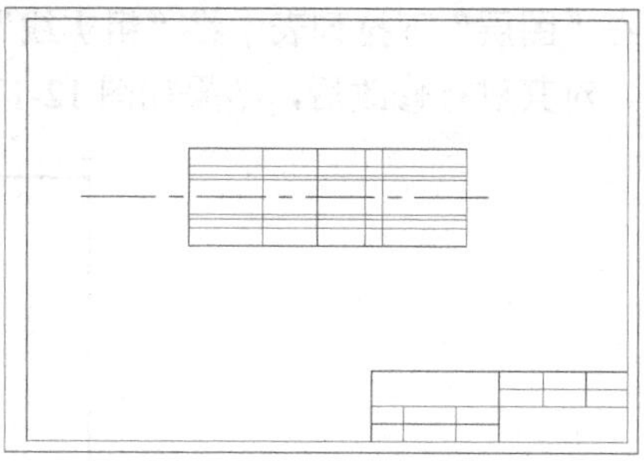

图 12-11 修剪直线

3. 绘制图形

绘制图形的步骤如下：

（1）继续使用“修剪”命令，修剪多余线条，结果如图 12-12 所示。

（2）绘制退刀槽。使用“偏移”命令，按图 12-13（a）所示偏移竖直线；使用“修剪”命令，修剪多余线条后，M10 和 ø12 轴的退刀槽如图 12-13（b）所示。

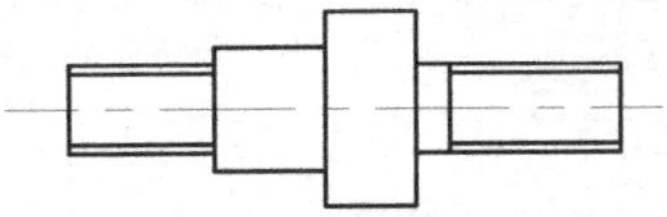

图 12-12　修剪直线结果

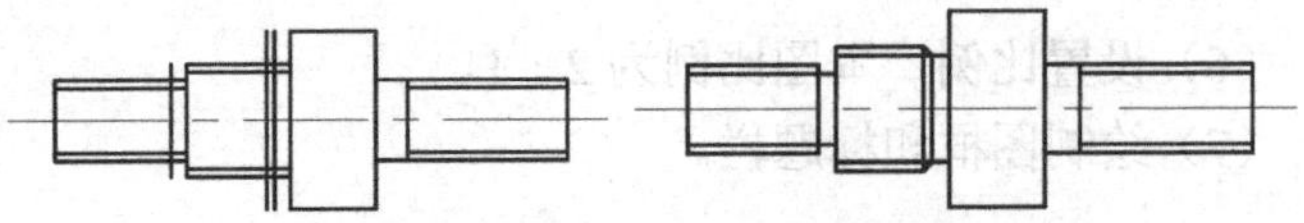

（a）偏移线示例　　（b）绘制退刀槽

图 12-13　绘制退刀槽

（3）绘制倒角。使用“倒角”命令，输入倒角距离，指定各边后，结果如图 12-14 所示。

（4）绘制 M10 的退刀槽放大图。使用“复制”命令，将退刀槽部分进行复制，按图 12-15 绘制云线，以云线为边界修剪多余线条，再执行“缩放”命令，选取复制部分，指定比例因子为“2”，结果如图 12-15 所示。

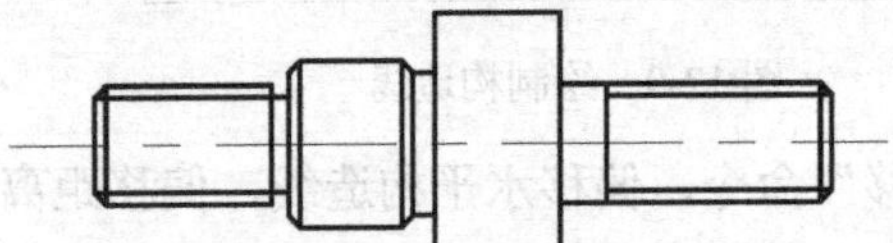

图 12-14　倒角结果

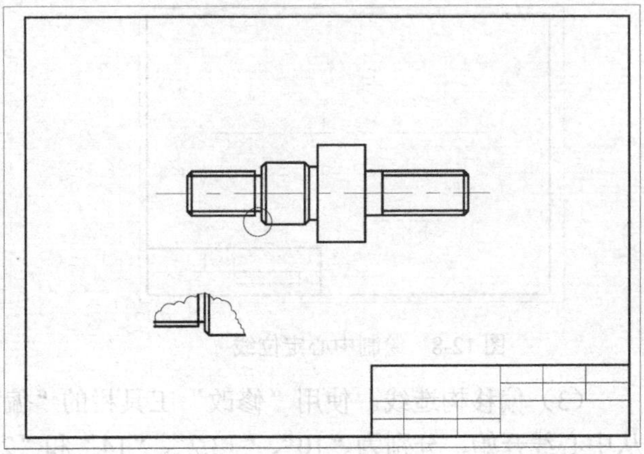

图 12-15　退刀槽放大图

（5）修改螺纹小径线段。选取视图中的螺纹小径线段，在光标附近显示“快捷特性”选项板，如图 12-16 所示。

在“图层”下拉列表中将“粗实线”改为“细实线”，关闭选项板。重复选取螺纹小径线段，对其进行修改后，结果如图 12-17 所示。

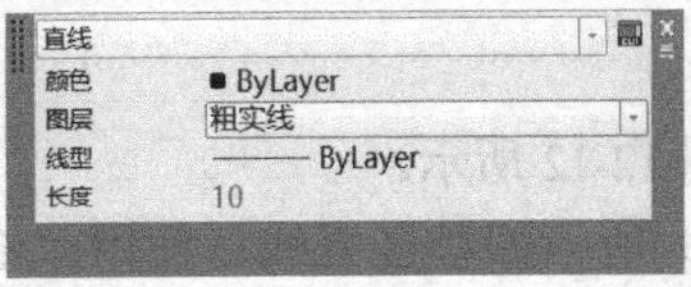

图 12-16　“快捷特性”选项板

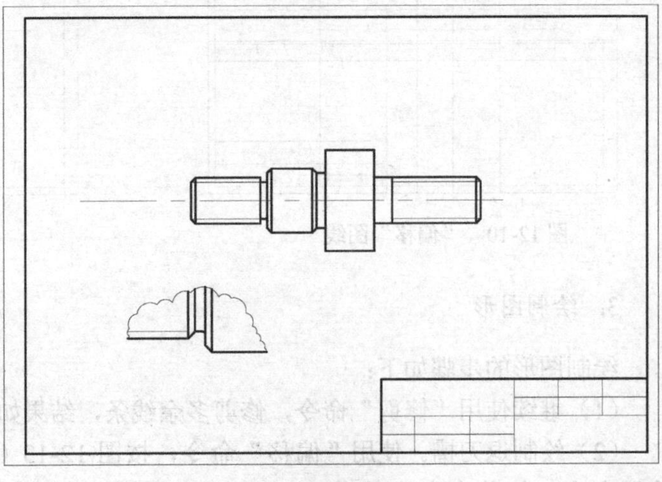

图 12-17　修改螺纹小径

4. 标注尺寸

标注尺寸应进入“尺寸”图层，分别选取“直线”、“角度”、“引线”等标注样式为当前样式，执行“线性”、“角度”和“多重引线”等标注命令。

（1）标注直线。由于绘制的是 2 : 1 放大图样，所以“直线”样式中的“主单位”比例因子应设置为“0.5”。

（2）标注直径。轴的 5 个直径尺寸是用“直线”样式标注的，先使用“线性”命令直接标注，再集中修改补充尺寸文字的符号和精度。

（3）标注倒角。倒角标注使用“多重引线”样式，设置为“无箭头”，最大引线点数为“3”，使用“水平连接”，左右连接位置均选择“第一行加下画线”选项。取第 2 点和第 3 点时的距离要短。

（4）标注粗糙度。参考 10.4 节内容，绘制粗糙度符号。将其复制到各相应位置，并标注和修改数值，结果如图 12-18 所示。

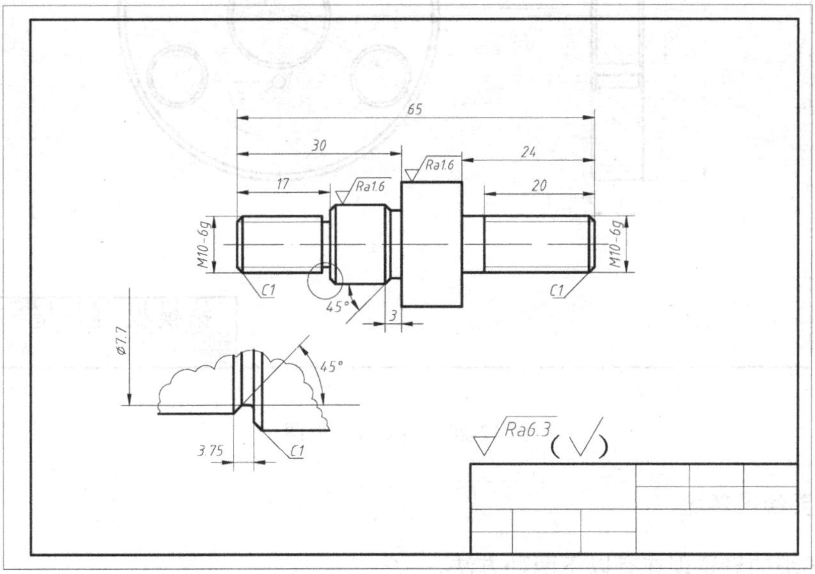

图 12-18　轴的尺寸标注

5. 填写文字

进入“文字”图层，将“图样文字”置为当前文字格式，在“注释”面板中单击“文字”下拉按钮，在下拉列表中选择“单行文字”选项，设置字高为“5”，旋转角度为“0°”，单击指定各文字的位置，输入文字，结果如图 12-19 所示（零件名称的字高为“10”，单位的字高为“7”）。

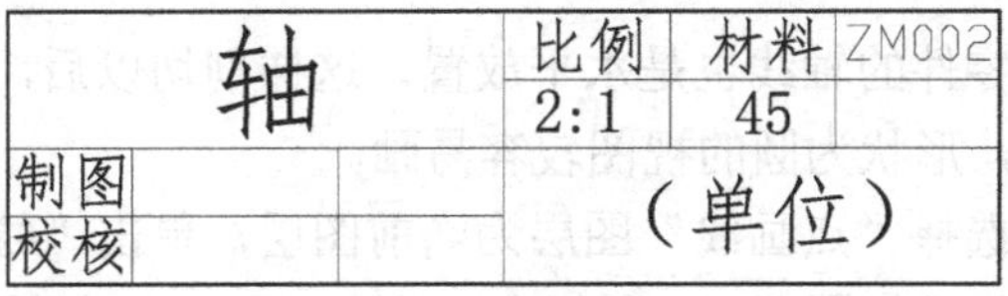

图 12-19　填写文字

各项内容绘制完成后，应将该图保存。本章的零件图都是钻模的零件图样，为了以后练习方便，保存名称需要统一有序，按部件的安装顺序，此零件名称可记为“ZM002 轴”。

12.2.2 绘制盘类零件图

下面以图 12-20 所示的钻模板零件图为例，介绍盘类零件图的绘制方法。

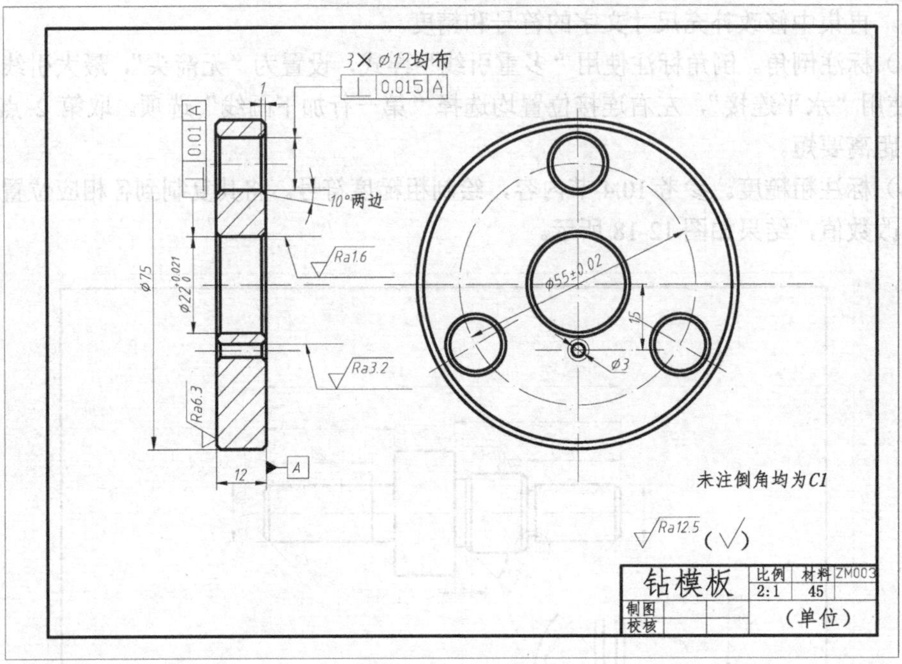

图 12-20 钻模板零件图

1. 设置绘图环境

绘图环境的设置现在有以下两种方法。

（1）打开“ZM002 轴”零件图，删除图形和尺寸，单击“另存为”按钮，打开“另存为”对话框，输入文件名称“ZM003 钻模板”，将其保存。

（2）打开或设置“A3 样板图”，单击“另存为”按钮，在打开的“另存为”对话框中输入文件名“ZM003 钻模板”，将其保存。打开“设计中心”窗口，在文件夹列表中找到“ZM002 轴”或其他图形，分别将“标注样式”、“图层”、“文字样式”和“线型”等在右侧的各项内容，直接拖动到打开的绘图区。

2. 绘制定位线

一般情况下，盘类零件的轴线也是水平放置，这样剖切以后，主视图的表达更清楚一些。绘图从左视图下手，形状为圆的视图较容易画。

绘制中心定位线。选择“点画线”图层为当前图层，单击“绘图”面板中的“直线”按钮，绘制圆的中心定位线如图 12-21 所示。

3. 绘制左视图

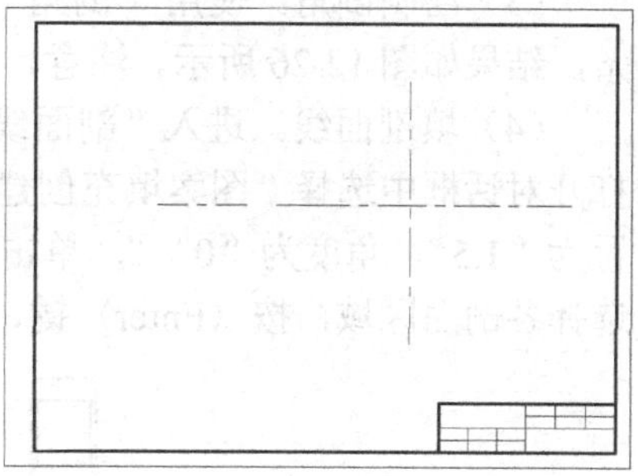

图 12-21 绘制中心定位线

绘制左视图的步骤如下：

（1）根据尺寸绘制圆，绘图比例仍为 2：1。进入“粗实线”图层，单击“绘图”面板中的“圆”按钮，分别取 ø75、ø22、ø12、ø3、ø55 画圆；在绘图区选择 ø55 圆，打开“快捷特性选项板”，在“图层”下拉列表中将“粗实线”改为“点画线”，结果如图 12-22 所示。

（2）绘制 ø12 均布的三个圆。单击“修改”面板中的“阵列”按钮，选取对象 ø12 圆，指定“项目总数”为“3”，“填充角度”为“360°”，阵列结果如图 12-23 所示。

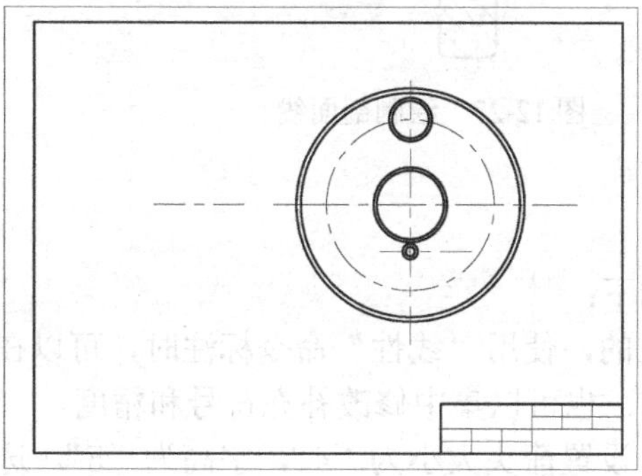

图 12-22 绘制左视图

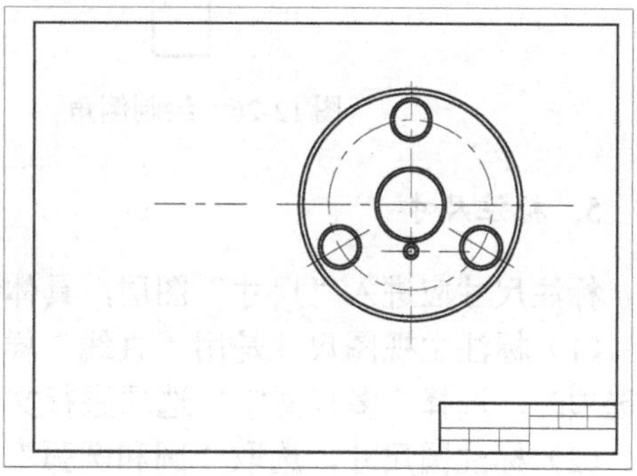

图 12-23 阵列圆

4. 绘制主视图

绘制主视图的步骤如下：

（1）绘制水平和垂直构造线，单击“绘图”面板中的“构造线”按钮，输入命令“H”，打开“捕捉”工具栏，分别捕捉左视图中各圆的象限点和中心点，绘制出水平构造线；单击“构造线”按钮，输入命令“V”，绘制一条垂直的构造线，使用“偏移”命令绘制出其他垂直轮廓线，结果如图 12-24 所示。

（2）修剪多余线条。使用“修剪”命令减去多余线条，结果如图 12-25 所示。

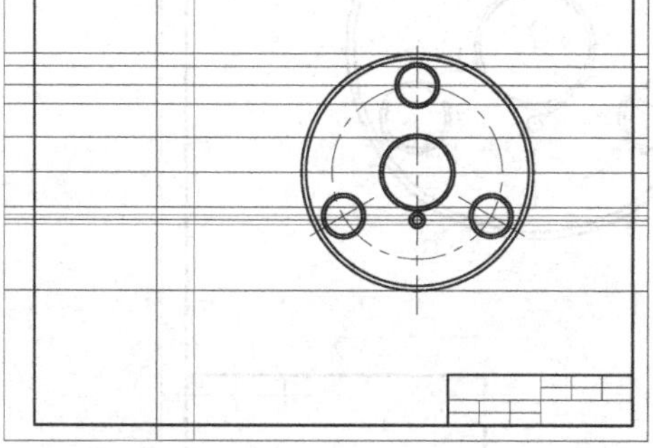

图 12-24 绘制构造线

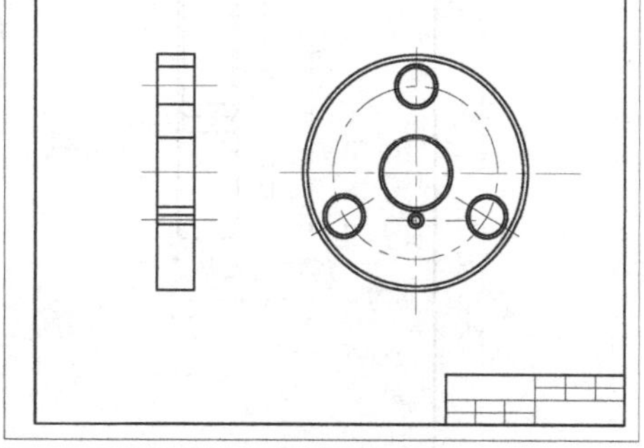

图 12-25 修剪线条

（3）绘制倒角。使用“倒角”命令，输入倒角距离，指定各边后，可以修剪多余线条，结果如图 12-26 所示。注意，在绘制内孔倒角时，应选择“不去除”选项。

（4）填剖面线。进入“剖面线”图层，单击“绘图”面板中的“图案填充”按钮，在打开对话框中选择“图案填充创建”选项卡，选择“图案”中的“ANSI31”选项，比例设置为“1.5”，角度为“0°”，单击“边界”面板中的“拾取点”按钮，在绘图区界面中选择各剖面区域，按〈Enter〉键，填充结果如图 12-27 所示。

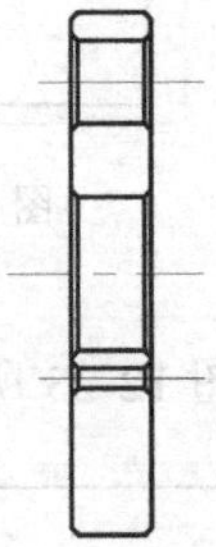

图 12-26　绘制倒角

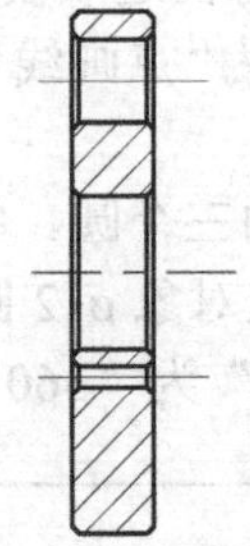

图 12-27　绘制剖面线

5. 标注尺寸

标注尺寸应进入“尺寸”图层，具体步骤如下：

（1）标注主视图尺寸是用“直线”样式标注的，使用“线性”命令标注时，可以在提示选项时，选择“多行文字”选项进行文字编辑，也可以集中修改补充符号和精度。

（2）标注圆尺寸，选取“圆和圆弧”样式，设置箭头大小为“4”，字高为“5”。选择圆弧，移动鼠标牵引尺寸数字到合适位置后，单击结束操作。

（3）由于绘制的是 2 : 1 放大图样，所以“直线”和“圆和圆弧”样式中“主单位”的比例因子应设置为“0.5”。

（4）绘制或复制粗糙度符号，将其移动到各相应位置，并修改其数值，结果如图 12-28 所示。

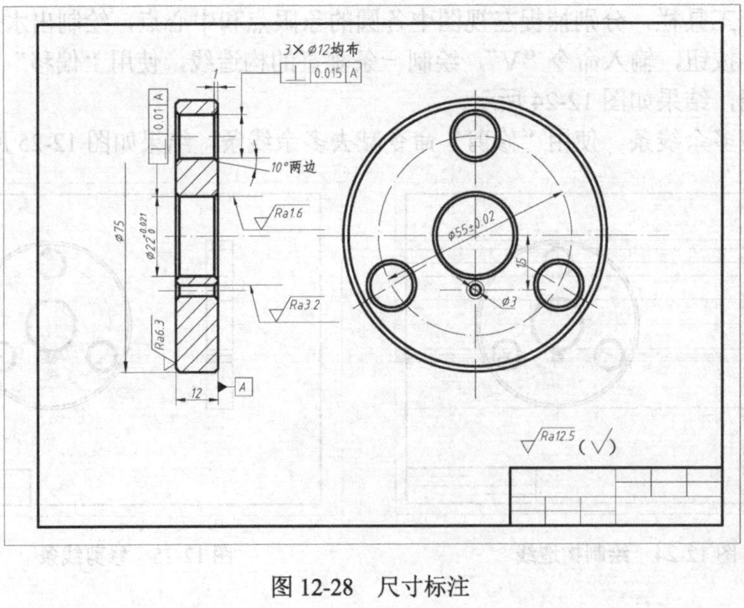

图 12-28　尺寸标注

6. 填写文字

填写文字的步骤：进入“文字”图层，将“图样文字”格式为置为当前文字格式，在“注释”面板中单击“文字”下拉按钮，在下拉列表中选择“单行文字”选项，设置字高为“5”，旋转角度为“0°”，单击指定各文字的位置，输入文字，结果如图 12-29 所示（零件名称的字高为“10”，单位的字高为“7”）。

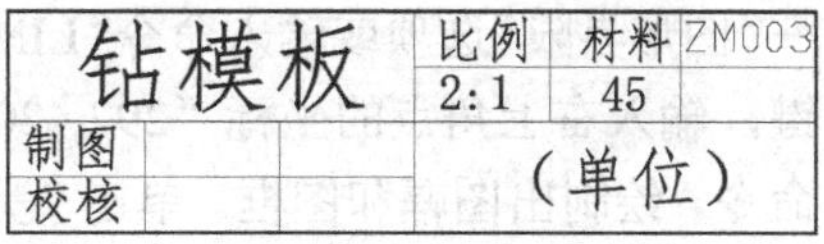

图 12-29 文字填写

各项内容绘制完成后，应将该图保存，按部件的安装顺序，此零件名称可记为“ZM003 钻模板”。

12.2.3 绘制架（箱）类零件图

下面以图 12-30 所示的底座零件图为例，介绍架类零件图的绘制方法。

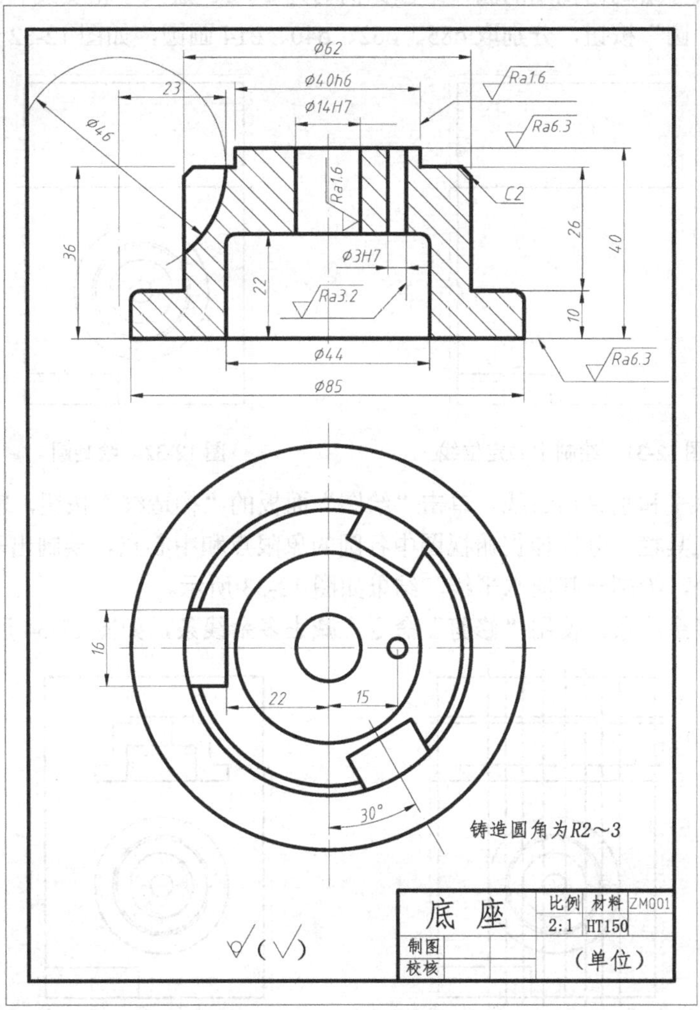

图 12-30 底座零件图

1. 设置绘图环境

绘图环境的设置：打开“ZM003 钻模板”零件图，删除绘图区所有内容，选择“格式”→“图形界限”选项或输入命令“LIMITS”，在命令行里输入左下角点的坐标“0,0”，按〈Enter〉键，输入右上角点的坐标“297,420”，按〈Enter〉键。使用“绘图”工具栏中的“矩形”命令，绘制出图幅和图框。单击“另存为”按钮，在打开的对话框中输入文件名称“ZM001 底座”，将其保存。

2. 绘制零件主体图形

零件为架类零件，以工作位置考虑视图放置。俯视图为圆，应先从轮廓为圆的视图下手。

绘制零件主体的操作步骤如下：

（1）绘制中心定位线，进入“点画线”图层。单击“绘图”面板中的“直线”按钮，绘制圆的中心定位线；单击“构造线”按钮，输入命令“H”，绘制主视图的水平定位线，如图 12-31 所示。

（2）根据尺寸绘制俯视图的圆，绘图比例仍为 2∶1。进入“粗实线”图层，单击“绘图”面板中的“圆”按钮，分别取 ø85、ø62、ø40、ø14 画圆，如图 12-32 所示。

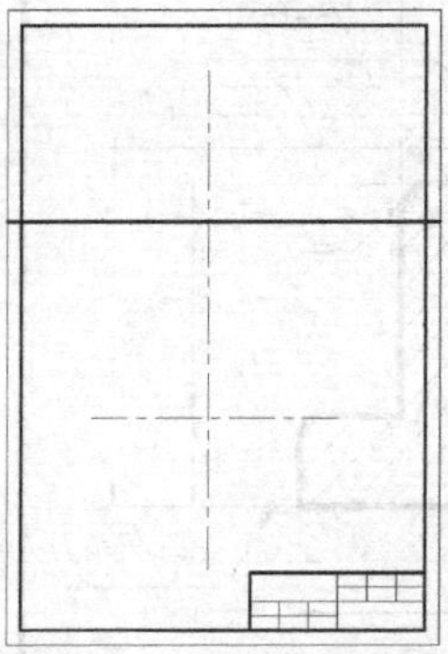

图 12-31　绘制中心定位线

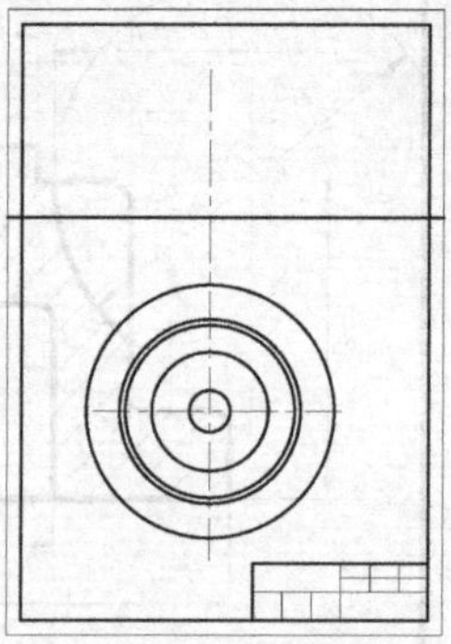

图 12-32　绘制圆

（3）绘制水平和垂直构造线。单击“绘图”面板的“构造线”按钮，输入命令“V”，打开“捕捉”工具栏，分别捕捉俯视图中各圆的象限点和中心点，绘制出垂直构造线。使用“偏移”命令，绘制出其他水平线，结果如图 12-33 所示。

（4）修剪多余线条。使用“修剪”命令，减去多余线条，如图 12-34 所示。

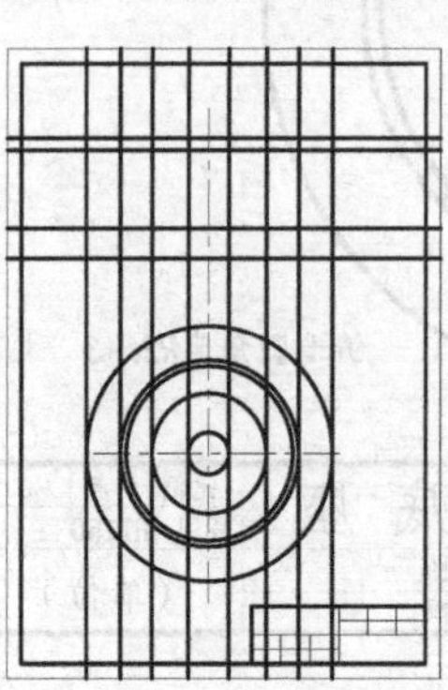

图 12-33　绘制构造线

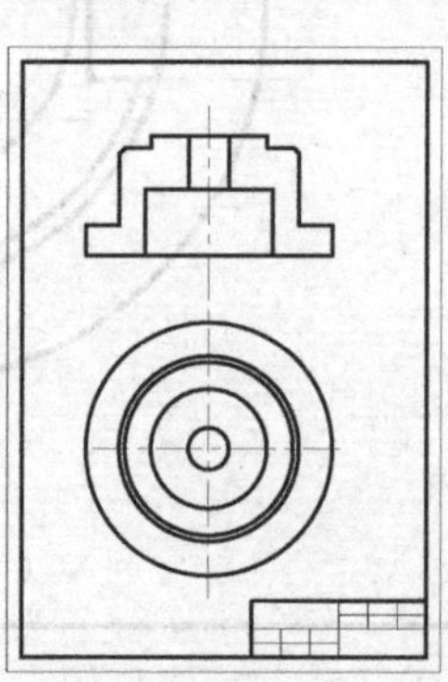

图 12-34　“修剪”后的结果

3. 绘制局部结构

绘制局部结构的步骤如下。

（1）绘制排屑槽。槽宽 12 均布。

俯视图作图：使用“偏移”命令，根据尺寸分别做出水平轴线和垂直轴线的偏移线，修剪多余线条；主视图作图：根据水平尺寸 22、23 和垂直尺寸 36 定位槽底圆的中心，单击“绘图”面板中的“圆”按钮，输入“ø46”画圆，结果如图 12-35 所示。

单击“修改”面板中的“阵列”按钮，选取俯视图排屑槽的三边，输入项目总数“3”，“填充角度”为“360°”，排屑槽阵列的结果如图 12-36 所示。

（2）绘制定位销孔。根据定位尺寸 15 和 ø3 绘制俯视图中的定位销孔。使用“构造线”命令，“捕捉”销孔左右象限点，绘制构造线。修剪后的结果如图 12-37 所示。

4. 绘制剖面线

绘制剖面线的步骤如下：

填剖面线。进入“剖面线”图层，单击“绘图”面板中的“图案填充”按钮，在打开的对话框中选择“图案填充创建”选项卡，在“图案”面板中单击“图案填充图案”按钮，在“图案填充图案”图库中选择“ANSI31”选项，比例设置为“1.5”，角度为“0°”；单击“边界”面板中的“拾取点”按钮，在主视图中选择各剖面区域，按〈Enter〉键，填充结果如图 12-38 所示。

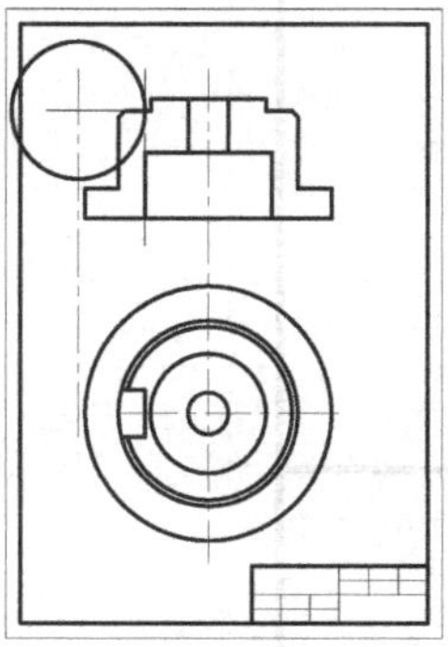

图 12-35 绘制排屑槽

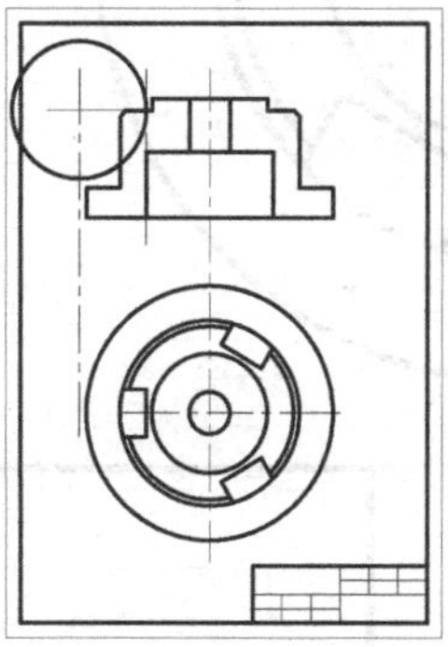

图 12-36 “阵列”排屑槽

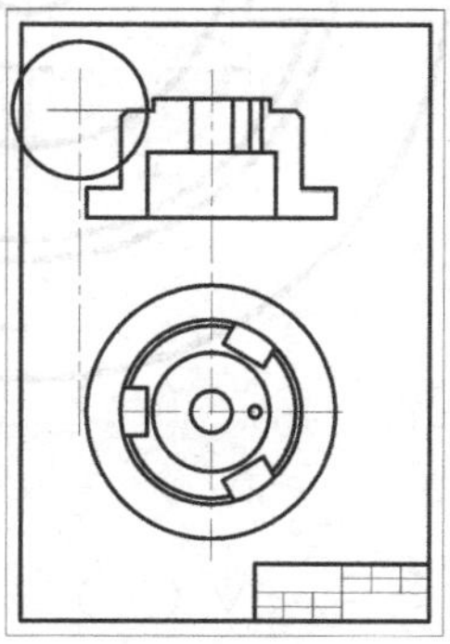

图 12-37 绘制定位销

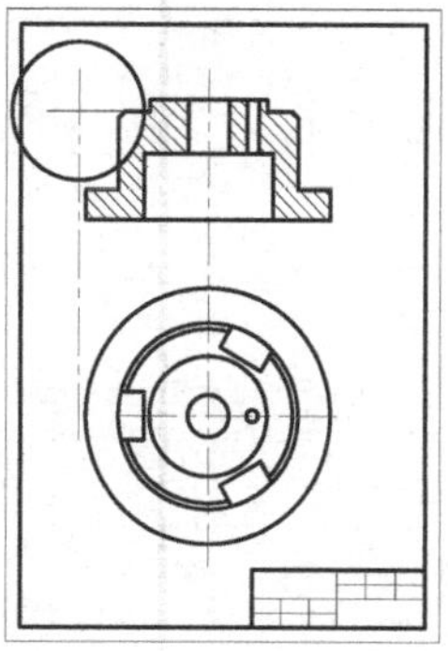

图 12-38 绘制剖面线

5. 标注尺寸

标注尺寸应进入“尺寸”图层，具体步骤如下：

（1）标注主视图尺寸是用“直线”样式标注的，使用“线性”命令标注时，可以在提示选项时，选择“多行文字”选择进行文字编辑，也可以集中补充符号和精度。

（2）标注圆尺寸，选取“圆和圆弧”样式，设置箭头大小为“4”，字高为“5”，选择圆弧，移动鼠标牵引尺寸数字到合适位置后，单击结束操作。

（3）由于绘制的是 2 : 1 的放大图样，所以“直线”和“圆和圆弧”样式中的“主单位”比例因子应设置为“0.5”。

（4）绘制粗糙度符号或插入块，将其移动到各相应位置，并修改其数值，结果如图 12-39 所示。

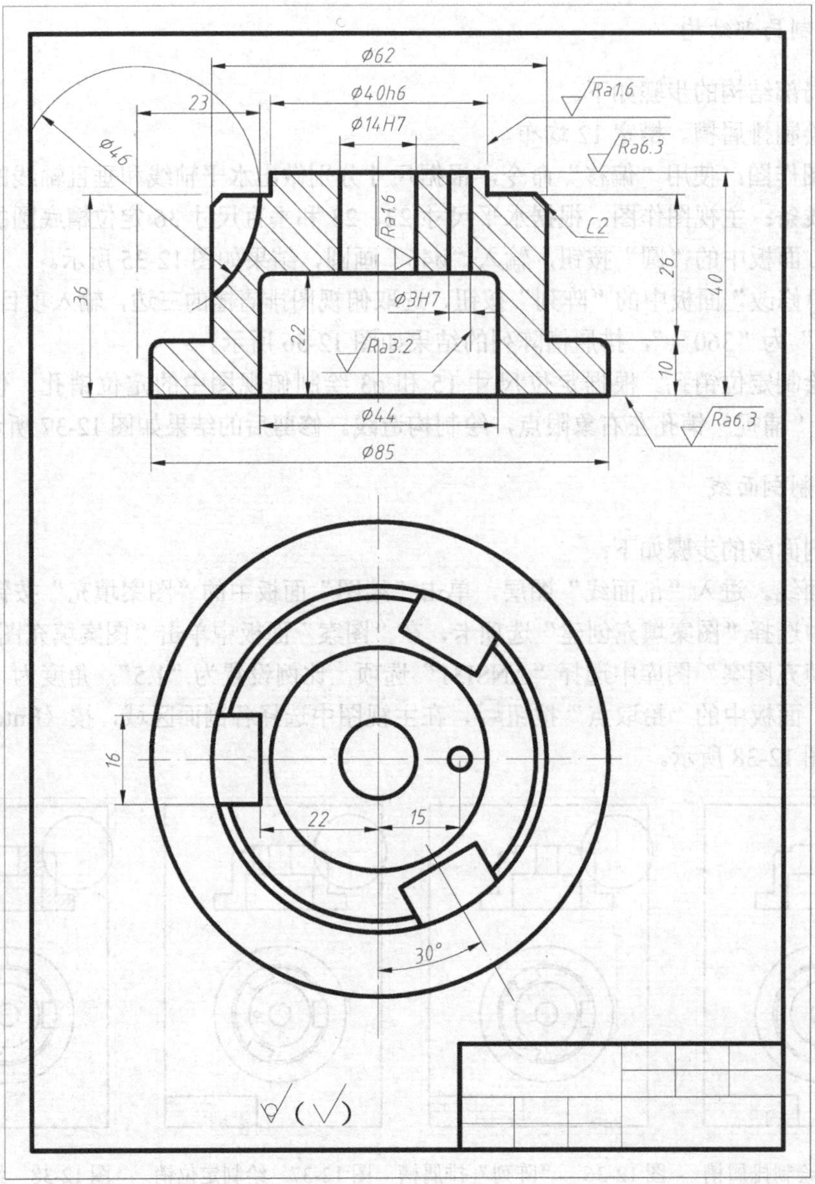

图 12-39 尺寸标注

6. 填写文字

底 座		比例	材料	ZM001
		2:1	HT150	
制图		(单位)		
校核				

图 12-40 文字填写

填写文字。进入"文字"图层，将"图样文字"格式设置为当前文字格式，单击"绘图"面板的"文字"下拉按钮，在下拉列表中选择"单行文字"选项，设置字高为"5"，旋转角度为"0°"，单击指定各文字的位置，输入文字，结果如图 12-40 所示（零件名称的字高为"10"，单位的字高为"7"）。

各项内容绘制完成后，应将该图保存，按部件的安装顺序，此零件名称可记为"ZM001 底座"。

12.3 实训

12.3.1 绘制机械零件图

根据图示尺寸，绘制简单零件图。

1. 绘制钻套

绘制钻套零件图，如图 12-41 所示，并以“ZM004 钻套”的名称保存。

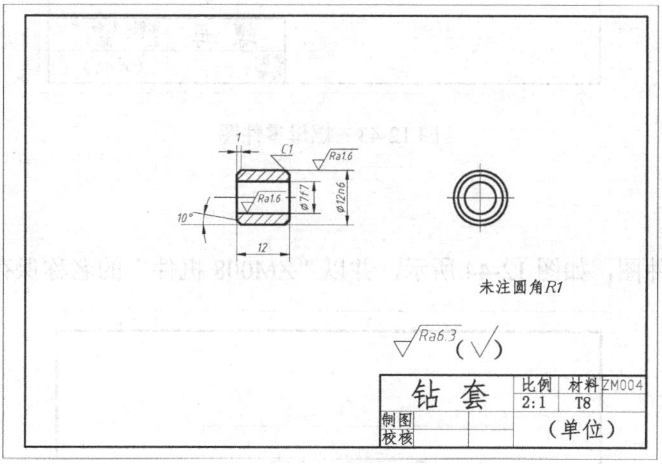

图 12-41 钻套零件图

2. 开口垫圈

绘制开口垫圈零件图，如图 12-42 所示，并以“ZM005 开口垫圈”的名称保存。

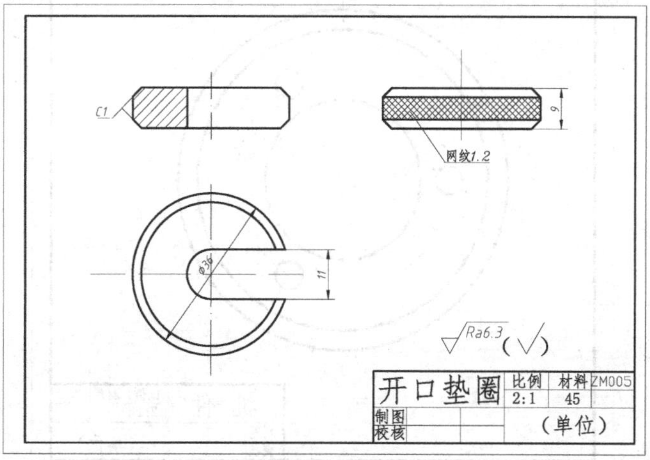

图 12-42 开口垫圈零件图

3. 绘制螺母

绘制螺母零件图，如图 12-43 所示，并以“ZM006 螺母”的名称保存。

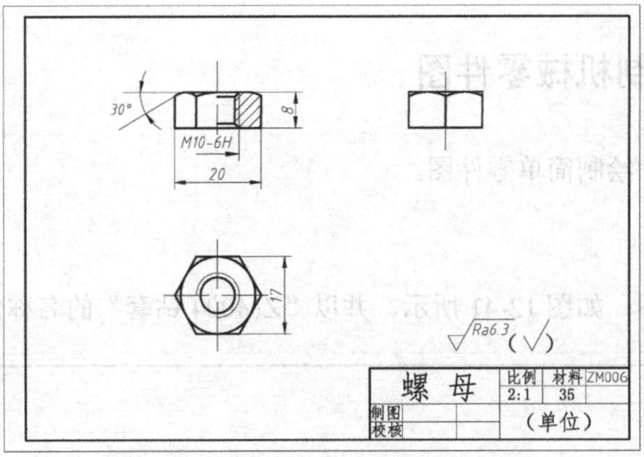

图 12-43 螺母零件图

4. 绘制机件

绘制机件零件图，如图 12-44 所示，并以“ZM008 机件”的名称保存。

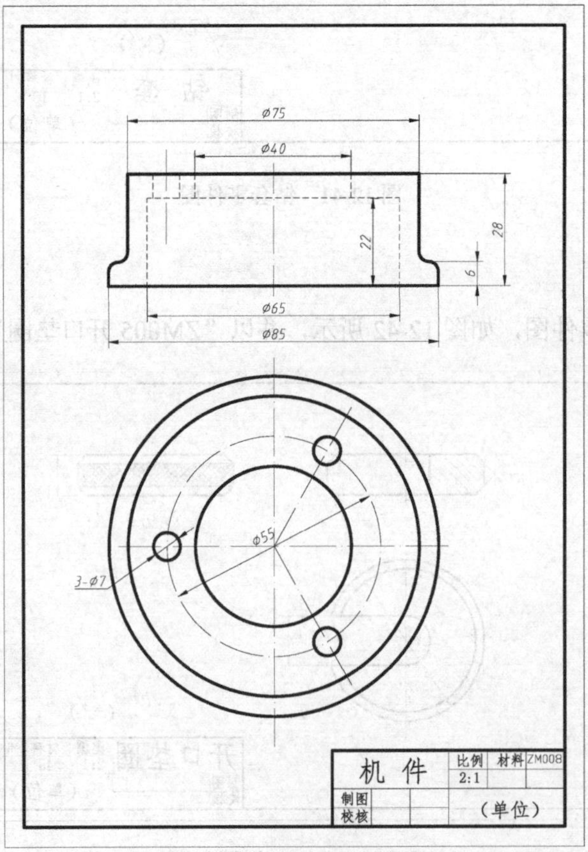

图 12-44 机件示意零件图

这些零件图的图形比较简单，作图方法可以参考 12.2 节内容。

12.3.2 绘制简单家具图

下面绘制简单的家具图形。

1. 绘制餐桌

操作步骤如下：

（1）打开 A3 样图，另存为“家具图”。

（2）单击“绘图”面板中的“矩形”按钮，根据系统提示，在绘图区合适位置取一点为矩形的一个角点，输入“@650,800”为矩形的对角点，结果如图 12-45 所示。

（3）分解矩形。单击“修改”面板中的“分解”按钮，对矩形分解。

（4）偏移顶面线。单击“修改”面板中的“偏移”按钮，根据系统提示，选择矩形顶面水平线，沿着垂直方向依次向下偏移 20、100；选择垂直线，沿水平线方向依次向左偏移 40、610，结果如图 12-46 所示。

（5）修剪多余线条。单击“修改”面板中的“修剪”按钮，根据系统提示，进行操作，修剪多余线条，结果如图 12-47 所示。

图 12-45　绘制矩形

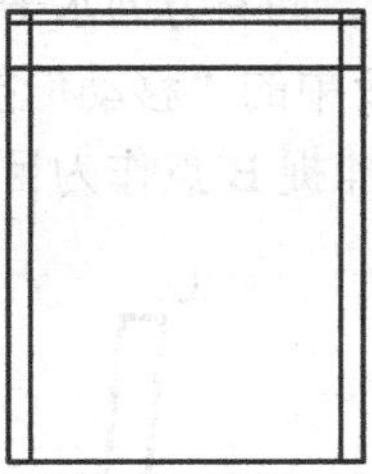

图 12-46　偏移线条

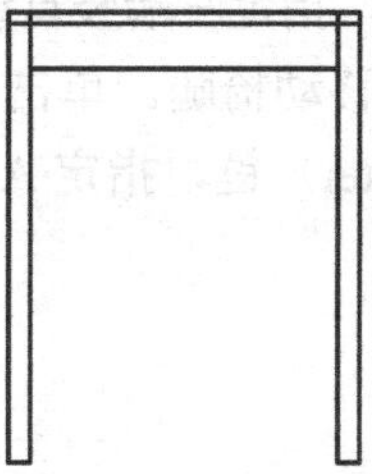

图 12-47　修剪多余线条

2. 绘制椅子

1）绘制椅面

（1）绘制矩形。单击“绘图”面板中的“矩形”按钮。根据系统提示，在绘图区合适位置取一点为矩形的一个角点，输入“@400,80”为矩形的对角点，结果如图 12-48 所示。

（2）分解矩形并偏移底边线。首先单击“修改”面板中的“分解”按钮，对矩形分解。然后单击“修改”面板中的“偏移”按钮，选取底边线为偏移对象，沿垂直方向向上偏移 20，结果如图 12-49 所示。

（3）圆角处理。单击“修改”面板中的“圆角”按钮，根据系统提示，输入命令“R”，输入圆角半径“30”，进行圆角处理，结果如图 12-50 所示。

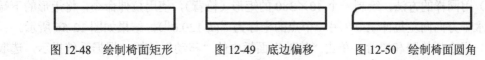

图 12-48　绘制椅面矩形

图 12-49　底边偏移

图 12-50　绘制椅面圆角

2）绘制前椅腿。

（1）绘制矩形。单击“绘图”面板中的“矩形”按钮。根据系统提示，在绘图区合适位置取一点为矩形的一个角点，输入“@40,350”作为矩形的对角点，绘制矩形，结果如图 12-51 所示。

（2）分解和拉伸椅腿。首先单击“修改”面板中的“分解”按钮，对矩形分解；然后单击“修改”面板中的“拉伸”按钮。根据系统提示，选择矩形的上端部分（不要选底边）并按〈Enter〉键，在绘图区合适位置向右引导光标，选取 A 点为基点，然后输入“@40,0”作为目标点，拉伸结果如图 12-52 所示。

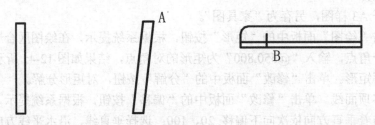

图 12-51　绘制矩形（前椅腿）

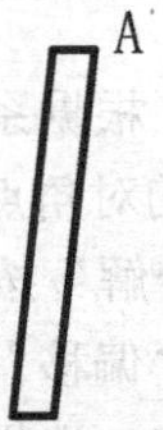

图 12-52　拉伸矩形

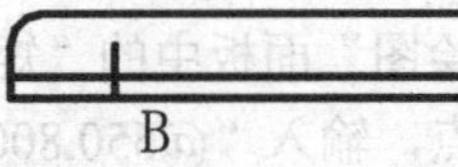

图 12-53　组合椅面椅腿

3）组合椅面和前椅腿

（1）作椅面辅助线。单击“修改”面板中的“偏移”按钮。根据系统提示，输入偏移距离“100”，指定左端竖直线为偏移对象，向右方向水平偏移至 B 点，结果如图 12-53 所示。

（2）移动椅腿。单击“修改”面板中的“移动”按钮，根据系统提示，选择椅腿对象并按〈Enter〉键，指定 A 点为基点，捕捉 B 点作为目标点，移动结果如图 12-54 所示。

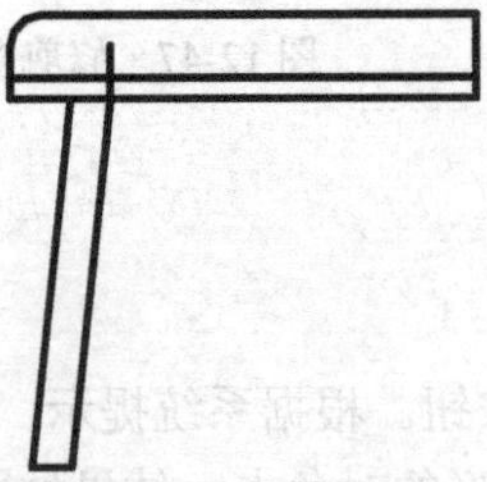
图 12-54　组合椅面椅腿

图 12-55　拉伸后椅腿

图 12-56 拉伸靠背

4）绘制椅子椅背。

（1）参照绘制前椅腿的操作步骤，绘制一个 400×600 的矩形（后椅子腿），分解以后使用拉伸命令，将矩形的上端部分沿水平方向向左拉伸 60（另一个点的坐标为“@-60,0”），结果如图 12-55 所示。

（2）用同样的方法，绘制一个 40×380 的矩形（椅背），使用拉伸命令，将矩形的下端部分沿水平方向向左拉伸 120（另一个点的坐标为“@-120,0”），结果如图 12-56 所示。

（3）组合后椅腿和椅背。单击“修改”面板中的“移动”按钮，根据系统提示，选取后椅子腿作为移动对象，指定 C 点作为移动基点，捕捉 D 点作为目标点，移动结果如图 12-57 所示。

（4）删除结合线。单击“修改”面板中的“删除”按钮，删除连接处的直线，结果如图 12-58 所示。

（5）椅背圆角。单击“修改”面板中的“圆角”按钮，根据系统提示，输入圆角半径为“100”，分别选取椅背折弯处的两条边进行圆角，结果如图 12-59 所示。

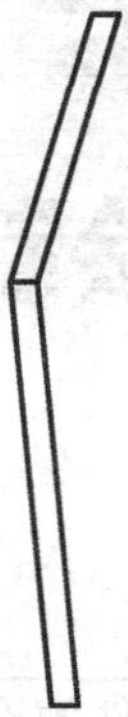

图 12-57　组合椅腿和椅背

图 12-58　删除结合线

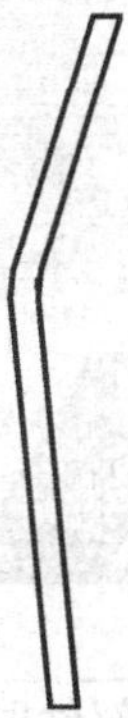

图 12-59　结合处圆角示例

5）组合椅子

（1）组合椅子。单击“修改”面板中的“移动”按钮，根据系统提示，选择椅面为移动对象，指定 E 点作为移动基点，打开状态栏的“对象捕捉追踪”功能，捕捉椅背下端 F 点作为水平对齐点，如图 12-60 所示，水平移动 E 点，使椅子正确接合。

（2）修剪组合处的多余线条。使用“修剪”和“删除”命令，对组合处的多余线条进行修剪，结果如图 12-61 所示。

图 12-60　对象捕捉追踪

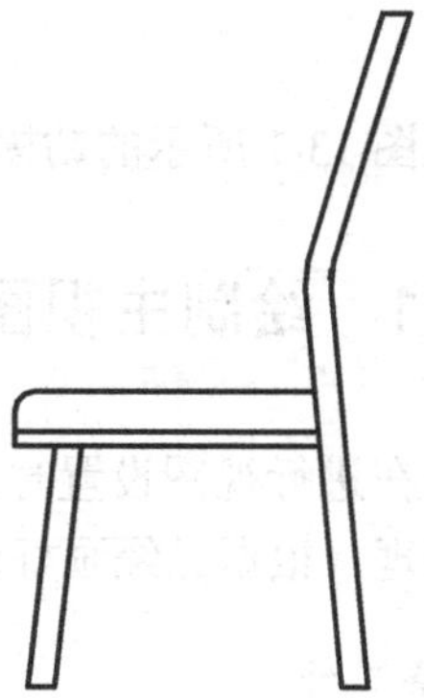

图 12-61　删除多余线条

习题 12

1．根据 12.1 节所述创建样板图的内容和三种方法，创建“A3”样板图。

2．绘制图 12-41～图 12-44 所示的零件图，具体方法可以按照 12.2 节所述内容进行操作。

第13章

综合练习 3——绘制装配图

设计产品或部件时，一般先画出装配图，再根据装配图进行零件的设计。装配图主要是表达部件的工作原理和装配关系。

绘制装配图一般有以下两种方法。

（1）直接法：按部件的装配关系，依次绘制各零件的投影，适用于有经验的设计者。

（2）拼装法：先绘制出零件图，再将零件图拼贴成装配图。其作图方法的特点是零件图的比例相同，选择合理的定位基准，就像安装部件一样，较易掌握，适用于初学者。

13.1 绘制视图

下面以图 13-1 所示的钻模装配图为例，介绍使用拼装法绘制装配图。

13.1.1 绘制主视图和俯视图

装配图在进行视图设置时，一般考虑工作位置，主视图应最能反映零件形状、装配关系和工作原理。根据已经画好的零件图，可以先绘制主视图和俯视图。

1. 准备工作

绘制装配图的准备工作包括以下内容。

（1）打开“A2 样板图”，图纸边界为“594,420”，单击“快速访问”工具栏中的“另存为”按钮，在打开的对话框中输入文件名称“ZM010 装配图”，并将其保存。

（2）绘制“ZM001~ ZM006”的零件图，比例均为 2：1，可以不标注尺寸。

（3）绘制“ZM008”机件示意图。

（4）打开“ZM010 装配图”，绘制图框和标题栏。选择“标准”工具栏中的“设计中心”，在打开的文件夹列表中找到“ZM001 底座”图形，分别为其设置“标注样式”、“图层”、“文字样式”、“线宽”和“线型”等内容，直接拖动到当前的绘图区。

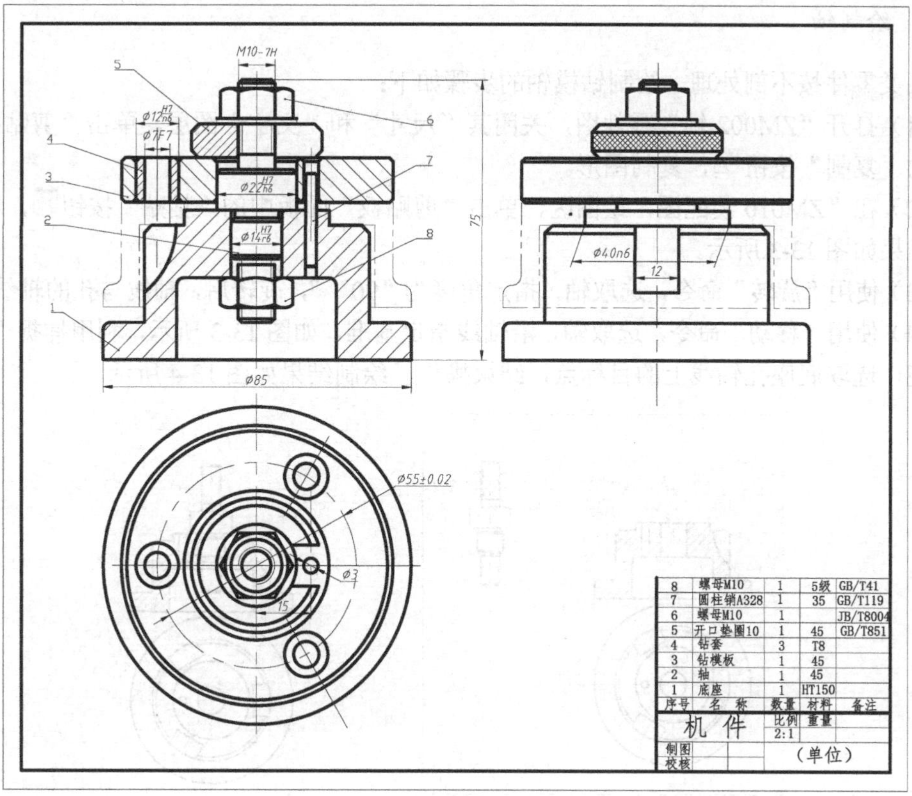

图 13-1 装配图示例

2. 绘制底座

绘制钻模底座的步骤如下：

（1）打开“ZM001 底座”零件图，关闭其“尺寸”和“文字”图层，单击“剪贴板”面板中的“复制”按钮，复制图形。

（2）在“ZM010 装配图”绘图区，单击“剪贴板”面板中的“粘贴”按钮，粘贴图形，结果如图 13-2 所示。

注意：“修改”面板中的“复制”按钮，只能在同一张图纸中复制，不能在图纸间复制。

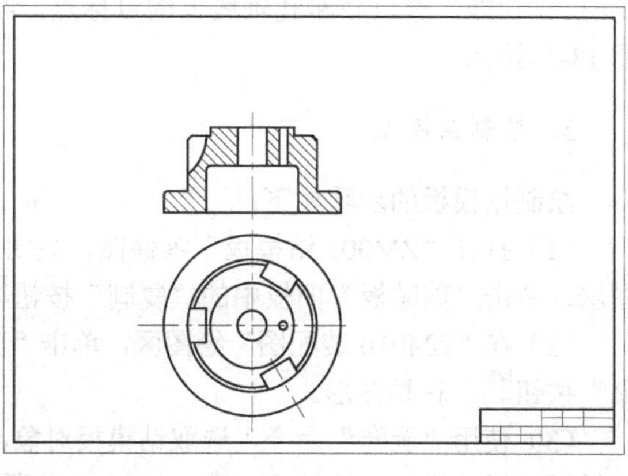

图 13-2 绘制底座

3. 绘制轴

轴类零件按不剖处理。绘制钻模轴的步骤如下：

（1）打开“ZM002 轴”零件图，关闭其“尺寸”和“文字”图层，单击“剪贴板”面板中的“复制”按钮，复制图形。

（2）在“ZM010 装配图”绘图区，单击“剪贴板”面板中的“粘贴”按钮，粘贴图形，结果如图 13-3 所示。

（3）使用“旋转”命令，选取轴，指定角度为“90°”，旋转后，轴线与孔的轴线一致。

（4）使用“移动”命令，选取轴，沿轴线指定基准，如图 13-3 所示，利用捕捉“交点”的功能，选取底座孔轴线上的目标点，结束操作，绘制结果如图 13-4 所示。

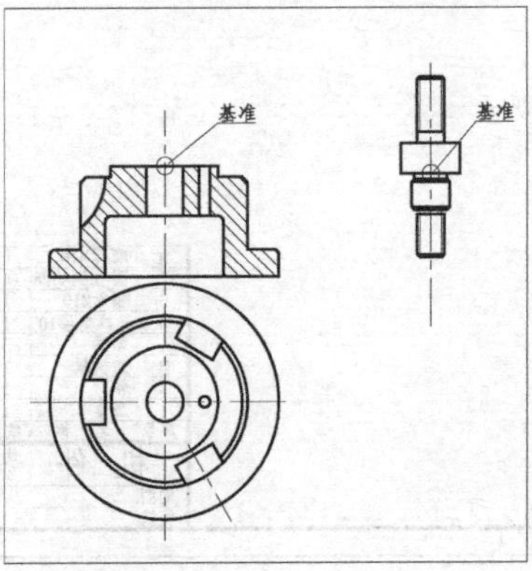

图 13-3 “移动”轴

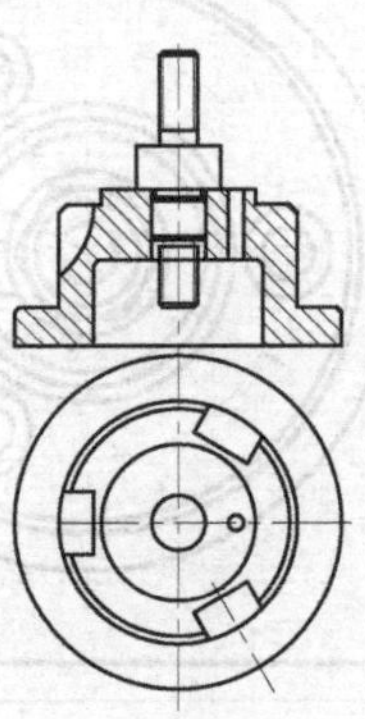

图 13-4 绘制钻模轴结果

4. 绘制工件

工件的假象位置使用双点画表示。绘制机件示意图的步骤如下：

（1）打开“ZM008 机件”示意零件图，关闭其“尺寸”和“文字”图层，单击“剪贴板”面板中的“复制”按钮，复制图形（只需要复制双点画轮廓线的主视图）。

（2）在“ZM010 装配图”绘图区，单击“剪贴板”面板中的“粘贴”按钮，粘贴图形。

（3）使用“移动”命令，选取机件，沿轴线指定基准，利用捕捉“交点”功能，选取底座孔轴线上的目标点，结束操作，绘制结果如图 13-5 所示。

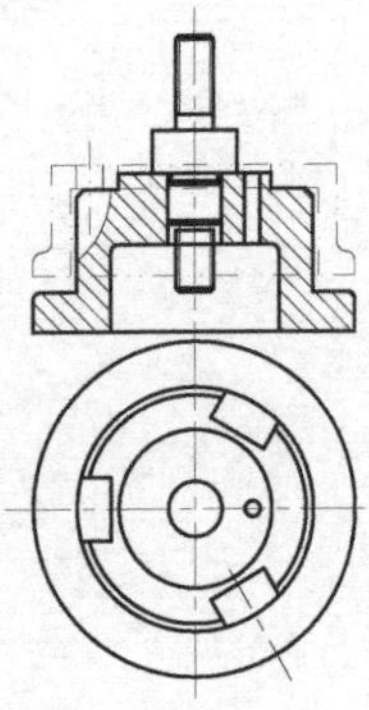

图 13-5 绘制机件

5. 绘制钻模板

绘制钻模板的步骤如下：

（1）打开“ZM003 钻模板”零件图，关闭其“尺寸”和“文字”图层，单击“剪贴板”面板中的“复制”按钮，复制图形。

（2）在“ZM010 装配图”绘图区，单击“剪贴板”面板中的“粘贴”按钮，粘贴图形。

（3）使用“旋转”命令，选取钻模板对象，指定角度为“90°”，旋转后，板轴线与目标轴线一致，如图 13-6 所示。

（4）使用“移动”命令，选取钻模板的剖视图，沿轴线指定基准；利用捕捉“交点”功能，选取底座孔轴线上的目标点，按两次〈Enter〉键，选取钻模板为圆的视图，指定圆心为基准；利用捕捉“圆心”的功能，选取底座俯视图上的圆心为目标点，结束“移动”操作，绘制结果如图 13-7 所示。此时，可以将底座俯视图中被遮挡的线条删除，以免线条过多。

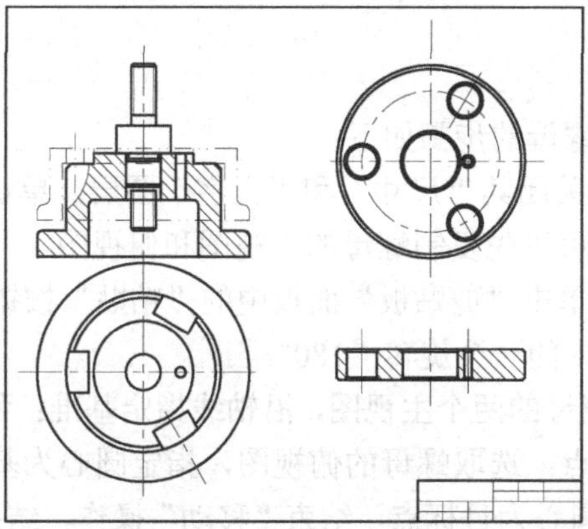

图 13-6 “旋转”钻模板

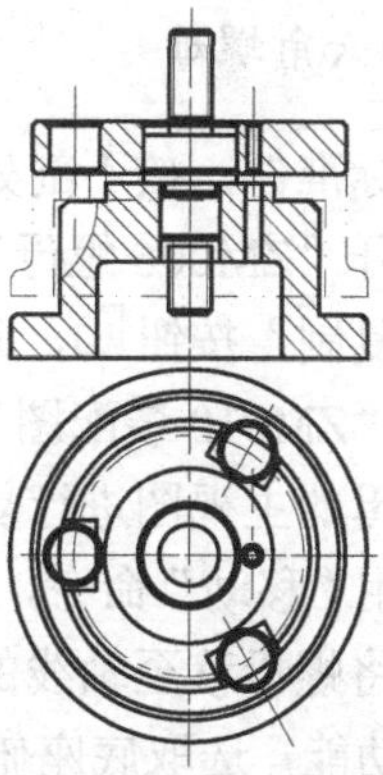

图 13-7 移动钻模板

6. 绘制开口垫圈

绘制开口垫圈的步骤如下：

（1）打开“ZM005 开口垫圈”零件图，关闭其“尺寸”和“文字”图层，单击“剪贴板”面板中的“复制”按钮，复制图形。

（2）在“ZM010 装配图”绘图区，单击“剪贴板”面板中的“粘贴”按钮，粘贴图形。

（3）使用“移动”命令，选取开口垫圈的剖视图，沿轴线指定基准；利用捕捉“交点”功能，选取底座孔轴线上的目标点，按两次〈Enter〉键，选取开口垫圈为圆的视图，指定圆心为基准；利用捕捉“圆心”功能，选取底座俯视图上的圆心为目标点，结束“移动”操作，绘制结果如图 13-8 所示。

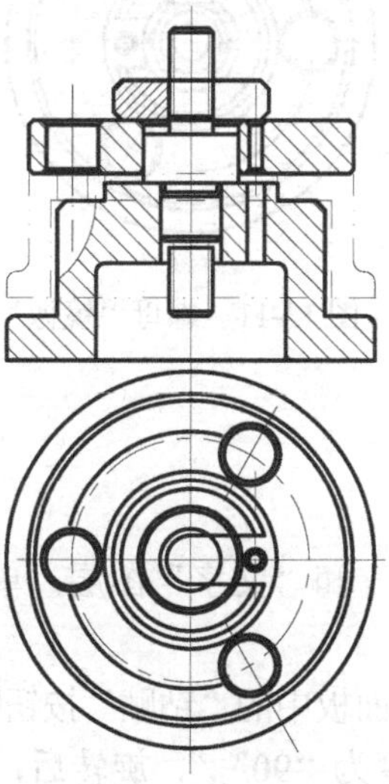

图 13-8 绘制开口垫圈

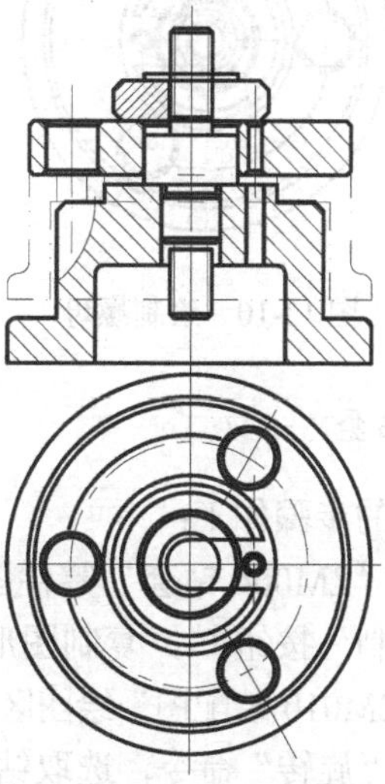

图 13-9 绘制垫片

7. 绘制垫片

垫片的作用是为了增加螺母与开口垫圈之间的接触面积，并减少开口垫圈的磨损。垫片图形简单，可按规定画法绘制，按不剖处理；直径为 2.2d（44），厚度为 0.15d（3），不用剖切。绘制结果如图 13-9 所示。

8. 绘制六角螺母

螺母是标准件，按不剖处理。绘制螺母的步骤如下：

（1）打开“ZM006 螺母”零件图，关闭其“尺寸”和“文字”图层，单击“剪贴板”面板中的“复制”按钮，复制图形，可以先复制螺母的主视图和俯视图。

（2）在“ZM010 装配图”绘图区，单击“剪贴板”面板中的“粘贴”按钮，粘贴图形，再对螺母的主视图进行复制，将其中的一个旋转“180°”。

（3）使用“移动”命令，分别选取螺母的两个主视图，沿轴线指定基准；利用捕捉“交点”功能，将螺母移至轴线的上下目标点；选取螺母的俯视图，指定圆心为基准；利用捕捉“圆心”功能，选取底座俯视图上的圆心为目标点，结束“移动”操作，结果如图 13-10 所示。

（4）修改螺母。先将剖视部分删除，然后使用“镜像”命令将外形部分镜像，结果如图 13-11 所示。

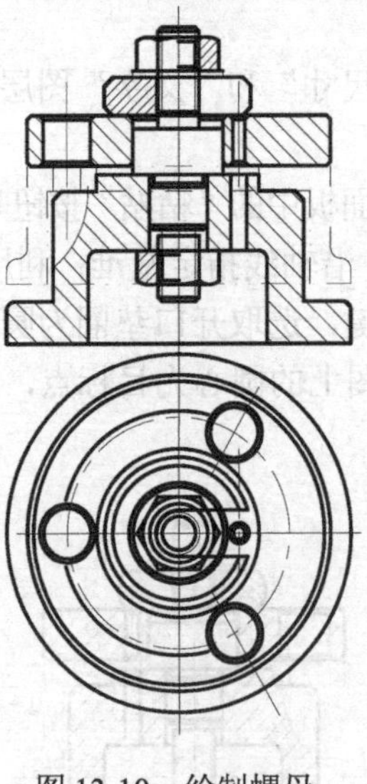

图 13-10　绘制螺母

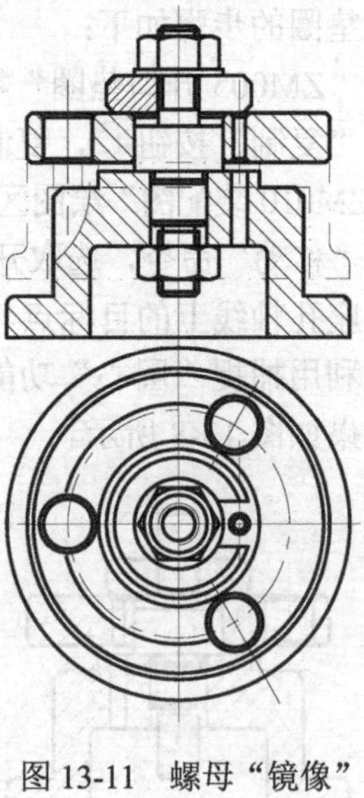

图 13-11　螺母“镜像”

9. 绘制钻套

绘制钻套的步骤如下：

（1）打开“ZM004 钻套”零件图，关闭其“尺寸”和“文字”图层，单击“剪贴板”面板中的“复制”按钮，复制图形。

（2）在“ZM010 装配图”绘图区，单击“剪贴板”面板中的“粘贴”按钮，粘贴图形。

（3）使用“旋转”命令，选取钻套对象，指定角度为“90°”，旋转后，使得钻套的轴线与目标轴线一致。

（4）使用“移动”命令，选取钻套的剖视图，沿轴线指定基准；利用捕捉“交点”功能，选取钻模板孔轴线上的目标点，按〈Enter〉键；使用“复制”命令，选取钻套为圆的视图，此时选择选项“模式”，输入命令“O”，选择选项“多个”，输入“3”，指定圆心为基准；利用捕捉“圆心”功能，分别选取钻模板俯视图上的 ø12 圆心为目标点，结束“复制”操作，绘制结果如图 13-12 所示。

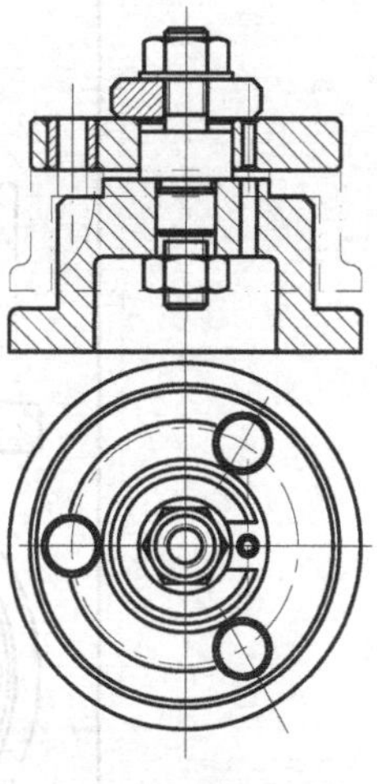

图 13-12　绘制钻套

10. 绘制定位销

绘制定位销的步骤如下：

（1）位置为“ZM010 装配图”绘图区；图层为“粗实线”；比例为 2 : 1。

（2）单击“绘图”面板中的“直线”按钮，绘制 ø3×25 的矩形；单击“倒角”按钮，绘制 1×45° 倒角，如图 13-13 所示。

（3）使用“移动”命令，选取绘制的定位销图形，沿轴线指定基准；利用捕捉“交点”的功能，选取销孔轴线上的目标点，按〈Enter〉键，绘制结果如图 13-14 所示。

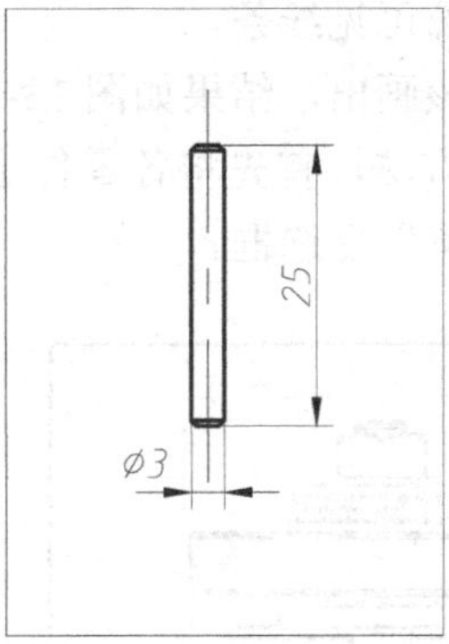

图 13-13　绘制定位销

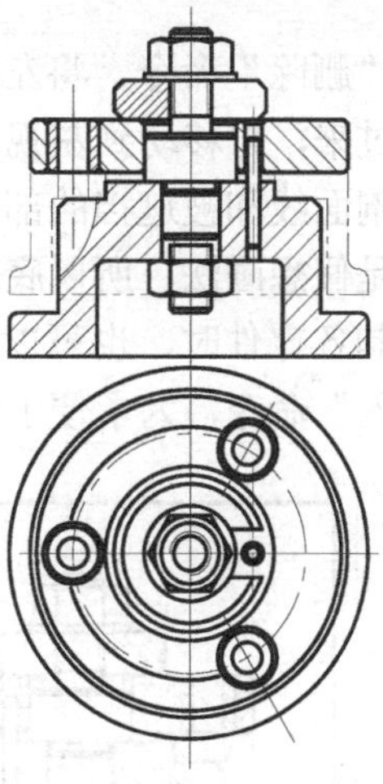

图 13-14　移动定位销

（4）修剪被遮挡的多余线条。检查底座和钻模盘的剖面线方向，如果方向相同，最好修改底座的剖面线方向，以保证装配关系清晰，如图 13-14 所示。

13.1.2　绘制左视图

由于零件图中没有左视图，不能采用粘贴的方式，需要单独绘制。

绘制钻模左视图的步骤如下：

（1）在“ZM010 装配图”绘图区，使用“复制”命令，选取主视图，指定基点，打开状态栏的“正交”模式，指定目标位置，复制结果如图 13-15 所示。

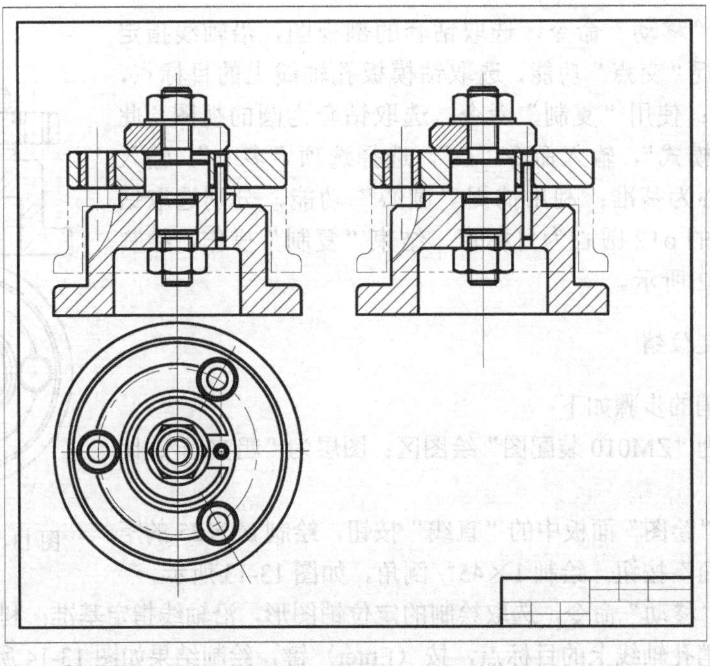

图 13-15　复制左视图

（2）使用“删除”命令，将左视图中的开口垫圈和螺母删除，然后把它们在零件图中的左视图复制过来，再移动到左视图中。

（3）删除剖面线和被遮挡的部分和线条，补出外部可见线条。

（4）机件是假想画法，所以底座排屑槽的投影应该画出，结果如图 13-16 所示。

提示：绘制各零件时，也可以使用插入“块”的方法，首先将各零件定义为外部块，然后执行“插入”命令，为了便于编辑，应勾选“分解”复选框。

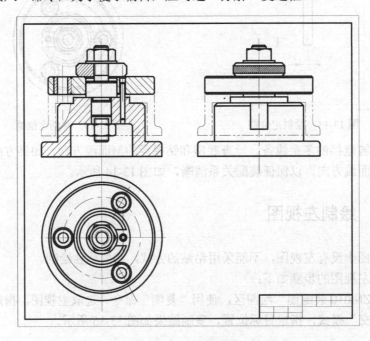

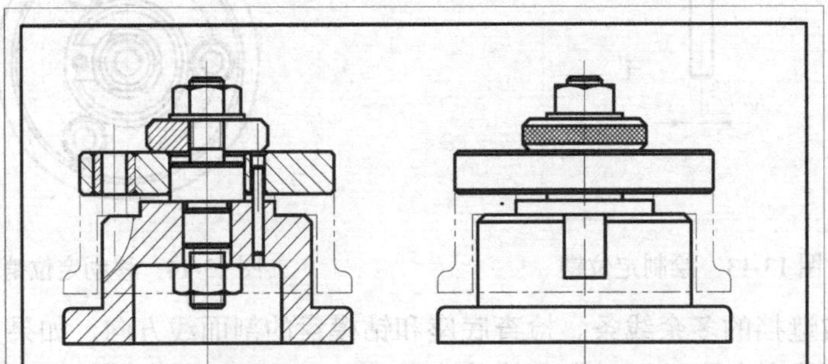

图 13-16　绘制左视图

13.2 标注尺寸

装配图的尺寸不同于零件图，只需注出用以说明机器和部件的性能、工作原理和装配关系。其内容包括性能尺寸、装配尺寸、安装尺寸、外形尺寸和主要尺寸等。

标注尺寸应进入“尺寸”图层。由于装配图是 2:1 放大图样，所以“直线”样式中的“主单位”比例因子应设置为“0.5”。

（1）标注配合尺寸。单击“标注”面板中的“线性”按钮，标注 ø22H7/h6、ø14H7/r6、ø12H7/n6、ø40n6 等尺寸。标注配合尺寸应选择使用多行文字进行编辑，插入 ø 和堆叠方式。标注 ø40n6 尺寸时，可以使用“倾斜”命令，选取尺寸对象后，指定倾斜角度，按〈Enter〉键结束操作。

（2）标注规格、性能尺寸和主要尺寸：M10-7H、ø7F7、ø55±0.02、ø3、15 和 12 等。

（3）标注外形尺寸：75、ø85 等，结果如图 13-17 所示。

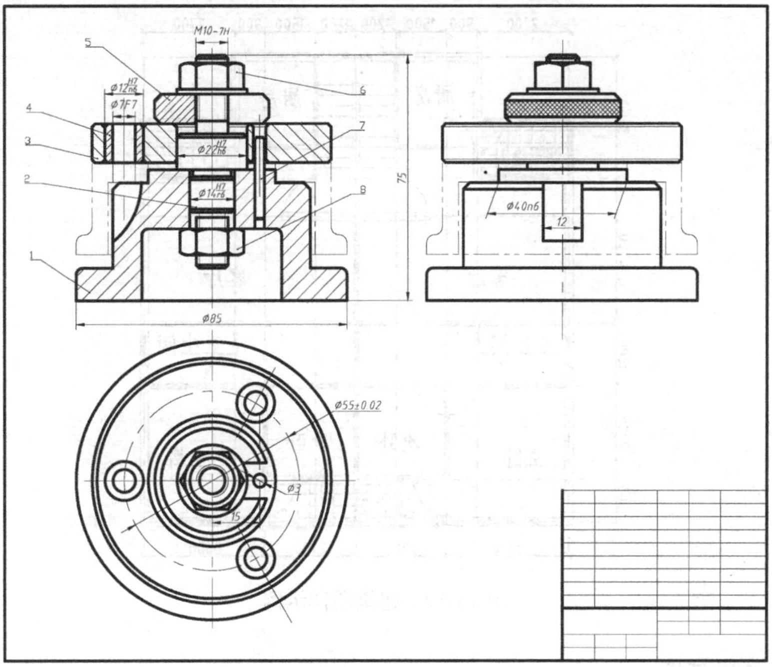

图 13-17　装配图的尺寸标注

13.3 注写文字

注写文字步骤如下：

（1）按照制图标准绘制标题栏和明细表。

（2）注写文字。进入“文字”图层，将“图样文字”格式设置为当前文字格式，单击

“绘图”面板中的“文字”下拉按钮，在下拉列表中选择“单行文字”选项，设置字高为“5”，旋转角度为“0°”，单击指定各文字的位置，输入文字，结果如图 13-18 所示（零件名称的字高为“10”，单位的字高为“7”）。根据习惯，使用“多行文字”方式注写文字也可以，编辑文字的功能更加完善。

各项内容绘制完成后，如前面的图 13-1 所示，应将该图保存，此装配图名称可记为“ZM010 钻模”。

8	螺母M10	1	5级	GB/T41
7	圆柱销A328	1	35	GB/T119
6	螺母M10	1		JB/T8004
5	开口垫圈10	1	45	GB/T851
4	钻套	3	T8	
3	钻模板	1	45	
2	轴	1	45	
1	底座	1	HT150	
序号	名　称	数量	材料	备注
机　件		比例 2:1	重量	
制图		（单位）		
校核				

图 13-18　文字填写

13.4 实训

本节通过绘制建筑图来掌握常用命令以及建筑图制作技巧和常见处理方法，下面以图 13-19 为例。

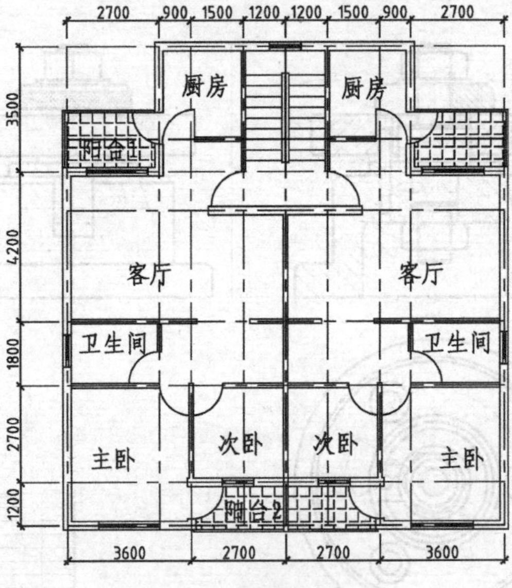

图 13-19　建筑图样示例

1. 设置绘图环境

本图例为建筑平面图，主要表明平面布置情况，包括房间、楼梯、墙线、门窗、走道、阳台等结构的形状和位置。

绘图前应设置绘图环境，其操作步骤如下：

（1）创建一幅新图。

（2）设置图幅范围，图幅选择 A1，使用“ZOOM”命令使图形全屏显示。

（3）设置图层。分别设置窗户、楼梯、门窗、墙线、轴线、文字、尺寸等图层；将轴线的线型设置为“ACAD-IS004W100”（点画线），其余线型为默认。

（4）预设置捕捉模式为交点、端点、中点和圆心。

（5）比例设置为1：100。常用比例是1：100，1：200，1：50等，必要时可用比例1：150、1：300等。

2. 绘制轴线

1）绘制轴线

定位轴线是标定房屋中的墙、柱等承重构件位置的线，它是施工时定位放线及构件安装的依据。它是反映开间、进深的标志尺寸，常与上部构件的支承长度相吻合。按规定，定位轴线采用细点画线表示。绘制定位轴线，结果如图 13-20 所示。

操作步骤：

（1）在“轴线”图层上使用“直线”命令，在绘图区左侧绘制水平轴线 AN，结果如图 13-20 所示。

（2）在“轴线”图层上使用“直线”命令，在绘图区左侧绘制垂直轴线 AB，如图 13-20 所示。

（3）偏移水平轴线，从 AN 线开始，然后分别以偏移的线为基准从上往下偏移，偏移尺寸分别为 3500、4200、1800、2700、1200。

（4）偏移垂直轴线，从 AB 线开始，然后分别以偏移的线为基准从左向右偏移，偏移尺寸分别为 2700、900、1500、1200、1200、1500、900、2700，如图 13-20 所示。

（5）修剪多余轴线。选择最外边的四条线，修剪四条线外边的部分。

2）设置多线样式

（1）选取“格式”→“多线样式”选项，打开“多线样式”对话框，如图 13-21 所示。

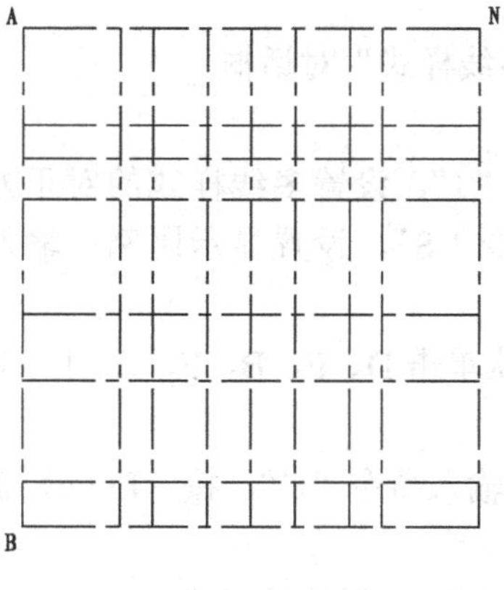

图 13-20　绘制轴线

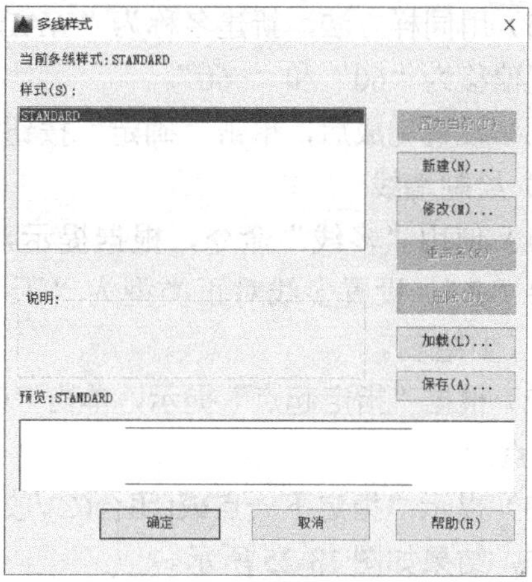

图 13-21　“多线样式”对话框

（2）在“多线样式”对话框中，单击“新建”按钮，打开“创建新的多线样式”对话框，如图 13-22 所示。

（3）在“创建新的多线样式”对话框的“新样式名”文本框中输入样式名称“WALL”，单击“继续”按钮，打开“新建多线样式：WALL”对话框，如图 13-23 所示。

（4）在打开的“新建多线样式：WALL”对话框中勾选“直线”选项组中的“起点”和“端点”以及“显示连接”复选框，在“图元”选项组中，在“偏移”文本框中分别输入“120”和“-120”，单击“添加”按钮，并删除原偏移量。按图 13-23 进行设置后，单击“确定”

按钮返回“多线样式”对话框，如图 13-24 所示。

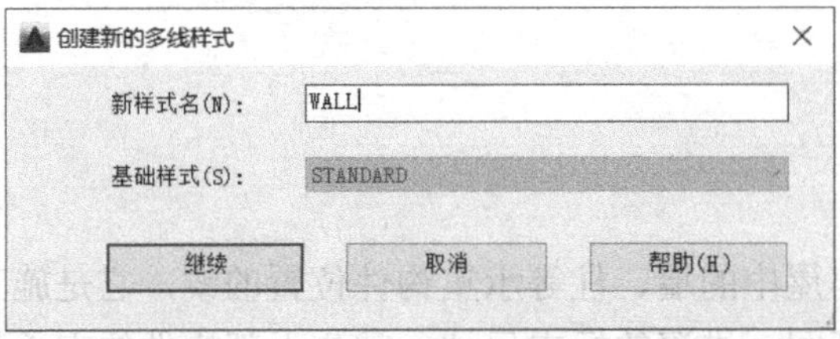

图 13-22　“创建新的多线样式”对话框

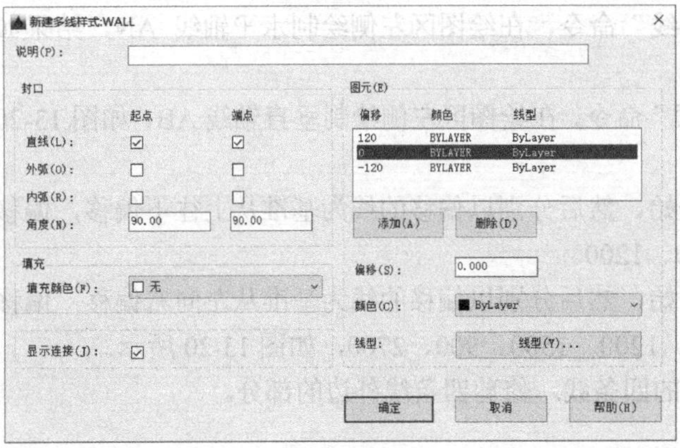

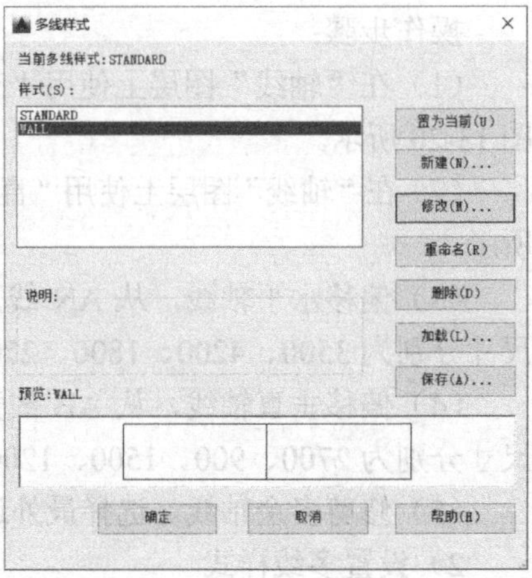

图 13-23　“新建多线样式”对话框　　图 13-24　“多线样式”对话框

（5）用同样方法，新建名称为“WALL1”的多线样式，在打开的新建多线样式对话框中设置偏移为“60”和“-60”。

（6）设置完成后，单击“确定”按钮，关闭“多线样式”对话框。

3）绘制墙线

（1）使用“多线”命令，根据提示，输入命令“J”，设置多线样式的对正方式；输入命令“Z”，设置多线对正类型为“无”；输入命令“S”，设置显示比例；输入“1”，设定 1∶1 绘制。

（2）根据“指定起点”提示，单击“C”点，依次单击 D、E、B、F、G、H、I、J、K、L、M 点。

（3）提示“指定下一点或[闭合(C)/放弃(U)]:”，输入命令“C”，按〈Enter〉键结束外墙绘制，结果如图 13-25 所示。

（4）使用“多线”命令，根据提示，输入命令“ST”，选择墙线样式；输入“WALL1”，选取“WALL1”样式。

（5）根据“指定起点”提示，指定 WALL1 墙线起点。

（6）根据“指定下一点”提示，指定墙线下一点。依次完成各点的绘制，结果如图 13-26 所示。

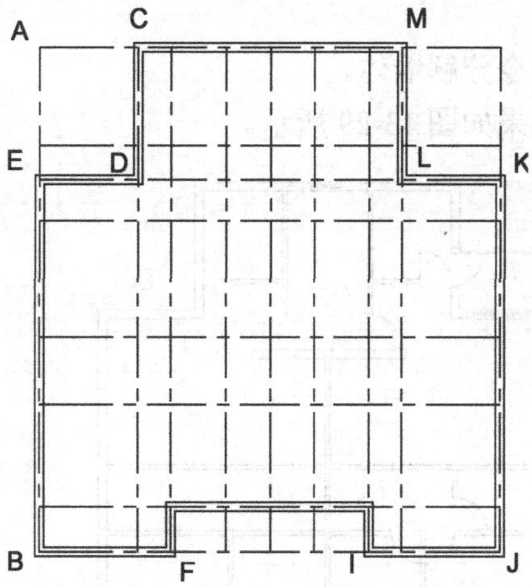

图 13-25 外墙绘制

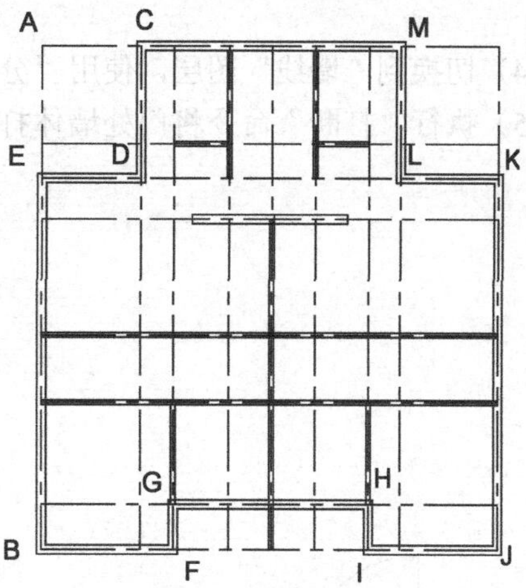

图 13-26 内墙绘制

4）编辑墙线

编辑墙线的操作步骤如下：

（1）关闭“轴线”图层。

（2）选择“修改”→“对象”→“多线”选项，打开“多线编辑器工具”对话框。

（3）利用“T 形闭合”、“T 形打开”和“角点结合”工具，进行图形修改，完成后如图 13-27 所示。

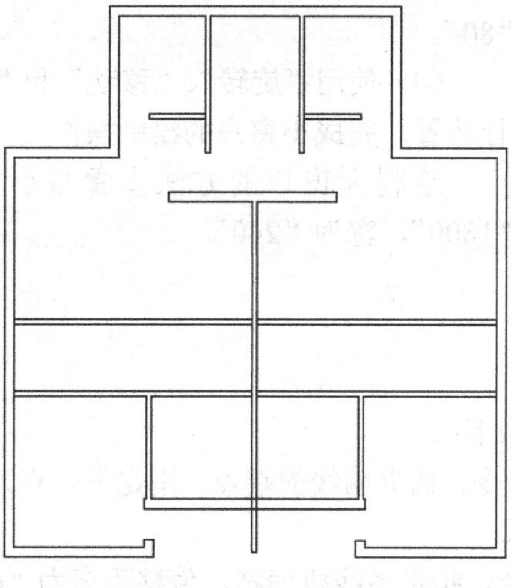

图 13-27 编辑墙线

3. 绘制门窗

1）绘制门

（1）切换到“门窗”图层，在绘图区空白处，绘制如图 13-28 所示的门图样，半径为“900”。

（2）使用“BLOCK”命令，将门图形定义为块。

（3）使用“复制”、“镜像”、“旋转”和“移动”命令，将门放置在如图 13-29 所示的位置。

（4）切换到“墙线”图层，使用“分解”命令分解墙体。

（5）执行“打断”命令将门处墙体打断，结果如图 13-29 所示。

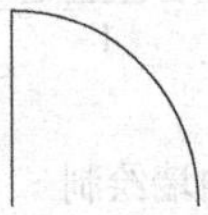

图 13-28　门图样

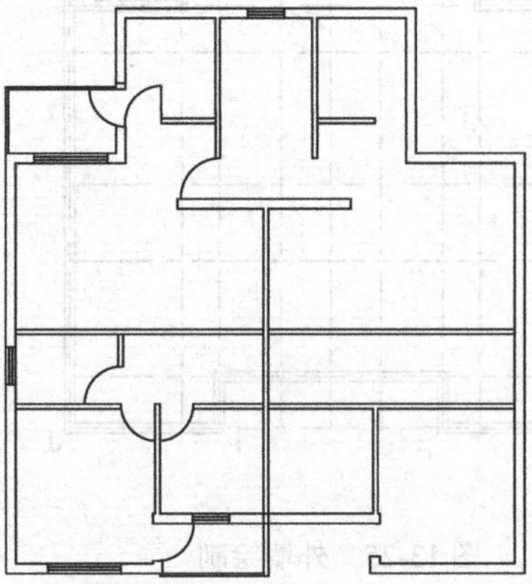

图 13-29　绘制门窗

2）绘制窗户

（1）使用“矩形”命令，根据提示在绘图区其他地方任意指定一点，指定另一点“@900，240”，完成创建矩形。

（2）使用“分解”命令，分解矩形。

（3）使用“偏移”命令，偏移较长的线段两次，偏移距离为“80”。

（4）使用“旋转”、“移动”和“复制”命令，按图 13-30 进行放置，完成小窗户的绘制操作。

图 13-30　小窗户绘制

绘制大窗户的方法步骤与小窗户相同，大窗户的长为“1800”，宽为“240”。

4. 绘制阳台

1）绘制阳台

绘制阳台的操作步骤如下：

（1）使用“多段线”命令，捕捉墙线的端点，指定下一点为“@0,1600”；捕捉下一点，捕捉墙线的垂足。

（2）使用“偏移”命令，指定多线段偏移，偏移距离为“60”，偏移方向为内侧。

（3）执行偏移命令后，完成“阳台 1”的绘制。用同样的方法可以完成“阳台 2”的绘制，如图 13-31 所示。

2）阳台图案填充

绘制阳台填充图案的操作步骤如下：

（1）使用“图案填充”命令，打开“边界图案填充”对话框。选择“ANGLE”图案，输入比例“50”。

（2）使用“阳台 1”对象，单击“确定”按钮，完成“阳台 1”的图案填充。

（3）用同样方法可以填充“阳台 2”，结果如图 13-32 所示。

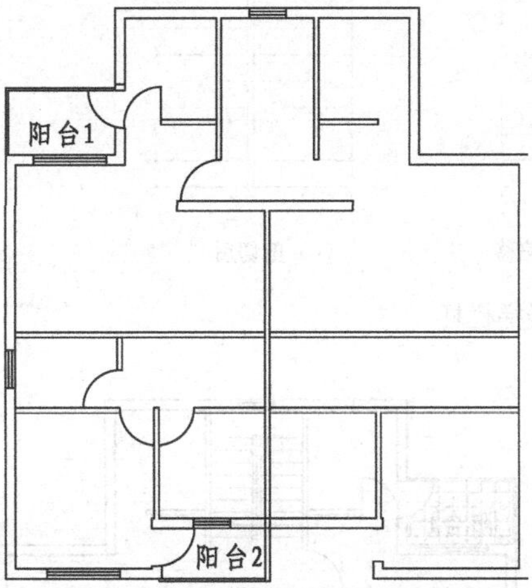

图 13-31　绘制阳台

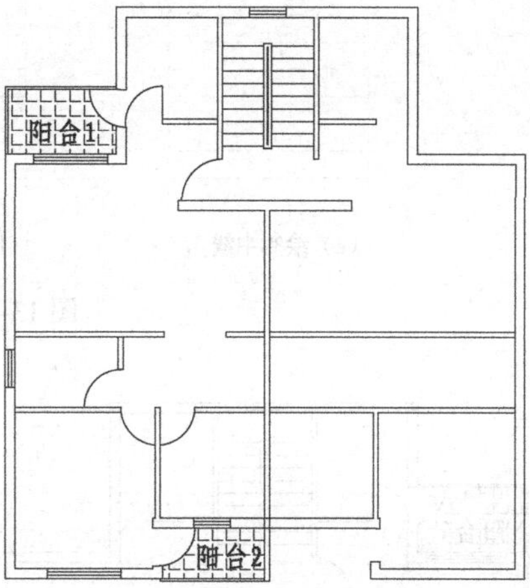

图 13-32　填充阳台

5. 绘制楼梯

1）绘制楼梯踏步

（1）使用“矩形”命令，在绘图区空白处指定一点；再指定对角点 “@2280,-3380”，绘制矩形。

（2）使用“分解”命令，分解矩形对象，如图 13-33（a）所示。

（3）选取直线对象，使用“偏移”命令，偏移距离为“300”，重复偏移九阶踏步，结果如图 13-33（b）所示。删除矩形上下短边后，结果如图 13-33（c）所示。

（a）分解矩形　（b）偏移九阶踏步　（c）最终成果

图 13-33　绘制楼梯踏步

2）绘制楼梯栏杆

（1）使用“直线”命令，在提示指定第一点时，捕捉楼梯的上方线中点，在提示指定第二点时，捕捉楼梯底线的中点，完成中线绘制，如图 13-34（a）所示。

（2）使用“偏移”命令，指定偏移距离为“100”，分别指定左右偏移方向，完成中线的偏移，如图 13-34（b）所示；使用“修剪”命令，选择偏移线为剪切边，选取两偏移线之间的水平线为剪切对象，修剪结果如图 13-34（c）所示。

（3）将楼梯定义为块，然后将楼梯移动到如图 13-35 所示的位置。

（4）使用“打断”命令，将客厅的内墙打断，如图 13-36 所示。

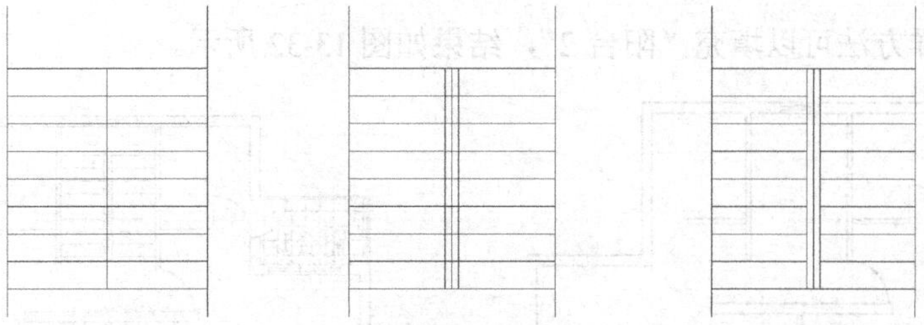

（a）绘制中线　　（b）中线左右偏移　　（c）剪切后

图 13-34　绘制楼梯栏杆

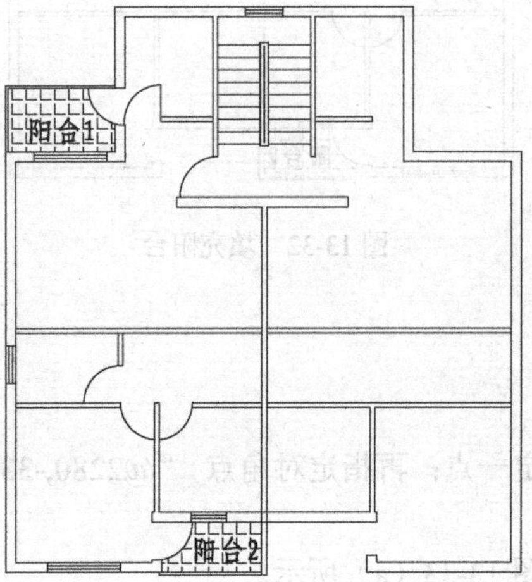

图 13-35　楼梯位置

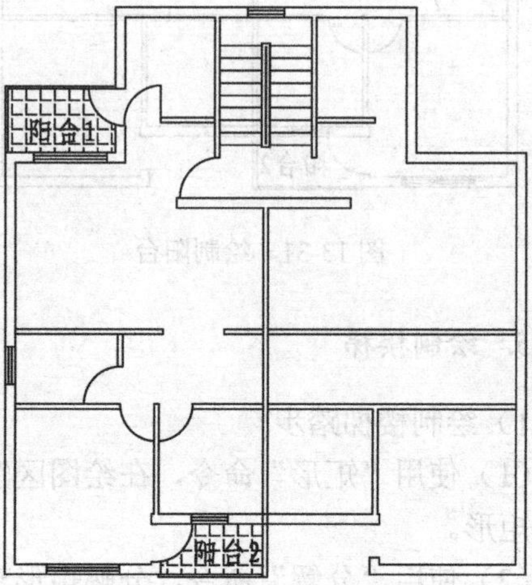

图 13-36　内墙打断

6. 注写文字

（1）设置文字标注样式，文字高度设置为“300”。

（2）使用“文字”命令，依次输入厨房、客厅、洗手间、主卧、次卧等字样，结果如图 13-37 所示。

（3）使用“镜像”命令注写对称的左侧套房文字及其他部分，结果如图 13-38 所示。

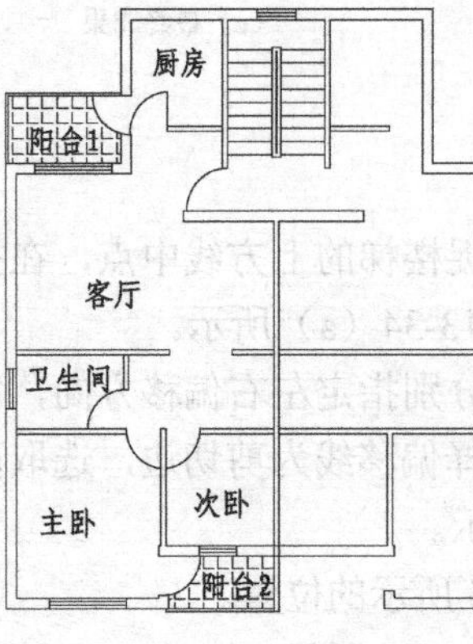

图 13-37　注写文字

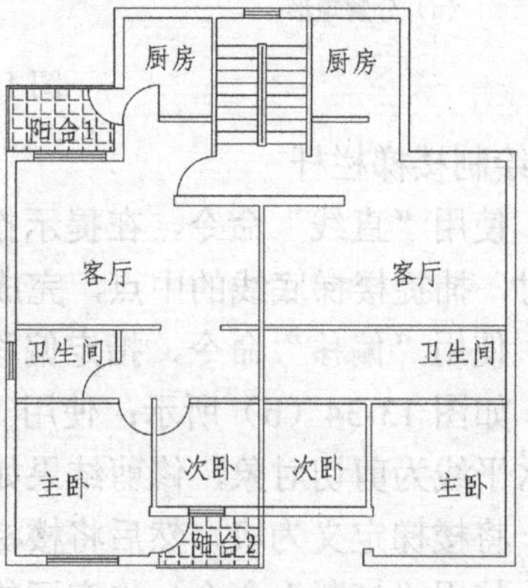

图 13-38　“镜像”示例

7. 标注尺寸

（1）设置尺寸标注样式。在“直线和箭头”选项卡中，设置“基线间距”为“10”；“超出尺寸线”和“起点偏移量”均为“2”；在“箭头”栏中选择“建筑标记”选项；在“调整选项”选项卡中选择“文字始终保持在尺寸界线之间”单选按钮；“文字位置”选择“尺寸线上方，不加引线”单选按钮。

（2）标注尺寸。利用“标注”工具栏中的按钮可以按图 13-39 来标注尺寸。

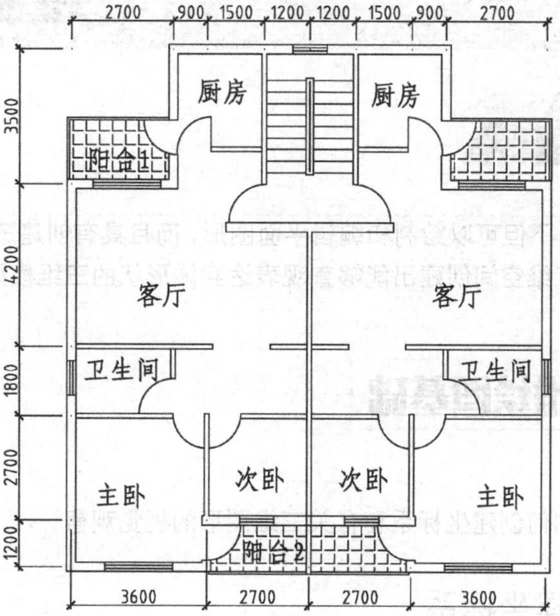

图 13-39 尺寸标注

习题 13

1. 绘制图 13-1 所示的机械装配图，具体方法和步骤可以按照 13.1 节进行操作。
2. 绘制图 13-39 所示的建筑平面图，具体方法和步骤可以按照 13.4 节进行操作。

第14章 绘制三维图形

AutoCAD 2016 不但可以绘制和编辑平面图形，而且具有创建三维图形的强大功能，利用该功能可以在三维空间创建出能够直观表达实体形状的三维模型。

14.1 三维绘图基础

本节主要介绍如何创建坐标系和有关三维图形的视觉观察。

14.1.1 创建坐标系

AutoCAD 使用笛卡儿坐标系。笛卡儿坐标系又有两种类型：世界坐标系（WCS）和用户坐标系（UCS）。

1. 世界和用户坐标系

世界坐标系是一种固定的坐标系，即原点和各坐标轴的方向固定不变。三维坐标与二维坐标基本相同，只是多了一个三维的坐标轴（Z 轴），在三维空间绘图时，需要同时指定 X、Y 和 Z 的坐标值才能确定点的位置。当用户以世界坐标的形式输入一个点时，可以采用“直角坐标”和“极坐标”的方式来实现。

三维建模实际上是在平面上创建三维图形的，而变换观察视图方向则需要调整坐标系的位置和方向获得，为了方便绘图，允许坐标系可以调整到不同的方位，这种可变动的坐标系就是用户坐标系。实际上，三维绘图和编辑的大多数操作需要依赖用户坐标系来实现。

2. 创建用户坐标系

用户坐标系是 AutoCAD 2016 绘制三维图形的重要工具。下面介绍创建三维用户坐标系的方法。

1）操作方法

可以执行以下操作之一。

（1）功能区：选择“默认”选项卡，单击“坐标”面板中的“UCS”按钮。

（2）菜单栏：选择“工具”→“新建 UCS”→“UCS”选项。

（3）命令行：输入命令“UCS”。

2）操作格式

“坐标”面板中的选项有三个——“世界”、“绕坐标轴旋转创建 UCS”和“利用图形对象创建 UCS”，如图 14-1 所示。可以根据绘图需要，选择各选项，可达到创建不同的“UCS”的目的。

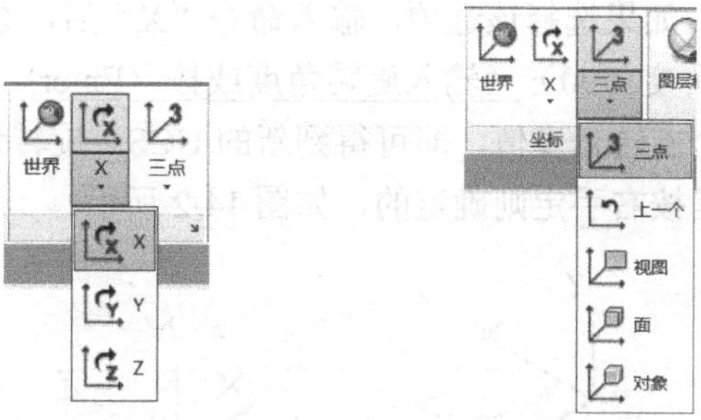

（a）绕坐标轴新建 UCS 命令　　（b）利用对象新建 UCS 命令

图 14-1　“新建 UCS”的命令

3）命令说明

各命令的功能如下。

（1）“世界”：用于从当前的用户坐标系恢复到世界坐标系。WCS 是所有 UCS 的基准，不能被重新定义。

（2）“三点”：用于通过三个点来定义新建的 UCS，也是最常用的方法之一。这三个点分别是新 UCS 的原点、X 轴正方向上的一点和坐标值为正的 XOY 平面上的一点。选择该选项时系统提示：

指定新原点或[对象(O)]:〈0,0,0〉:（输入新 UCS 的原点坐标值）。

在正 X 轴的范围上指定点〈默认值〉:（指定新 UCS 的 X 轴正方向上的任一点）。

在 UCSXY 平面的正 Y 轴范围上指定点〈默认值〉:（指定 XOY 平面上 Y 轴正方向上的一点）。

（3）“上一个”：从当前的坐标系恢复上一个坐标系。

（4）“视图”：用于以垂直于观察方向（平行于屏幕）的平面为 XY 平面，建立新的坐标系，UCS 原点保持不变。常用于注释当前视图时使文字以平面方式显示。

（5）“面”：用于通过指定一个三维实体的表面和 X、Y 轴正方向来定义一个新的坐标系。要选择一个面，可单击该面的边界内或面的边界，被选中的面将亮显，UCS 的 X 轴将与找到的第一个面上的最近的边对齐。

选择“面”选项后，系统提示：

命令: _ucs

选择实体面、曲面或网格:（选择对象）。

输入选项[下一个(N)/X 轴反向(X)/Y 轴反向(Y)] <接受>:（按〈Enter〉键）。

其中的选项含义："下一个"用于将 UCS 定位于邻接的面或选定边的后向面；"X 轴反向"用于将 UCS 绕 X 轴旋转 180°；"Y 轴反向"用于将 UCS 绕 Y 轴旋转 180°；"接受"用于询问是否接受该位置，如果接受，则按〈Enter〉键，否则将重复提示，直到接受位置为止。

（6）"对象"：用于通过选取一个对象来定义一个新的坐标系，使对象位于新的 XY 平面，其中 X 轴和 Y 轴的方向取决于选择的对象类型。该选项不能用于三维实体、三维多段线、三维网格、视口、多线、面域、样条曲线、椭圆、射线、参照线、引线和多行文字等对象。

（7）"X"、"Y"、"Z"：分别用于绕 X 轴、Y 轴或 Z 轴按给定的角度旋转当前的坐标系，从而得到一个新的 UCS。如果选择该选项，输入命令"X"后，系统提示：

指定绕 X 轴的旋转角度〈90〉：（输入旋转角度或按〈Enter〉键）。

在此提示下输入一个旋转角度值，即可得到新的 UCS。旋转角度可为正值或负值，绕一轴旋转的角度正方向是按右手定则确定的，如图 14-2 所示。

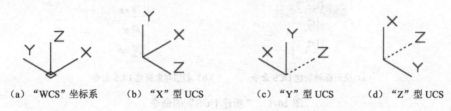

（a）"WCS"坐标系　（b）"X"型 UCS　（c）"Y"型 UCS　（d）"Z"型 UCS

图 14-2　绕轴旋转创建 UCS

14.1.2 观察三维实体

在模型空间中，为了方便绘制和观察三维实体，AutoCAD 提供了用不同方式，从不同位置观察图形的功能，如标准视图、视觉样式和导航工具等。

1. 标准视图

AutoCAD 提供了 6 个标准视图和 4 个等轴测图的观看方向，通过"视图"面板中的命令，可以快捷进入标准视图，如图 14-3 所示。

1）操作方法

可以执行以下操作之一。

（1）功能区：选择"可视化"选项卡，在"视图"面板→"标准视图"下拉列表中的相关选项。

（2）"视图"控件：单击绘图区左上角的[俯视]图标，在列表中选择相关选项，如图 14-4 所示。

（3）菜单栏：选择"视图"→"三维视图"→俯视图、仰视图、左视图、右视图、主视图、后视图、西南等轴测、东南等轴测、东北等轴测、西北等轴测选项。

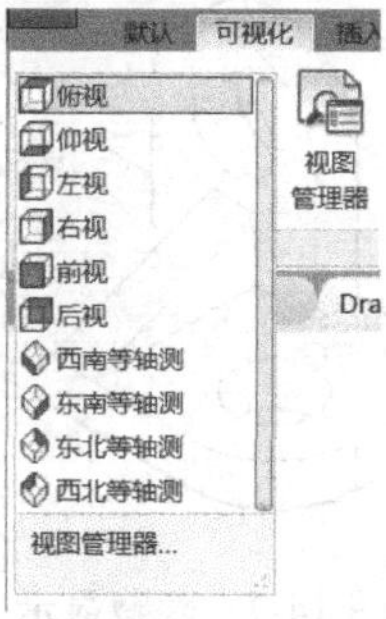

图 14-3 “视图”面板的“标准视图”类型

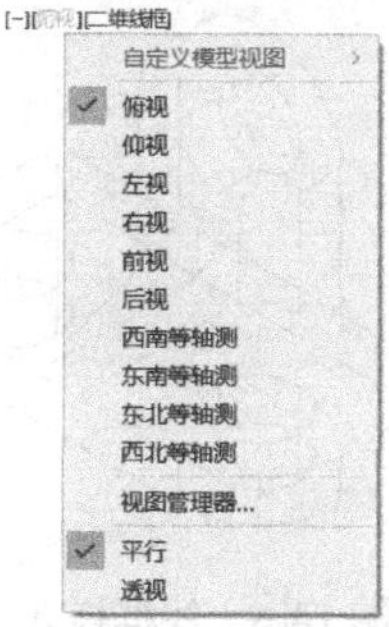

图 14-4 “视图”控件的下拉列表

2）操作格式

当输入命令后，可以在命令行中选择“正交”、“恢复”、“保存”或“设置”等选项，系统将其置为当前视图。

2. 视觉样式

“视觉样式”是一组调整观察模样的设置，用来控制三维模型的边和着色的显示。

1）操作方法

可以执行以下操作之一。

（1）功能区：选择“可视化”选项卡，在“视觉样式”面板中选择“视觉样式”下拉列表中的相关选项，如图 14-5 所示。

（2）“视觉样式”控件：单击绘图区左上角的[二维线框]图标，选择列表框中的相关选项。

（3）命令行：输入命令“VISUALSTYLES”。

2）视觉样式说明

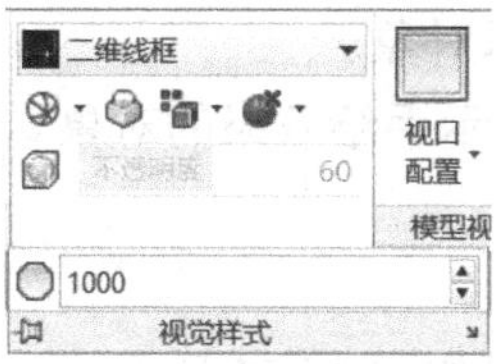

（a）“视觉样式”面板

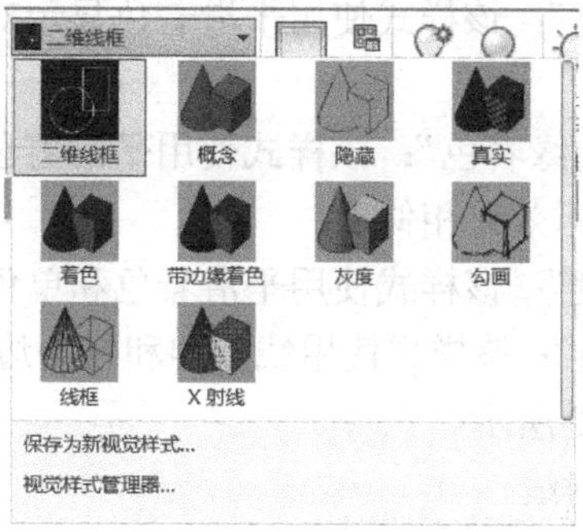

（b）“视觉样式”类型

图 14-5 “视觉样式”面板

（1）“二维线框”：该样式可以将三维图形用表示图形边界的直线和曲线以二维形式显示。

（2）“线框”：该样式用于将三维图形以线框模式显示。选择该项后，效果如图 14-6 所示。

（3）“隐藏”：该样式以线框模式显示对象并消去后面隐藏线（不可见线）。选择该选项后，效果如图 14-7 所示。

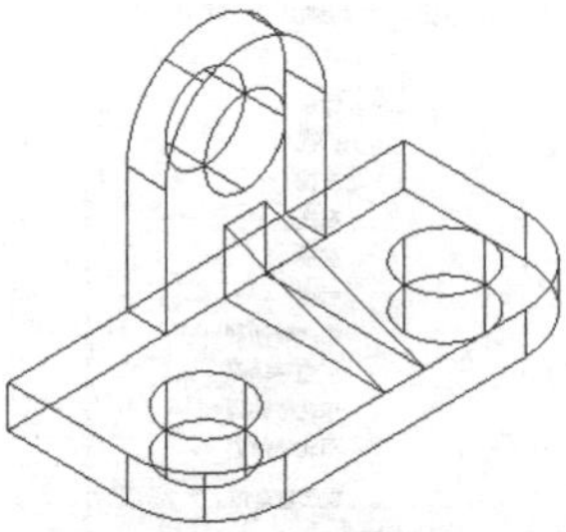

图 14-6　线框样式

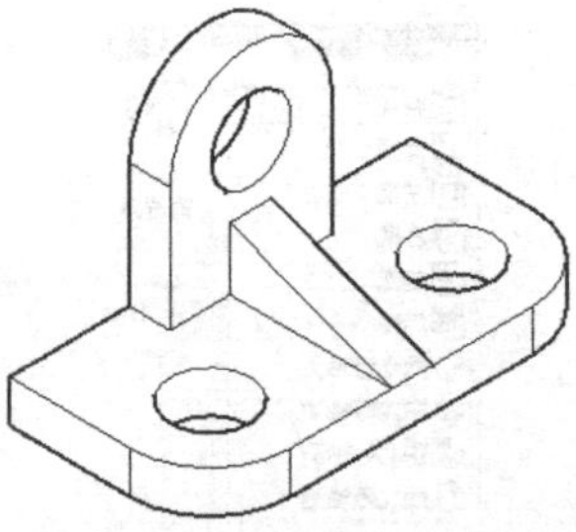

图 14-7　隐藏显示

（4）“真实”：该样式用于使对象实现真实着色。真实着色只对三维对象的各多边形面着色，对面的边界做光滑处理，并显示对象的材质。选择该项后，效果如图 14-8 所示。

（5）“概念”：该样式不仅对各多边形面着色，还对它们的边界做光滑处理，并使用一种冷色和暖色之间的过渡而不是从深色到浅色的过渡，在一定程度上效果缺乏真实感，但是可以更方便地查看模型的细节。选择该选项后，效果如图 14-9 所示。

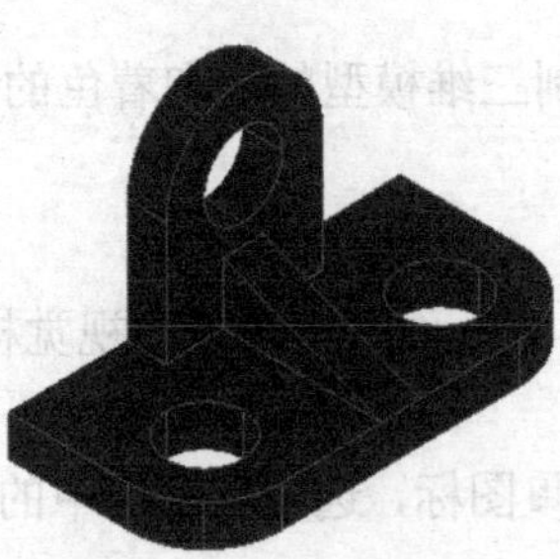

图 14-8　对象真实

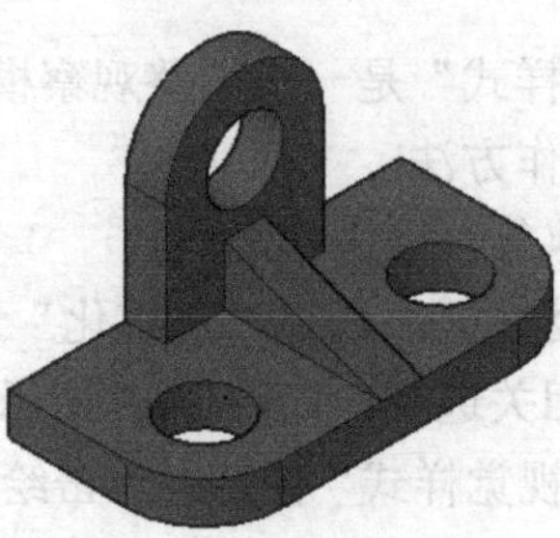

图 14-9　对象概念化

（6）“着色”：该样式使用平滑着色显示对象。选择该选项与选择“真实”选项后显示效果相似。

（7）“带边缘着色”：该样式使用平滑着色和可见边显示对象。选择该选项与选择“真实”选项后显示效果相似。

（8）“灰度”：该样式使用平滑着色和单色灰度显示对象。

（9）“勾画”：该样式使用线延伸和抖动边修改器显示手绘效果的对象。选择该选项后，效果如图 14-10 所示。

（10）X 射线

该样式以局部透明度显示对象。选择该项后，效果如图 14-11 所示。

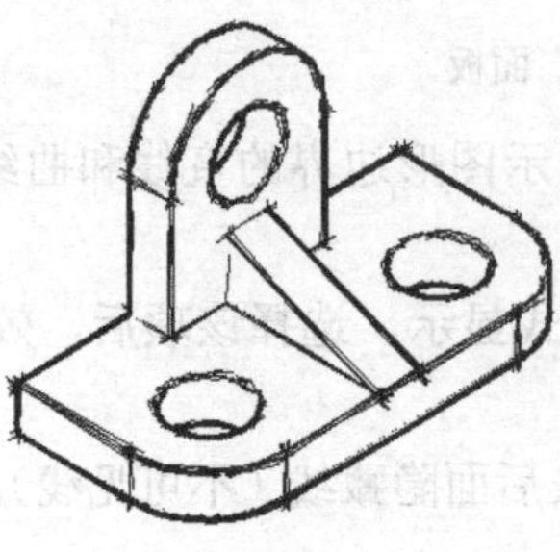

图 14-10　对象勾画

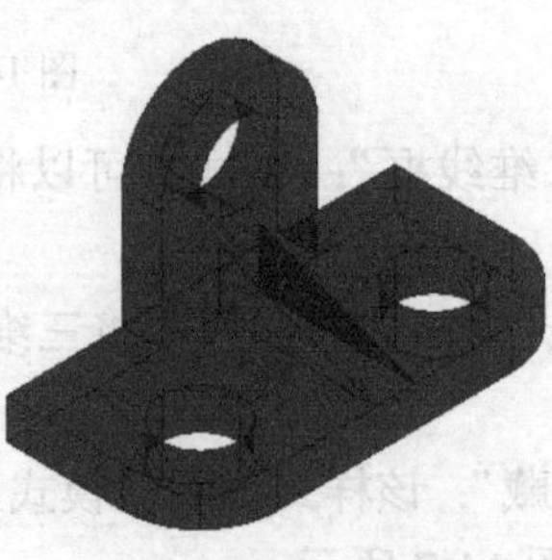

图 14-11　对象 X 射线

（11）“视觉样式管理器”：用于显示图形中可用的视觉样式的样例图像。当选择“视觉样式”类型列表下方的“视觉样式管理器”选项或在命令行输入“VISUALSTYLES”命令，系统打开“视觉样式管理器”对话框。选定的视觉样式在管理器中用黄色边框表示，其面、环境、边的设置显示在样例图像下方的列表框中，选择各选项可以对其参数进行修改。

14.1.3 三维模型导航工具

本节主要介绍 AutoCAD 2016 的三维模型导航工具 SteeringWheels 和 ViewCube 命令。

1. 全导航控制盘

全导航控制盘（SteeringWheels）如图 14-12 所示。它将多个常用导航工具结合在一起，使用起来更加便捷。控制盘上的每个按钮代表一种导航工具，可以用不同方式平移、缩放或操作模型的当前视图。

1）全导航控制盘的开启

显示全导航控制盘可以执行以下命令之一。

（1）导航栏：单击“全导航控制盘”按钮。

（2）菜单栏：选择“视图”→“SteeringWheels”选项。

（3）命令行：输入命令“NAVSWHEEL”。

（4）快捷菜单：选择“SteeringWheels”选项。

执行命令后，控制盘出现在界面右下角或跟着光标移动。

2）全导航控制盘的关闭

关闭全导航控制盘可以执行以下命令之一。

（1）按〈Esc〉键或按〈Enter〉键。

（2）单击控制盘右上角“关闭”按钮×。

（3）在控制盘上右击，弹出快捷菜单，如图 14-13 所示，选择“关闭控制盘”选项。

图 14-12 “SteeringWheels”控制盘

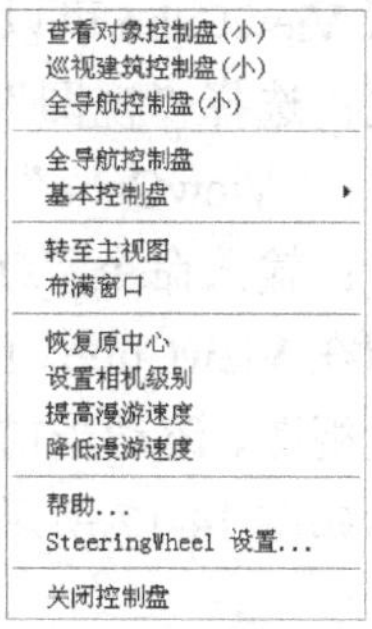

图 14-13 “控制盘”快捷菜单

3）全导航控制盘的功能

全导航控制盘主要包括查看对象控制盘和巡视建筑控制盘两部分内容。

（1）查看对象控制盘

右击，弹出快捷菜单，选择“基本控制盘”→“查看对象控制盘”选项，可以打开“查看对象”控制盘，如图 14-14 所示。

查看对象控制盘各按钮功能如下。

① “中心”：用于在模型上指定一个点以调整当前视图的中心，或更改用于某些导航工具的目标点。

② “缩放”：用于调整当前视图的比例。

③ “回放”：用于恢复上一视图。用户可以在先前视图中向后或向前查看。

④ “动态观察”：用于绕固定的轴心点旋转当前视图。

（2）巡视建筑控制盘

右击，在弹出的快捷菜单中选择“基本控制盘”→“巡视建筑控制盘”命令，可以打开“巡视建筑控制盘”，如图 14-15 所示。

巡视建筑控制盘各按钮功能如下。

① “向前”：用于调整视图的当前点与所定义的模型轴心点之间的距离。

② “环视”：用于回旋当前视图。

③ “回放”：用于恢复上一视图。用户可以在先前视图中向后或向前查看。

④ “向上/向下”：用于沿屏幕的 Y 轴滑动模型的当前视图。

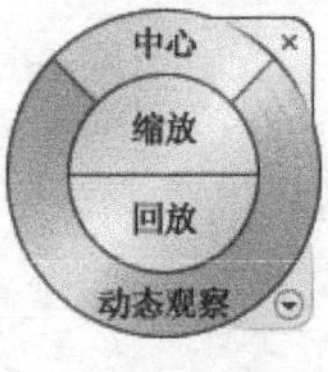

图 14-14　“查看对象”控制盘

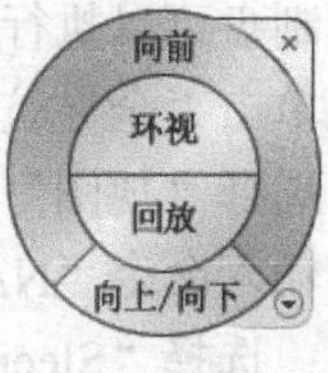

图 14-15　“巡视建筑”控制盘

2. 视觉控制器

视觉控制器（ViewCube）是在二维模型空间或三维视觉样式中处理图形时显示的导航工具。ViewCube 导航工具显示在绘图区右上角或隐藏，通过 ViewCube，用户可以在标准视图和等轴测视图之间快速切换。

显示和隐藏 ViewCube 可以执行以下操作之一。

（1）功能区：选择“视图”选项卡，在“视口工具”面板中单击“ViewCube”按钮。

（2）导航栏：“ViewCube”隐藏时，单击上方的“ViewCube”按钮，可使其显现。

（3）命令行：输入命令“OPTIONS”。

将光标停留在 ViewCube 上方时，ViewCube 将变为活动状态，如图 14-16 所示。此时可以切换至预设视图、滚动当前视图或更改为模型的主视图。ViewCube 导航工具在三维模型空间中的显示如图 14-17 所示。

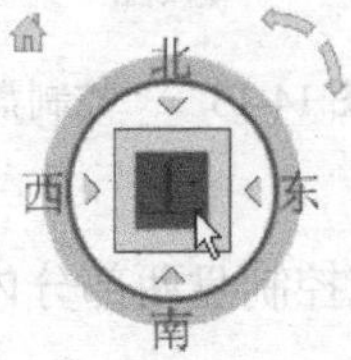

图 14-16　“ViewCube”的二维显示

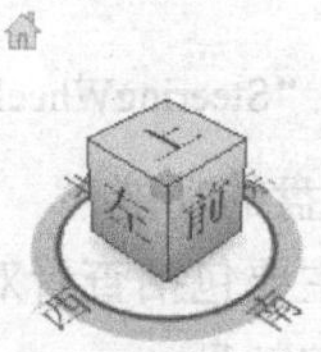

图 14-17　“ViewCube”的三维显示

14.2 创建实体模型

绘制三维图形主要有曲面模型和实体模型。曲面模型用来描述曲面的形状，一般是将线框模型经过进一步处理得到的。曲面模型不仅可以显示出曲面的轮廓，而且可以显示出曲面的真实形状。

实体模型具有实体的特征，它由一系列表面包围，这些表面可以是普通的平面也可以是复杂的曲面，它具有质量、体积、重心、惯性矩、回转半径等实体的特征。通过对基本实体执行并集、差集或交集等布尔运算可创建复杂的实体模型。AutoCAD 2016 提供了创建曲面和实体模型的很多命令，如图 14-18 所示。

图 14-18 “创建”面板

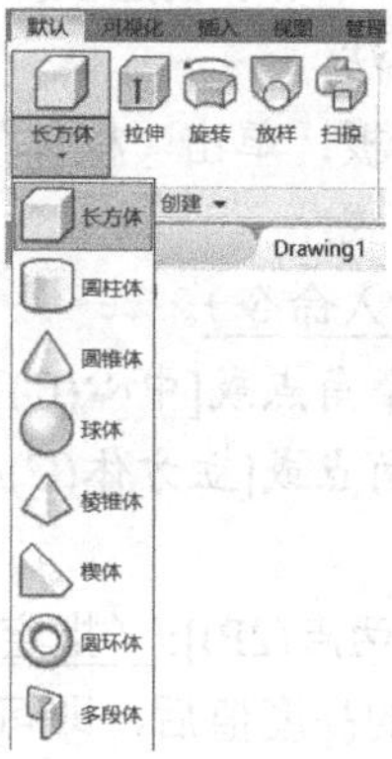

图 14-19 创建几何体的命令

14.2.1 创建三维基本几何体

AutoCAD 2016 提供了基本三维实体，包括长方体、球体、圆柱体、圆锥体、楔体和圆环体，如图 14-19 所示。

1. 创建长方体

1）操作方法

可以执行以下操作之一。

（1）“创建”面板：单击“长方体”按钮。

（2）“建模”工具栏：单击“长方体”按钮。

（3）菜单栏：选择“绘图”→“建模”→“长方体”选项。

（4）命令行：输入命令“BOX”。

2）操作格式

命令：（输入命令）。

指定第一个角点或[中心(C)]〈0,0,0〉:（指定长方体角点或中心点）。

指定其他角点或[立方体(C)/长度(L)]:（指定长方体另一角点或选择正方体或边长选项）。

指定高度或[两点(2P)]:（指定长方体的高度）。

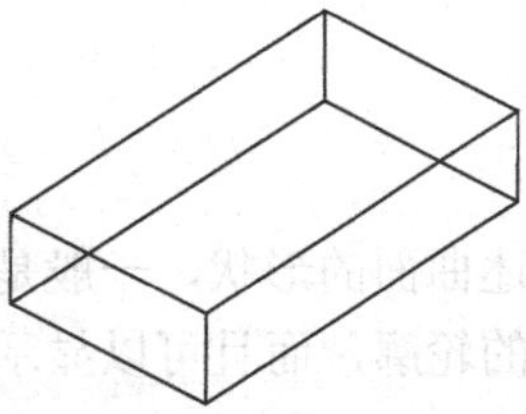

图 14-20　创建长方体

输入高度值之后，即可创建长方体，如图 14-20 所示。

3）选项说明

（1）“角点”：用于指定长方体的一个角点。

（2）“立方体”：用于创建一个长、宽、高相等的长方体。

（3）“长度”：用于指定长方体的长、宽、高。

（4）“指定高度”：用于指定长方体的高度。

（5）“中心”：用于指定中心点来创建长方体。

（6）“两点”：用于指定两点来确定高度或长度。

2. 创建楔体

WEDGE 命令用于创建楔体。

1）操作方法

“创建”面板：单击“楔体”按钮。

2）操作格式

命令: （输入命令）。

指定第一个角点或[中心(C)]〈0,0,0〉: （指定该底面矩形的第一个角点）。

指定其他角点或[立方体(C)/长度(L)]: （指定楔体底面矩形的另一个角点或选择立方体或边长选项）。

指定高度[两点(2P)]: （指定楔体的高度值）。

输入楔体的高度值后，即可创建楔体，如图 14-21 所示。

选择“中心(C)”选项可以通过指定楔体中心点来创建楔体。

3. 创建圆锥体

CONE 命令用于创建圆锥体。

（1）输入命令

“创建”面板：单击“圆锥体”按钮。

（2）操作格式

命令: （输入命令）。

指定底面的中心点或[三点(3P)/两点(2P)/相切、相切、半径(T)/椭圆(E)]: （指定圆锥体底面中心点）。

指定底面半径或[直径(D)]: （指定圆锥体半径或直径）。

指定高度或[两点(2P)/轴端点(A)/顶面半径(T)]: （指定圆锥体高度值或顶点）。

输入圆锥体高度值后，即可创建圆锥体，如图 14-22 所示。

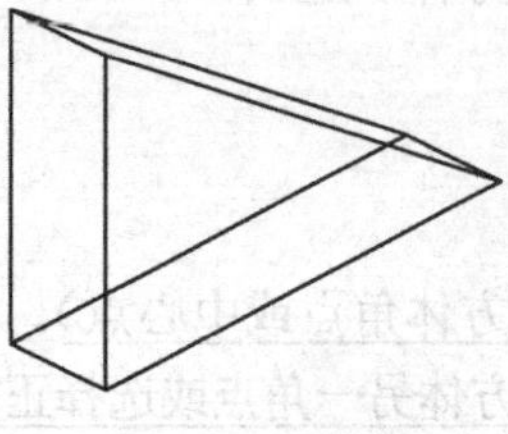

图 14-21　创建楔体

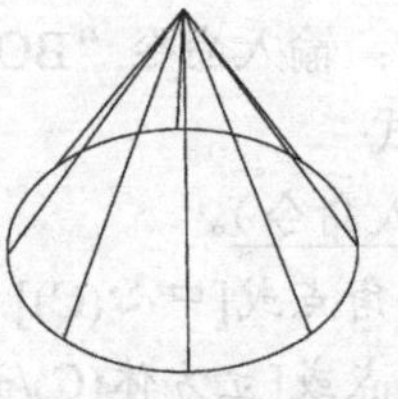

图 14-22　创建圆锥体

“椭圆(E)”选项用来创建以椭圆为底面的圆锥体。

4. 创建球体

SPHERE 命令用于创建球体。

1）操作方法

“创建”面板：单击“球体”按钮。

2）操作格式

命令: （输入命令）。

当前线框密度：ISOLINES=4（显示当前线框密度为 4）。

指定中心点或[三点(3P)/两点(2P)/相切、相切、半径(T)]: （指定球体中心点）。

指定半径或[直径(D)]: （指定球体半径或直径）。

输入球体半径值之后，即可创建球体，如图 14-23 所示。

5. 创建圆柱体

CYLINDER 命令用于创建圆柱体。

1）操作方法

“创建”面板：单击“圆柱体”按钮。

2）操作格式

命令: （输入命令）。

指定底面的中心点或[三点(3P)/两点(2P)/相切、相切、半径(T)/椭圆(E)]: （指定圆柱体中心点）。

指定底面半径或[直径(D)]: （指定圆柱体半径或直径）。

指定高度或[两点(2P)/轴端点(A)]: （指定圆柱体高度值或顶面的中心点）。

输入圆柱体高度之后，完成创建圆柱体，如图 14-24 所示。

“椭圆(E)”选项用来创建底面为椭圆的圆柱体。

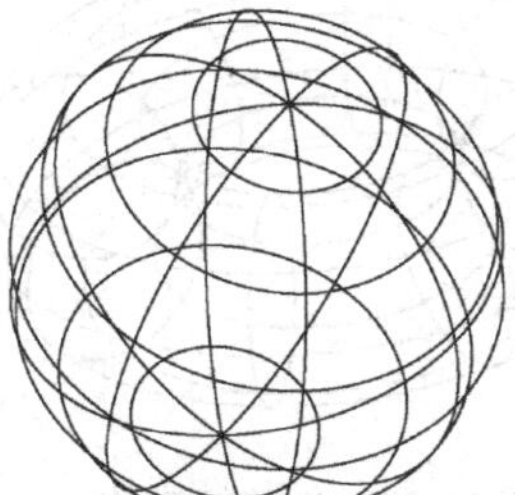

图 14-23 创建球体

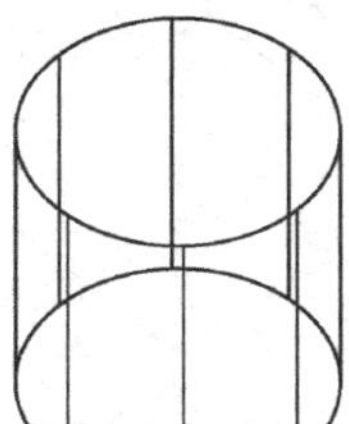

图 14-24 创建圆柱体

6. 创建圆环体

TORUS 命令用于创建圆环体。

1）操作方法

“创建”面板：单击“圆环体”按钮。

2）操作格式

命令：（输入命令）。

指定中心点或[三点(3P)/两点(2P)/相切、相切、半径(T)]: （指定圆环体中心点）。

指定半径或[直径(D)]: （指定圆环体半径或直径）。

指定圆管半径或[两点(2P)/直径(D)]: （指定圆管半径或直径）。

输入圆管半径之后，即可完成创建圆环体，如图 14-25 所示。

3）说明

可以通过选择“直径(D)”选项来创建圆环体。当圆管半径大于圆环半径时，则圆环中心不再有中心孔；当圆环半径为负值，圆管半径为正值时，则创建出的实体为橄榄球状。

7. 创建棱锥体

PYRAMID 命令用于创建棱锥体。棱锥体的侧面数可以在 3 ~ 32 之间。

1）操作方法

“创建”面板：单击“棱锥体”按钮。

2）操作格式

命令：（输入命令）。

4 个侧面，外切：（显示当前棱锥体为 4 个侧面，底面圆外切）。

指定底面的中心点或[边(E)/侧面(S)]: （指定底面的中心点）。

指定底面半径或 [内接(I)]: （指定底面圆半径）。

指定高度或[两点(2P)/轴端点(A)/顶面半径(T)]: （指定棱锥体高度）。

指定高度后，创建棱锥体如图 14-26 所示。

3）说明

在选择选项时，如果选择选项“E”，可以指定边长来确定底面大小；如果选择选项“S”，可以改变棱锥侧面的数目；选择选项“T”，可以绘制棱台。

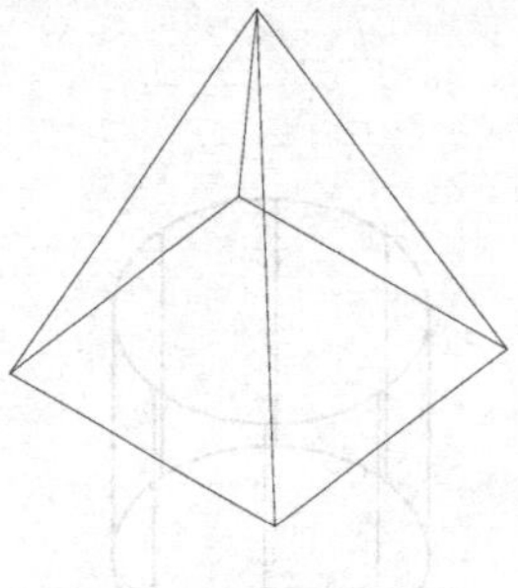

图 14-25 创建圆环体

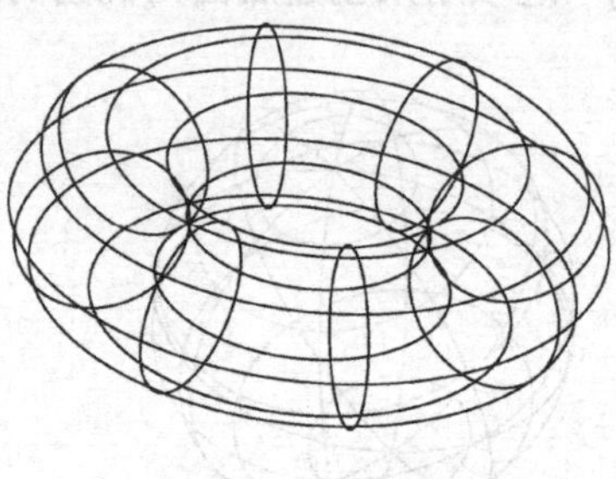

图 14-26 创建棱锥体

14.2.2 创建拉伸实体

该功能通过拉伸二维图形使之具有厚度来创建拉伸实体。

1. 操作方法

可以执行以下操作之一。

（1）“创建”面板：单击“拉伸”按钮。
（2）“建模”工具栏：单击按钮。
（3）菜单栏：选择“绘图”→“建模”→“拉伸”选项。
（4）命令行：输入命令“EXTRUDE”。

2. 操作格式

命令：（输入命令）。
选择要拉伸的对象：（选择要拉伸的二维闭合对象）。
指定拉伸的高度或[方向(D)/路径(P)/倾斜角(T)]：（指定拉伸高度或选择选项）。
输入拉伸高度后，即完成创建拉伸实体，如图 14-27（b）所示。

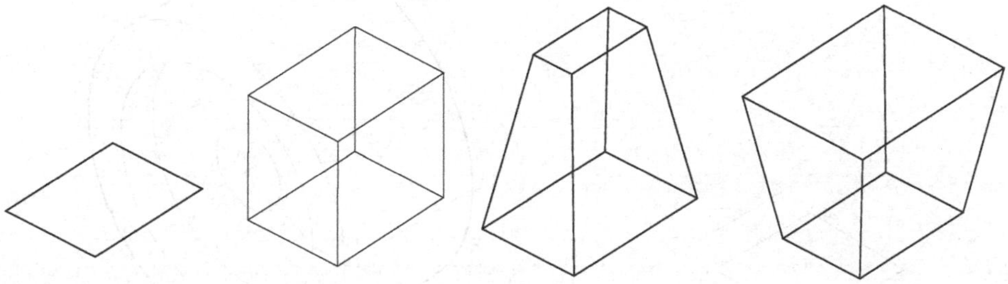

（a）拉伸前　（b）0° 拉伸　（c）角度为正时拉伸　（d）角度为负时拉伸

图 14-27　创建拉伸实体

3. 说明

拉伸倾斜角取值为-90°～+90°之间，0°表示实体的侧面与拉伸对象所在的二维平面垂直，如图 14-27（b）所示；角度为正值时侧面向内倾斜，如图 14-27（c）所示；角度为负值时侧面向外倾斜，如图 14-27（d）所示。用户选择的拉伸对象可以是矩形、多边形、多段线、圆和样条曲线等二维对象。

用户还可以通过选择“方向(D)”和“路径(P)”选项来创建拉伸实体。

14.2.3　创建旋转实体

该功能可以通过旋转封闭的二维图形来创建旋转实体。

1. 操作方法

可以执行以下操作之一。
（1）“创建”面板：单击“圆环体”按钮。
（2）“建模”工具栏：单击按钮。
（3）菜单栏：选择“绘图”→“建模”→“旋转”选项。
（4）命令行：输入命令“REVOLVE”。

2. 操作格式

命令: （输入命令）。

选择要旋转对象: （选择要旋转的二维闭合对象，按〈Enter〉键）。

指定轴起点或根据以下选项之一定义轴 [对象(O)/X/Y/Z] <对象>: （指定旋转轴的起点或选择选项）。

指定轴端点: （指定旋转轴的终点）。

指定旋转角度〈360〉: （按〈Enter〉键或指定旋转角度）。

系统完成创建旋转实体，如图 14-28 所示。

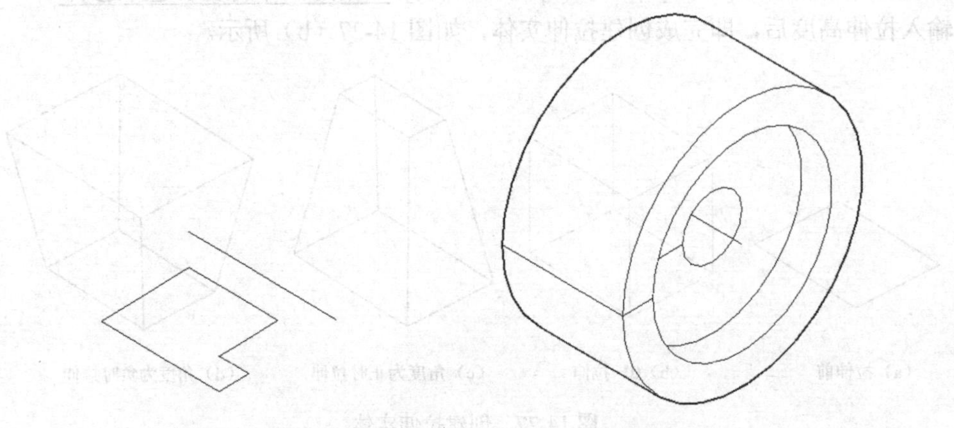

（a）旋转前　　（b）旋转实体

图 14-28　创建旋转实体

3. 说明

用户可以通过选择“对象(O)/X/Y/Z”选项来创建旋转实体。

（1）“对象(O)”：选择一直线或多段线中的单条线段来定义轴，旋转对象将绕这个轴旋转。轴的正方向是从该直线上的最近端点指向最远端点。

（2）“X”：选用当前 UCS 的正向 X 轴作为旋转轴的正方向。

（3）“Y”：选用当前 UCS 的正向 Y 轴作为旋转轴的正方向。

（4）“Z”：选用当前 UCS 的正向 Z 轴作为旋转轴的正方向。

旋转对象必须是封闭的二维对象，可以是二维多段线、多边形、矩形、圆及椭圆等。

14.2.4 创建扫掠实体

该功能用于沿指定路径以指定轮廓的形状（扫掠对象）绘制实体或曲面。可以扫掠多个对象，但是这些对象必须位于同一平面中。

1. 操作方法

可以执行以下操作之一。

（1）“创建”面板：单击“扫掠”按钮。

（2）“建模”工具栏：单击按钮。
（3）菜单栏：选择“绘图”→“建模”→“扫掠”选项。
（4）命令行：输入命令“SWEEP”。

2. 操作格式

命令:（输入命令）。
选择要扫掠的对象:（指定扫掠对象）。
选择要扫掠的对象:（按〈Enter〉键）。
选择扫掠路径或[对齐(A)/基点(B)/比例(S)/扭曲(T)]:（指定扫掠路径或选择选项）。
命令:

结束操作后，完成扫掠实体，结果如图 14-29（a）所示；选择“视觉样式”中的“隐藏”选项，扫掠实体如图 14-29（b）所示。

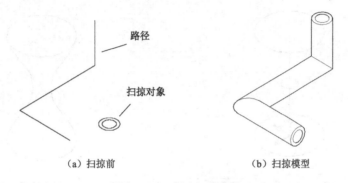

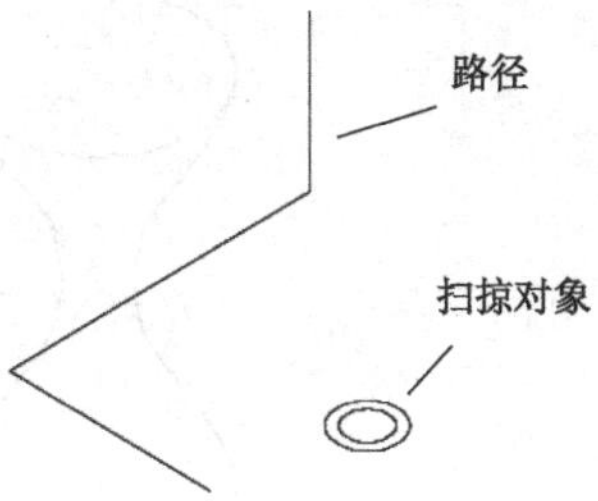

（a）扫掠前

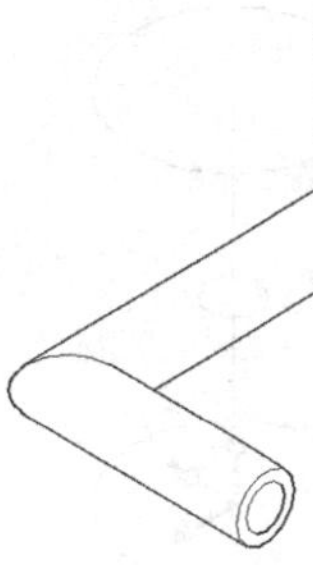
（b）扫掠模型

图 14-29 创建扫掠实体

3. 选项说明

（1）“对齐”：用于设置扫掠前是否对齐垂直于路径的扫掠对象。
（2）“基点”：用于设置扫掠的基点。
（3）“比例”：用于设置扫掠的比例因子，当指定了该参数后，扫掠效果与单击扫掠路径的位置有关。
（4）“扭曲”：用于设置扭曲角度或允许非平面扫掠路径倾斜。

14.2.5 创建放样实体

该功能用于沿指定路径以两个以上的横截面曲线进行放样（绘制实体或曲面）创建实体模型。

1. 操作方法

可以执行以下操作之一。
（1）“创建”面板：单击“放样”按钮。
（2）“建模”工具栏：单击按钮。
（3）菜单栏：选择“绘图”→“建模”→“放样”选项。

（4）命令行：输入命令“LOFT”。

2. 操作格式

命令:（输入命令）。
按放样次序选择横截面:（选择图 14-30 所示上端的圆）。
按放样次序选择横截面:（选择中间的圆）。
按放样次序选择横截面:（选择下端的圆）。
按放样次序选择横截面:（按〈Enter〉键）。
输入选项 [导向(G)/路径(P)/仅横截面(C)] <仅横截面>:（输入命令“P”）。
选择路径曲线:（指定轴线）。
命令:
结束操作后，完成放样实体，消隐效果如图 14-31 所示。

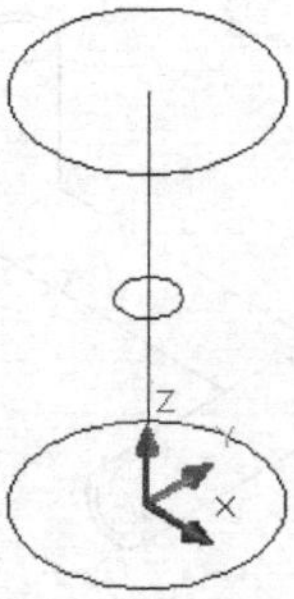

图 14-30　放样前

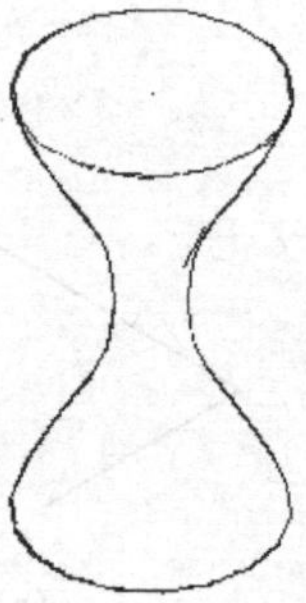

图 14-31　创建放样实体效果

14.3 编辑三维图形

与二维图形的编辑一样，用户也可以对三维曲面和实体进行编辑。用于二维图形的许多编辑命令同样适用于三维图形，如复制、移动等。AutoCAD 2016 还提供了用于编辑三维图形的命令，其中包括布尔运算（并集、差集和交集）和编辑命令（旋转、镜像和倒角等），如图 14-32 所示。

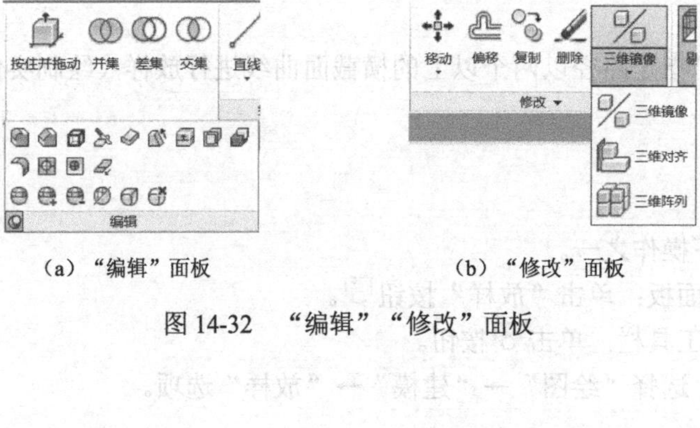

（a）“编辑”面板　　（b）“修改”面板

图 14-32　“编辑”“修改”面板

14.3.1 镜像三维实体

当图形对称时，可以先绘制其对称的一半，再利用镜像功能将三维实体按指定的平面做镜像处理来完成整个图形，如图 14-33 所示。

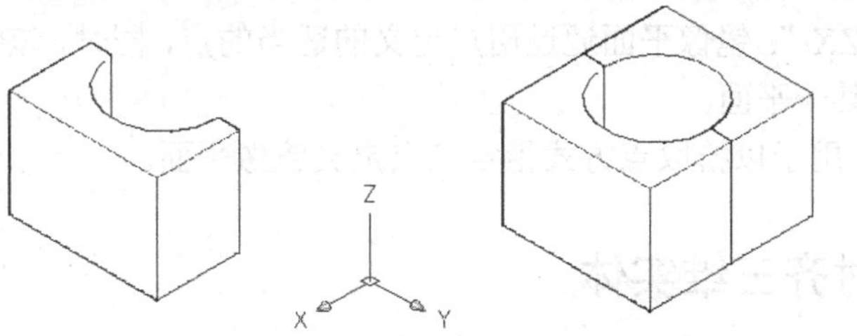

（a）镜像前　　　　（b）“YZ”镜像平面的结果

图 14-33　镜像三维实体

1. 操作方法

可以执行以下操作之一。

（1）功能区：单击“修改”面板中的“三维镜像”按钮。

（2）菜单栏：选择“修改”→“三维操作”→“三维镜像”选项。

（3）命令行：输入命令“MIRROR3D”。

2. 操作格式

命令: （输入命令）。

选择对象: （选择要镜像的对象）。

选择对象: （按〈Enter〉键，结束选择）。

指定镜像平面(三点)的第一点或[对象(O)/最近的(L)/Z 轴(Z)/视图(V)/XY 平面(XY)/YZ 平面(YZ)/ZX 平面(ZX)/三点(3)]〈三点〉: （指定镜像平面第 1 点或选择选项）。

在镜像平面上指定的第二点: （指定镜像平面第 2 点）。

在镜像平面上指定的第三点: （指定镜像平面第 3 点）。

是否删除源对象？[是(Y)/否(N)]〈否〉: （确定是否保留镜像源对象）。

3. 选项说明

命令中各选项功能如下。

（1）“对象(O)”：用于选取圆、圆弧或二维多段线等实体所在的平面作为镜像平面，选择该项后系统提示：

选择圆、圆弧或二维多段线: （选取某线段所在平面作为镜像平面）。

是否删除源对象？[是(Y)/否(N)]〈否〉: （确定是否保留镜像操作源对象）。

（2）“最近的”：用最近一次定义的镜像平面作为当前镜像面进行操作。

（3）“Z 轴”：用于指定平面上的一个点和平面法线上的一个点来定义镜像平面。选择该选项后，系统提示：

在镜像平面上指定点：（指定一点作为镜像平面上的点）。

在镜像平面上的 Z 轴（法向）上指定点：（指定另一点，使该点与镜像平面上一点的连线垂直于镜像平面）。

（4）“视图”：用于将镜像平面与当前视口中通过指定点视图平面对齐。选择该选项后系统提示：“在视图平面上指定点〈0,0,0〉：”，即在当前视图中指定一点。

（5）“XY/YZ/ZX/”：镜像平面通过用户定义的适当的点，同时，该镜像平面平行于 XY、YZ 或 ZX 面中的某一平面。

（6）“三点”：用于以拾取点方式指定三点定义镜像平面。

14.3.2 对齐三维实体

该功能用于移动指定对象，使其与另一对象对齐，如图 14-34 所示。

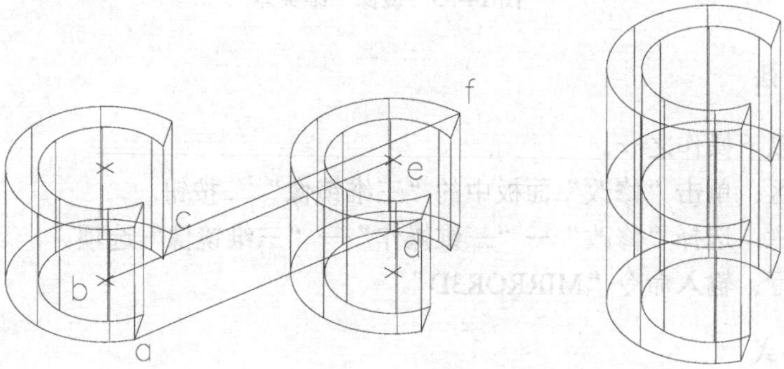

图 14-34 对齐实体

1. 操作方法

可以执行以下操作之一。

（1）功能区：单击“修改”面板中的“三维对齐”按钮。

（2）“建模”工具栏：单击按钮。

（3）菜单栏：选择“修改”→“三维操作”→“三维对齐”选项。

（4）命令行：输入命令“ALIGN”。

2. 操作格式

命令：（输入命令）。

选择对象：（指定要改变位置“源”的对象）。

选择对象：（按〈Enter〉键，结束选择）。

指定第一个源点：（指定要改变位置的对象上的某一点）。

指定第一个目标点：（指定被对齐对象上的相应目标点）。

指定第二个源点：（指定要移动的第 2 点）。

指定第二个目标点：（指定移动到相应的目标点）。

指定第三个源点或〈继续〉：（按〈Enter〉键，结束指定点操作）。

是否基于对齐点缩放对象？[是(Y)否(N)]〈否〉: （指定基于对齐点是否缩放对象）。

3. 说明

对齐对象时，源对象的 3 个选择点（a、b、c）应与目标对象的 3 个选择点（d、e、f）对应，其中的一对点应确定对齐方向，如 b 点和 e 点，如图 14-34 所示，左侧为对齐前，右侧为对齐后。

14.3.3 三维实体倒角

该功能用于三维实体倒角，如图 14-35 所示。

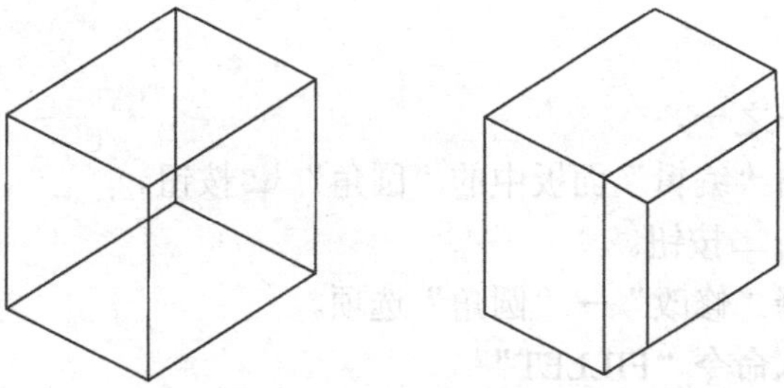

（a）倒角前 （b）倒角后

图 14-35 三维实体倒角

1. 操作方法

可以执行以下操作之一。

（1）功能区：单击“编辑”面板中的“倒角”按钮。

（2）工具栏：单击按钮。

（3）菜单栏：选择“修改”→“倒角”选项。

（4）命令行：输入命令“CHAMFER”。

2. 操作格式

命令: （输入命令）。

（“修剪”模式）当前倒角距离 1=10，距离 2=10。

选择第一条直线或[放弃(U)/多段线(P)/距离(D)/角度(A)/修剪(T)/方式(M)/多个(U)]: （选择实体前表面的一条边）。

基面选择…

输入曲面选择选项[下一个(N)/当前(OK)]〈当前(OK)〉: （选择需要倒角的基面）。

输入曲面选择选项[下一个(N)/当前(OK)]〈当前(OK)〉: （按〈Enter〉键）。

指定基面倒角距离〈10.0000〉: （指定基面倒角距离）。

指定其他曲面倒角距离〈10.0000〉: （指定其他曲面倒角距离或按〈Enter〉键）。

选择边或[环(L)]: （单击前面所有要倒角的四条边）。

选择边或[环(L)]: （按〈Enter〉键，结束目标选择）。

图 14-35（b）为三维实体倒角后的隐藏样式结果。

3. 选项说明

命令中的选项功能如下。

（1）“环(L)”：用于对基面所有的边倒角。

（2）“边”：用于指定基面上的一条边进行倒角，也可以一次选择多条边进行倒角。

14.3.4 三维实体圆角

该功能用于三维实体圆角，如图 14-36 所示。

1. 操作方法

可以执行以下操作之一。

（1）功能区：单击“编辑”面板中的“圆角”按钮。

（2）工具栏：单击按钮。

（3）菜单栏：选择“修改”→“圆角”选项。

（4）命令行：输入命令“FILLET”

2. 操作格式

命令：（输入命令）。

当前设置：模式=修剪，半径=10。

选择第一个对象或[放弃(U)/多段线(P)/半径(R)/修剪(T)/多个(M)]：（选择实体上要加圆角的边）。

输入圆角半径〈10.00.00〉：（输入圆角半径）。

选择边或[链(C)/半径(R)]：（指定其他要圆角的边）。

执行操作后，三维实体圆角如图 14-36 所示。

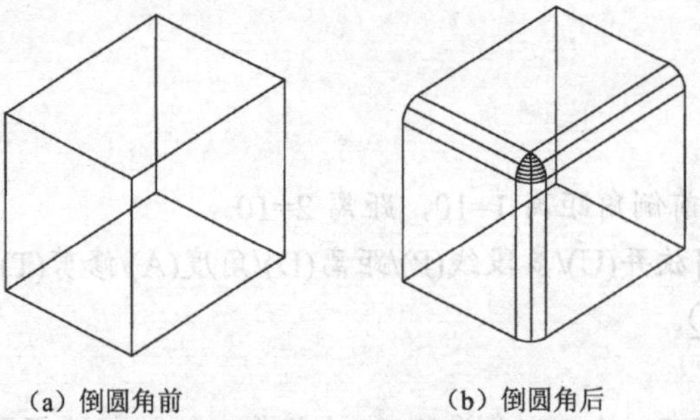

（a）倒圆角前　　（b）倒圆角后

图 14-36　三维实体倒圆角

3. 选项说明

命令中各选项功能如下。

（1）“链”：用于链形选择。选择该项后系统提示“选择边或链[边(E)/半径(R)]：”，选择一条边后，以此边为起始边，与其所有首尾相连的边都会被选中。

（2）“半径(R)”：用于指定倒圆角的半径。

14.3.5 布尔运算

布尔运算指利用两个或多个已有实体通过并集、差集和交集运算组合成新的实体，并删除原有实体，如图 14-37 所示。

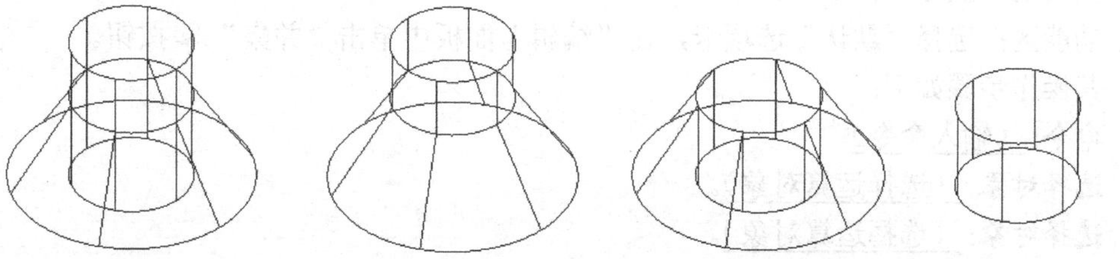

（a）原始的两个实体　（b）并集运算后结果　（c）差集运算后结果　（d）交集运算后结果

图 14-37 实体布尔运算

1. 并集运算

该功能通过对三维实体进行布尔运算，将多个实体组合成一个实体，如图 14-37（b）所示。

并集运算可以执行以下操作之一。

（1）功能区：选择“默认”选项卡，在“编辑”面板中单击“并集”按钮。

（2）“实体编辑”工具栏：单击按钮。

（3）菜单栏：选择“修改”→“实体编辑”→“并集”按钮。

（4）命令行：输入命令“UNION”。

其操作步骤如下：

命令: （输入对象）。

选择对象: （选择要组合的对象）。

选择对象后，系统完成并集运算。

2. 差集运算

该功能通过对三维实体进行布尔运算，在多个实体中减去一部分实体，创建新的实体，如图 14-37（c）所示。

差集运算执行操作如下。

功能区：选择“默认”选项卡，在“编辑”面板中单击“差集”按钮。

其操作步骤如下：

命令: （输入命令）。

选择要从中删除的实体或面域。

选择对象: （选择被减的对象）。

选择要删除的实体或面域……

选择对象：（选择要减去的对象）。
命令：
分别选择被减的对象和要减去的对象后，系统完成差集运算。

3. 交集运算

该功能通过对三维实体进行布尔运算，将通过各实体的公共部分创建新的实体，如图 14-37（d）所示。
交集运算执行操作如下。
功能区：选择“默认”选项卡，在“编辑”面板中单击“并集”按钮。
其操作步骤如下：
命令：（输入命令）。
选择对象：（选择运算对象）。
选择对象：（选择运算对象）。
选择对象：（按〈Enter〉键）。
命令：
选择对象结束后，系统完成对所选对象的并集运算。

14.4 实训

本节进行创建实体模型练习。

14.4.1 创建三维拉伸实体

本小节进行拉伸和扫掠实体模型练习。

1. 绘制三维多段线

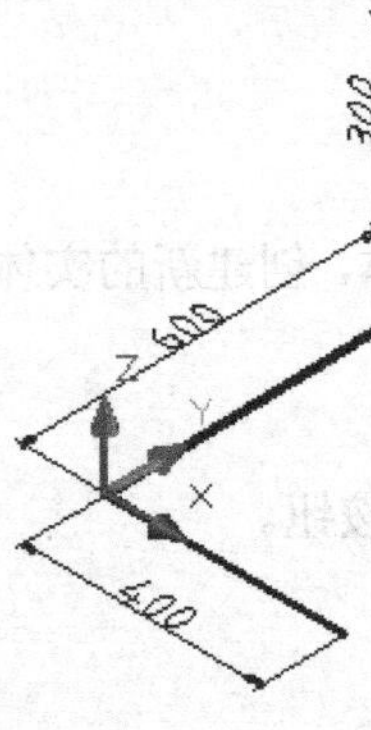

图 14-38 绘制三维多段线

绘制三维多段线，如图 14-38 所示。
提示如下：
（1）在“视图”面板中单击俯视图标，在列表中选择“东南等轴测”选项。
（2）选择“默认”选项卡，在“绘图”面板中单击“多段线”按钮。
（3）分别输入经过点坐标（400,0,0）、（0,0,0）、（0,600,0）和（0,600,300）。
（4）结果如图 14-38 所示。

2. 创建拉伸实体模型

操作步骤如下：
（1）绘制或打开图 14-38 图形，如图 14-39 所示。

（2）选择“默认”选项卡，在“绘图”面板单击“圆”按钮。

（3）捕捉多段线上端为圆心（只能绘制平行于 XY 平面的圆），分别输入半径“60”和“40”，按〈Enter〉键，结果如图 14-40 所示。

（4）选择“默认”选项卡，在“创建”面板中单击“拉伸”按钮。

（5）首先选择拉伸对象圆，输入命令“P”后，选择拉伸路径为多段线，结果如图 14-41 所示。

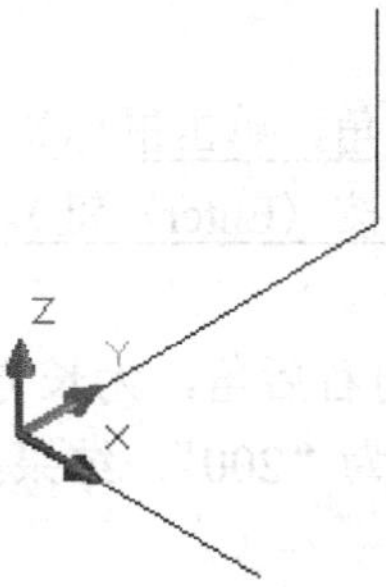

图 14-39　打开图形

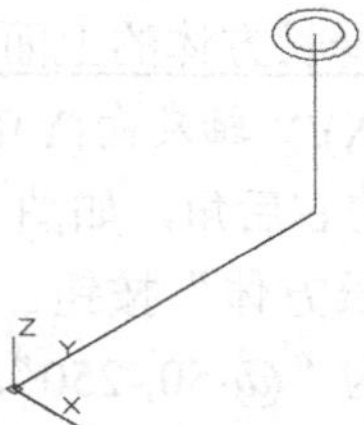

图 14-40　创建拉伸对象

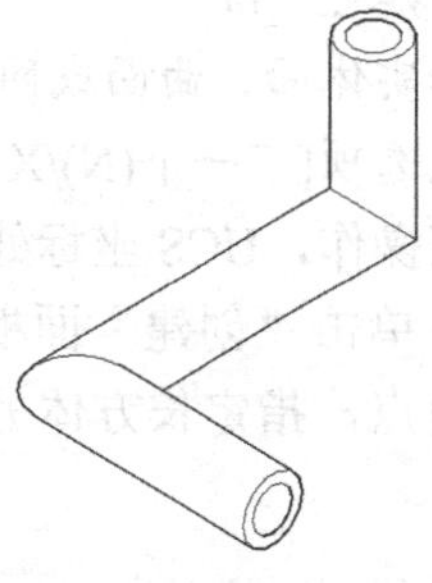
图 14-41　创建拉伸实体

14.4.2　创建支架三维实体

以图 14-42 为例，创建三维组合体。

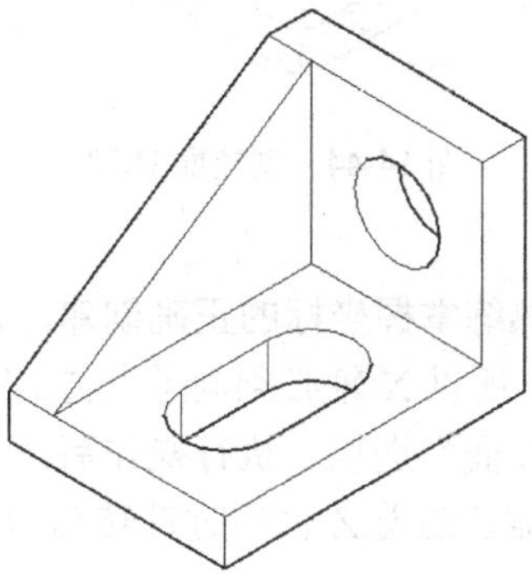
图 14-42　组合体

操作步骤如下。

1）创建底板

（1）在状态栏单击“切换工作空间”按钮，进入“三维基础”模型空间。

（2）在绘图区左上角单击“视图”控件中的“西南等轴测”图标，单击“视觉样式”控件中的“二维线框”图标。

（3）选择“默认”选项卡，在“创建”面板中单击“长方体”按钮。

系统提示：

指定第一个角点或[中心(C)]〈0,0,0〉: <u>（指定原点为长方体底面的一个角点）</u>。

指定其他角点或[立方体(C)/长度(L)]: <u>（指定长方体另一角点“@350,250”）</u>。

指定高度或[两点(2P)]: （输入“50”，按〈Enter〉键）。

执行操作，结果如图 14-43 所示。

2）创建右侧立板

（1）单击“坐标”面板中的“三点”下拉按钮，选择下拉列表中的“面”选项。

命令: _ucs

当前 UCS 名称: *世界*

指定 UCS 的原点或[面(F)/命名(NA)/对象(OB)/上一个(P)/视图(V)/世界(W)/X/Y/Z/Z 轴(ZA)]<世界>: _fa

选择实体面、曲面或网格: （选择长方体的上面，捕捉右后角，单击鼠标）。

输入选项[下一个(N)/X 轴反向(X)/Y 轴反向(Y)] <接受>: （按〈Enter〉键）。

结束操作，UCS 坐标处在底板的右后角，如图 14-44 所示。

（2）单击“创建”面板中的“长方体”按钮。指定底板的右后角，为长方体底面的第一个角点，指定长方体另一角点为“@-50,-250”，指定高度为“200”，结果如图 14-45 所示。

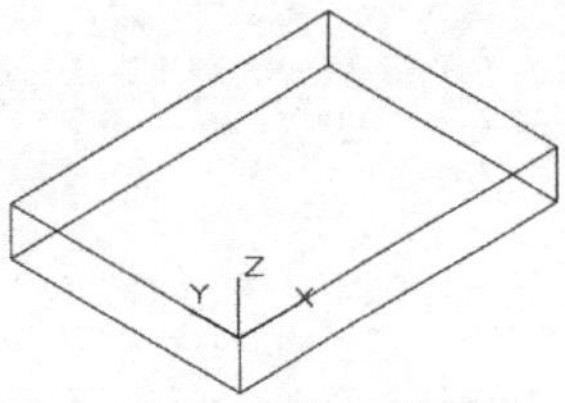

图 14-43 绘制底板

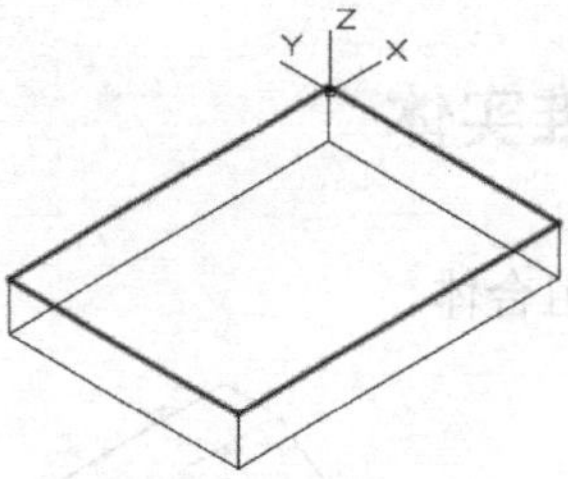

图 14-44 创建面 UCS

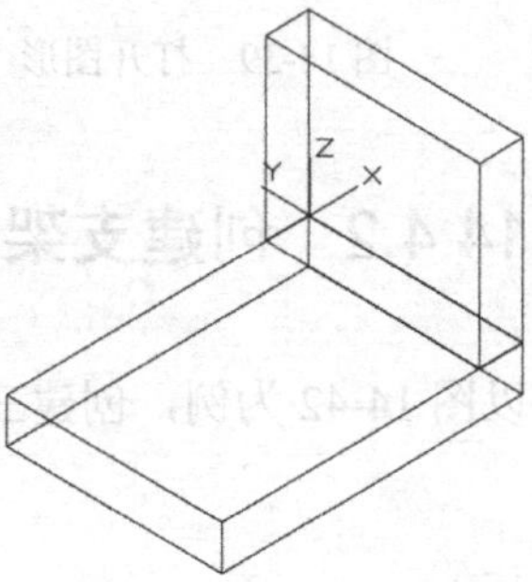

图 14-45 绘制右侧立板

3）创建支撑楔形板

（1）调整坐标正确方向。熟练掌握坐标的正确创建，是绘制组合体的关键所在。由于楔体是沿着 X 轴的正方向倾斜，所以 X 轴必须向着左方。先单击“坐标”面板中的“三点”，下拉按钮选择下拉列表中的“面”选项，执行操作后，坐标方向如图 14-46 所示，可以看出要让 X 轴向着前方，X 轴需要绕着 Z 轴顺时针转动 90°。单击“坐标”面板中的按钮，系统提示:

命令: _ucs

指定 UCS 的原点或 [面(F)/命名(NA)/对象(OB)/上一个(P)/视图(V)/世界(W)/X/Y/Z/Z 轴(ZA)] <世界>: _z

指定绕 Z 轴的旋转角度<90>: （输入“-90”）。

单击坐标位置后，按〈Enter〉键，完成坐标的调整，如图 14-47 所示。

（2）绘制支撑楔形板。单击“创建”面板中的“楔体”按钮，系统提示:

命令: _wedge

指定第一个角点或[中心(C)]: （捕捉立板左下角点）。

指定其他角点或[立方体(C)/长度(L)]: （输入“@300,50”）。

指定高度或[两点(2P)] <200.0000>: （输入“200”）。

完成楔体创建，如图 14-48 所示。

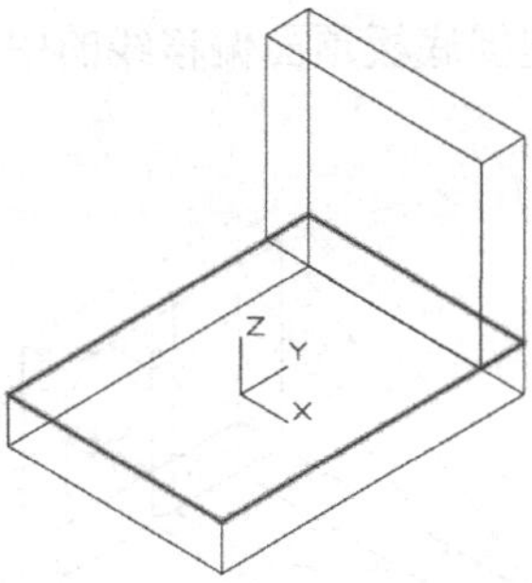

图 14-46　创建面 UCS

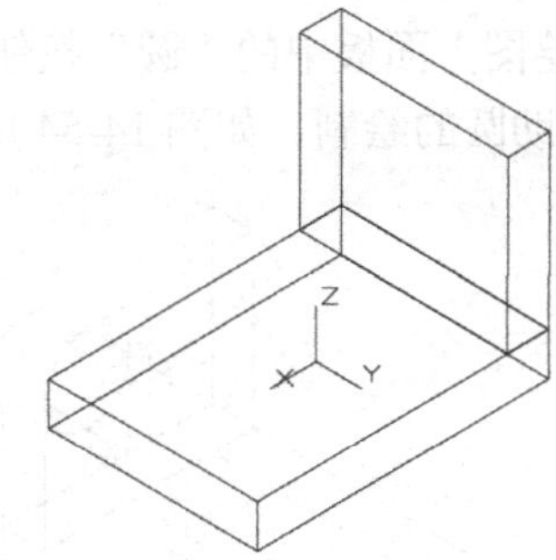

图 14-47　调整 UCS

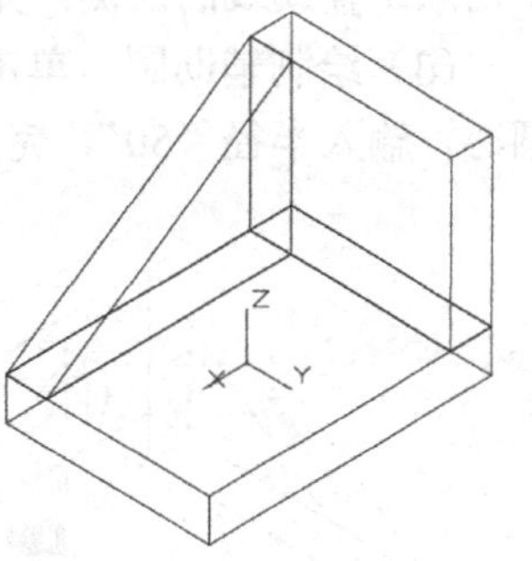

图 14-48　创建楔形板

3）创建立板上的圆孔

（1）绘制中点辅助线。单击“绘图”面板中的“直线”按钮，捕捉立板左侧面上下棱线的中点，绘制一条竖直线，如图 14-49 所示。

（2）偏移中点辅助线。首先选择“坐标”面板“三点”下拉列表中的“面”选项，单击立板左侧面为当前平面；然后单击“修改”面板中的“偏移”按钮，指定偏移距离为“25”，单击中点辅助线的右侧，结束操作，偏移线如图 14-50 所示。

（3）创建圆柱。首先选择“坐标”面板“三点”下拉列表中的“面”选项，单击立板左侧面为当前平面。单击“创建”面板中的“圆柱体”按钮。系统提示：

命令: _cylinder

指定底面的中心点或 [三点(3P)/两点(2P)/切点、切点、半径(T)/椭圆(E)]: （捕捉并单击偏移线的中心点）。

指定底面半径或[直径(D)] <0.00>: （输入“50”）。

指定高度或[两点(2P)/轴端点(A)] <0.00>: （输入“-50”）。

结束操作，结果如图 14-51 所示。

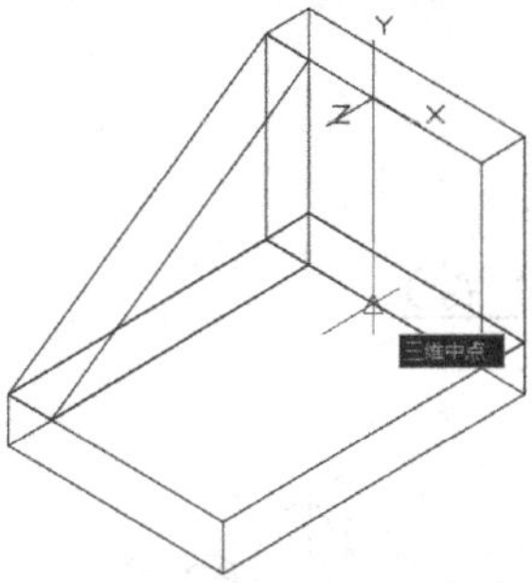

图 14-49　绘制辅助中心线

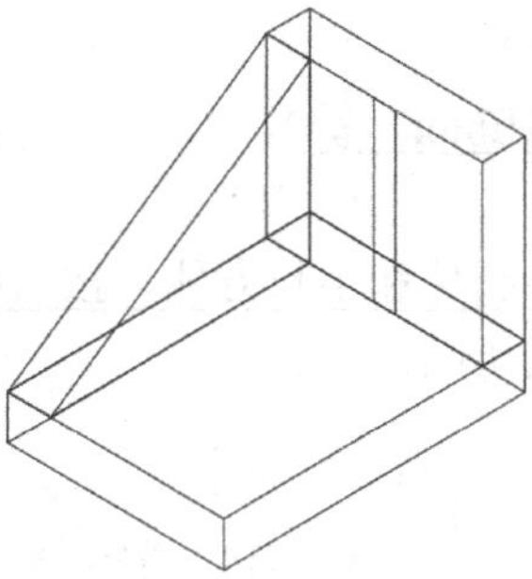
图 14-50　绘制偏移线

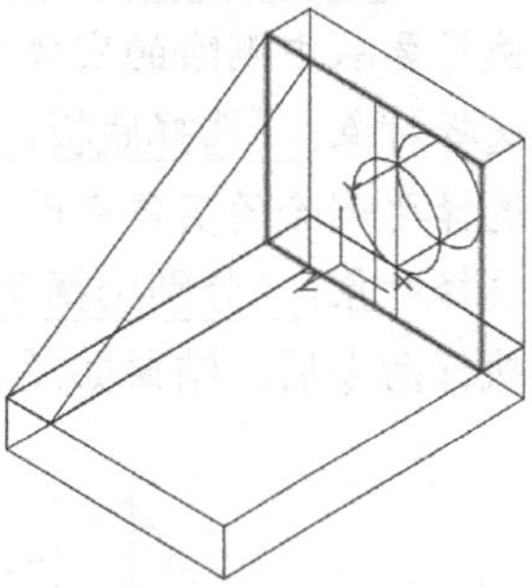
图 14-51　创建立板上的圆柱

4）创建底板上的舌形孔

（1）绘制中点辅助线。首先选择“坐标”面板“三点”下拉列表中的“面”选项，单击底板顶面为当前平面；单击“绘图”面板中的“直线”按钮，捕捉底板左棱线和立板底线的中点，绘制一条水平辅助线，如图 14-52 所示。

（2）偏移中点辅助线。首先选择“坐标”面板“三点”下拉列表中的“面”选项，单击底板顶面为当前平面；然后单击“修改”面板中的“偏移”按钮，指定偏移距离为“25”，单击水平辅助线的前侧，完成偏移线操作，如图 14-53 所示。

（3）绘制辅助圆。单击“绘图”面板中的“圆”按钮，捕捉底板顶面偏移线的中点为圆心，输入半径“50”，完成辅助圆的绘制，如图 14-54 所示。

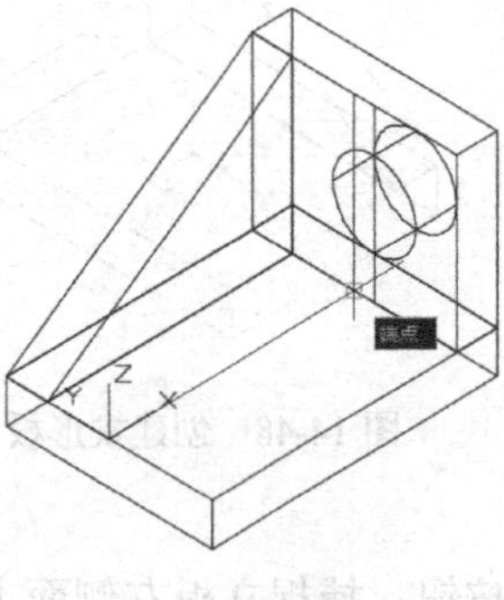

图 14-52　绘制辅助中心线

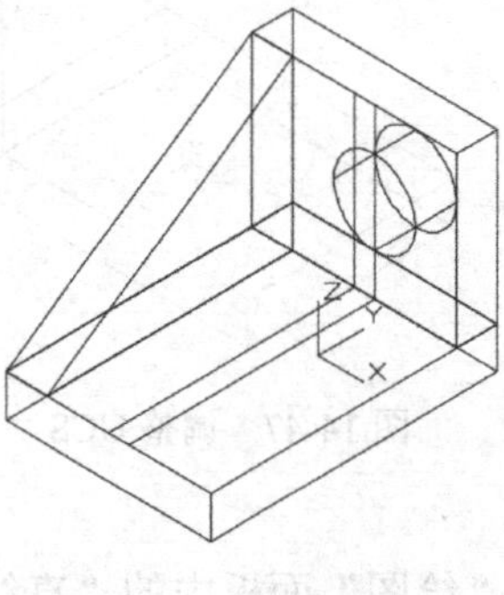

图 14-53　绘制偏移线

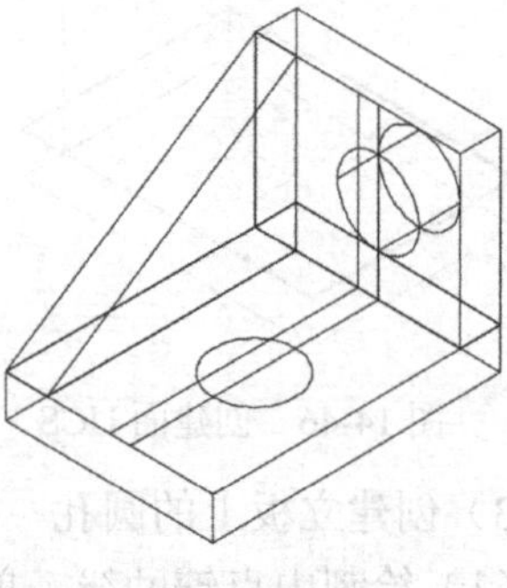

图 14-54　绘制辅助圆

（4）创建两端圆柱。单击“创建”面板中的“圆柱体”按钮，分别指定底板顶面的辅助圆与偏移线的两个交点为圆心，输入半径“50”，高度“-50”，结果如图 14-55 所示。

（5）创建两圆柱间的长方体。单击“创建”面板中的“长方体”按钮，利用捕捉功能，捕捉圆柱顶面的象限点，为长方体顶面的第一个角点，捕捉另一个圆柱顶面的象限点为长方体顶面的另一对角点，指定高度为“-50”，结果如图 14-56 所示。

（6）删除多余线条。单击“修改”面板中的“删除”按钮，删除辅助线和辅助圆。

（7）清除圆孔。单击“编辑”面板中的“差集”按钮，系统提示：

命令：_subtract 选择要从中删除的实体或面域。

选择对象：（选择立板，按〈Enter〉键）。

选择要删除的实体或面域。

选择对象：（选择立板小圆柱）。

命令：（按〈Enter〉键）。

选择要从中删除的实体或面域。

选择对象：（选择底板，按〈Enter〉键）。

选择要删除的实体或面域。

选择对象：（分别选择两个小圆柱和小长方体，按〈Enter〉键）。

执行命令后，结果如图 14-57 所示。

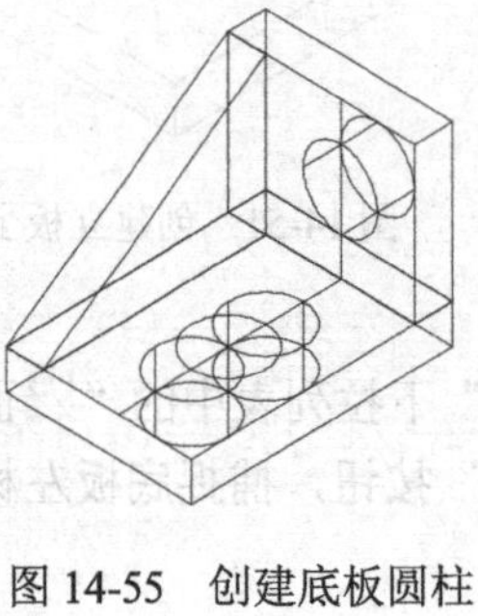

图 14-55　创建底板圆柱

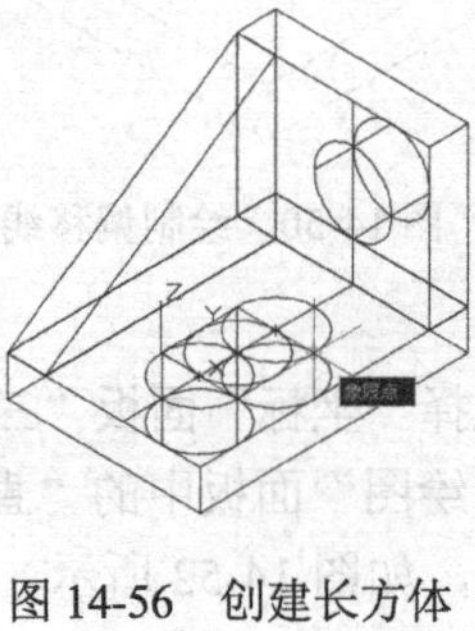

图 14-56　创建长方体

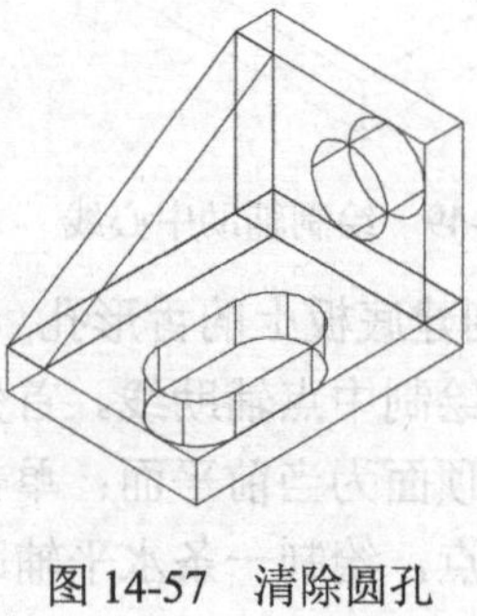

图 14-57　清除圆孔

（7）组合三维实体。单击“编辑”面板中的“并集”按钮，分别选择底板、立板和楔体为对象，将其整合为一体；选择“视觉样式”控件“二维线框”下拉列表中的“隐藏”选项，效果如前面的图 14-42 所示。

习题 14

1．创建各基本实体模型。

2．参照本章的例子，创建“旋转”、“拉伸”、“扫掠”和“放样”实体模型。

3．创建旋转三维实体，如图 14-58 所示。

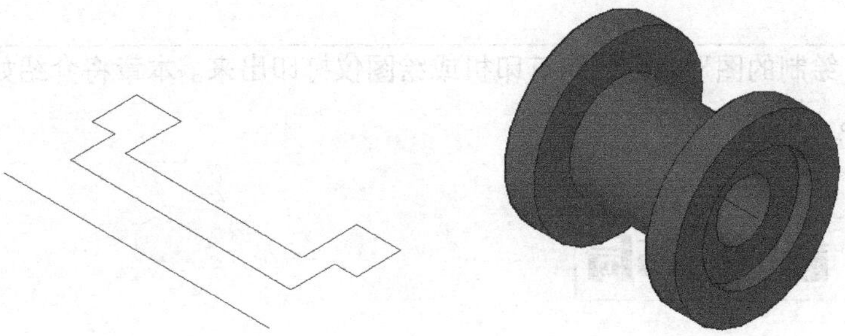

（a）旋转前　　（b）旋转后的效果示例

图 14-58　创建旋转三维实体

4．创建和编辑三维组合体，如图 14-59 所示。

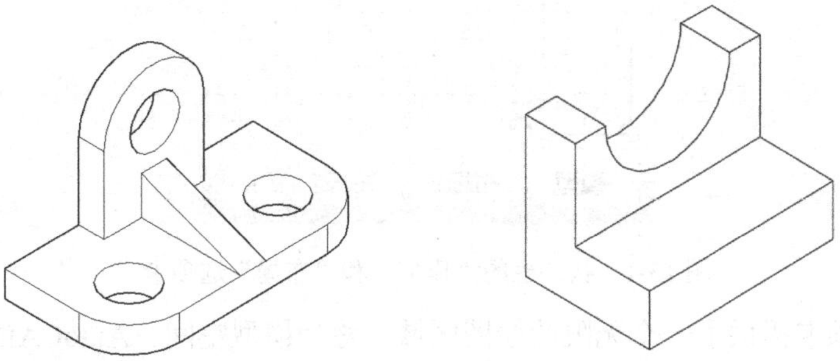

图 14-59　三维组合体图

第15章

图形的布局和输出

AutoCAD 绘制的图形，可以用打印机或绘图仪打印出来。本章将介绍如何进行图形的布局和打印。

15.1 模型与布局

AutoCAD 中有两种不同的工作环境，分别用“模型”和“布局”选项卡表示，如图 15-1 所示。

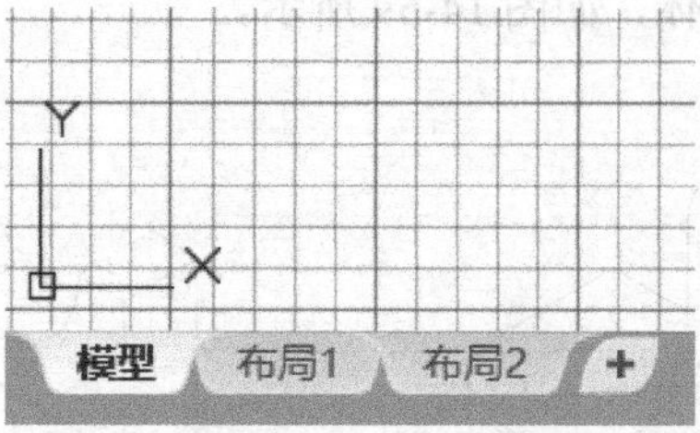

图 15-1　状态栏的“模型”和“布局”选项卡

“模型”选项卡提供了一个无限的绘图区域，称为模型空间。AutoCAD 2016 可以在模型空间中完成绘制、编辑和打印的全部工作。

“布局”选项卡提供了一个称为“图纸空间”的区域，又称“布局空间”。布局空间主要用于完成图纸的最终布局和打印。

模型空间和图纸空间的切换可以使用以下方法。

（1）通过单击状态栏中的“模型”按钮模型可以直接进行空间的切换。

（2）使用“MSPACE”命令从布局空间切换到模型空间，使用“PSPACE”命令从模型空间切换到布局空间。

（3）模型空间要设置为当前视口，可以双击该视口；布局空间要设置为当前视口，需要双击视口外的其他地方。

15.1.1 创建视口

视口是指图形所在的某个区域。对于较复杂的图形，为了比较清楚地观察图形的不同部分，可以在绘图区域上同时建立多个视口进行平铺，以便显示多个不同的视图。

AutoCAD 2016 提供了“模型视口”面板中的工具用来修改和编辑视口，如图 15-2 所示。还有一个很实用的“视口”控件，在绘图区的左上角，单击[--]图标可以打开“视口”控件的下拉列表，如图 15-3 所示。

下面介绍平铺视口的创建。

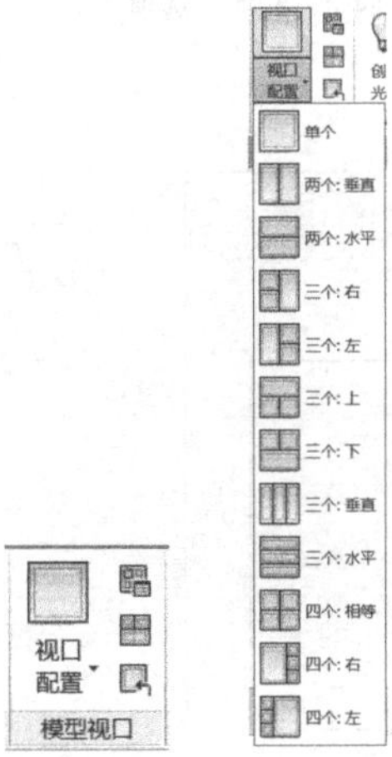

图 15-2 “模型视口”面板及视口类型

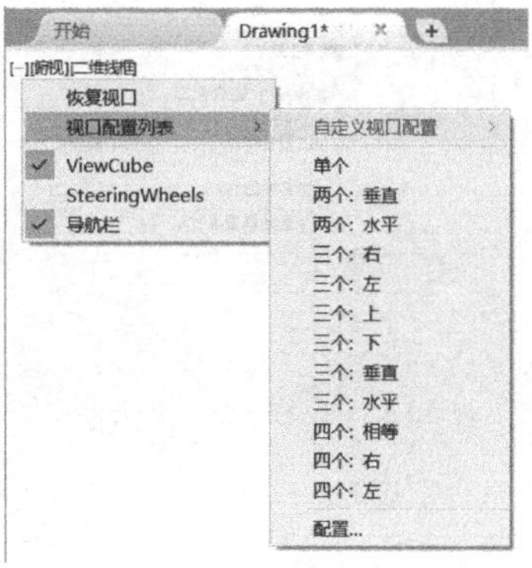

图 15-3 “视口”控件的下拉列表

1. 操作方法

可以执行以下操作之一。

（1）功能区：选择“可视化”选项卡，在“模型视口”面板中单击相应按钮。

（2）视口控件：单击绘图区左上角的[--]图标，在视口控件的下拉列表中选择“视口配置列表”→“配置”选项。

（3）菜单栏：选择“视图”→“视口”→“新建视口”选项。

（4）命令行：输入命令“VPORTS”。

2. “模型视口”面板选项的功能说明

“模型视口”面板中包括有“视口配置”、“命名”、“合并视口”、“恢复视口”等选项，各选项功能如下。

（1）“视口配置”下拉列表：用于选择标准配置名称，可将当前视口分割平铺，如图 15-4 所示。

（2）“名称”按钮：单击按钮，打开“视口”对话框，选择“命名视图”选项卡，如图 15-5 所示。其选项功能如下。

“当前名称”文本框用于显示当前命名视图的名称；“命名视口”列表框用于显示当前图形中保存的全部视口配置；“预览”窗口用于预览当前视口的配置。

（3）“合并视口”按钮：用于将两个相邻的模型视口合并为一个较大的视口。

（4）“恢复视口”按钮：用于在单视口和上次的多视口之间进行切换。

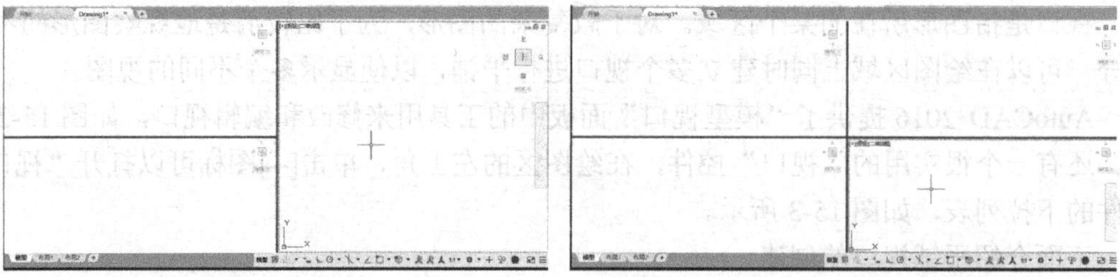

（a）“三个：右”选项　　（b）“四个：相等”选项

图 15-4　“视口配置”选项

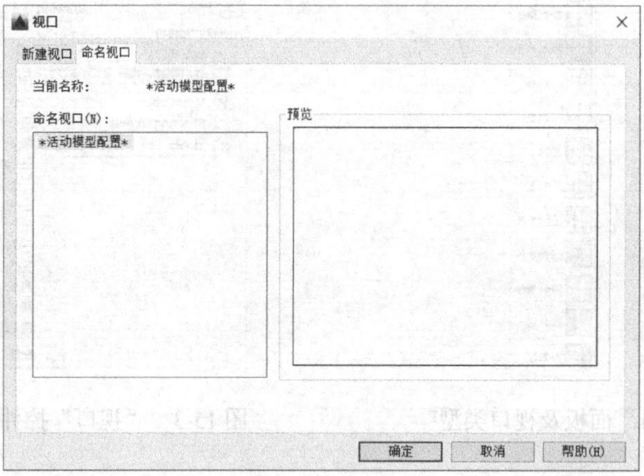

图 15-5　显示“命名视口”选项卡的“视口”对话框

15.1.2　视口的特点和比例设置

1. 视口的特点

在使用视口时，应注意其有以下特点。

（1）视口是平铺的，它们彼此相邻，大小、位置固定，且不能重叠。

（2）当前视口（激活状态）的边界为粗边框显示，光标呈十字形，在其他视口中呈小箭头状。

（3）只能在当前视口中进行各种绘图、编辑操作。

（4）只能将当前视口中的图形打印输出。

（5）可以对视口配置进行命名及保存，以备以后使用。

2. 视口图形的比例设置

一般可在“模型空间”里按照 1∶1 的比例绘图，但当将图绘制完成后发现，每个图的大小都不一样，在布局时显得非常凌乱，使用一张大图打印时还会出现打印不完整的情况。

解决方法就是利用“图纸空间”打印输出，根据各视口的不同情况设置不同的输出比例，可以让几张图纸在一张大图上显得更加协调和美观。

在视口内单击，该视口成为当前视口。从“视口”工具栏中的“比例”下拉列表（图 15-6）中选择该视图的比例，再在视口外双击，则设置完毕。在输出打印前，为了防止图形的放大或缩小，可以点选该视口并右击，在弹出的快捷菜单中选择“显示锁定”，再选择“是”选项。

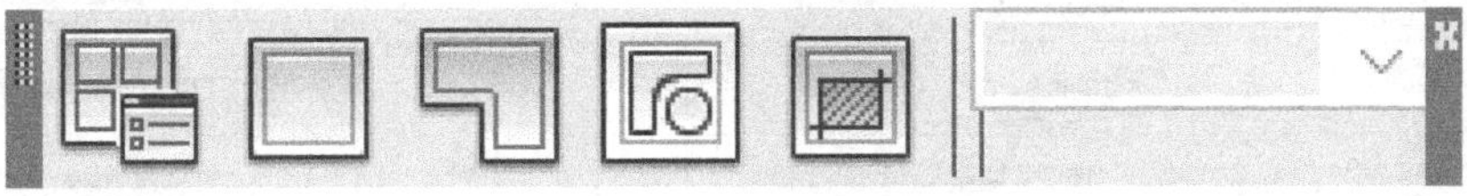

图 15-6 “视口”工具栏

15.2 打印图形

在模型空间中，不仅可以完成图形的绘制、编辑，还可以直接输出图形。下面介绍图形输出方法及有关设置。

1. 打印输出的操作

可以执行以下操作之一。

（1）功能区：选择“输出”选项卡，单击“打印”面板中的“打印”按钮。

（2）工具栏：操作按钮。

（3）菜单栏：选择“文件”→“打印”选项。

（4）命令行：输入命令“PLOT”。

在模型空间中执行命令后，打开“打印－模型”对话框，如图 15-7 所示。

2. “打印－模型”对话框各选项说明

在该对话框中，包含了“页面设置”、“打印机/绘图仪”、“打印区域”、“打印偏移”、“打印比例”等选项组和“图纸尺寸”下拉列表、“打印份数”文本框以及“预览”按钮等。

1）“页面设置”选项组

（1）“名称”下拉列表：用于选择已有的页面设置。

（2）“添加”按钮：用于打开“用户定义页面设置”对话框，用户可以新建、删除、输入页面设置。

2）“打印机/绘图仪”选项组

（1）“名称”下拉列表：用于选择已经安装的打印设备。名称下面的信息为该打印设备的部分信息。

（2）“特性”按钮：用于打开“绘图仪配置编辑器”对话框，如图 15-8 所示。

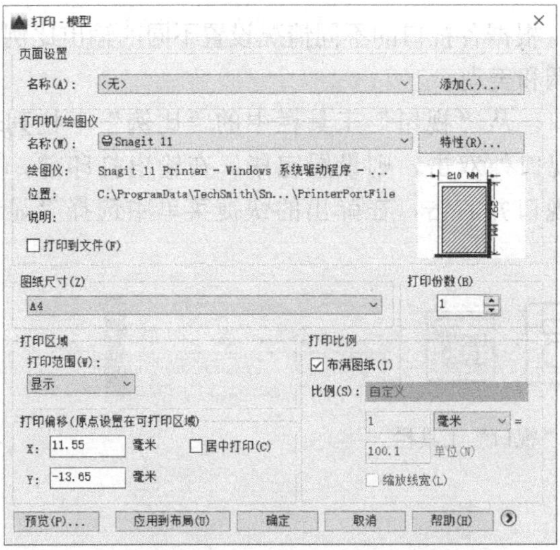

图 15-7 “打印－模型”对话框

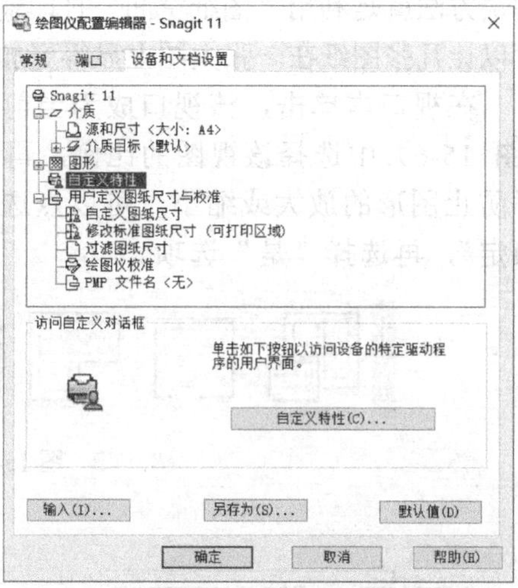

图 15-8 “绘图仪配置编辑器”对话框

单击“自定义特性”按钮，可以设置纸张、图形、设备选项。其中包括图纸的大小、方向，打印图形的精度、分辨率、速度等内容。

3）“图纸尺寸”下拉列表

该下拉列表用于选择图纸尺寸。

4）“打印区域”选项组

“打印范围”下拉列表：在打印范围内，可以选择打印的图形区域。

5）“打印偏移”选项组

（1）“居中打印”复选框：用于居中打印图形。

（2）“X”、“Y”文本框：用于设定在 X 和 Y 方向上的打印偏移量。

6）“打印份数”

“打印份数”文本框：用于指定打印的份数。

7）“打印比例”选项组

“打印比例”选项组用于控制图形单位与打印单位之间的相对尺寸，打印布局时，默认缩放比例设置为 1：1。从“模型”选项卡打印时，默认设置为“布满图纸”。

（1）“比例”下拉列表：用于选择设置打印的比例。

（2）“毫米”、“单位”文本框：用于自定义输出单位。

（3）“缩放线宽”复选框：用于控制线宽输出形式是否受到比例的影响。

8）“预览”按钮

此按钮用于预览图形的输出结果。

3. “预览”与调整

在打开的“打印－模型”对话框中进行设置，选择打印机型，指定图纸尺寸和方向以后，单击“预览”按钮，预览视口如图 15-9 所示，默认状态下，打印区域为单视口。

从预览可以看出，图形过小，布局不理想。单击左上方的“关闭预览”按钮⊗，返回“打印－模型”对话框，在“打印范围”下拉列表中选择“范围”选项，在“打印比例”选项组中选择“布满图纸”选项，在“打印偏移”选项组中选择“居中打印”选项，再次单击“预览”按钮，预览视口如图 15-10 所示。

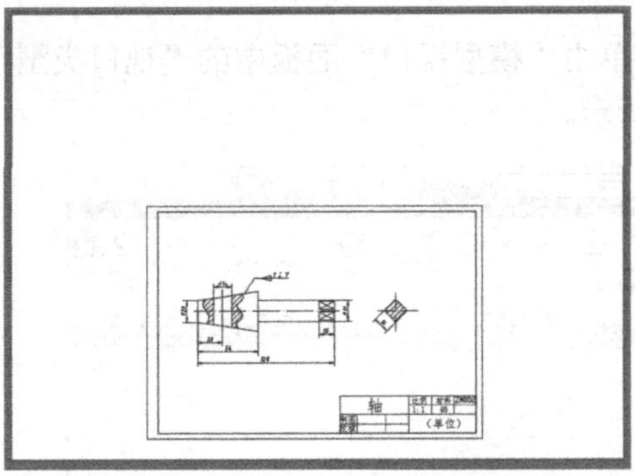

图 15-9 “预览”视口中的图样

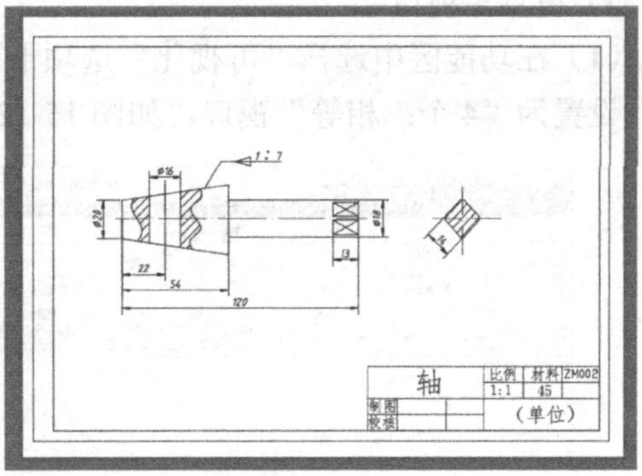

图 15-10 调整设置后的“预览”效果

预览满意后，单击“预览”窗口左上角的“打印”按钮，即可打印出图。

4. 图纸空间输出图形

在通过布局空间输出图形时可以在布局中规划视图的位置和大小。

在布局中输出图形前，仍然应先对要打印的图形进行页面设置，再输出图形。其输出的命令和操作方法与模型空间输出图形相似。

在图形空间执行“PLOT”命令后，打开“打印－模型”对话框。该对话框与模型空间执行输出命令后打开的对话框中的选项功能类似。

15.3 实训

1. 创建平铺视口

此节练习在模型空间里创建多个平铺视口来展示图形的不同视图，如图 15-11 所示，创建四棱柱的多视口布局。

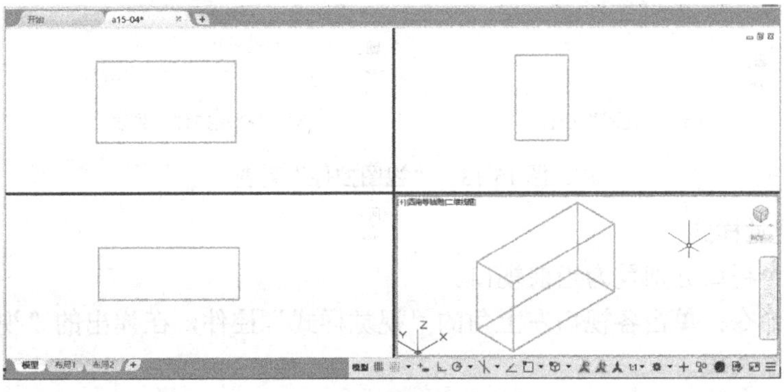

图 15-11 创建四棱柱的三维视图

操作步骤如下：

1）新建一张图样

创建一张图样或打开一张图样。

2）设置多视口

（1）在功能区中选择“可视化”选项卡，单击“模型视口”面板中的“视口类型”按钮。设置为“4 个：相等”视口，如图 15-12 所示。

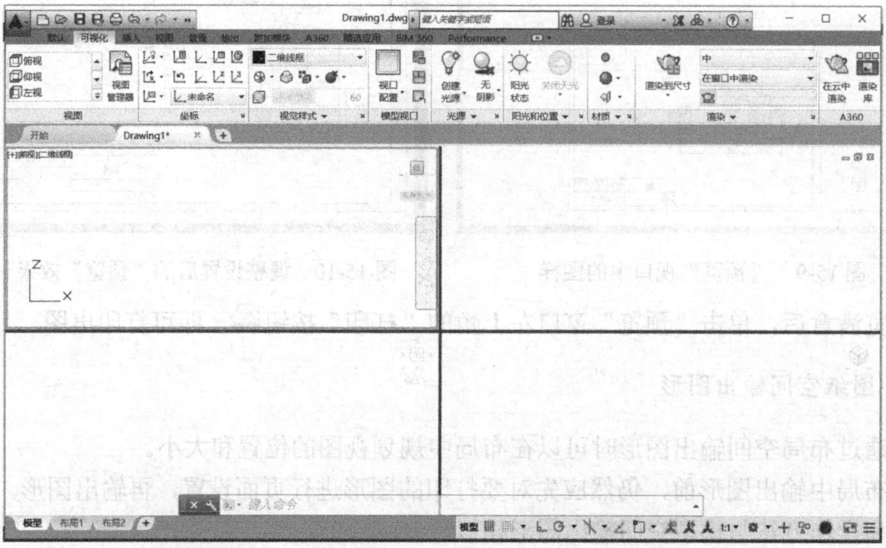

图 15-12　设置多视口

（2）先将各个视口分别置为当前视口，单击各视口左上角的“视图”控件，打开列表，如图 15-13 所示。将各视口依次设置为“前视”、“俯视”、“左视”和“西南等轴测”。

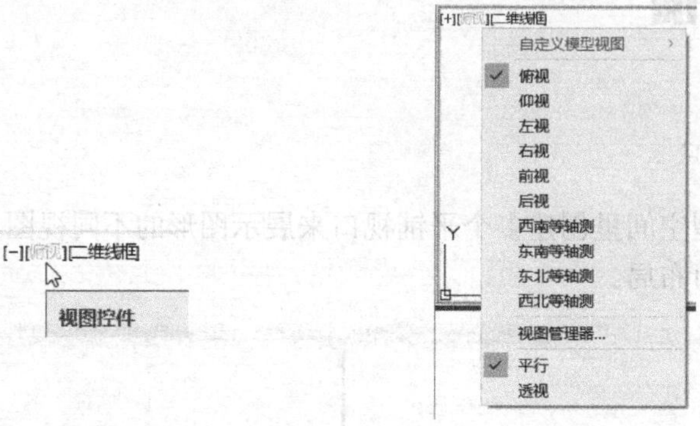

（a）“视图”控件　　（b）“视图控件”列表

图 15-13　“视图控件”列表

3）调整视觉样式。

（1）将各个视口分别置为当前视口。

（2）输入命令：单击各视口左上角的“视觉样式”控件，在弹出的“视觉样式”列表中选择“概念”选项。

执行命令后，效果显示如图 15-14 所示。

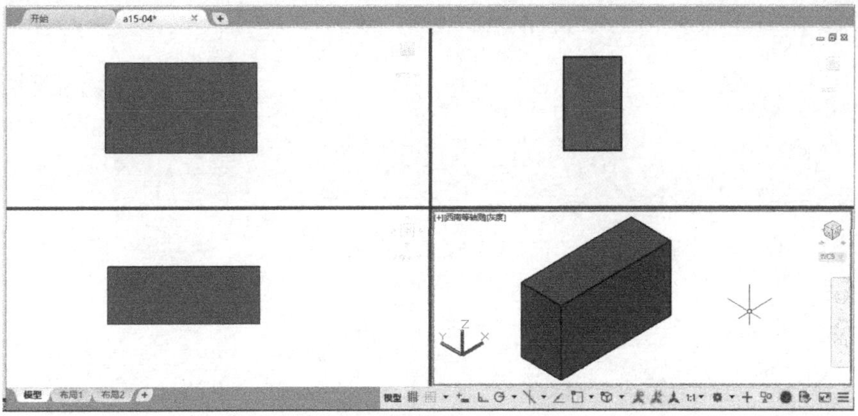

图 15-14 显示实体效果的组合体

2. 打印图形

（1）选择“输出”选项卡，在“打印”面板中单击“打印” 按钮。
（2）参考 15.2 节的内容设置“打印－模型”对话框。
（3）预览后打印。

习题 15

1. 根据 15.1.1 小节实训中的步骤和方法创建平铺视口。
2. 熟悉“打印－模型”对话框中各主要选项的功能及其设置。
3. 用打印机或绘图仪打印本书各章习题中的图样。

举报电话：（010）88254396；（010）88258888

传　　真：（010）88254397

E-mail：　dbqq@phei.com.cn

通信地址：北京市万寿路 173 信箱

　　　　　电子工业出版社总编办公室

邮　　编：100036